黄河國家治理文獻集成（民國卷）第三十册
《黄河國家治理文獻集成》編委會　編

總第九十四册

治水述要

（下册）

周馥　撰
曹玲　梁芹洋　編

内蒙古出版集團
内蒙古人民出版社

圖書在版編目（CIP）數據

治水述要．下册 / 周馥撰 ； 曹玲， 梁芹洋編．
呼和浩特 ： 内蒙古人民出版社， 2025．8．--（黄河國家治理文獻集成）．-- ISBN 978-7-204-16684-8

Ⅰ．TV882

中國國家版本館 CIP 數據核字第 2025KF8466 號

治水述要（下册）

周馥　撰

編　　者	曹　玲　梁芹洋
策劃編輯	王　瑶
責任編輯	王　瑶
裝幀設計	劉那日蘇　吉　雅　安立新
責任監印	包鐵柱
出版發行	内蒙古出版集團　内蒙古人民出版社
地　　址	呼和浩特市新城區中山東路 8 號波士名人國際 B 座 5 層
網　　址	http：//www.impph.cn
印　　刷	内蒙古愛信達教育印務有限責任公司
開　　本	880mm × 1230mm　1/16
印　　張	30
字　　數	370 千
版　　次	2025 年 8 月第 1 版
印　　次	2025 年 8 月第 1 次印刷
印　　數	1—1000 册
書　　號	ISBN 978-7-204-16684-8
定　　價	249.00 元

如出現印裝質量問題，請與我社聯繫。聯繫電話：（0471）3946120

編纂委員會

引　言

千古河流成沃野，幾年沙勢自風湍。

得益于黄河冲積所帶來的疏松土質和有機物，中華先民利用石製工具開始了農業生産，并逐步發展出旱地粟作農業，『能够最大程度保障食物供給的穩定性，奠定了中華文明起源和形成的堅實基礎』〔一〕。而利用河水灌溉，提高區域可預測農業産量，『在産業史上起着最有决定性的作用』〔二〕。隨後，技術進步、經濟發展、人口增加，讓先民的文化生活大爲豐富。嚴文明先生評價道：『這是一場影響深遠的革命。』〔三〕在這場革命中，平衡水、沙、産、人四者之間的關係，始終是黄河治理的核心問題。四者關係一旦失衡，就容易引發諸多灾患。

歷史上，黄河下游因人口稠密、經濟發達，一直是學術界關注的重點。但自河源至今内蒙古托克托縣河口鎮的黄河上、中游區域，雖遠離王畿，人口稀疏，却也一直備受關注，人們逐步認識到黄河全流域治理是國家的重要任務。《漢書》載：『堤防之作，近起戰國，雍防百川，各以自利。』〔四〕没有全流域的協同治理，僅靠各地分段築堤，則黄河河患無法解决。秦建立了中國歷史上第一個中央集權大一統王朝，秦始皇東巡碣石，刻石銘記『决通川防，夷去險阻』〔五〕，開啓中央政府調動各要素治黃之先河，這『在中國，實質上是國家的一種職能』〔六〕。同時，國家通過對黃河的有效治理，爲沿黃流域人民群衆乃至其他地區人民群衆提供了重要的公共物品和産業支撑，成爲人民群衆眼中中央政府的功過評價指標之一。因此，治黃在增强沿黃各族群國家、政治、文化認同的基礎上，强化了中國大一統國家的合法性，成爲歷代國家治理能力的一個重要測度。

一、黃河治理維護了國家的社會穩定

從秦并六國到漢朝建立大一統國家，中國統一的多民族國家形成并得到初步發展。當時中央政府對所轄疆域有『北邊郡』和『内郡』之稱。内蒙古額濟納旗出土的居延漢簡有載，『豤（墾）田以鐵器爲本北邊郡毋鐵官印器内郡令郡以時博賣予細民毋令豪富吏民得多取販賣細民』，可以看出北邊郡是與内郡相對應的行政管轄區域。《史記》卷二十八『封禪書第六』載：『上乃遂去，並（并）海上，北至碣石，巡自遼西，歷北邊至九原。』〔七〕。《史記》卷三十『平準書第八』載：『天子北至朔方，東到太山，巡海上，並（并）北邊以歸。』〔八〕司馬遷多次提及北邊，足見統治者對北邊治理的重視。

漢武帝時，齊人延年提出從今内蒙古引黃河水經今北京一帶，向東注入渤海，以衛北部邊疆。『是時方事匈奴，興功利，言便宜者甚衆。齊人延年上書言：「河出昆侖，經中國，注勃海，是其地勢西北高而東南下也。可案圖書，觀地形，令水工準高下，開大河上領，出之胡中，東注之海。如此，關東長無水災（灾），北邊不憂匈奴，可以省隄（堤）防備塞，士卒轉輸，胡寇侵盜（盗），覆軍殺將，暴骨原野之患。天下常備匈奴而不憂百越者，以其水絶壤斷也。此功壹（一）成，萬世大利。」』〔九〕《史記》卷二十四『樂書第二』載：『天馬來兮從西極，經萬里兮歸有德。承靈威兮降外國，涉流沙兮四夷服。』〔十〕如今，包頭地區出土了『四夷盡服』瓦當，出土文物與傳世文獻的呼應，成爲黄河治理維護祖國北部邊疆穩定的見證。

《史記》卷三十『平準書第八』載：『嚴助、朱買臣等招來東甌，事兩越，江淮之閒（間）蕭然煩費矣。唐蒙、司馬相如開路西南夷，鑿山通道千餘里，以廣巴蜀，巴蜀之民罷焉。彭吳（吴）賈滅朝鮮，置滄海之郡，則燕齊之閒（間）靡然發動。及王恢設謀馬邑，匈奴絶和親，侵擾北邊，兵連而不解，天下苦其勞，而干戈日滋。』〔十一〕清代《汾陽縣志》卷十三『藝文』收録曹學閔《開修黄蘆嶺車路紀德政碑記》，上載：『永寧州，界連西陲，北達邊外歸綏諸路，商賈遠貿粟麥，泛皮船隨黄流南下，聚于州西磧口，一府之民仰利賴焉。而東至太原，南抵平陽，州縣凡二十餘，亦視汾爲橐籥，蓋所繫非特一方生計矣。』〔十二〕民國時期，東北淪陷後，開發西北刻不容緩，而『黄河中游之水利，自應加以擴充及整理，藉（借）收桑榆之效，以挽狂瀾於（于）萬一』〔十三〕。

因黄河流域自然條件優越，歷朝歷代都十分重視對此地的開發，通過强有力的國家干預方式推動各類産業的發展，爲中國北部疆域的形成和社會穩定奠定了基礎。

二、民族交往、物資交流、技術轉移促成黄河治理共同體

《史記》卷十五『六國年表第三』載：秦始皇三十三年（前214），『築長城河上，蒙恬將三十萬』〔十四〕。這數十萬人中，擁有一技之長的人員不在少數。由此，邊地人口不斷增多，而豐富的物産則促進了商品交流與統一市場的形成。西漢《鹽鐵論·力耕第二》記録了『异物内流』的情形：『是以贏（騾）驢馲駞（駝），銜尾入塞，驒騱騵馬，盡爲我畜，鼲鼦狐貉，采旃文罽，充於（于）内府，而璧玉珊瑚瑠（琉）璃，咸爲國之寶。』〔十五〕此後，黄河北岸的『贏（騾）驢馲駞（駝）』『驒騱騵馬』『鼲鼦狐貉』『采旃文罽』與西南織錦、中原麻織、農作物等物資相互交流，逐步形成統一的國内大市場，加强了邊疆與其他地區的經濟聯繫，促進了邊疆特色産業的發展。

隨着民族交往交流交融的增强，清代以降，黄河流域内蒙古段輸入到内地的也不僅僅是『异寶』了。《綏遠通志稿·水路》載：『自乾隆以還。口外墾殖日廣。民殷物阜。出境之油、糧、鹽、鹼（碱）、甘草各貨。入境之日用雜貨。山西與歸綏往來之商運。凡經河路者皆以托屬河口爲唯一之碼頭。』〔十六〕從清乾隆年間到民國時期，由内蒙古經黄河運到山西的貨物有糧、油、鹽、碱、藥材、皮毛等，其中以糧油爲最大宗。糧食品種主要有糜黍、穀子、高粱、豆類及玉米、大小麥

等，油料主要是胡麻。内蒙古供貨支綫有從阿拉善盟阿拉善左旗吉蘭泰鹽池到山西吕梁市磧口鎮的運鹽駝路，五原縣、臨河區一帶各大幹渠的運糧水道，杭錦旗、達拉特旗的甘草馱運綫，鄂托克旗的運鹼駝路。内蒙古段各條支綫以供貨爲主，山西段若干支綫以運銷爲主。

《臨縣志》載：『清朝乾隆至民國年間，陝、甘、綏、蒙等地的物資，通過此航綫運達磧口，再用牲口馱運到離石、吴城，轉運至東路（汾、平、介、孝等縣）。據民國20年（1931）統計，每年從綏遠磴口航至磧口的貨船不下4000餘艘』，『是陝、甘、綏、寧與晋西北物資集散之重鎮』。[十七]可見，内蒙古在甘肅、寧夏與陝西、山西等沿黄上下游物資交易中起到了重要的聯結作用；同時也吸引了山西、陝北、河北、山東、甘肅等地的農民遷移至此，并將開渠打壩、引水澆地等農業生産技術、手工技術和商業貿易經營方式帶到這裏。他們在此扎根，除了從事農業生産外，還挖甘草、下窑背炭、在黄河上拉船、在沙漠中拉駱駝、打短工放冬羊、開碾磨油坊，等等。不同地域、不同民族的人們合力修築河渠、引水興業，逐漸形成休戚與共的共同體。其間積纍的産品交易、商業管理、社會治理等方面的經驗，在今天依然有借鑒意義。

清代『首重治河，探河源以窮水患』[十八]，但更深層次的考量是『宣揚大一統及增强國家認同』[十九]。黄河流域人口基數大、分布廣，而全流域治理理念將不同地區、不同民族的人們凝聚成命運共同體，而『大一統』理念正是這一治理實踐的核心主題。

三、黄河流域拓展了中國的發展空間

早期統治者因巡幸及邊防建設所需，統籌管理沿黄河運與秦直道等沿黄馬道，維持着中央政府對北邊的有效治理。河套平原引黄渠道的建設爲秦漢王朝屯田事業提供了基本的水利保證，并將這些區域變成防禦北部邊患的大後方與根據地。于是，沿黄馬道、沿黄河運與萬里茶道、草原絲路等陸路運輸聯通起來，促進了中華文明與其他文明的交流互鑒，拓展了新的發展空間。

新中國成立之後，沿黄各族兒女在中國共産黨的領導下團結合作、艱苦奮鬥，實現了大河安瀾。黄河流域建立起行之有效的防洪抗汛機制，支撑着沿岸的産業發展，改善了周邊生態環境。當代治黄史證明，正是由于中國共産黨的正確領導以及集中力量辦大事的制度優勢，纔從根本上減輕了河患的威脅。進入新時代，黄河流域在築牢安瀾根基的同時，以蓬勃活力拓展着中國的發展空間。沿黄九省區在協同發展中不斷釋放潛力，讓黄河流域成爲國家區域協調發展戰略中不可或缺的重要一極，爲中國的發展源源不斷地注入新動能。

綜上所述，黄河流域的治理不是單純的河道治理、生態環境治理或社會治理，而是一種關涉水、沙、産、人四者關係的系統性、協同性治理，是推動國家可持續發展的動力，也是厘清國家治理與邊疆治理兩者動態交互實際效果的絶佳視角。而黄河工程等『中國本土理論資源、學術積

纍』[二十]，有助于研究國家治理的演進歷程。進入新時代，黄河治理與國家治理的關係研究不斷開闢新視角、持續涌現新成果，其中鑄牢中華民族共同體意識、邊疆治理與黄河流域生態保護和高質量發展成爲非常重要的研究視角。因此，基于這一角度搜集整理黄河國家治理文獻，意義重大。《黄河國家治理文獻集成》，應運而生。

本叢書系統梳理了黄河治理的歷史脉絡與經驗，既爲新時代黄河流域生態保護和高質量發展提供了歷史鏡鑒，更以文獻爲載體，傳承了治理智慧、凝聚了民族力量，是服務國家發展戰略、鑄牢中華民族共同體意識的重要學術實踐。

《黄河國家治理文獻集成》編委會

二〇二五年一月

〔一〕韓建業：《中華文明的起源和形成》，載《中華民族共同體研究》2022年第4期，第80-91+172頁。

〔二〕中共中央馬克思恩格斯列寧斯大林著作編譯局：《馬克思恩格斯選集》第二卷，人民出版社，2014年，第240頁。

〔三〕嚴文明：《黄河流域文明的發祥與發展》，載《華夏考古》1997年第1期，第49-54+113頁。

〔四〕（漢）班固：《漢書》卷二十九『溝洫志第九』，中華書局，1964年，第1692頁。

〔五〕（漢）司馬遷：《史記》卷六『秦始皇本紀第六』，中華書局，1963年，第252頁。

〔六〕冀朝鼎：《中國歷史上的基本經濟區與水利事業的發展》，朱詩鰲譯，中國社會科學出版社，1981年，第7頁。

〔七〕（漢）司馬遷：《史記》卷二十八『封禪書第六』，中華書局，1963年，第1398–1399頁。

〔八〕（漢）司馬遷：《史記》卷三十『平準書第八』，中華書局，1963年，第1441頁。

〔九〕（漢）班固：《漢書》卷二十九『溝洫志第九』，中華書局，1964年，第1686頁。

〔十〕（漢）司馬遷：《史記》卷二十四『樂書第二』，中華書局，1963年，第1178頁。

〔十一〕（漢）司馬遷：《史記》卷三十『平準書第八』，中華書局，1963年，第1420–1421頁。

〔十二〕（清）方家駒修，（清）王文員纂：《汾陽縣志》卷十三『藝文』，清光緒十年刻本，第57–58頁。

〔十三〕王華棠、劉錫彤、吳樹德：《黃河中游調查報告》，華北水利委員會編印，1934年，第1頁。

〔十四〕（漢）司馬遷：《史記》卷十五『六國年表第三』，中華書局，1963年，第758頁。

〔十五〕王利器：《鹽鐵論校注》，中華書局，1992年，第28頁。

〔十六〕綏遠通志館：《綏遠通志稿》第十冊，內蒙古人民出版社，2007年，第176頁。

〔十七〕臨縣志編纂委員會：《臨縣志》，海潮出版社，1994年，第273、321頁。

〔十八〕趙爾巽等：《清史稿》卷一二六『河渠一』，中華書局，1977年，第3715頁。

〔十九〕劉惠：《乾隆朝重構黃河河源的實踐與國家認同》，載《清華大學學報》（哲學社會科學版）2018年2期，第147–154+195頁。

〔二十〕許耀桐：《當代中國『治理』概念的演進探析》，載《國家現代化建設研究》2023年3期，第100–111頁。

出版前言

黃河，中華民族的母親河，她不僅孕育了中華文明，更見證了中華民族數千年的發展歷程。習近平總書記深刻指出：『從某種意義上講，中華民族治理黃河的歷史也是一部治國史。』這一重要論述，爲新時代黃河文化的保護傳承以及流域治理提供了根本遵循，也深刻揭示了黃河治理在國家發展和民族復興進程中的核心地位。在學習貫徹習近平新時代中國特色社會主義思想，積極響應國家黃河流域生態保護和高質量發展重大戰略，大力推進北疆文化建設的背景下，《黃河國家治理文獻集成》的編纂出版，具有重要的歷史意義、學術價值與現實指導意義。

黃河治理，自古以來就是國家的頭等大事。從遠古時期大禹治水，到當代運用科學技術進行系統治理，中華民族在數千年的時間裏，積纍了豐富的治河經驗，留下了浩如烟海的文獻遺産。《黃河國家治理文獻集成》收録了元代至民國時期古籍、朱批奏摺、期刊圖片等多模態文獻資源。這些文獻内容豐富、維度多元，既包含記載河工技術、治理方略等的專書，又有漢文朱批奏摺、工程檔案以及不同區域的調查研究報告等。民國時期的文獻則標志着現代水利科學開始融入黃河治理，展現了我國水利事業在時代變革中的創新與發展。近代照片的收録則以更加直觀的方式將黄河治理、黄河沿岸的風貌呈現給讀者。

該文獻的出版，不僅是對瀕危黄河文化遺産的及時搶救與保護，更是對我國水利史、國家治理史、邊疆治理研究學術鏈條的重要補充，具有較高的文獻價值和學術意義。尤爲重要的是，這一集成工作，深度契合鑄牢中華民族共同體意識這一全黨全國各族人民的共同任務。各民族在治理黄河的歷史進程中，緊密協作、共同探索，這些珍貴文獻便是各民族交往交流交融和中華文明認同的生動見證。對這些文獻進行整理出版，能够讓各族人民更加深刻地認識到，在歷史長河中，各民族共同爲黄河治理貢獻了力量，共同守護了家園，從而進一步增强對中華民族共同體的認同感與歸屬感，夯實鑄牢中華民族共同體意識的歷史根基。

《黄河國家治理文獻集成》以『國家治理』爲核心綫索，構建起一個全面、系統、多維的文獻體系：在時間跨度上，聚焦從元代至民國這一傳統治河向現代水利轉型的歷史時期，爲深入研究我國水利事業的發展脉絡提供了清晰的時間坐標；在内容分類上，細緻劃分爲技術專著、工程檔案、區域研究、朱批奏摺、科學報告、圖片等類别，涵蓋黄河治理的各個方面，從不同角度展現了我國在黄河治理上的探索與實踐；在版本選擇上，秉持嚴謹、科學的態度，確保文獻内容的準確性與代表性，爲學術研究奠定堅實基礎。

在編纂過程中，叢書特别注重『全流域治理』的理念，不僅收録了有關下游防洪治河的重要文獻，還涵蓋了中游地區水土保持以及上游地區灌溉開發等方面的珍貴記載。這種對黄河全流域治理的全方位關注，與當前『共同抓好大保護，協同推進大治理』的要求高度契合，充分體現了叢書在傳承歷史文化遺産的同時，緊密服務于當代國家發展戰略的時代價值。

在出版過程中，嚴格保持原書的版式與行款，最大程度地還原文獻原貌。對于部分出現黴變、殘缺的頁面，運用先進的數字化修復技術進行精心處理，在保留原始批注與印章痕迹的基礎上，兼顧了文物的真實性與文獻的可讀性。

此外，爲了更好地服務讀者，方便學術研究，本叢書新增了目録、提要等内容，這些新增部分由編委會精心撰寫。新增目録一般編製二級，個别圖書編製三級；原書有目録而内文無對應標題的，根據原書目録照録；原書目録爲關鍵詞或者其他情况的不編製目録；原書目録與内文不一致的，以原書内文爲準；原書無目録的，按卷端、版心或其他部分輯録；一册書中收録多種圖書的，以書名爲一級標題，編製二或三級。在文字使用上，統一使用現代漢語規範繁體字，對于原版文獻中的异體字、避諱字也使用現代規範繁體字，無對應規範繁體字的保留原字。

《黄河國家治理文獻集成》的出版，是對黄河文化遺産的一次系統性、搶救性保護，具有重大而深遠的現實意義：從學術價值層面來看，叢書成功構建起一座連接傳統與現代治黄文獻的橋梁，爲黄河流域生態保護、水利工程史、國家治理史、邊疆治理、中華民族共同體學等多個領域的學術研究提供了豐富、翔實的基礎文獻，有力推動了相關學科的發展與創新；從文化價值角度而言，生動展現了北疆文化與黄河文化在歷史長河中的交融共生，爲内蒙古『北疆文化』品牌建設提供了堅實的文獻支撑，進一步豐富了中華文化的内涵與外延；從實踐價值方面考量，書中所藴含的治河理念爲我們在新時代背景下實現人與自然和諧共生、推動黄河流域可持續發展提供了寶貴的歷史經驗與智慧啓示。

在此，我們要衷心感謝各藏書機構的大力支持，正是他們提供了珍貴底本資源，纔使得本叢書的編纂出版成爲可能。同時，我們也要向文化遺産智能應用服務中華民族共同體建設『英才興蒙』團隊致以崇高的敬意，他們歷經五年的辛勤耕耘，以嚴謹的治學態度和專業的學術素養，對文獻進行了系統的整理和輯録，爲叢書的内容質量提供了堅實保障。此外，我們還要特别感謝内蒙古自治區黨委宣傳部、内蒙古出版集團將本叢書納入『北疆文庫』重點項目，并在出版過程中給予全方位支持與幫助。

我們衷心期待，這套凝聚着無數心血與智慧的《黄河國家治理文獻集成》，能够在新時代的『黄河大合唱』中奏響歷史的强音，爲黄河流域生態保護和高質量發展注入强大的歷史動力，讓黄河文化在保護中傳承，在傳承中創新，在創新中不斷發展，綻放出更加絢爛的光彩。同時，希望這套叢書能够成爲促進各民族文化交流、鑄牢中華民族共同體意識的重要載體，助力各民族更加緊密地團結在一起，共同爲實現中華民族偉大復興的中國夢而努力奮鬥，讓中華民族共同體意識在黄河文化的滋養下，扎根于每一位中華兒女的心中，成爲推動中華民族不斷前進的强大精神力量。

提要

《治水述要》，周馥撰。周馥（1837—1921），字玉山，安徽建德人。著有《玉山詩集》《黄河源流考》等。

《治水述要》是一部記録各歷史時期黄河治理情况的重要著作，共10卷。書中詳細記録了黄河、淮河等主要水系頻繁决口的情况，闡述了各朝爲治理水患采取的多種措施，包括疏浚河道、修築堤壩，探討了不同治水策略的利弊，還提及水利工程管理、經費來源及人力調配等方面的内容，對于研究古代水利發展、社會經濟和民生保障狀况意義重大。

目録

卷六

卷九

卷十

治水述要

五册

治水述要卷五（自康熙三十七年至乾隆十三年）　全集七之五

秋浦周馥玉山甫纂　男學淵 學熙 學煇 孫明焯校字

康熙三十七年改桑乾河曰永定河設官治理（永定河志）

是年原設南北岸兩分司雍正元年裁南岸分司以北岸分司兼管南岸分司事四年改設永定河道原轄南岸同知一員州判縣丞主簿吏目十六員千總二員把總二員今轄石景山南岸北岸同知三員又下游北岸三角淀通判各一員州同州判縣丞主簿巡檢都司守備千把總外委文武汛官三十一缺（永定河志）

永定河發源馬邑流入宣化縣亙數百里受水凡三十七緣無關修治故不詳紀至穿石景山而南逕盧溝橋地勢陡而土性疏故縱橫蕩漾爲害頗鉅金時逕都城北元時經都城南明時或合白溝或合拒馬又或東南逕達信安勝芳入淀民居蕩析幾無定宇至康熙三十七年　聖祖仁皇帝親行相視命撫臣于成龍治河築隄。（于成龍即襄勤非于清端也）自是三十餘年河無遷決惟是下流入淀之後。水渙沙停。漸形淤墊。雍正三年　世宗憲皇帝命怡賢親王令引渾河別由一道入海毋令入淀遂於永清之郭家務改河東行復開下流之長淘河引逕三角淀而注之河頭與清河匯築三角淀圍隄以防北軼又以河性善淤設夫挖淺俾河流不致遷徙然嗣是日久淤深下口亦屢有移改惟南高北徙北高南徙游衍於遙隄之內又水過後土性愈肥居民貪倖獲之利爾田爾宅亦不以浸淹捨去特以上游自盧溝迤下直抵遙隄縣長二百餘里中間夾以長隄其相距極寬之地亦不過三百餘丈每至伏秋大汛拍岸盈隄水退沙停日

積日甚方今隄身自外視之斜坡三丈有餘而內則隄高不過
數尺河身日高則漲勢愈形暴猛且中洪多偪一邊現在水溜
偪近南岸若隄上加埝則隄高而水亦日高若導之近北則北
岸受災亦同南岸若恃減壩爲分洩之計則原定壩脊尺寸從
前之水長丈許分洩者今水頭略旺卽行旁出不惟減河不能
容受恐民田亦被浸溢且正流以勢分而愈弱沙泥以溜緩而
愈停日復一日難籌善策查乾隆二年大學士鄂爾泰疏請半
截河改挑新河有擬於半截河隄北改挖新河卽以北隄爲南
隄之議紬繹其言誠有至理蓋河身旣高束之以隄是猶西北
之引渠也施之洪流安能順軌昔人譬之於牆上築夾牆行水
信然計今之勢惟以北隄爲南隄而另築北隄以障水差爲得
策擬自北二工迤下傍隄量地寬三四里許估築北隄一道直

抵北七工之半截河仍歸遙隄中間原有減水河略加挑空卽
可作爲河身隄成後於汛期之先開空河頭俾十分深暢迫水
一漲發其性就下必當改流俟溜勢順行後再將舊河堵斷則
舊河身百餘里之內盡爲膏腴而新隄以內所佔民業卽可以
此撥補如此遷改。亦不能保其不日久停淤。然地勢旣窪。可以
容受。五六十年之內。必可暢流無阻。較之現今河身已與隄岸
漸平。每逢汛期居民日抱衝漫之憂者爲何如耶。（畿輔水利叢書）
乾隆十八年二月奉　上諭緣河隄埝內爲河身要地本不應
令民居住向因地方官不能查禁卽有無知愚民狃於目前便
利聚廬播種罔恤日久漂溺之患曩歲朕閱視永定河工目擊
情形因飭有司出示曉諭并官給遷移價值閱今數年於茲朕
此次巡視見居民村莊仍多有佔住河身者或因其中積成高

皁處所可禦暴漲小民安土重遷不願遠徙而將來或至日漸增益於經流有礙不可不嚴立限制著該督方觀承將現在隄內村民人等已經遷移戶口房屋若干其不願遷移之戶口房屋若干確查實數詳悉奏聞於南北兩岸刊立石碑并嚴行通飭如此後村莊烟戶較現在奏明勒碑之數稍有加增即屬該地方官不能實力奉行一經查出定行嚴加治罪特諭欽此此案後復奉旨查詢河內居民何以見多方恪敏奏民數原未增加祇因兒孫娶婦兄弟分房是以房屋漸多云云永定下游寬三五十里水過塡淤地肥宜麥安能禁民不種始則寥寥蓬戶今則數十村連雲大廈矣凡河下口應與中游略等使兩隄收東水攻河之益則可持久免人侵佔　永定河志

嘉慶七年六月奉　上諭上年永定河土石各隄衝決多至三千四百餘丈雖係雨水異漲究因下游高仰不能宣洩所有直隸歷任管河各員因循玩愒經理不善咎無可辭是以降旨令那彥寶等查明土石各工用過銀數統照河工銷六賠四之例著落歷任管河各員分別攤賠以示懲儆今據那彥寶等查明此項應賠四成銀三十八萬八千五百二十八兩零請著落自乾隆三十八年起至嘉慶六年六月止歷任各員賠繳經軍機大臣會同吏部工部議准並將歷任各員應賠銀數分別開單進呈請按限催追本應即照所請分別著賠但詳閱單內各該員在任遠近不同本身存歿亦異若一律分攤未免漫無區別如乾隆五十年以前已故各員離任既久原難盡將辦理不妥之處責之年久各員所有此項應賠銀八萬二千四百八十二兩零著加恩全行豁免其乾隆五十一年以後已故各員在任年月較近於下游挑濬事宜若能先時籌辦何至上年有潰決之事是該員等獲咎較重但業經身故比之現存各員亦尚有

區別所有此項已故各員應賠銀二十一萬四千三百七十二兩零著加恩照各該員應賠之數俱寬免一半餘著照承追定限完繳至現存各員在直隸居官者居多該員等經管河務既未能疏濬於前又未能防護於後其咎無可寬免著即照數攤賠如限完繳此內原任同知楊奕繡賈禀李炳原任通判龠成勳沈鶴嶼五員並著行文各該原籍查明存歿年分照此一律辦理至歷任各員既經著落分賠所有應行查議各職名著加恩寬免摺單併發欽此同上

乾隆五十二年十二月直隸總督臣劉峩謹奏爲欽奉 上諭事十一月三十日承准大學士和珅字寄乾隆五十二年十一月二十九日奉 上諭直隸永定河隄工朕於庚午乙亥年間曾經親臨閲視明春巡幸天津亦當順道經臨但該處隄岸工程近年以來是否穩固之處著劉峩詳細查明具奏並將該處隄工情形開具略節繪圖呈覽所有庚午乙亥御製詩並著鈔寄閲看將此諭令知之欽此遵 旨鈔發 御製詩章二首寄信到臣伏查永定河工程上自石景山下至沙家淀歷年恪遵定例督率修防疏濬自乾隆四十六年以來迄今七載仰託聖主福庇連慶安瀾上年復蒙 發帑另案加培南北兩岸隄工更覺穩固至於下口自乾隆二十年荷蒙 皇上親臨閲視指授機宜於北岸六工洪字二十號開隄放水改爲下口東入沙家淀由鳳河入大清河達津歸海下口兩岸有南隄北隄以爲保障中寬四五十里不等足以散水勻沙至今三十餘年河南河北歲穫有秋黎民樂業洵萬世永賴之利也乃復上廑聖懷 垂詢該處隄岸工程仰見我 皇上勤求民隱愼重

河防之至意伏念明春　聖駕巡幸淀津　輦輅經由盧溝橋
凡永定河之上源石景山一帶石工及下游南北兩岸隄工均
在　聖明睿照之中臣謹將永定河近年工程穩固情形開具
略節繪圖貼說恭呈　御覽伏乞　皇上睿鑒謹奏　硃批知
道了欽此上同

謹查永定河發源山西馬邑縣本名桑乾行萬山中夾岸奔馳
至石景山盧溝橋以下散漫無定康熙三十七年蒙　聖祖仁
皇帝軫念民依創建南北兩岸隄工　錫名永定自盧溝橋之
石隄起接築至永清縣之郭家務水由安瀾城河入淀康熙三
十九年又接築至霸州柳岔口水歸東淀雍正四年因東淀受
淤於永清縣冰窖村改築南北兩岸至武清縣王慶坨水歸三
角淀乾隆十五年又因三角淀淤平冰窖草壩漫溢水行南岸

之外入葉淀達津遂將乾隆三年所築之格淀坦坡埝普律加
培改稱南埝乾隆四五年所築之北大隄改稱北埝移員駐守
乾隆十五十八等年仰蒙　聖駕臨閱乾隆二十年又因舊南
隄以外地面窄狹不能容全河之水復蒙　聖駕親臨北六工
指授機宜於洪字二十號開隄放水改爲下口河流東入沙
家淀會鳳河入大清河達津南面以南埝舊南隄舊北隄爲重
門保障北面節年加築遙埝越埝各一道河流每患北漾經前
督臣方觀承奏明以越埝改稱北埝移員駐守北埝至南埝相
距四五十里不等地面寬廣聽其蕩漾足資散水勻沙三十七
年大工案內南北兩岸及兩埝俱間段加培並於下口條河頭
之南挑挖引河引下口之水由毛家窪入沙家淀三十八年蒙
□□臨閱改南北埝爲南北隄作爲七八九工是年汛水漲

發條河頭引河淤平河流北徙由東安縣响口村入沙家淀以上下口情形六次改移均經奏明在案四十四年因南三工十五號北三工六號以下隄形緊束河身窄狹難資暢洩於南北岸三工各展寬築直隄一道將臨河舊隄酌量廢去河身一律寬展五十一年臣因南岸四工一號至三號河形過於灣曲奏明添築直隄一道又自南岸四工三號起至六工十九號止北岸三工十五號起至六工十號止請加高培厚現在南北兩岸上下隄工一律鞏固至下口南隄上接南岸大隄自二十年改移以來已三十餘年南隄久為渾水所不到又下口北隄上接北岸大隄三十七年大工以後雖河漸北徙但繼復南漾近年北隄已為渾水所罕經現在下口河流仍循舊北隄迤東入沙家淀即係乾隆二十年　皇上指授改移下口之舊路安流順軌會鳳河入大清河達津歸海謹遵　旨開具略節恭呈　御覽奉　硃批覽欽此上同

河道李朝儀候補道周馥會商永定河事宜稟同治十一年八月

竊照上年永定河南岸二工六號及石隄五號尾先後漫口職道等奉委會辦堵築自八月迄今年三月始得合龍並將一切殘缺工程一律修補憲臺復慮洩漲之無路因諭重修金門閘慮隄埝之卑薄因諭加修石土工凡所以勞憲廑費帑項者至矣而本年七月初一二等日水忽長至二丈三尺五寸全河二十一汛無不浪高於隄全賴子埝搪護其浪潑隄外者六汛倉卒黑夜之間各員拚死搶護而北下汛十七號大浪越隄而過經年營度不利一朝職道等獲咎滋懼夫復何言局外不知或疑所辦不實而局中艱苦無不力瘁心枯職道等身在事中安

敢有所玩愒現已將潰溢處所日夜搶堵剋期合龍惟永定不能一日不治則司永定者不能一日卸肩若每年遇此等大水斷難保其安瀾愈到艱難愈宜謹慎事後勞費徒落補苴於河務終難起色不得已將永定河難治情形及應如何挽救之處公同商酌臚列奉聞雖人力難與天爭而治河本有成法若得次第舉行或可漸著功效謹繕具節略恭呈憲鑒

一下口宜酌改也查永定河本名無定發源山西朔州之馬邑千里外千溪萬澗奔騰下駛泥沙雜半過盧溝橋地平土疏易淤善潰衝擊靡定從古未曾設官營治蓋知其治之不易也我朝康熙三十七年　聖祖仁皇帝憫畿民之昏墊命撫臣于成龍創築沙隄當時民賴以安後二年因安瀾城淤墊改下口於柳岔口雍正四年因柳岔口淤墊改下口於王慶坨乾隆間

一改下口於冰窖再改於賀老營三改於條河頭皆因下游水緩沙停河身壅閼　高宗純皇帝觀永定河下口題詩註云自乙亥改移下口以來此五十里之地不免俱有停沙目下固無事數十年後殊乏良策未免永念惕然也先幾預見之明萬世臣子同深欽佩迄今百有餘年下游河身反高於康熙年間棄而不用之河一丈餘尺職道等去年遴弁從盧溝橋用水平量至鳳河止共二百四十一里計上高於下十四丈三尺七寸五分每里僅低五寸九分六釐欲其流行迅疾是亦難矣今春籌撥鉅款挑挖河道職道等督飭員弁裁灣濬淤照原估尺寸親自驗收並不短少但所挖之河一經水走即有停淤逐漸增高尋常小漲水落槽中行駛尚覺不滯大汛盛漲上游奔流奮激幾不能容下游則橫漫數十里仍復蕩漾留沙每年桑乾時二

百餘里之河無不停壅泥沙一二尺一望茫茫不知其幾千萬斛人力幾何安能挑挖淨盡議者謂南七工隄長二十八里土性純沙地極窪下其外卽冰窖柳岔口舊河也爲水所必行之路夙稱老險舊時決口衝成坑塘屢治屢壞同治六年該汛六號隄身竟於冬月坐潰實爲從來未有之事不得已於塘坑前築大壩以蔽之東西各障以小隄而河身愈收愈窄泥沙愈積愈多容水無幾每逢水長三五尺卽漫淹至隄隄係沙築經水浸潤雖極多方防備終虞塌陷若盛漲則無不漫決夫正河之下游既淤成平坦而不能遂其迅駛其窪下之舊河又重隄障遏而與之爭無論多耗錢糧勞費無已而屢堵屢決於民生反難保衛且下口不暢則上游處處喫重全河之病更難醫治從長安計若改道於冰窖柳岔口之舊河另在南隄外重築一隄

阻其南趨入淀之路仍由韓家樹歸正河入海則下口暢流上流自無漫溢之患此下口不能不亟改者也按此條以勞費頗重民情難調未辦

一汛夫宜整理也查兩岸隄身本是純沙當日河身低下隄見其高今日河身淤墊隄益以卑高卑不同容水多寡自別兩河相去或一二里七八里不等而溜勢側注必循隄根其水性最急者滿槽至寬不過二三十丈且暮北朝南平險屢變下口則相去五六十里河身雖寬而其中歷年淤沙幾佔河身十之六七以常理而論自宜以挑河之土運加隄上使隄河兩有裨益殊不知每土一方運至十丈外一人一日不過挑至兩方上下以時價計之每方約制錢二百數十文現在辦工均飭挑土於十二丈以外通計所費已不貲矣若必運至一二里或數里之外其經費尚可計耶隄工自康熙三十七年創築之後或數

年間段加培一次近今數十年未曾踵辦今春憲臺籌款二萬八千兩職道等復於大工項下匀出九千兩擇其要處通爲培補高或三五尺寬或二三丈不等其曾經漫溢之處原隄頂祇寬三丈現均加至五丈惟三萬餘金之經費有限而兩岸之隄段甚長所有平工處所無力加培間於隄上加築小埝一道當時職道等親自驗收尺寸有贏無絀原冀盛漲之年藉禦㵿水究之隄埝雖修終有尺寸異漲迅發其大無憑修之而不免漫溢則不修更可知矣必使其不漫溢而再議加修通工經費更無已矣查沿隄村莊向撥有防險地畝與之耕種且免一切差徭每遇汛期例照老册名數移會地方官催夫上隄防險閒時則挑土培隄計三箇月每夫挑土共四十五方通計永定河工共額設搶險夫一千六百五十名五分近今地方官每遇催夫

徒以空文塞責甚至衙役書差得賄延押河員束手隄上不敢出票擅傳擬請以後將地方官所催汛夫每年於大汛前造具村莊花名清册報院一面申報永定河道衙門查對秋汛安瀾後由河道覈其到夫遲早多寡詳請附奏略示賞罰倘或河員受賄私放由道廳查明嚴參如此則日計不足月計有餘此隄埝不能一勞永逸汛夫急宜整理者也（汛夫土工俱奉照行）一灰壩宜修復也永定河減水閘壩之法當日亦講求再三矣乾隆三年建金門閘石壩郭家務草壩四年建長安城求賢村等處四草壩七年又建雙營等處三壩九年建北五盧家莊一壩十三年建北四崔營村一壩十五年建馬家鋪冰窖二草壩三十七年重建北村求賢兩灰壩嘉慶年間因之道光三年添建南上頭工灰壩與求賢金門閘等壩用之最久迄今歲遠基址多湮或

因河底淤高不敢啟放或因漫口奪溜引河被淤歷年以經費
難籌未能修復去歲蒙憲臺臨工指示諭將金門閘重爲整理
而本年七月初一二日水勢猛驟浪潑隄頂該廳汛不及將閘
門全開已過水二尺五寸該廳汛雖爲持重起見過於小心然
即全開閘門過水六七尺未知閘旁隄埝如何喫重究竟徒恃
一處終屬消洩不及若將先年南北兩岸閘壩重爲興復工大
費多談何容易且此處安瀾一年則河底淤高一年雖有閘壩
三五年後必須將過水龍骨酌量升高其引河每年春冬常被
風沙壅遏勢須於大汛前閒段挑挖所需經費亦無已時北岸
求賢灰壩雖湮沒未久而引河太長需費較鉅惟查南岸頭工
上汛灰壩南上灰壩嗣奉准修復規模尚在尚易整理且放水在上游全
河均可喫輕盛漲有殺而無增雖不能復當年舊規究竟多一

洩水之路而通河之裨益非淺此減水閘壩不能不擇要修復
者也　一經費宜增兵餉兵數宜復舊而添撥也查永定河經
費向例每年請領歲修搶修及備防運腳等項共銀九萬四千
七百兩咸豐四年以後減半給發兵數後照加撥兵餉亦發足數不折七成歲搶修經費亦
奏懇復額嗣後復奏歲加數萬又於光緒二十年建隘滿橋南
大減水石壩乃見大效皆李文忠相國督直時政績也覘以前
諸公艱難數倍而用款亦幾加倍奏效則幾及康乾時景象矣銀鈔各半同治五年前憲劉奏
請停發鈔票減半給領五成實銀同治八年經前大學士曾奏
請加撥銀二萬三千兩而除扣去六分部平等項共計實領到
工銀六萬有奇當時隄高河深險工甚少百務未廢每年領歲
搶修銀九萬餘兩或可敷用目今河身大不如前久廢之餘欲
加整理即如當日所領之數猶恐不敷況近年異漲頻仍各汛
險工向祗一二處者近或三四處向或數十丈者今則長一二

里應需加鑲埽段較之昔年多至倍蓰今查十年辦歲防料三百九十七垛大汛尚不敷用又添辦一百四十七垛今歲因新險愈多挪用別款增辦至六百六十二垛後又隨時添辦一百一十二垛而五六月間搶險竟用去十分之八向年發搶險銀或二三千兩或一二千兩不等事竣覈計少則找領多則繳還今年添備銀四千兩至八月清算則全數用盡當其盛漲員弁搶護卽銀錢料物湊手尚恐倉卒不及有悞事機若有缺乏則望洋徒歎而無可如何幸而不至漫潰或隄埽傷損補綴之費究竟多於搶護此款不足挪用別款終年羅掘補苴之不遑安能日有整頓至兵餉現俱按七成請領近年險工林立河兵終年力作竟無已時其勞苦危險較軍營有事時尤甚非得全餉實不足以資餬口永定河舊設戰守糧額兵共一千五百八十

九名經制額外均在其內近年工多竟不敷用應請擇綠營之可以抽調者撥補一二百名以資防守此歲修搶修兵餉諸費皆宜急復原額兵數不敷工作亦宜酌量添撥者也　一汛員要缺宜變通酌補也查河工各員皆係要缺例歸外補永定河五廳二十一汛皆按資格由道司詳請題咨序補未准有酌補之案夫人才有强弱工段判平險固有積資累考之員而不勝煩劇者亦有經明行修之士而未諳工程者苟非礭樸安能棄而不用要使才與事稱酌量器使各收其效可耳按此條吏部議准將本班中擇其能勝任者請補不必論到工日期先後予先儘班次儘班試用班次不便更改已受通變之益矣　伏查地方州縣有實係人地相宜例准聲明請補而河工要缺亦同係百姓安危似宜擇其最險之工如南岸之南岸同知南上汛霸州州同南下汛宛平縣縣丞南二工良鄉縣縣丞南四工固安縣

縣丞南七工東安縣主簿北岸之北岸同知北下汛宛平縣縣丞北三工涿州州判不拘序補章程或由現任或由候補試用熟諳河務能耐勞苦人員揀選請補藉資得力以上各缺數十年後或化險爲平及他汛平工或又變而爲險由司道查明詳請覈奏更改如蒙允准應請奏明使部中無所掣肘其餘次險工段應仍照例辦理庶人才各用所長而臂指亦運使一氣當玆河務廢弛已極之餘有志者徒勞而不能驟見功效心已漸灰其旅進旅退者又以害多利少而不能振作非於進賢之途略寬文法使鼓舞奮興共相砥勵斷難日有起色此河工員缺拘例已久宜權時變通而收得人之效者也

馥案永定河俗名渾河亦名無定河又名小黃河古無修治工金元時偶見於史其舊道出西山向東南行今之長安城金門

閘皆其經流也東西兩淀中閒霸州中亭河一帶卽其淤灘也康熙年以旗民田地被淹改漸向東乾隆閒以葉沙兩淘爲尾閭謂之散水勻沙久之沙日滿淘日淤尾閭遂病不暢道咸以後河益不可治同治以後稍漲卽決雖曾文正左文襄之勵精圖治迄未奏效迨李文忠任直督時適値連年大水馥奔走永定數年此塞彼決幾無虛歲厥後馥建議於盧溝橋南創建減水大石壩一座工程略仿西式蓄洩則以水抵橋洞上楣爲則逾則瀉去測量旬月乃敢動工蓋欲多洩不奪溜少洩不淤河復以治河埽壩稭料不敷稟商直督李文忠及查工之東河總督許仙屏振褘添撥經費四五萬兩計自光緒二十年建壩至今十八年只決一次其所以決者乃因埽料不足之故馥嘗告李文忠曰壩非一勞永逸也昔者十年九決嗣後或八九年一

決特較洋員某欲於懷來縣建攔壩過清留沙之計稍强耳若能將險工全作石隄灣狹處改從寬直並於南七工放水東行傍淀達津再加以此壩分洩盛漲庶幾乎永保安瀾矣處今之世費何從出亦無人敢任此事也文忠公欲處久之今閱永定續誌載有同治十一年馥與李藻舟觀察會稟稿一通臚敘河病稍覺詳切迴思已三十餘年矣當日同事諸人十九物故不勝愴然因取舊稿錄於治水述要中俾治永定者他日有所考焉

光緒二十年建盧溝橋南岸減水大石壩一座直隸督署冊案石壩龍骨寬五十丈進深六尺砌高八尺坦坡寬五十丈進深三丈五尺出水簸箕寬五十丈進深十九丈龍骨上添砌石橋墩七座露明高一丈五尺每座自基至頂高二丈五尺長三丈基寬一丈頂寬五尺四寸上架鋼橋以便行人減下之水過良鄉縣東同治十年石隄五號尾溢水之溝槽東入雄縣大清河歸東淀達津

右永定河說略一段及盧溝減水石壩尺寸爲周尚書所續寄者治水述要尚書原編至光緒二十四年止質孫復續編至光緒三十三年止書成寄尚書閱之又加永定河說一段及盧溝減壩尺寸蓋已在宣統三年春間矣故其自敘有云光緒二十年建壩至今十八年只決一次云云以時考之毫無訛舛故補記之吳質孫

河道李朝儀酌添麻袋兵米等項詳光緒三年三月

前稟河防一切事宜當奉憲臺面諭麻袋裝土搶護險工甚資得力惟每年歲款僅有此數未能寬爲購備可於額領工需外

每撥銀四千兩多爲購覓盛土堆儲要工以資抵禦並酌議搶險兵米等因職道即飭石景山等五廳妥議詳覆兹據該廳等議定麻袋土車月夫兵米等項繕摺呈送前來職道覆查該廳等所議各節尚屬周妥實於河務有裨應請即照辦理合繕摺呈送查覈批示遵行　一用麻袋盛土大溜衝埽游蟄時麻袋盛土代甎石曾見用之頗得力亦無法中求法也搶護險工　搶險時走埽潰隄危在呼吸用麻袋裝滿雜土壓埽壓柳最爲得力　一製獨輪土車存儲要工用榆棗木製就滿擦桐油並麻袋等件每輛約估工料京錢六千五百文　一大汛期内雇夫推土　伏秋兩汛兵不敷用每土車一輛雇月夫二名預推膠土堆積工次每名日給京錢三百文　一大汛期内加賞弁兵　伏秋兩汛除看鋪聽差各兵外凡在工力作戰守弁兵自初伏起至處暑止遇搶險及趕辦要工每名日給白麪一觔小米一觔奉總督批准

覈案以上數事皆經李相國批准永定河受益頗多

是年黃淮並漲水從六壩旁洩入下河黃流倒灌運河淤與岸平河渠紀聞

按是時漕河輟浚已二十餘年自三十五年黃淮異漲唐埂六壩盡圮黃水倒灌入漕反借黃爲漕而淊淊日下之唐埂未閉淮水大洩不能敵黃而奪於黃濁流日漫沙停水壅至是更加泛濫連年糧艘北上阻塞牽輓盤剝之苦不可勝言高寶本爲盂城葦安區日加運隄而不知浚渠水於是益高渠於是益墊至墊與隄平斯時西下之流方盛運無可浚就運言運舍加隄而別無所事猶病在彼而證見於此病不去而證難醫故河工之成也相連而及其敗亦相踵而至至文端闗清口閉五壩始

自惠濟祠歷山清至寶應而南大加疏治浚二十年輟浚之河非董安國所能知也（河渠紀聞）

康熙三十八年大培高家堰（行水金鑑）

是年大學士九卿等會議得侍郎常綬等既稱武家墩村北元帝廟稍遠之處應行開口又將高堰切築高厚減壩盡行堵塞臨湖汕刷之處亦應修補不許隄根取土應添挑引河二道等語查武家墩開口改移清口甚好但見今物料未備恐明年兩水之前不能完工漕運甚屬緊要雖改移清口其高堰亦必須加幫相應將高堰照侍郎常綬所奏速行加幫高厚不致遲悞明年漕運所需約估銀一百二十八萬五千零令戶部就近撥給再先前各工撥給銀一百八十萬兩分給各官至今工程尚未完竣此加幫高堰挑挖引河等工若又交與伊等必致遲悞

修此工程應差部院堂官一員督催并簡賢能堂司官員分給段落令其節省錢糧堅固作速修造至邵伯更樓高郵九里等處決口至今尚未堵塞完工此亦關係運道亦應差部院堂官一員督催作速完工應差堂官并分段修工堂司官員恭請欽點奉 旨依議遣范承勳等十人督修遣董訥等十六人分修（行水金鑑）是年戶科掌印給事中張賫題奏邇年以來淮南水溢下河數被奇災 皇上恤念民生親臨閱視灼見清水不出黃水必不能疏黃水不除清水必不能出乃 特賜指授命前河臣董安國等將黃河灣曲處挑引水河一道使水直下遠避清口免其倒灌此殆神靈天受非臣下意計所及萬姓歡呼竚看底績但新挑引河須俟水汛大發始行開放則刷沙有力一舉成功因放水太早以致復淤頃恭讀 上諭清口甚爲緊要如

不將清口挑濬湖水不出高堰隄工幷運河隄工雖加高厚均屬無益真　聖明洞鑒全河瞭若指掌臣下所宜仰體　聖懷蚤夜以圖者也臣聞居民傳說中河水從仲莊出口建瓴之勢逼溜使南是以直射湖門不獨清水難出而黃水反爲易入則欲挑濬清口不得不制中河之水以制黃河之水矣又讀　上諭謂董安國所挑之河再行挑濬或將清口迤北遠移挑濬之處速行詳議臣恭繹再四則有分黃導淮之法蓋黃分則勢弱而清口不當頂衝從此疏濬自不難矣其分黃之策不必另闢河道工費繁多合無於仲莊閘以下見有不係運道之中河自清河縣起至山陽之草灣附近地方止約長七八千丈挑寬十餘丈以足二十丈之闊上口將縷隄挖通使黃水由此分洩至下口亦挖通縷隄仍歸大河會流入海再於挖通縷隄之上下

口倣明紹興知府湯紹恩三江遺制建立雙板石閘中實以土以時蓄洩如此則中河之水由此而去黃河之水亦由此而分北岸水勢既殺則南岸之水勢必趨而北矣董安國所挑之新河有不刷深直下誠如　聖慮者乎再將清门去其淤墊引湖水暢洩不獨清水刷黃以濟運由是清水東下而唐埂六壩過水漸少然後周橋翟壩易於修築得以閉塞庶免下河昏墊之憂且省朝廷歲發帑金之費其於治河之道或有小補也如云河不兩行謂分則力弱緩則沙停而獨非所論於清口以清刷黃原取其弱以水攻沙不患其停況建閘又可蓄洩也臣生長淮土素聞士八之言無所折衷不敢漫信因奉　上諭所及謹擇其稍合者具疏上聞以備採擇奉　旨這本說得是著河道總督速議具奏總河題覆分黃導淮之法未嘗不得河防機宜

但黃河之水勢大力强難以輕議分洩何也㐌隄挑河而水勢
不趨或趨之而溜行不急開放之後又見沙淤董安國所挑之
引河半於河身之中對河又築排水大壩歷過伏秋三汛水勢
大漲猶不能挑之北行奚能强之入於雙金門閘下之中河乎
若歲㐌縷隄而溜趨引河則排山之勢難於止遏從前漫缺皆
係罅隙之間即成缺口安能必之循軌而行出二十丈寛之中
河達之草灣仍復紆迴使之入於黃河而不他溢乎且清口對
過北岸皆係淤沙人夫無立足之地畚鍤難施臣等鰓鰓過計
而不敢遽議改遷也前奉　上諭將清口迤北遠移挑濬臣等
已將見挑裴家場等處引河堵閉唐埂等減壩加挑陶家莊引
河接築南岸挑水大壩具題在案今蒙　皇上撥發帑銀臣等
見在分檄提催俟銀兩解到唯將周橋以南一帶隄工簽釘排

樁修築堅固唐埂等減壩一槩堵塞湖水涓滴不令東洩盡由
裴家場爛泥淺等處引河暢流外注敵抵黃流將陶家莊引河
再加挑㐌南岸挑水壩再加接築俟水勢大溜挑近引河然後
相機開放加以清口引出之水敵黃衝刷黃河由引河而趨北
岸似可無倒灌之虞至於三江口雙板石閘止可行之清水而
不可行之黃水今既不議改㐌縷隄則雙板閘之式亦無容更
議矣至於遠移改黃之處統俟湖水出後相度形勢另行奏請
遵行奉　旨九卿詹事科道會議具奏嗣經會議總河于成龍
所奏于成龍鑲黃旗漢軍廕生諡襄勤祀賢良祠誠爲有理奉　旨依議張文端治河書

康熙三十九年四月議開張福口引河張文端治河書

按清口爲黃淮交會糧艘北上最要之地河身淤爲平陸清水
隔絕不通黃流入運滯運淤河時議開通裴家場帥家莊引河

引水入運以爲一時權宜之計總河張鵬翮字運青四川遂寧人寄居湖北麻城大學士諡文端議以裴家場引河身高爛泥淺流沙旋挑旋淤裴帥二河相連卽閘濬深通夏秋黄水大長清水力弱不能相敵不可專恃張福口河勢在裴家場引河之上上下水勢相濟汛水漲發兩處清水會合庶可敵黄應再於張福口挑引河一道長千有餘丈闊十丈深一丈或八九尺不等引清水於黄河相近處入運時清口淤塞廣闊非多挑引河恐不濟事趁水未長時兼工挑浚此導引淮流禦黄通運濟變最要之機宜也河渠紀聞是年十一月議於張福口裴家場二引河空地中間再挑引河張文端治河書時總河張鵬翮奏臣觀見在諸引河之水勢聚而力強故足以敵黄而直出運口但大半出黄少半濟運一分兩分當伏秋黄長之時恐清水之力稍微臣率河官都員親行相度應於張福口裴家場二引河空地中間迎溜大溜之處再挑引河一道面寬二十丈底深一丈會入一河出口敵黄俾清水之勢常强而禦黄有力將爛泥淺會入三汊河從七里河出文華寺運河專以濟運衆議僉同實屬可行所需銀兩於捐銀節省二項內動用不另請正帑理合具題奉　旨九卿詹事科道會同速議具奏嗣會議具題奉　旨依議速行行水金鑑

是年始改定中河河渠紀聞

按靳文襄創開中河避黄河二百里風濤之險法莫善於此于襄勤以南岸逼近黄淄地勢卑窪難以立隄及親總河務棄舊中河不用徙南岸爲北岸自盛家道口至清河開六十里之新中河至是議以三義壩迤上河身深廣勝新河惟三義壩迤下至仲莊牐二十五里淺窄灣曲且隄距河岸甚近難以避衝乃

棄舊中河下段於三義壩築攔河隄一道截舊中河入新中河仍用舊中河上段與新中河下段合爲一河糧艘通行無滯又於中河首尾各建石牐以時啟閉築兩岸河隄萬餘丈中河於是大成文襄創開中河襄勤參酌於後至文端治事兼收其用轉移去就之間適協所宜補文襄襄勤所未及遂爲漕道永利襄勤自皖初至南河開挑下河與文襄論多不協而文襄疏稱其審量經營之處頗費苦心張文端治河於文襄遺蹟多所師承而於中河必審其去取語云善作者必待善成前人之善法後人贊成之而其美始彰惟無私心求當於理不同而和乃所以爲君子彼徒以聚訟爲事者反是矣河渠紀聞

康熙四十年正月總河張鵬翮具疏陳河湖節宣之法河渠紀聞

按自平江伯建清江五牐遞互啟閉猶慮水發湍急築壩以遏

水衝蓋緣黃流倒灌自古已慎其防至淮流方出敵黃之力尚微建牐猶需時日伏秋繼至司河者所亟籌也疏略云湖口清水已出宜籌節宣之道應於張福口裴家場中開再開寬深引河會萃三水並力敵黃頻年河身墊高黃水勢大力強淮敵黃力弱故蓄高堰之水以助其勢若黃漲在糧船過完之後堵閉攔黃壩使不得倒灌兼可刷河若漲在糧船盛行之時閉裴家場引河口門引清水由三汊河至文華寺入運河以濟運行運河水大山陽一帶由涇澗二河洩入射陽湖下海寶應一帶由子嬰溝洩入射陽湖下海高郵一帶仍由城南柏家墩二大壩洩水由人字河鳳凰橋等河入江若遇黃淮並漲清水由翟壩天然滾壩洩出黃水由王營減壩洩入鹽河至平旺河下海若糧船過完黃水不大發將運河頭壩堵閉令清水全入黃河以

資衡刷官民船照例盤壩俟回空糧船到日啟壩止留三汊河清水仍由文華寺入運河卽古人設天妃牐於糧船過後閉牐築壩之意也奉　旨這所奏已得河工祕要依議速行　睿慮洞徹河工機要全河節宣之大法已無餘蘊視李垂形諸書尤爲切要也河渠紀聞

是年復建三滚壩於唐埂迤下以備宣洩河渠紀聞

康熙四十一年桃汛長水三丈有奇入夏桃源縣龍窩汛大隄漫溢過水不數日塞河渠紀聞

是時龍窩之上游煙墩大隄被水衝嚙僅餘尺許夫役走散總河張鵬翮獨立隄上亟呼員弁曰龍窩雖無及幸水勢稍緩煙墩失守則淮揚一路皆成巨浸矣激勵士卒籌運薪木浹旬隄成以次移治龍窩數日亦塞河渠紀聞

康熙四十二年移運口於楊家莊避越清口河渠紀聞

時奉　上諭仲莊牐清水出口逼溜使南恐礙運口應於陶莊以下楊家莊開引河分中河水從此口出欽遵移改河運兩利矣按楊家莊卽大清水之故道也其地去清口稍遠中河由仲莊出口地在清口上游每有助黃灌清之患清水出牐橫衝向設壩以東其勢至重運北上仍須啟牐通流而正當桃伏之交水勢漸旺直射挑壩逼黃南趨倒灌清口爲運道梗改分中河之水穿子隄由雙金門牐入鹽河至花家莊迤東穿黃河縷隄至楊家莊出口南北兩岸築隄束水又於花家莊鹽河撐隄之上建牐洩水並於口門添建草壩三座不使驟洩收蓄得宜漕鹽兩利河渠紀聞

是年南巡　臨視河工奉　上諭朕此番南巡徧閱河工約已

成功向來黃水高淮水六尺淮水低六尺不能敵黃常患淤墊今將六壩堵閉洪澤湖水高力能敵黃則運河不致有倒灌之患此河工所以告成也河南居黃河上游宋元以來每煩修治將河南黃河工程險要之處併修理完固賜河臣箴以勖之（同上）

是年三月　御製河臣箴舟中書賜河臣張鵬翮曰自古水患惟河爲大治之有方民乃無害禹疏而九平成攸賴降及漢唐決復未艾漸徙而南宋元滋溢今河昔河議不可一昔止河防今兼漕法既弭其患復資其力矧此一方耕鑿失職澤國波臣痌瘝已極肩兹鉅任曷容怠佚毋俾金隄潰於蟻穴毋使田廬淪爲蛟窟毋徒糜國帑而勢難終日毋虚動畚築而功鮮覆簣務圖先事盡利導策莫悔後時飭補苴術勿卽私而肯公勿辭勞而就逸惟潔清以自持兼集思而廣益則患無不除績可光册示我河臣敬哉以勖（張文端河防志）

是年　上諭煙墩甚險雖有越隄必須保守縷隄此挑水壩應行建築又奉　上諭王家營對過鮑家營開引河洩黃漲之水以保障清江淮安地方著卽開挑兩岸築隄以衞民田又奉　上諭開減水壩須於水緩之處不可迎溜以防奪河（河防志）

康熙四十四年高堰三壩下挑濬一河兩旁築隄束水入高郵邵伯諸湖其高郵減水壩下亦挑濬一河兩旁築隄束水由串場等入白駒丁溪草堰等河（河渠紀聞）

是年閏四月初十日　聖駕臨幸高家堰閲視工程十一日　聖駕臨幸惠濟祠石工召總河張鵬翮及河臣淮揚道張弼等又召大學士馬齊等跪於河干　上諭朕三十八年閲河爾等所跪之處俱屬黃水今清水暢流逼黃竟抵北岸僅成一線朕

心甚爲快然觀此形勢朕之河工大成矣十月初四日　上諭
諭工部方今海宇昇平惟以安阜黎元爲急東南要務莫重於
河防朕數經南巡指示修築方略凡以籌運道濟民生也自曩
歲兩河先後衝決而黄流淤墊繼以高堰唐埂壩久決未塞而
洪澤湖水直從決口旁洩以致淮水力弱黄水倒灌全河幾至
潰壞於是分遣廷臣發帑金數百萬增築高堰盡閉六壩俾淮
水全注清口又特築挑水壩以逼黄溜趨向北岸仍開浚陶莊
引河以導黄北流然後黄水無倒灌之患四十二年以河工漸
可底績躬親臨視時高堰石工尚多未竣飭令迅速修築又因
仲莊閘水勢湍急恐逼黄流倒灌清口隨命閉仲莊閘改建楊
家莊閘閘工既成今年春復往巡閱比至高堰見石工仍未完
固舊埽亦多朽塌諄諭河臣張鵬翮謂水勢無常修防宜豫一

有疏忽則前工盡隳且甫奏安瀾旋報衝決天下其謂之何張
鵬翮猶奏稱隄工捍禦可以無虞迨伏汛大水驟發果衝決古
溝唐埂清水溝等處淮揚一路田畝被淹者甚衆今已嚴飭堵
塞決口刻期竣工朕屢親莅河干詳度形勢當水漲之時若高
堰及運河減水壩不令開放則隄堰甚爲危險若開壩宣洩則
閭閻隴畝必致淹傷方春水涸民間盡皆播種一經夏水驟漲
開壩放流而所播之種悉被淹沒朕心惻然殊爲不忍使不設
法導流俾水有所收束則瀕湖及下河民田究不免於水患朕
再三籌畫宜於高堰三壩之下挑濬一河兩旁築隄束水入高
郵邵伯諸湖湖外亦量築土隄不使漫溢其高郵減水壩下亦
挑濬一河兩旁築隄束水由串場河入白駒丁溪草堰等河淤
淺之處并開濬深通俾之入海如此則各壩所出之水不致有

渙散衝流之害又洪澤湖水勢大漲泗州盱眙等州縣俱被水災應於泗州一帶受水之地亦酌量築隄收束毋令泛溢則所全於淮安揚州鳳陽三郡民生者多矣此事原於河道無涉在河官止知保護河道不復詳計民生朕惟民開田畝所繫甚重宜圖萬全可久之策築隄束水行之北河業有成效則施之南河當亦有濟應從何地築隄延袤若干里需費幾何行令江南總督總漕總河江蘇巡撫會同確勘詳議具奏爾部即遵諭行

特諭

總河張鵬翮會同總漕總督巡撫會勘估計於三滚水壩下挑河築隄蔣家壩添建石閘水大開放循河歸入高郵諸湖并請發內帑遣官修築奉　旨依議著孫渣齊徐潮鐵圖黑中達爾花蘇毓茂前往督修完工迄今開壩之水悉由壩下之河歸入

高郵諸湖由東隄壩下各引河歸海不致散漫淮揚二郡億兆生靈桑麻樂業莫不感頌　皇仁與天地不朽矣行水金鑑

康熙四十六年停止溜淮套引河工程行水金鑑

是年二月　上巡視溜淮套駐蹕曹家廟地方　諭扈從文武臣工及河道總督等曰前阿山等察勘泗州水勢奏稱溜淮套地方另開一河出張福口可以分洩淮水免洪澤湖之異漲保高家堰之危險繪圖進呈請朕親閱在廷諸臣亦以河工事關重大再四懇請朕始親行今詳看地勢甚高雖開鑿成河亦不能直達清口且所立標桿多有在墳上者若依所立標桿開河不獨壞民田廬甚至毀民墳冢朕惟恐一夫不獲其所時爲己飢已溺之心何忍發此無數枯骨數年來兩河平靜民生安樂何必多此一事先年靳輔開中河以避黃河之險確有成效然

亦止因舊河身疏濬今若欲開濬溜淮套必至鑿山穿嶺不惟
斷難成功將來汛水漫溢不漫入洪澤湖必致衝決運河矣又
諭曰明代淮黃與今迥別明代黃水勢强淮水勢弱故有倒
灌之患朕自甲子年南巡閱視兩河形勢漸次修治今則淮强
黃弱矣然善後之策尤宜亟講與其開溜淮套無益之河不若
將洪澤湖出水之處再行挑濬令其寬深使清水愈加暢流至
蔣家壩天然壩一帶舊有河形宜更加挑濬使通運料小河俾
商民船隻皆可通行卽漕船亦可輓運爲利不淺矣仁皇帝聖訓

**是年八月豐汛北岸吳家莊隄漫缺一百三十丈隨漏夜築塞加
越隄挑引河引溜南趨歸故道**河渠紀聞

此因漲水驟溢入順隄河引溜衝缺也自來北決之害甚於南
岸以南亢而北下也而此旋決旋塞補救易爲力者其地距正

河尙遠六七里順隄河雖寬深而外灘高於內灘丈餘非大水
不能上灘若水落歸槽則決口乾矣趁此時一鼓而前立可堵
閉河渠紀聞

**康熙四十八年六月河漲漫蘭陽北岸雷家集隄二十六丈又漫
儀封縣北岸洪邵灣隄二十一丈水驛隄斷口四十三丈張家莊
隄斷口二十五丈巡撫汪灝督官搶築逾年皆塞之**河渠紀聞

康熙五十一年建卞家汪下挑壩河渠紀聞

是年奉 上諭今年清水小於黃水黃水溜過西壩直向卞家
汪激成回溜以致倒灌清口迨後清水暢出刷通清口船行無
阻今於天妃壩以上卞家汪以下相度形勢仿照御壩規模建
壩一座內蓄清水之勢外禦黃水回溜著趙世顯勘明妥辦再
將陶莊引河疏濬深通導流仍由北岸暢行清口自無倒灌之

虞欽此按是時張福口裴家場張家莊等引河疏濬深通清水東注陶莊引河水仍北流惟黃水過盛則溢出之水洄旋於清口而有倒灌之處卞家汪以下創建挑壩內蓄清水外禦黃流使回溜過壩而散其勢不能上出而清水得壩之力暢注禦黃東下陶莊引河不濬自通此皆聖主親臨閱視區畫精詳至今守法永賴平成也河渠紀聞今按卞汪下挑壩蓄清禦黃即兜水壩之權輿而兜水壩又東清壩之始基也續行水金鑑

康熙六十年八月黃沁並漲河決詹家店馬營口魏家口等處大溜北瀉直注滑縣長垣東明經開州習城村入山東境分灌濮州范縣壽張隄岸多潰至范之宋明口併入清河又合壽張之沙河漫過大壩與趙王河合出運河潰曹家單薄下大清河入海河渠紀聞馥彙詹家店等處決口俱於是年冬合龍見河南通志

按是年趙世顯方建徐州韓家山山陽縣韓家莊桃源縣顏家莊七里溝安東縣南門迤西時家馬頭之挑壩磯嘴而於孟津之沙淤流滯詹店之虛鬆引溜會未加詳所謂圖近而忘遠也聖明廑念中州每以下流既治必固上源四十一年張鵬翮面奉上諭河南黃河係處上游宋元以來每煩修治責令勘修堅築趙世顯但以廣築挑壩爲得策不爲遠慮四十餘年之安瀾至此復發大難因循廢弛於足迹不到之地豈得謂非人事哉河渠紀聞

是年東撫李樹德請開彭口新河此應與雍正四年總河齊蘇勒請開彭口月河案參看河渠紀聞

按彭口噴沙歲以爲常疏濬以時無礙運行先是濟甯道詳稱彭口一帶有昭陽微山西湖噴沙積於三洞橋內屢開屢塞檯

艘至此耽延時日請挑新河一道躲避噴沙以疏運道據情奏請奉　旨山東運河自西河之水流入此河從前百姓以爲宜開具呈亦曾開過後又具呈亦曾堵過開者何意堵者何意務悉此等緣故方可定其應開與否不然則虛耗錢糧矣又奉上諭朕於河務留心最切經歷最深往年屢次閱河時精力尚强親乘小舟不避水險各處周覽凡水泉源委知之甚悉山東運河全賴衆泉流蓄微山諸湖以濟漕運今山東多開稻田截湖水上流之泉以資灌溉上流既截湖水自然無所蓄瀦安能濟運譬治病者或吐或瀉必因其人尙有精神若中無所有又焉能吐瀉乎地方官未明水之源流一任民開放水灌田以爲愛惜百姓不知漕運實因此而悞也若不許民間偸截水泉則湖水既足自能濟運矣今不講究本源但見湖水日少湖身日淺徒事開浚假使湖身日深泉水不繼雖費百萬帑金終何利益（湖身日深四語誠爲治運之金科玉律也）且將古人所置南北諸牐將如之何古人置牐其遠近疏密皆因地形高下水勢緩急以爲蓄洩或一地二牐或一二十里一牐確有一定丈尺不可更易分水龍王廟牐座最關緊要當時宋禮用白英老人之策戴村築壩以遏汶水導之出鵝湖口入南旺湖然後分流南北以分水口爲水脊蓋山東登萊諸山之脈自關東來結爲泰山是北幹分支之一在黃河之東而黃河之西山脈自終南太乙南屆淮汝爲中幹分支之一黃河行乎兩支之中故昔時由天津入海以後漸徙而南至淮安入海而登州以上馬谷山以下從無黃河入海之迹者山脈限之也分水口之水脊又爲泰山分支之分脊處白英積數十年之心思確有所見決爲此議宋禮從之因勢均

導南得七分北得三分增修水牐以時啟閉漕運隨通此等膽識後人斷斷不敢實亦不能得水平如是之準也今此二牐最宜斟酌啟閉若洩於南則當閉北牐使分北之水亦歸於南洩於北則當閉南牐使分南之水亦歸於北湖泉並注南北合流雖有旱暵靡不有濟矣豈若從事開浚勞費而無功乎往年山東百姓欲開新河朕恐其下流泛濫禁而弗許今巡撫請開新河此地一面爲微山湖一面爲嶧縣諸山更從何處開鑿耶張鵬翮到山東將朕此旨詳諭巡撫申飭地方令相度泉源蓄積湖水俾漕運無悞正易易耳黃河關係最大自元至明歲有衝決未有安瀾二十餘年如今日者然圖治已治圖安已安河工雖已告成尤當時加巡視不可疏忽欽此河渠紀聞

康熙六十一年正月河復決馬營口下灌張秋奔注大清河河渠紀聞

是年正月十九日河冰溢水復漫張釘船幫南壩尾接至秦家廠子堰決斷二十餘丈又將新築月隄塌斷水由李先鋒莊壩下直逼馬營口隄工至十八日決開二十餘丈水深溜急無可堵塞陳鵬年建議於王家溝挑挖引河一道使水由東南會入滎澤舊縣前入正河又於沁河口東建挑水壩一座水勢始平於十二月相繼堵塞又於馬營口築大越隄一道自決口東滎澤大隄起至詹家店新築隄頭止又築滎澤大隄以爲遙隄四月於儀封縣白家樓北岸挑引河長七百丈虞城縣黃堌壩對岸挑引河長一百六十丈河流通暢六月初四日夜沁水暴溢衝塌秦家廠北壩臺八丈南壩臺九丈五尺邊埽加鑲塌卸六丈又釘船幫大壩蟄陷四十五丈搶築將成至初六日復陷幸王家溝引河汛水刷寬一百餘丈全河盡注不浸馬營決口陳

鵬年楊宗義於廣武山官莊峪挑引河一百四十餘丈以殺水勢至九月秦家厰南壩南合龍次日又將北壩尾決開一百餘丈大溜歸馬營口亦漫開八丈然底埽未動至十二月初八日塞訖忽冰凌水積壩尾後隄埽面漫水二十餘丈馬營口亦漫開八九丈遂并力搶築至二十一日工竣十二月齊蘇勒奏秦家厰雖合龍斷流現今細水透露正在搶救但地勢卑窪非建壩之區況兩岸無倚孤立於巨浸中勢甚危急宜築背後土隄以斷其流多下護壩邊埽以敵其衝使前後有恃并力捍禦隨會撫臣楊宗義帶同管河道等官議定先將秦家厰攔河大壩加鑲高厚以捍水勢將馬營口衝斷之隄於水中接合西東以絕其流但時值隆冬土凍難修因時迫事急不得已設法挖凍趕辦以防春汛其餘修防俟春和土化次第修理庶保萬全河南通志合龍之工險多平少險又各工不同茲編僅擇其可法可戒者錄之其大致相同者不錄

雍正元年六月十一夜風雨大作河溢中牟縣十里店大隄漫口十七丈婁家莊大隄漫口八丈由劉家南入賈魯河河渠紀聞

按是時河自滎澤以下二百餘里大溜趨正河者僅止四分水力微弱不能攻沙河底墊高全河下注槽不能容漾出旁溢直至兩岸隄根北岸陽武祥符封邱一帶有岔流三道各寬十五丈深六七尺逼近隄根繞行五十餘里始歸正河南岸由清佛寺等地方刷成支河一道寬百餘丈深丈四五尺不等沿隄下注至四十里始歸正河分流四出漫水不能成溜勢緩沙停墊高河底則有出槽旁溢之患乃於兩岸加築隄堰八段以斷旁流而正河業已受淤水不能下而上溢矣此十里店婁家莊所以相繼並決也蓋下流壅積不南奔則北衝非人所能爲矣而

溯上游以順水勢挑倉頭橫亙之沙灘循官莊當溜之水口使水直湧東下不至漩洄北折秦廠安如磐石濁流直走中洪而十里店婁莊之新工以次告竣婁莊塞以七月十里店塞以十一月俱於隄後築戧加月隄以畢其功其大溜所以直下而新工易竟者河流順軌廿年於玆矣漲水久不出槽河已刷至深淵馬營之役上下祇淤數十里而數十里以下之深河依然自在也上流條順則其下沛然莫禦此人事之可必者也河渠紀聞

是年七月沁黃交漲由懷慶府地方姚其營漫灘而出水與隄平決梁家營二鋪營土隄及詹家店馬營月隄接連滎澤之遙隄格隄漫坍八處由原武舊河身流至七十餘里遇高阜之處而止至二十五日大溜仍歸正河時命大學士張鵬翮會同嵇曾筠等協力修築是月卽塞之河渠紀聞

按是時黃沁並漲之水漫出梁營二鋪詹店馬營之隄何以流七十里之遙遇高阜而卽能自止蓋承平日久水深溜急奔流到海掣曳之勢重也此言正河未掣溜深通入海漫灘之水遇高卽止至謂滌盡漫口浮淤未知確否以二千里極深之河掣數十里新淤之沙歷冬迄春至汛水大長之時浮淤滌盡其所以東水而刷之使深者非一朝一夕之故至水歸大河溜勢已去漫流無異止水非高地果足爲圉也水不流而塞自易旬時可定大河之治必以漸奏功胥有次第於此可得其凡河渠紀聞

是年九月二十二日狂風水湧決鄭州來童寨民隄鄭民挖陽武故隄放水併沖開中牟縣楊橋官隄十餘丈河撫督官分堵河渠紀聞

按漲水至而愚民開隄放水擅毀官防以鄰爲壑罔有應得之咎而大溜頂衝闢至十餘丈不復加闊者水落歸槽而溜勢不

移也河工至水深工穩驟不能開即開亦復易合來童寨之漫仍十里店之浮淤未盡漫衍生工已漫復歸槽溜不掣而隨時捄治人力可施陽武決塞於十月楊橋以次塞於十二月併建築月隄彙隄以資捍禦蓋不勞而理矣河渠紀聞

是年始建清口東水壩於風神廟前東西各一東壩長二十六丈西壩長二十四丈以禦黃蓄清河渠紀聞

按洪湖水出清口會黃注海分流入運全河關鍵在東西兩壩黃河乘高過淮淮不能禦而內灌即以病運黃水必使其有抵始可抑黃以助淮淮水必使其有餘始可制黃而利運權衡制宜西壩宜愼守以抵禦黃流東壩但視水勢消長以時修拆爲蓄清禦黃之道然其時清黃交會猶在惠濟祠後也迨挑陶莊引河黃流下注周莊乾隆丙申移建東西壩於平成臺又以河

面寬闊水勢行緩至己亥年復移下二百九十餘丈添築兜水壩於風神廟前以爲重門復以黃流下注相距尚遠濁水直灌入運至乾隆乙巳年將東西壩復移下三百丈於福神庵前建設以資禦黃加鑲兜水壩以爲束清如黃水過大收窄禦黃壩口門不使漾入清水過大東清禦黃一體展拓俾資暢洩接長東壩以攩回溜收短西壩使清水直出抵黃操縱由人應手得力定議湖水消存三尺酌留口門十二丈湖水消存二尺酌留口門八丈節宣有制遵行二十餘年黃淮各得所宜安流無害矣河渠紀聞今按東清禦黃兩壩創於康熙三十七年戊寅謂之東西兩壩雍正元年癸卯重建是時亦祇謂東水壩而無所爲東清禦黃也乾隆乙巳之役始以運口外之兜水壩爲束清壩移東西兩壩於福神庵前爲禦黃壩續行水金鑑

雍正二年四月 命兵部侍郎嵇曾筠爲副總河嵇曾筠字松友無錫籍長洲人號禮齋大學士謚文敏祀賢良祠子嵇璜謚文恭嵇承志乃文敏姪孫三世皆爲總河名臣駐紮武陟縣專管河南河務河南通志

按此東河分治之始也河南居江南上源功要於下非設官分治有鞭長莫及之勢地方兼理修守至緊要機宜或以未能諳悉致悞馬營諸口之決始於秋水驟至成平日久老隄無工之處防守不到未能燭於幾先水得乘隙以攻其無備是時撥河南撫標守備一千總二把總四河兵千名分派南北兩岸駐隄防守糧餉由河南藩庫支給添設開封府上南河上北河黃沁同知各一員沁河主簿一員分司協理規制略備矣河渠紀聞

是年七月河決儀封南岸之大寨蘭陽北岸之板橋河渠紀聞

時 命巡撫田文鏡會同副總河嵇曾筠率屬堵築逾月決口俱塞大隄漫決已逾旬日而口門尚未搜刷寬深固因清水游蕩亦由下流坡地本高水未衝出河槽故也築隄必測水平岸高者隄必卑悉從水面測至隄頂但以水至隄爲準。不以本隄爲準。則我有平水之方。水無得乘其隙矣。地形數里之內郎有隆窪而隄之丈尺無異平時不加審察水至從低灘漫入遂至減頂非必盡逢異漲人事固有不齊也蘭陽儀封之同時並決病實坐此河渠紀聞

是年總河齊蘇勒建六里石牐齊蘇勒字篤之正白旗滿洲官學生年六十餘以勞病卒謚勤恪河渠紀聞

按自臺莊至韓莊八十餘里地勢建瓴高下懸殊爲牐節之使不至直瀉而張莊至德勝河形更直兩崖陡峻不能存蓄水勢

是以齊勤恪奏定於適中六里建牐收束（河渠紀聞）

雍正三年增培豫東南北兩岸隄工報竣議修月格等隄（河渠紀聞）

按豫省月格等隄每不如江省得力江省遇大水溢湧縷隄著重之時開倒溝放水入越隄灌滿隄內迴流漾出頂溜開行內塘漸次填淤平滿名曰放淤豫省雖有越格等隄多不放開以土性沙鬆遇水易潰也然工程緊要之處備防不可不周選膠結老土爲上河南北岸蘭陽雷家新莊耿家寨四門堂堌陽等處水湧溜急隄後離地低大隄二丈餘空虛無靠應築月隄加幫隄埝高厚以爲外衛南岸祥符縣一覽臺等處大隄切近省城幫築貼隄以爲內戧又姜家莊程家寨月隄格隄加築高厚考城縣胡家道口石家莊商邱縣蔚家窪虞城縣待賓寺等處各月隄加幫高寬並築子堰以爲重障選土築實皆能得用銅

瓦廂古稱極險加築後越隄每歲增培積至五六年高厚倍前乾隆乙卯大溜曲注危險異常開倒溝引入內塘登時灌滿水仍外出頂溜開行此其驗也未有爲之而無其功者視其實不實耳（河渠紀聞）

馥案月隄格隄之工固宜用真土堅築其高厚尤須倍於縷隄方能得力不然大溜一破縷隄伸腰直瀉無可抵禦且此隄常不經水易招蟲鼠穴窩須每年細勘兩徧或間年加坡土二三尺水至自無隙可乘從前險工俱加月隄日久廢弛放淤之法漸廢固由經費不足亦因河底漸高不敢冒險也

又案次年亦大修江南黃運兩河土石埽壩工程加築越隄惟逐年培隄案多不能具載

是年六月河決睢甯縣朱家海大隄（朱家海即朱家口）總河齊蘇勒率兵

夫塞之塞未竣四年四月黃水陡長衝激東岸壩蟄大埽蟄塌九段命廣督孔毓珣前往協辦至十二月決口塞埽上建挑水壩大壩後加築月隄對岸開疏引河分傾下注功於是成 河渠紀聞

按江南黃河工險莫險於朱家口其地本名朱家海以地極窪下土鬆底虛水聚不洩而稱名也河勢自東北逆轉東南長瀉頂溜埽不能立必開引河以順其勢建挑壩以開其溜然非長棓大埽則挑壩不能立非開寬引河則溜不能進非加長壩頭則不能逼溜歸入新河而正當埽灣急溜洄漩曲注若埽頭挺入河心以攖其怒水愈暴橫而不馴決不易塞塞亦難守是以經營二三年後始獲藏事合龍後溜仍壅注埽根復於上水建挑水壩挑溜北行大壩前進攖崖埽下水築護崖埽以固壩壩後加築月隄對岸挖引河五百餘丈分傾水勢緩壩前之溜下尾接挖子河四千餘丈通流匯注工自是始成朱家海決後睢甯虹縣泗州桃源宿遷五州縣近河地方多有淤地奏將涸出沃壤增輸錢糧然清口上流之七道引河漫淤只餘一道清水不得暢出固難免眾口之囂矣 河渠紀聞

馥案朱家海之決以隄內勢極低窪飛沙築隄夜半水由地中潰沙伏流湧出同治九年永定河南五工之決亦同此病蓋沙隄透水內高外低勢所必然苟能先期用鎮土加培隄坡庶此患可免

是年總河齊蘇勒議洪澤湖之滾壩門檻各落低二尺五寸 河渠紀聞

是時李衞言齊蘇勒因朱家海衝決沙淤洪澤湖底恐高堰難保將天然等壩落下尺寸致湖水力微不能敵黃連年倒灌清口分溜直趨運道沙塞水發盈溢兩岸水涸僅存河身其言切

中事理朱家海貼近洪湖堵築遲以二年下流睢虹桃源州縣多有淤地七道引河漫淤過半湖水不能暢出高堰自必著重落低三壩之檻以洩湖水爲一時救急之計而忘水之愈落。而淮愈不得出也。此所謂救湯揚沸而不計釜底之薪也固堰盱隔湖石隄亟疏引河以通其流清水奔流暢出淤沙自去不追原受病之由力救其弊而輕於一洩塞數百萬正供轉漕之道豈計之得哉河渠紀聞

四年十一月十五日。嵇曾筠奏。臣前恭進黃沁安瀾圖。奏事張文彬。傳臣齎捎家人。展圖指示口宣　皇上聖旨。令於所指之處。或應開挑引河一道。若別處有形勢類此者。俱應相機開河。傳　諭到臣。伏查黃河形勢。東西暢流則勢順而安恬。南北斜衝則勢衝而激蕩。今河身上自廣武山而下引河深通行於兩岸之中祥符以下河勢多曲每遇埽灣轉溜即成南北斜衝兩岸險工均坐此病如南岸考城之司家道口等處北岸儀封之三家莊其最著者也細閱河身自儀封北岸之趙家寨迤西灣環起勢直走正南至考城之縷水隄迤北環向正東埽逼勾家寨淘作兜灣每至水長下行不暢則橫流旁注汕成支河分道南侵此司家道口一帶受病之源也又自勾家寨斜趨西北折行東北經豫省三家莊東省芝蔴莊等處繞道而南至王家樓迤下方斜流東注此北岸兩省險工受病之源也今若將南北兩灣從中挑斷引水直流則改南北之形成東西之勢兩岸工程誠有裨益但從來開挑引河必須河頭有吸川之形。河尾有建瓴之勢。庶可期其必成。至於上下接挑。尤必上段河尾。與下段河頭。吐納相應。呼吸相通。方能一氣貫注。今儀考兩邑河灘

皆係平沙漫衍。並非西高東下、而兩䐗首尾亦不能直接順通、且河頭接溜處去北岸較遠。南岸較近。恐北岸險去。南岸險增、似難必其萬全。臣兩年來因儀考隄工告險往來救護舟楫頻經再三相度緣未獲機宜不敢冒昧陳請今惟有督率各員加緊保守以防明歲汛水儻河形遷改機遇可乘即當隨時具奏開挑斷不敢因循貽悞奉　上諭覽奏朕甚嘉悅如此方是若不論當否一味逢迎阿順我君臣將無貽天下後世笑柄乎百凡行爲當以斯事之居心爲準乃朕所朝夕期望於諸卿者勉之朕昨閱圖不過偶爾之見聊就紙上商議形勢耳果有深知確見處則何不明白批諭而猶爲此泛泛一詢耶諭旨　硃批

是年南河復設葦蕩營採葦官兵（河渠紀聞）

按今之葦蕩營即靳文襄屯田之遺也屯政以疑謗廢棄而官荒所在多有叢生蘆葦大適工用于成龍因之於附近海口設立葦蕩營題定駐兵千二百三十名統以游擊設守備一千總二把總四專管採割海山等處所產葦柴歲交柴一百二十萬束以佐工用嗣於康熙五十八年經趙世顯以蕩地淤墊不產葦柴虛糜糧餉將葦兵議裁以歸節省令裁兵墾種輸租歲租課四千兩以抵購買額柴之費於是官蕩被民侵墾而河工葦柴缺用購買價昂租課亦未完解至是齊蘇勒題請復設並以海口地勢遼闊易於藏奸前設官兵亦非獨爲採葦應照例復設採葦照向額再加三十萬束以益工需計值銀三萬三千兩除歲給官兵俸餉一萬八千兩節省一萬五千兩以爲各兵窩鋪器具併挑浚運葦河渠公費弁兵聽淮揚淮徐二道兼轄挑馬兵百名令於扼要處往來巡視葦蕩游擊改設參將以資彈

壓議准定制參將統轄左右兩營左營歲採柴七十五萬束調撥各河營後船二百五十艘運柴四十五萬至廠右營如之左營運至王營大壩廠交廳右營運至洪福廠交廳廳自雇船運柴三十萬束赴工採運無虧以濟工需初文襄因兩河奠定離地漸次涸出乃於安東之野就涸出之土開屯墾種收息歸公以期積儲漸多備修防之費節帑益工及闢土漸廣豪強佔利私墾司事者從而清釐之怨謗遂起奸民布散流言阻撓屯政以利其私而公亦無以自明人或咎陳天一生事召謗陳潢字天一佐靳文襄幕府天一曰人臣事君苟有利於國有益於民者必當竭盡智力為之若見為可行而遠嫌避謗偷安處逸其心實不可問遂引趙營平諸葛武侯羊叔子諸公屯政及凡為屯田之無不利以明文襄之誣而當事會所乘難以大白於天下至歷久始見其心更得其用是公能開後世之平成尤能儲守成之工料預定於數十年之前久不能廢也人患不自立不患一時之招忌也事患為之不以公不患日後之難成也公屈於一時伸於後世功用隆於無窮即謂葦蕩為文襄公之遺愛可也飲水思源後起者不得謂為獨創至趙世顯聽裁葦蕩僅存虛名不久更復其舊善政終不可廢如此而世顯亦自違其築壩之初心白莊敏謂世顯因循廢弛致有馬營泰壩連年橫決遷延至四載之久有由然也河渠紀聞

是年副總河稽曾筠奏設守道統轄彰衛懷三府加兵備銜管理河北事務沿河府州縣陞調河工道廳河工廳汛陞調沿河府州縣著為例河渠紀聞

按此河北增設河道之始豫省河務河北尤重隄埽工程廳汛

員弁水利河漕及一應錢糧管河道遠駐河南不能兼理彰衛懷地方遼闊亦須專官坐鎮設守道駐劄武陟地方河務兩得其益此嵇文敏新政之最相宜者至辦理河務地方官熟悉情形呼應亦靈印官河員循資陞調分爲兩途不無歧視開地方題補河官之例俾印河各官同心協力益勵寅恭不易之良法也齊蘇勒亦以江南沿河地方官向與河員視同秦越每遇工程險急僉以事非切己袖手旁觀請照豫東例通融調補亦經覆准兩河地方題調河員從此始實心甄拔爲鼓勵人才之道河工不患無起色矣（河渠紀聞）

是年議定搶修各工歲料建置堡房募夫住隄種柳積土添設員弁分汛修防並置浚柳船分發各廳以爲運料救生之用永爲例（河渠紀聞）

時東河初定規模更新之象援照江南河工之例設浚船四十柳船二十二分發兩岸各廳收管派撥河兵運駕（河渠紀聞）

是年築蘭陽南岸管梁蔡耿四水口隄壩下長樁大埽上下接做護崖順埽加高大隄創築魚鱗月隄四道以作重門（河渠紀聞）

按斯時河勢南趨管蔡梁耿四水口灣曲生險大溜趨注隄根非邁長樁大埽不足以捍其衝突逼使開行又恐大埽孤立加幫戧隄鑲墊堅固再於梁蔡耿三水口迎溜處接築護崖埽以固其勢大隄之低者高之增月隄爲後障防守益密管梁蔡耿四水口古稱大險河勢大而禦之亦力不爲大患時祥陳二縣歐潭莊等處民埝水長漫缺全河之勢湧進不可遏搶護缺口鑲填實閉水即消退民田涸出以至蘭陽之二三堡陳留之八九堡地本低窪溜湧隄前俱能扼其湍悍使之安流是皆以先

定之規模嚮無前之士氣上下一心兵將用命故有守必固如此河南為黃河上游治河南之河難於江南江南土性膠結河深水聚名曰槽河河底堅實深至三丈以外即得老土凝結不浮下流湖河水頂平緩順流偶有漫溢亦易築塞為其底堅水平而槽深也故塞決不須挑引河但斷決口之流水自循槽而下浮淤隨之俱去若河南則不然土性浮鬆河闊水散名曰坡河河底沙漬常時中泓水深不過一丈以外遇溜淘刷則無底下流建瓴水勢湧激遇有漫溢正河即淤故稱難治仰惟 睿慮周詳慎重河南河務專設河東總河畀以重任添設道廳分任其職以至營汛員弁兵夫隨宜增設凡所以為河東計者至詳且備而又不惜鉅萬帑金大加修築建挑壩以殺其流闢引河以疏其氣固正隄以大其防修格越以善其後一切危險之

工無不防之豫而慮之周蘭陽陳留祥符之加隄固埽歲無停息及河勢南徙治之裕如而不覺其難者慮於幾先而不使及難也如前時中牟祥符蘭陽諸隄雖屢告警不逾時決塞如故旋決旋塞而不覺其難者未及於難之時也中牟諸工之易塞蘭陽諸險之易平固由人力之齊抑治河於河工大治之後其所乘之勢異也河渠紀聞

是年十一月 命怡親王允祥大學士朱軾查勘直隸水利事

附直隸開田招租減水放淤諸水利要案並恭錄 上諭六道畿輔水利四案

十二月會奏查勘情形疏言欽惟我 皇上宵旰勤勞無刻不以民依為念茲因直隸偶被水潦軫恤窮民 命臣等查勘情形興修水利務祈一勞永逸所以為民生計者至矣盡矣臣等

自出京至天津歷河閒保定順天所屬州縣相度高下原委諮訪地方耆老所有各處情形大略謹爲　皇上陳之竊直隸之水總會於天津以達於海其經流有三自北來者爲白河自南來者曰衞河而淀池之水貫乎二河之閒是爲淀河白衞爲漕艘通達之要津額設夫役錢糧責成河官分段歲修而統轄於河道直隸總督邇來白河安瀾無泛溢之患唯飭河員加謹防護可保無虞衞河發源河南輝縣至山東臨清州與汶河合流東下河身陡峻勢如建瓴德棣滄景以下春多淺阻一遇伏秋暴漲不免沖潰泛溢查滄州之南有甎河青縣之南有興濟河乃昔年分減衞水之故道今河形宛然閘石現存應請照舊疏通於往時建閘之處築減水壩以洩衞河之漲又靜海之權家口潰隄數丈沖溜成溝直接寬河東趨白塘口入海河（白塘口在靜海縣之南非大沽北岸之北塘也）亦應就現在河形逐段開疏於決口築壩減水均於運道有益白塘口入海之處舊有石閘二座甎河興濟二河之委應開直河一道歸併白塘出口澇則開閘放水不惟可殺運河之漲而河東一帶積澇亦藉消洩且海潮自閘內逆流遇天時亢旱則引流灌溉溝洫通而水利溥滄青靜海天津數百里斥鹵之地盡爲膏腴之壤矣至沿河一帶隄工大半低薄應飭修築高厚仍令總督將玩忽河官參處以警將來此治衞河之大略也至東西二淀跨雄霸等十餘州縣廣袤百餘里畿內六十餘河之水會於西淀經霸州之苑家口會同河合子牙永定二河之水（按此係當日情形今永定子牙皆不入淀）匯爲東淀蓋羣水之所瀦蓄也數年以來全淀大半淤塞惟憑淀河數道通流一經暴漲不惟淀河旁溢爲災凡上流諸水之入淀者皆沖突奔騰漭泱

無際總緣東淀逼窄不能容納之故也故治直隸之水必自淀始凡古淀之尚能存水者均應疏濬深廣併多開引河使淀淀相通其已淤爲田疇者四面開渠中穿溝洫洫達於渠渠達於河於淀而以現在淀內之河身疏瀹通暢爲衆流之綱經緯條貫脈絡交通瀉而不竭蓄而不盈前後圩田種稻旱澇有備魚鼈蜃蛤萑蒲之生息日滋小民享淀池之利自必隨時經理不煩官吏之督責而淀可常治矣迴淀舊有隄岸加修高厚無隄之處量度修築其趙北苑家二口爲東西二淀咽喉趙北口隄長七里現在板石橋共八座俱應升高加闊並於易陽橋之南添設木橋一座隄身加高五六尺橋空各浚深丈餘每橋之下順水開河直貫柴伙淀而東苑家口之北新開中亭河近復淤塞應疏濬深廣其上流玉帶河對岸爲十望河舊道應自張清

口開通由老隄頭入中亭河會蘇橋三岔河達於東淀庶咽喉無梗尾閭得舒可無沖溢之患矣子牙永定二河以淀爲壑淀廓而後河有歸亦必河治而後淀不壅此治二河之法所當熟計也子牙爲滹漳下流清濁二漳發源山西至武安縣交漳口會流經廣平正定而滹沱滏陽大陸之水會焉蔡沈禹貢註云唐人言漳水獨自達海請以爲瀆可知天津歸海之水以子牙爲正流其餘諸水皆附以達海夫以奔騰注海之勢遮之以數百里紆迴曲折之隄河身淤墊高於平地兩岸相距不過數丈舊時支港岔流一概堙塞欲其不沖不泛安可得乎考任邱舊誌子牙下流有清河夾河月河皆分子牙之流同趨於淀今宜尋求故道開決分注以緩奔放之勢永定河俗名渾河其源本不甚大所以遷徙無定者緣水濁泥多河底逐年淤高久之淤

流壅滯必決向窪下之地其流既改故道遂堙今應於每年水退之後挖去淤泥俾現在之河形不致淤高庶保將來不復遷徙二河出口俱在東淀之西淀之淤塞實由於此臣等面奉
諭令引渾河別有一道此　聖謨遠照經久無弊之至計也今應自柳岔口引渾河稍北遶王慶坨之東北入淀子牙河現由王家口分為二股今應障其西流約束歸一兩河各依南北岸分道東流仍於淀內築隄使河自河而淀自淀河身務須深濬常使淀水高於河水仍設淺夫隨時挑濬毋令淤塞兩河淀內之隄至三角淀而止蓋三角一淀為眾淀之歸宿容蓄廣而委輸疾但照舊開通逐年撈濬二河之濁流自不能為患而萬派之朝宗可得安瀾矣此廓清淀池調劑二河之大略也再各處隄防沖潰甚多應俟隄內水洩興工修築其高陽河之柴淀口河身南徙舊河淤塞斷流應速挑濬復其故道新河之南界連任邱有古隄一道亦沖潰數段以致任邱西北村莊盡被淹沒鄭州一帶通衢宛在水中現今任令詳請開挑淀隄消洩亦應俟水退之後照舊修築並墊高行路以便往來又新安之雹河自西折東遶縣治之南入淀而徐河會入漕河復自劉家莊泛濫而下新安正當二河之衝每遭漂沒之患應於三台村南開河一道引漕河之水會入雹河由縣之正北入應家淀南岸築隄以護縣治凡縣屬之大小澱淀俱可以圩田種樹尚須逐一查勘俟來春具奏　又請設營田疏言竊周禮遂人所掌甽遂溝洫澮川之制甚備澇則導甽之水達於川旱則引川之水注於甽此所以歲不能災也今南人溝洫之制雖不如古然陂堰池塘為旱潦備者無所不至北方本三代分田授井之區而

畿輔土壤之膏腴甲於天下東南濱海西北負山有流泉潮汐之滋潤無秦晉巖阿之阻格豫徐黃淮之激盪言水利於此地所謂用力少而成功多者也宋臣何承矩於雄鄚霸州平永順安諸軍築隄六百里置斗門引淀水溉田元臣托克托大興水利西自檀順東至遷民鎭數百里內盡爲水田明萬歷閒徐貞明汪應蛟言之鑿鑿試之有效率爲浮議所阻自是無復有計議及斯者矣今農民終歲耕耨豐歉聽之天時一遇雨暘之愆遂失秋成之望豈地力之是咎實人謀之不臧也臣等竊意潤物者水其爲人害者由人不能用水也農田之利興則泛濫之害消矣惟是小民可與樂成難與慮始水耕火耨沾體塗足之苦非惰農所能任而疏濬修治之工費又窮民所不能支以數百年未興之利謀之窮情難與慮始之民此亦事勢之最難者矣臣等請擇沿河瀕海施功容易之地若京東之灤薊天津京南之文霸任邱新雄等處各設營田專官經畫疆理召募南方老農課導耕種小民力不能辦者動支正項代爲經理田熟歲納十分之一以補庫帑足額而止其有力之家率先遵奉者圩田一頃以上分別旌賞違者督責不貸有能出資代人營治者民則優旌官則議敘仍照庫帑例歲收十分之一歸還原本至各屬官田約數萬頃請遣官會同有司首先舉行爲農民倡率其濬流圩岸以及瀦水節水引水戽水之法一一仿照成規酌量地勢次第興修一年田成二年小稔三年而粒米狼戾小民覩水田收穫之豐饒自必鼓舞趨效將凡可通水之處無非多稔之鄉矣抑臣等更有請者從來非常之利言之而不行行之而不究者非局外之浮議爲阻實局中之規畫未周也臣等恭

聆　訓旨凡民閒之小壓有礙水道者加倍償價大哉王言
順人情而溥美利無過於是臣等伏念濬河築圩損數夫之產
利千耦之耕甚而富家百頃俱享平成貧人數畦偏値挖壓苦
槪償官價不惟所費不貲亦非民情所願計畝均攤通融撥抵
覩本田畝數加十之二三其河淀窪地已經成熟報壓必須挖
掘者將附近官地照數撥補如有豪强惑於風水抗拒不遵者
嚴加治罪如此則事無中撓人皆樂從矣至浮議之惑民其說
有二一曰北方土性不宜稻也凡種植之宜因地燥溼未聞有
南北之分卽今玉田豐潤滿城涿州以及廣平正定所屬不乏
水田何嘗不歲歲成熟乎一曰北方之水暴漲則溢旋退卽涸
能爲害不能爲利也夫山谷之泉源不竭滄海之潮汐日至長
河大澤之流遇旱未嘗盡涸也況陂塘之儲有備無患乎此等

浮議雖愚民易爲所惑臣等宣布　皇仁悉心開諭無不感激
歡騰勸功趨事其農田水利區畫條目容臣等博採熟商具奏
雍正四年二月請定營田四局設水利營田府　命怡親王總
理其事置觀察使　員授陳儀觀察使陳儀字子翽別號一吾文安人講求經世之學
佐怡賢親王治水著有直隸河道事宜論官至侍講學士嘗於寶坻營田患蝗忽飛鴉啄食之立盡人以爲公精誠所感是
年改磁州歸廣平轄因居民阻遏滏陽河水致直隸下流田土
焦枯故也　雍正八年二月修建北運河青龍灣減水壩開挑
引河又濬筐兒港減水引河　五月怡親王薨　賜諡曰賢入
祀賢良祠　十二月初五日工部遵　旨議奏直隸河工關係
重大請設立河道水利總督一員駐劄天津合四道廳員及印
河各官受其節制一切事務俱照河東總河例行其營田事務
歸直隸總督管理　通志四局營田畝數　雍正三年秋直隸

水旣賑旣貸烝民旣乂　天子乃臨軒而咨命怡賢親王曰畇畇畿甸非三代井畝之區乎平衍千里率多汙下而無一溝一澮流行而翕注之不達於川乃瀦在田非地利之異於古乃人事之未修也夫水聚之則爲害而散之則爲利用之則爲利而棄之則爲害倣遂人之制以興稻人之稼無欲速無惜費無阻於浮議於是以大學士臣朱軾爲輔行徧歷三輔所以爲疏瀹排決計者甚備經度高下酌量蓄洩一切引水溉田之法課導補助旌敘鼓舞之方咸條列以請　指授乃遵而行之四年先之灤玉諸州邑濬流圩岸建閘開渠皆官爲經理而工本之費借帑以給歲納什一焉是秋田成歲稔凡一百五十頃有奇而民聞之聞風興起自行播種者若霸州文安大城保定新安安州任邱共七百一十四頃有奇皆於積潦停洳中隨方插蒔盡

獲收穫於是爭求節水疏流以成永利而四局之設自茲起矣一曰京東局統轄豐潤玉田薊州寶坻平谷武清灤州遷安自白河以東凡可營田者咸隸焉一曰京西局統轄宛平涿州房山淶水慶都唐縣安肅新安霸州任邱定州行唐新樂滿城自苑口以西凡可營田者咸隸焉一曰京南局統轄正定平山井陘邢臺沙河南和磁州永年平鄉任縣自滹沱以西凡可營田者咸隸焉一曰天津局統轄天津靜海滄州暨興國富國二場自苑口以東凡可營田者咸隸焉局各有長有副有效力委員凡相度估料開築建造皆委員與地方官偕而查報地數花名給發農本則惟責之地方官田成工訖工程工本胥令守土者遵前規而以時達之水利營田府當是時　上方以和衷協助期地方文武之吏而　特諭賢王舉劾之故以勸於田功立曆

顯擢者有矣一時守令皆慕而思奮夫官之所先民罔敢後是故事易集而功易成自五年分局至於七年營成水田六千頃有奇　天心助順歲以屢豐穗秸積於場圃秔稻溢於市廛

上念北人不慣食稻恐運糶不時售大賈居積則賤而傷農於每歲秋冬發帑收糴民獲厚利向所稱汙萊沮洳之鄉率富完安樂豳吹蜡鼓相聞可謂極一時之盛矣八年賢王薨司局者無所稟令不行於牧令又各以私意爲舉廢九年大學士臣朱軾河道總督臣劉於義奏請還太僕卿臣顧琮乘傳稽覈之除距水較遠地勢稍高須車戽而升聽民隨便種植外其餘水與地平無煩汲升之處取地方官永遠可爲水田結狀著籍存戶部荒廢者查參如例議設觀察使二員兼以憲職分轄京東西督率州縣開營可田地畝無力者貸以牛種之費秋收扣還

所有舊田圍㮍閘洞修治俾無壞又設副使二員出資經理以爲民倡我　皇上愛養元元與之圖萬世之安則營田樂利之政必將垂裕無疆所謂盡溝洫之力以佐平成之績者與神禹比隆不可以不紀也故詳志之以著實效云

乾隆二年七月　上諭自古致治以養民爲本而養民之道必使興利防患水旱無虞方能蓄藏充裕緩急有資是以川澤陂塘溝洫隄岸凡有關於農事預籌畫於平時斯蓄洩得宜潦則有疏導之方旱則資灌溉之利非可委之天時豐歉之適然而以臨時賑恤爲可塞責朕御極以來宵旰憂勤惟小民之依是咨是詢前後諭旨諄復再三但化導自在有司而督率則由大吏近日直省督撫惟甘肅巡撫德沛到任後卽以興水利裕倉儲爲請署西安巡撫崔紀亦有勸民鑿井灌田之奏尚能留心

民食知本計之所當先其餘能盡心於吏治官方命盜錢糧諸
事者尚不乏人而於民生衣食本源未能切實講求地方守令
亦惟刑名錢糧自顧考成至以愛養百姓爲心留意於稼穡桑
麻如古循吏所爲蓋不可得即如直隸今年夏初少雨則以暵
旱爲憂及連雨數日尚不甚大而永定河遂有漲溢之患決口
至四十餘處低窪之地多被水淹雖因山水驟發然水性就下
其經行之地自有定所設預爲溝渠以洩之爲塘堰以瀦之自
可以分殺水勢不致匯爲洪流衝突漫衍如此之甚是皆平日
不能預先籌畫所致也各該督撫有司務體朕痌瘝乃身之意
刻刻以民生利賴爲先圖一切水旱事宜悉心講究應行修舉
者即行修舉或勸導百姓自爲修理如工程重大應動用帑項
者即行奏聞妥協辦理興利去害俾旱澇不侵倉箱有慶以副

朕惠愛黎元至意欽此畿輔水利四案
乾隆四年直督孫嘉淦河督顧琮議修各屬水利　乾隆九年
御史柴潮生奏伏讀本年三月　上諭養民之道在使之上順
天時下因地利殫其經營力作以贍其室家非沾沾於在上之
補苴救恤遂長恃爲資生之策也爲民父母民事即家事盡心
勸課隨時區畫俾地無遺利民無遺力則家有蓋藏自可引養
引恬俯仰不匱大哉　王言眞得足民之根本矣臣今請言天
津河間被水之事及各屬應興水利等事云云奉　旨派吏部
尚書劉於義會同直督高斌詳議興修　乾隆十年六月直督
高斌定河淀淤地納租之例以益工費以益貧民　時高斌奏
言直隸淀泊河灘之地或因水道遷徙或係隄岸空餘半屬腴
田多宜耕種而未經立有章程羣圖侵佔易啟爭端且借名升

科以多報少種種滋弊況一經升科動礙水道被水乃其常事而請蠲請賑以至旋復請額輾轉滋升前經部臣於議禁浙江夏蓋汝仇等湖開墾案内具悉其弊並行令各省一體遵照但查河湖灘地有礙水道者固應嚴禁墾佔如幷無妨於蓄洩者亦一槩禁止則當盡之地利與自然之物產又閒置可惜前奉部議山東南旺湖將涸出湖地令民租種水大之年免其納租誠以受水則無關河道而有益民生以視濫請升科者實爲有利無弊之良法也直隸舊有淀泊河灘地畝與夫子牙夏口新河八十餘里兩岸之地水無漫溢將來涸出新淤不下數百頃臣與布政使方觀承悉心籌畫應請照南旺湖之例辦理審係無礙水道可資耕種者逐一勘丈按各道所屬造具頃畝清册報部其有關水道從前濫請升科者俱令查明改爲租息畫一遵行將查出新舊地畝分給附近貧民認種每戶自十畝至三十畝計口授田毋許逾限嚴禁紳衿胥役豪强詭名佔踞如私墾年久未經升科在百畝以内者仍聽本人自種輸租其百畝以上多餘之地俱撤出不許捏名隱佔違者照例治罪如已報升科者改爲租息令本人照舊承種若從前升科時舉報未盡准令自首免罪將首出餘地招人另佃其應納租數種稻種蔬等地每畝租銀八分於秋後徵收其餘旱地應分二等上等地每畝租銀六分次等地每畝租銀三分專種一季夏麥者於麥後徵收兼種秋禾者仍分麥禾兩季徵收正租之外不得絲毫多取由該管廳印官彙解各河道衙門存貯爲河工添補歲修之用每年將動存數目造册報部如遇水大被淹由廳印官勘明出結將應交租銀豁免不得請賑設遇地方大勢災歉照定

例辦理如有逃絕之戶即將領種之地畝收回另佃嚴禁私行典賣違者與受同罪如此酌定章程庶於河防民食兩有利益而河員牧令亦可永遵至於不成坵段零星地土并旋淤旋灘之地仍遵前 諭及議定之例聽民自種俱毋庸勘造入册下部議行（畿輔水利四案）

乾隆二十五年六月十四日 上諭各省向有低窪處所每慮水災前年辦理河工水利時經朕特派大臣會同各督撫悉心相度疏濬得宜是以河道俱通雖水勢驟增而消退甚易可見事苟善籌效必旋至爲其事而無其功者未之有也然創之於一旦甚難而隳之於日久則甚易若不隨時撈濬將來日復一日勢必漸成淺阻與其修挑於甚淤之後費大而人勞何如修挑於未淤之時事半而功倍所當隨時留心辦理以保前功於不壞者也各該督撫查淤淺處所一律挑濬俾河道長得深通水勢永無泛溢用副朕乂安民生至意欽此（畿輔水利四案）

乾隆二十六年方觀承飭易州疏引泉源 乾隆二十七年直督方觀承奏籌以工代賑每土一方給米一升鹽菜錢八文興修文安大城等屬隄河

乾隆二十八年三月初五日 上諭直屬積潦猝難消涸屢諭方觀承設法疏導該督初奏一俟春融再行相度經理繼復以海不受水爲詞俱於摺內批諭毋得因循然猶以方觀承身任總督情形自所熟諳當兩年秋雨過多未易一蹴施工兼辦賑殷繁亦難分身兼顧是以御史永安顧光旭等先後具奏朕尚意伊等身居局外坐言易而起行難轉不無曲諒該督嗣令永安顧光旭並添派御史二員前往勘辦又詢問接駕諸臣以天

津海口不應專恃五閘宣導以致停淤不暢朕知此事非特遣大員不足以收實效因命兆惠馳往相度將各處溝閘開放寬通不過數日之閒閘口水落數寸內地已涸出二十餘里靜海等窪地亦涸出十分之六是豈海之受水適當兆惠到彼時耶可見事在人為前此該督辦理遲誤之愆無由置喙朕委任封疆雖細事必加體恤從不肯以歲時水旱之偏災諉過督撫則為督撫者何所顧慮而不為民請命耶方觀承如果不存護短之見早為籌議具奏朕或指示規畫或派員佽助有何不可顧一切模棱曠時玩事朕安用此督撫為耶細核積水消涸情形（按直隸積潦冬閒消滅不多向俟來春二三月土融天旱大消殆亦天時地勢使然治水者先宜有以疏洩之耳）非按例察議所能示儆方觀承及布政使觀音保並天津等各屬俱交部嚴議以為玩視民瘼者戒至天津道那親阿霸昌道額爾

登布天津府知府額爾登額俱專駐之大員率屬親民尤為切近一切及早疏洩事宜據實稟請督臣籌辦如言之不聽不但可以直揭部科即據情密奏朕必深為獎予那親阿等以滿洲世僕在部院中尚能曉事是以擢用外任俾知實心報效乃漸染惡習一味仰承風旨於地方重務視同膜外若不重治其罪何以示戒那親阿額爾登布額爾登額俱著革職發往巴里坤效力贖罪夫以直隸近在畿輔而道府之承順總督畏首畏尾情狀若此又何論於各省乎嗣後直省監司郡守等員不知儆省有仍蹈此轍者朕必按此例嚴處直屬水利除俟裘曰修到日會同通行勘辦外現在積水減退各處隄閘工程仍著兆惠會同方觀承即速馳往審度經理欽此

乾隆三十七年六月十八日　上諭淀泊利在寬深其旁閒有

淤地不過水小時偶然涸出水至則當讓之於水方足以暢蕩
漾而資瀦蓄非若江海沙洲東坍西漲聽民循例報墾者可比
乃瀕水愚民惟貪淤地之肥潤占墾效尤所占之地日益增則
蓄水之區日益減每遇潦漲水無所容甚至漫溢爲患在閭閻
獲利有限而於河務關係匪輕其利害大小較然可見是以屢
經飭諭冀有司實力辦理今地方官奉行不過具文塞責且不
獨直隸爲然他省濱臨河湖地面類此者諒亦不少此等占墾
升科之地一望可知存其已往杜其將來無難力爲防遏何漫
不經意若此通諭各督撫除已墾者姑免追禁外嗣後務須明
切曉諭毋許復行占耕違者治罪若仍不實心經理一經發覺
惟該督撫是問欽此

乾隆十二年四月初十日奉　上諭直隸水利關係綦重是以

皇考特命怡賢親王及大學士朱軾等督修欲營水田以備
不虞後以南北地利異宜難臻績效朕於乾隆九年復准言臣
條奏特命大學士高斌協辦大學士吏部尚書劉於義相度經
理今據奏順天保定河閒天津等府及順德廣平大名趙州等
處各工俱先後告竣高斌劉於義屢次親詣工所往返勤勞及
在事員弁皆著交部議敘但興舉大工必期實有成效可垂之
久遠方爲有益朕爲畿輔生民永圖利賴是以不得已開捐開捐
辦河工之始期於去水之害收水之利如洼潦泛溢疏濬之而使有
所歸則涸出者皆成沃壤而受水之區郎可得灌溉之益今用
項至七十餘萬然何處積害已除何處實效已著曾未詳悉確
查具奏至籌畫善後良圖亦非僅付之地方有司郎可保守永
遠弗墮者其目今如何成效日後作何保固之處著軍機大臣

會同高斌劉於義詳查議奏欽此因高斌奉差南河議稿馳寄會商未識何時覆奏徧查不獲缺以俟補

乾隆十六年直督方觀承查修天津南北運四減河　時奏言天津海口横沙如閾而港路下口轉高兼有強潮牴牾無法疏濬查有北運減河二道一在王家務壩寬四十丈河長一百四十里入薊運海河一在筐兒港壩寬六十丈河長五十里入塌河淀南運減河二道一在滄州捷地河長一百八里一在青縣興濟河長九十六里並入岐口海港當日開濬之意旣除運河隄岸之險更減天津三岔口之流同治十三年畿輔患水直督李文忠相國鴻章因有人建議在天津陳家溝開減河由北塘歸海馥力争之人頗見疑馥曰水至天津則順天河間天津三郡已淹徧矣須於南北運河另疏減河別入海則天津一口少泛溢矣文忠謂然而事已定局莫可挽回所開者即俗名金鐘河是也後以馥言復濬北運之王家務筐兒港兩減河大受其益惟南運祇就興濟左近開減河過小站引水為屯田之計未疏德州恩縣捷地減河稍當時未知方恪敏此奏援以剖辨也庶大清子牙得以寬然東注因王家務不常過水尚須查辦筐兒港尚在興修捷地閘因下游防淹五洞只二洞過水興濟閘五洞只三洞過水歷辦如此容臣查勘籌辦嗣汪由敦方觀承會奏興修並稱王家務南隄筐兒港北隄相距三四十里不等內一百七十二村分隸武清寶坻甯河天津四縣瀝水難消即使堅築隄工祇能約束減河內之水其下游各淀與七里海諸水仍不免倒漾歷奉蠲賑查該處多係水草科則每畝徵銀四釐而其中又間有宮監馬廠等科則每畝徵一分至三分不等臣等伏思水草地畝本以魚葦為利不應一律蠲賑今因有宮監等地夾雜其中礙難區別擬請一併減照水草科每畝徵銀四釐如遇該處一隅之水於魚葦之利無礙不得率請蠲賑容將銀數查明造册題報所有王家務八道沽

以下之南隄筐兒港梅廠以下之北隄均無庸修築云云與濟捷地二閘均疏河培隄建閘洩瀝水文多不錄奉　旨速行

按乾隆二十八年阿桂裘曰修方觀承會奏添修德州哨馬營恩縣四女寺二減壩並修濬各工估銀一百三十四萬餘兩

乾隆二十六年天津道陳宏謀請將南運河建隄放淤　時陳宏謀議曰南運一河自全漳濟運以來雖免沮淺之虞時有漫決之患其漫決者皆係頂沖掃灣之處其泛溢者皆係河灘無隄之處是以歷來頂沖掃灣之處皆爲險工歲加高厚俱動正項名曰官隄而所加培者猶難十分堅厚臨河舊土日被沖刷則新幫之土益難抵禦因有建築草壩鑲砌草工之事草工易腐三年保固限滿（此草工保固三年之一證）即須加鑲修拆費帑日繁而工之險者仍險此有隄之患也至於河灘無隄之處或河岸寬闊

治水述要卷五　卅三

或河灣淤嘴旣無畏於頂沖復不常有泛溢偶遇異漲小民於水到之處築土擋禦名曰民埝此一綫民埝臨時攢築不察形勢不加夯硪汛後隨即坍卸在水小之年似可不需若遇大水一片汪洋在在危險此又無隄之患也自乾隆二十年議准放淤之後節年以來已將舊有之月隄加幫寬厚放淤成功化險爲平已有成效就此類推凡屬頂沖掃灣之處舊有月隄均宜加幫放淤舊無月隄均宜另建月隄以備將來放淤至於無隄之處均宜就其高阜土脊另建遙隄以爲外衛大抵地勢高阜者宜建遙隄而不宜建月隄若建月隄不能放淤徒爲積水所浸倘縷隄有傷水入月隄勢更湍急斷非月隄所能抵禦也地勢窪下者則又宜建月隄而不宜建遙隄若建遙隄不但水至建瓴而下難以抵禦且使遙隄之內縷隄之外可耕之地常爲積

水深坑末由宣洩。此月隄遙隄義各有所取而地亦各有所宜也。自來之議月隄者皆謂放淤涉險甯可臨汛堵禦議遙隄者則謂築隄於水所罕到之地原覺過計殊不知頂沖埽灣之處縷隄平薄若不放淤日益汕刷舊土漸坍。新土難固。爲費日多。危險日甚。豈可不爲遠計。且放淤之法不自今日現在兩岸淤平之月隄不可勝數其他險工大半築有月隄前人爲此無非爲放淤而設自當因其涉險益加慎重一勞永逸以期萬全至河灘寬岸水勢雖云罕到然歷考水勢乾隆二年大於常年三年則又大於二年上年河水業已出槽平時所謂極平之工河灘之岸皆已過水官弁士民晝夜堵禦幸保安瀾倘再長數寸隨處皆可泛濫兵夫民力豈能防禦考之河防一覽所載覘水之法凡麥汛長水一寸秋汛長水一尺捷地興濟兩減河自來

麥汛從未過水今歲麥汛兩閘口過水四五寸就此而論焉知今年之水不更大於上年況河防重務有關運道民生惟宜盡未雨之綢繆豈可徼天幸於萬一然則築月隄以放淤似險而實平築遙隄以外衛似迂而實切也先經檄行各屬估計本道復往查勘凡隄外地勢低窪者建月隄以備放淤隄外地勢高阜者建遙隄以防異漲如隄外地窪既不宜建遙隄而形勢促迫又不能放淤者㩁按放淤之法進水出水皆用草工鑲護堅固多積土牛進水口底稍高於出水口底則水過不停去清留濁而進水尤忌迎大溜又忌全不迎溜祇可於大溜下首及上首稍遠處剛隄爲之此法惟南運爲宜以漳水泥多而河勢平衍不峻急也則歸於歲修加幫縷隄逐年漸幫數年後可幫至數丈。亦與放淤之月隄遠築之遙隄無異矣　所議各條摘錄放淤一條　放淤之物料宜多備也放淤原是化險爲平汛漲之時保護縷隄尚恐不固今開隄放水誠爲冒險所恃者先

期事事安頓色色預備則操縱在我可無意外之虞凡放淤之處多派員役多備物料不止秫楷椿物也未開淤口以前層層鑲砌既開淤口以後無論風雨晝夜均宜輪班看守額設之河兵此時正值防險難以分佈其人夫燈火尤不宜少歷來搶修項下無此名目今各州縣畏懼賠累趑辦不前恐致貽悞應請附疏題明凡有放淤之處如實在用去燈火人夫等費許附入搶修項下仍造册通報　乾隆二十七年侍郎范時紀請將直隸霸州文安等十數州縣疏溝築隄栽秧種稻是年十月二十日奉　上諭此不過偶以近來一二年間雨水稍多竟似此等地畝素成積潦之區殊不知現在情形乃北省所偶遇設遇冬春之交晴霽日久便成陸壤蓋物土宜者南北燥溼不能不從其性即如附近昆明湖一帶地方試種稻田水泉最便而蓄洩

旺減不時灌溉已難徧給倘將窪地盡令改作秧田當雨水過多即可藉以豬用而雨澤一歉又將何以救旱從前近京議修水利營田未嘗不再三經畫始終未收實濟可見地利不能強同但范時紀既有此奏著寄方觀承閱看或有可以隨時酌採於目下疏消之法裨益一二者該督悉心籌議具奏欽此嗣復奏京南州縣窪地有可種稻者有不宜種者非蓄洩即事秋耕者可比況侵耕占種致妨水道近日河工正坐此患尤未便一概而施也至於大道開溝及濬復田間渠路修築舊有隄埝或勸用民力或以工代賑經臣分委道府查勘通飭各屬上緊籌辦已節次據報開工容臣另行彙奏十一月初二日報聞

錄沈廷芳邦畿水利集說二則

青滄減河仍宜改闢　捷地興濟兩減河經怡賢親王奏建五

洞減水石閘各一座至乾隆三十六年　純皇帝命改閘爲壩落低龍骨一尺邇來河淤壩矮減河日就淺窄若准仍改閘座遇漲可以洩水水小仍閉板濟運歲修可省減河不至淤澱若能避已淤之減河另於隄外開河築隄則省費多矣　濁水不宜分流　治水之道合則猛分則弱惟濁水不宜分流（謹按濁水若分則水落時必有一支淤多一支淤少其淤多者逆下次水發或改流矣故減水必在正溜必行之旁而下游尤必有清水匯合則可持久矣）　竊見漳水在廣平境內分流四出頻見遷徙自歸併館陶合爲一流遂順軌矣滹沱有完固口鐵燈竿之分流故不久旋淤今僅存臧家橋一派衡武河獻境內不聞淤塞下至大城張莊以下分二派則正流已淤支河亦淺非明驗乎　按滹沱不宜分流亦不宜建隄方恪敏曾奏任其所經舊道遷流有案若築兩隄又與永定繁費無異但聽民居遥築民埝約攔漲溢可耳（以上畿輔水利四案）

雍正四年侍郎通智單疇書會同川督岳鍾琪開惠農渠於査漢托護以益屯守（河渠紀聞）

按黃河自積石入中國經銀川由石觜而北繞鄂爾多斯六部落入黃甫川折而南逾潼關會沂泗合淮歸海經行數千里惟朔方導引黃流得資其利査漢托護地方沃野膏壤漢唐二渠餘波不及曠爲牧野至是甯夏設重鎮　欽使會同甘督專理渠務始於丙午孟秋迄己酉仲夏蕆事爲文以紀其略云欽惟我　皇上軫念甯夏爲邊陲重地建城設鎮　特命相度土宜通渠惠農查黃流自青銅硤口而下支分派流至葉昇堡東南滔滔汩汩順流遠引以花家灣爲進水口渠口石子層累底岸堅緻由此歷東北大灘擇地脈崇阜處開大渠三百里口寬十

三丈尾收爲四五丈底深丈一二尺至五六尺不等高者窪之卑者培之引入西河尾並歸於黃建進水正牐一曰惠農退水牐三曰永護曰恆通曰萬全節宣吐納進退合度置永滋永固暗洞二通上下交流又設彙暗洞一接漢渠餘水正口加幫石岡頭牐堅造石橋俾無衝決建尾牐以蓄洩之外累石節以爲固大渠口以東引灌大渠口水其地勢高處刳木鑿石爲槽飛渡漢支渠之水西坂渠尾以南直抵渠口其西岸不能歸暗洞之小退水留䕲洞放之大渠一帶出水亦無漲漫之患沿渠橋二十有二西河橋十六枝渠四達長七八里至三四十里者百餘道均作陡口飛槽民戶沿渠又各制小陡口小䕲洞千餘道以相引灌自此溝塍繡錯二萬餘頃良田無不霑足於渠東循大河崖築長隄三百餘障黃流溢於渠西疏通西河舊淤以瀉

漢唐諸湖鹼水至東北隅一帶地尤廣土尤沃改六羊河爲渠百有十餘佐大渠所不及建縣城二一在田州塔南爲新渠縣一在省嵬城西爲寶豐縣縣令膺民社通判司水利由是遐陬赤子歡呼趨附犂雲徧野麥浪盈疇盡在　覆幬中矣河渠紀聞復建昌潤渠於惠農渠東北以廣利澤同上按是時開渠三百里於查漢托護築長隄引灌易畜牧爲桑麻矣大渠東北隅灘形廣闊灘外黃河支流名六羊河者形如列指泝游數里復合爲一迤邐而北經大小方墩歷省嵬城仍歸大河沃野腴壤緜亙百餘里惟自黑龍溝迤西水勢順下無停蓄不能導引入灘河下流遂淤至是循其故迹順勢利導搿岸之傾圮者培之河流之淤塞者濬之俾水由六羊河支分順布渠口建牐以節宣之功成上其事　賜名曰昌潤同上

是年總河齊蘇勒議於彭口南岸開月河三里以濟運按此條與東華錄六十年事參看河渠紀聞

按彭口噴沙爲害最大齊勒恪改种家渡南之舊彭口於十字河而彭口沙仍堆積又以下游無關束復建牐以束之而壅塞如故蓋緣滕邑薛沙隨諸泉出沛之河口以入運河開浉後築東邵壩於薛河中遏水使盡入沙河由彭口入運而水挾沙行歲必挑浚初築大壩於兩頭以攔河水又必逐段築出壩十餘道以隔兩旁之水又須就岸築龍溝百餘丈以岸挑後時流聚之水事竣必去淨始可通行歲以爲常勞且費如此故河防志有改挑引河使山水歸呂壩入微湖居濟一得有輪挑三河口彭口並疏石壩上下河之說然引山水入湖墊高湖底蓄水愈少濟運愈難輪挑亦費輾轉濬石壩上下之河仍不免停積不得已而議於彭口南岸另開運河三里餘如月河形借舊河以囊沙期運無淺阻部議三里正河囊沙有限數十處泉河噴沙無窮不一二年即致盈滿非惟糜費亦恐礙運減爲通達事理陸朗甫謂開此月河使盛漲時舟從月河行走仍可搭撈正河之淤並令回空全走月河正河大挑改於九十月如明代萬恭之議以爲於事有濟然山河百泉甕至仰珠大勝雙勝藥珠三山龍灣等泉匯沛滕諸泉分流之水俱入彭口所至停沙易積惟有歲勤疏濬疏濬之法總以挑沙遠積勿淤河內爲要別開河道無永遠之利無一勞永逸之道也河渠紀聞張伯行居濟一得議云每年彭口當大挑之期宜於彭口上源築壩使水由三河口入運河又於運河彭口之上築攔河大壩一道使運河之水由呂壩入微山湖則彭口上下內外俱可以挑挖矣既挑完彭口運河俟關壩之後即將彭口

內石壩上石壩下盡挑挖深通俟五六月伏水將發之時然後將三河口上源築壩將彭口上源之壩開放使水由彭口而入運然後將三河口石壩上下挑挖深通以便大挑之時使水仍由此入運若以築壩不便即輪年遞挑亦可今年挑三河口即使水由彭口出明年挑彭口即使水由三河口出以一年之力挑河而河有不深通者乎　又彭口之水原從三河口出今三河口內現有石壩其後改於彭口亦照三河口建壩每於冬月挑河之時將壩上里許築一土壩遏水他流然後將石壩上下挑濬深廣使足容沙而正河不至於淤塞其後河官樂於簡便遂止挑正河而石壩上下置之不問不知挑石壩上下而正河必不淤淺不挑石壩上下而正河勢必淤淺今彭口每年止挑正河一遇水漲河身即爲淤塞糧船既被阻滯撈挖倍費人力

此余所目睹者也其如人情難於更始何哉

光緒三十三年山東運司張蓮芬候補道郭勖等稟撫院吳廷斌云查滕縣十字河即古之彭河也發源於滕費嶧三縣萬山之中橫貫運河全係流沙每遇山水漲發即噴沙填河運道因之中斷爲第一難治之區從前漕運年分歲必大挑一次費款頗鉅然旋挑旋淤苦無善策附近兩岸積沙成山近年愈積愈高幾無出土之所每當山水暴發船多梗阻不得不由湖繞越衝風冒險其情尤覺可憫本司蓮芬前在任內疊會何道國禔勘議與其連年挑修徒糜巨帑不如改就夏鎮以南三孔橋旁添建石閘另開新河一道使由郗山入運俾免淤沙噴塞商船可期暢行曾蒙前升撫周馥親臨察看深是其議且查三孔橋爲宣洩山河盛漲而設海漫現已脫卸金剛牆內淘深數尺底

椿散朽雁翅殘缺若俟一朝坍塌石料受傷費款更鉅況水無收束恐掣動山河全勢則夏鎮上下數十里河道淤塞更甚尤不如及早改爲洩水閘一座可爲運道數十年之利云云際昌按此工於光緒三十四年辦竣用銀九萬餘兩以外尚有規復何家壩培隄濬淤寬留瀦蓄嚴司啟閉禁止攔河築壩等事文多不能備載際昌又按光緒二十九年河督錫良奏裁運河道缺山東巡撫周馥親臨運河察看河兵積弊已深因飭兗沂曹道張蓮芬將河兵全裁改設河夫酌留閘官設船減捐整頓一切運河漸見收效商船便利是一窮變通久之道爲向所未有因案多亦未備載

雍正五年創築桃源縣黃河南岸煙墩月隄又補築清河縣黃河北岸王家營隄工大清一統志

雍正六年議疏浚文水縣近汾河渠引灌民田河渠紀聞

按晉省西北多山水出山谷間者不易築圍激取惟濱河開渠疏引汾水汾源自管涔行萬山中出陽曲之烈石口地平土疏水向東流引灌陽曲太原徐溝交城文水之田而文水地勢較低易引　欽差何國宗馬爾泰會同勘辦稱汾河形勢惟文水地形低窪河身淤淺自青高以下全無河道漫流地上應請於明歲春初自青高村至尹家社東西各開引渠一道至三月以後平地水涸開通正河挑出之土即於兩岸築隄實於居民有益經部准照議辦理至六月霪雨汾水大溢青高村至尹家社衝出引渠二道初以青高等地河形紆曲中阻乾灘不能順流水漲衝激爲患忽以水發改流引渠正河均出天成前時漫流皆涸爲沃壤原議堵塞東城村之支河河面闊至十餘丈或數

十丈河身長二十五里直達歸漕已成大河居民各築隄備防毋庸請帑汾河遷徙無定舊渠永濟烏麻永會廣濟等渠皆以河徙遂淤原不可常恃然以人力不能卽成之功不煩疏濬而自得美利亦盛事也（河渠紀聞）

是年雲撫鄂爾泰奏開嵩明州之楊林海以洩水成田（河渠紀聞）

按志稱嵩明州龍巨江一名龍濟溪源出尋甸果馬山經流嵩明入嘉利澤卽楊林海也（方輿紀要云雲南嵩明州東南十五里有嘉利澤周百餘里水可漑魚可食卽楊林澤或謂楊林海子又謂羅婆澤）流沙壅塞下流民田多患淹沒至是議開疏稱嵩明州之楊林海自東至西廣二十餘里自北至南廣十五六里一納東西龍巨河水來源一納西南南衝河源餘[illegible]山溪小水積聚成塘合流出於河口歸車紅江水口甚低原易洩瀉緣河灣迂迴曲折不能直瀉以致四散汪洋又藥靈山下有

石子流沙衝入河口壅塞咽喉去水太緩故海邊四十八村已成田畝每年多被淹沒為害實甚細加採訪此海水原不大深若改疏河道由丁家屯開乞里許直達龍喜村面前再開里許直抵河口使新舊兩河並瀉水勢卽可暢流不惟已成田畝可免水澇而周圍五十餘里草塘均可開墾所費無多爲利甚溥前督高其倬曾委官踏看因應開河身之處有成熟田畝該地衿棍阻撓遂爾中止茲卽祀土興工四十八村里民咸願幫工踴躍從事枷示抗阻不用命者民愈得以併力不數月而報竣水勢直達河口前之迂迴曲折者今則順流而下前之泥沙淤塞者今則通達無滯水得所趨而沿海田地漸涸清出中則下則田一萬零一百六十餘畝仍給本主輸價領給永遠管業陞科納賦舊有田畝得免水患新出之田亦爲民利矣此因民之

利也（河渠紀聞）

是年總河齊蘇勒大挑儀封雷家寺引河築蘭陽耿家寨挑水大壩（河渠紀聞）

按治河不患工險而患暗險常年坐定之灣歲有搶修工雖險而章程一定備防以時故易禦也暗險者冬春乾涸灘河水長忽溜壅隄根搶護不及之地往往爲患而莫險於雷家寺順隄之支河河勢自青龍岡迤下埽灣直趨北岸刷成支河沿隄走溜由雷家寺經宋家營刁家樓徐家堂曲家樓楊家橋直至三家莊出口五十餘里隄工激流汕刷勢如奔馬上下搶救不遑乃於雷家寺上首加幫高寬接築土壩一道跨斷河形內外下埽鑲墊以固其勢其埽灣之處上灣淘作深兜與下灣順直相對上有吸川之形下有建瓴之勢開挖引河水長溜擁大溜掣入陡刷深通舊河淤平如鏡又耿家寨河溜坐灣對岸長出灘嘴逼溜北趨直注隄根刷深三四丈不等淘湧倍常先於上水裹頭外邁沈水大埽簽釘長樁堅築高寬逼溜開行隄內有積水深潭釘樁下埽填實底土加築內戧仍增培大隄用埽摟崖禦冋溜汕刷並修月隄以資重障河工搶險惟開引河築挑壩爲善法而河長至五十里之遥漲水坐灣而來逼注隄根順隄行溜流長則勢盛而力益大衝刷迅利搜削隄根河刷深一尺水力大一尺日久不治引溜入垣推之不去治之無術不但爲一時之害且爲方來無窮之隱憂蓋隄長工鉅用土則一撮之土不能加數萬丈之隄用柴則接鑲之柴不能待數十里之載用人則往來百里不能策應於呼吸危急之時東衝西突顧此失彼是時雖善治不能爲功而惟挑引河得勢吸川建瓴引溜分

殺爲效速而且大也河水遇灣更曲不得遂其就下之性而愈曲愈急非必與隄爲難也灘嘴既當其前溜勢復壓其後不攻隄而勢有不能引之使直以順其性而力反爲我用矣第非有挑壩以激之則不能聚全力於新河而支河猶得少分其勢勢分則河不能速成雷寺引河之成成於河頭之得勢實成於跨斷河形之大壩逼溜入河也堵分溜之河無論大小總宜在初分溜處搶堵若退後一步則水已入袖爲能退回勢必沖溢潰決而後已至挑引河導溜則行既有吸川之勢必可成功而堵壩亦不可距引河頭過遠致水屯積不下衝舊口門也激然非明燭幾先無以神其妙用當繪圖入告之時仰惟　聖哲如神就圖　指示令將灣處取直即可化險爲平誠得以河治河之要訣順而行之自適其道凡人之智能慮已然不能慮未然雷寺之極險未然之險也引河之能成已然之效也未然者易忽已效者可知知其效而爲先事之慮治河之

機要在是荆隆耿塞皆慮於未然者也皆密邇運道得新河之用者也至新河既成舊河首尾仍築壩攔截以善其後又在隨時之補救矣齊勤恪受任於詹店秦廠數決之後河道衝刷未深復漫中牟溢蘭儀至朱海繼決合龍逾年之後復開引河再築挑壩終年搶救無虛日備歷艱險水勢之湍暴隄埽之危急洪湖清口之受淤無不怵於目而驚於心又以溼氣潮蒸寒暑交侵於遲暮之年力固有不能支者然猶力疾視事終以是卒於官公爲治廉明勤慎馭事不苟秦廠之役從容奏績中牟祥符蘭陽之決剋期告竣以至築壩挑河增隄固埽孜孜求治創建清定成三牐以利運行復葺蕩歲柴以益工需治事精詳類如此　賜謚勤恪與文襄同祀知遇之隆罕覯矣河渠紀聞

雍正七年三月改河道總督爲江南河道總督調廣東總督孔毓

珦補授改副總河仍爲河南山東河道總督以嵇曾筠補授（河渠志稿）

是年春　上諭齊蘇勒練達老成深悉河工事務是以授嵇曾筠爲副總河專管北河而令齊蘇勒兼理南北兩河之事今尹繼善新管河務朕意欲令尹繼善嵇曾筠分任南北兩河又思治河之道必合全河形勢通行籌計方可疏導安瀾若分令兩員管理恐有諉卸掣肘之處著怡親王大學士等會同署蘇州巡撫王璣及九卿內籍隸江南河南山東通曉河務者詳議具奏三月以副總河嵇曾筠爲河東河道總督將山東境內運河一併管轄分河道爲三南河總督駐清江浦東河總督駐濟甯又設直隸河道總督駐天津（河渠紀聞）按此三河分治之始也明時以界連四省不相統攝定格不行選風力大臣出鎮仍復紛如至此畫疆分治仍咨詢商推無畛域之分事所以并治也北河事簡於東南二河直督兼理其事統於一矣（同上）按此條未確時稱北河卽指河南山東對江南言之也八年十一月始設直隸河道水利總督後人別於東河南河稱直隸爲北河始有三河之目（續行水金鑑）

是年定議黃河兩隄每歲加高五寸（行水金鑑）

是年七月初八日　上諭內閣黃河隄岸乃運道民生所關最爲緊要年來殫心經理增卑培薄幸隄工堅固共慶安瀾獨是工程告竣例應歸汛修防而額設河兵堡夫只能修補水浪衝激之區防備臨險搶護之用至於隄身一年之內風雨淋漓車馬踐踏漸至侵蝕者亦勢所必有而隄遠工多不能責諸寥寥兵役也朕留心訪察已久又復詢問通曉河工之人知故明總河潘季馴每丈派夫加高五寸載在河防一覽卽從前河臣靳

輔亦有每兵一名招募幫丁四名給以隄內空地耕種免糧歲令加土五寸之議與朕計慮之處適相符合朕思隄工雖千有餘里若按丈每年加修五寸計費不過三四萬兩倘置之不議一年剝削四五寸合十年而計之其所費之多恐有不止於加修之數者況河流漲漫不時難以預料何若逐年增修保固為未雨綢繆之計也著南北兩河總督尹繼善嵇曾筠悉心商酌具奏至於州縣派夫錮弊久經嚴革而募丁給田之說亦不可行每年歲修之費或動用藩庫帑金或於臨河州縣應解公用銀兩內就近支給若有不敷仍於藩庫撥補亦著河臣一併定議具奏（憲皇帝聖訓）

按此河工定例歲加五寸之始也河隄工段縣長風雨剝蝕兵夫之力勢有所不及予之歲加五寸以紓其力良法美意圖慮

深遠河督孔毓珣議隄身去河遠近高卑不一分別緩急將統加五寸錢糧以次增修部議以輪流加增恐承修各官移舊作新希圖冒銷仍令照例估銷具題歲用銀二萬八千八百有奇潘宮保歲加五寸之請至是始行其法緩急不分歲以為常（河渠紀聞）

是年七月尹繼善奏竊查前河臣齊蘇勒奏嗣後隄頂民房如遇傾圮概禁重修令移居高阜之處以免作踐隄工經部議准轉行及署撫臣王璣到清江浦又傳　諭旨命臣妥協辦理仰見我　皇上愛民如子惟恐一夫不得其所臣見黃運兩岸隄上居民不下數萬餘家稠密之處比屋相連長至數里實不無踐踏但隄上之民並非擇地而居因卑下之處積水恒多高阜之田有主管業不得已而向長隄託處子孫相傳安居樂業已非一日若少有損缺即不准修葺勢必擾累窮黎殊非仰體

皇上愛養元元之至意若待其房屋傾圮然後禁止重修小民樂於便安勢必隨時粘補百計支撑臣愚以爲嗣後隄工或大有衝刷仍動帑興修外其餘民房左右稍有殘缺於農事已畢即勸集居民各行墊補不過一舉手之勞而隄日增高民仍安堵雖平素稍有作踐而年年增培在窮民得地而居亦非苦累奉　上諭此非輕率可定之事據奏小民樂於便安等語俟朕廣諮博採詳細思維得有主見後降旨示爾方可通行曉諭永遠遵行茲且密之不宜宣露諭旨硃批

覈案隄工每歲加高五寸誠爲善法惟日久懈生工無實濟黃運兩隄以此歲積之土計之殆不啻高十丈矣惟河兵河夫每日應做之工甚多不如每年擇要修補核實勘辦較有效驗至隄頂有民房攢聚勢不能拆房加土然細察各處形勢凡有民

居之隄頂從未漫水即或水與隄平居民猶築埝搶護晝夜防守是不惟於隄無損而且有益惟屋旁如有厠坑柴窖最足慮事余在北河曾見河水平隄因柴窖滲洩而大決者昔日南河亦有因厠坑而滲決奪溜者是在河員素日勤察耳若求至穩之策須將大隄臨水一面間歲幫寬其過卑者間數歲加高一次如隄頂有民居礙手可於房邊隄坡加築小隄既可禦水而於民居無損長水時民且憑隄固守余曾試驗有效較之逐年通培之舉裨益多矣記此以備司河者採擇不敢謂全河一律可行也

雍正八年蒙沂諸山水同時漲發直注邳州決宿虹之孟城堯朱衣城外河之沈家圩邳宿桃清漫缺數十處匯歸洪澤湖河渠紀聞

是年汶河石梁口決淹汶上鉅野嘉祥濟甯滋陽甯陽鄒縣滕嶧

及江南之沛縣徐州邳州皆被水患（河渠紀聞）

是年秋汛異漲山東山水暴發匯歸駱馬湖浮黃溢運南決洪澤湖河決山陽沈家圩安東陳家社又決中河劉家灣等子隄九處時冢宰嵇文敏公親歷要害採行疏來源策異漲去路先啟山盱天然南北諸壩分洩洪湖逆流以殺水勢總塞外河安東決口使黃水歸槽徐定善後之策請築禹王臺竹絡壩工則蒙沂諸山水不復浸沭河矣闢六塘河故道則駱湖異漲不致旁溢矣修建高堰石工估築山盱隄埽引淮水暢流移天妃閘接清口壩使濟運利涉歲加隄工以捍異漲挑浚引河以資宣洩接築四套月隄以防漫溢而大河奠定矣改淮徐道駐紮之所調廳員管轄之工責任專統轄嚴矣設立堡房兵夫定積土章程預備歲搶上游料物立稽查條例而緩急不虞無備矣河工自張文端經理而後至此又爲一治（淮安府志）

是年嵇曾筠復奏開十字河攔湖隄壩濬六塘河以備宣洩盛漲（河渠紀聞）

按此亦因漲水衝入邳宿南下爲分洩之計也十字河引湖濟運刷黃本至當不易之法當立法之始河低於湖湖可引以濟運並可藉入運有餘之水用以刷黃迨後黃河底日墊日高遇漲則倒灌湖河之水不惟不能刷黃黃水反得淤湖淺運是以將十字河攔湖壩均築實以杜其衝亦因時權宜之道非當時建置有不善也至是以漲水直衝邳宿入洪湖權疏洩之宜疏言宿遷縣駱馬湖一承東省運湖之水一承蒙沂諸山之水一承荆山口宣洩各湖之水匯爲巨浸與運河僅隔一綫孤隄舊有蓄洩口門名十字河引湖濟運兼以刷黃歷年久遠有利無

患湖之尾閭有六塘河一道歷宿桃清安沭至海州歸海以資宣洩嗣因湖水微弱恐黄水倒灌將十字河口門堵閉又於西甯橋迤西高阜之地建築攔湖隄壩因此湖水不通專資黄水濟運以致中河之水由劉老老澗挾沙而下將舊時入海之路淤墊淺阻今秋東省山水暴漲合流而下遏塞去路漫溢横出臣等悉心籌畫亟應將十字河口門仍復舊制俾駱馬湖之水流入中河刷深運道兼敵黄流其西甯橋迤西攔湖隄壩酌量開寬俾湖水由六塘河分流入海則上游有餘之水庶有歸宿不致壅積爲患如慮開放後湖水或值微弱則於十字河口門建築草壩一座伏秋水盛開放冬春仍行堵閉其西甯橋迤西亦如式建築草壩視水盈縮以爲豬洩至六塘河迤下河身在宿桃境内者尚屬流通至清河縣朱家莊河分南北二股北自

清河縣朱家莊起歷沭陽至安東之謝家莊入碩項湖由海州龍溝義澤河入潮河歸海南股亦自清河縣朱家莊起歷安東之蘇家蕩至沭陽孟家渡武障河入潮歸海均間段淤墊宜大加挑濬卽以挑河之土運於兩岸各離河十五丈外築子埝約攔水勢宿桃安清海贛三廳加兼管水利銜以便不時查察如有淤淺卽令地方官督同佐貳率領田頭於農隙時隨加疏濬并將挑出之土增培子堰務期永固是皆爲濟變而權所宜也當東水大發之年運高於黄則可以保運而刷黄更開通沭沂入海之路使湖水由六塘河暢洩斯爲萬全今十字河常年堵閉惟遇決水自北而來則開十字河廣籌入運入河入海之道以殺其勢有定法無定時因時以處中行之萬世而無弊也河渠紀聞

是年河溢宿遷縣南岸孟城庵大隄旋即築塞河渠紀聞

雍正九年嵇曾筠議定河隄修築土方漕規分別遠近難易釐爲八則河渠紀聞

此河工土方定價之始也築隄選土爲上近地沙土雖用不妨涉遠論遠近亦論土色又以糧價之貴賤定役値之高下此須勘酌於臨時者也若論其常則必予以一定之規而後有遵守分爲八則一曰近取乾土二曰遠取乾土三四曰瀰地遠近取土五六曰遶越坑塘取乾土取瀰土七八曰隔隄隔河乾地取土瀰地取土方價一錢至二錢不等極至二錢五分而止計方以高一尺方一丈曰方按方論價造報嗣以徐屬邳睢宿虹三廳取土便宜方價再減十分之二桃源外河海防山安運河桃清六廳貼臨河湖一面取土方價亦可再減十分之一奉　硃

批朕思所減錢糧不必定爲成例奏銷時仍照舊報冊惟於題本內聲明情由將所減銀兩存於河庫以備別項工程之用仰惟、訓誨周詳不定成例愼重工程惟恐價值節減或致草率誠鞏固河防永慶奠安之大計河渠紀聞

是年始設黃運兩河守隄堡夫定兵夫積土章程河渠紀聞

按此照豫省之例而隨宜置設也黃運兩岸大隄二千餘里多無工之處人迹罕到遇有洞穴報至已後時失機無以警戒不虞設堡夫巡守上下相應遠近互爲聲援法至善也其法每二里設一堡房每堡設夫二名歸汛員管轄住隄巡守無事搜尋貛洞鼠穴修補水溝浪窩堆積土牛有警鳴鑼集衆搶護計造堡房千有一百五十餘間堡夫三千三百有奇按名月給工食以資防守兵夫按月積土黃河堡夫除寒暑兩月外月積土十

五方運河堡夫除糧船往返修補犂溝檿眼外月積土十二方責成汛官查報河兵在埽壩力作霜降後工務稍閒兩月照堡夫每二名月積土十五方黃運兩河除檣夫埽手撐駕浚船并各該將弁養廉外力作河兵五十餘名所積之土入於該備册報立法詳密然爲堡夫計守堡則憂室家之累離堡則羅曠役之譴或遣官巡查而始來應名或自顧生產而時不到汛皆事勢所必有人情所必至有夫堡之名而無其實與無堡同一夫數口嗷嗷待哺月食不敷勢難迫之安役惟籌其資贍使得安心出力而後堡不圮夫可用也近隄淤出官地按名量給以資耕作黃河日漸淤高隄前臨河高者出土六七尺隄後黃水不至舊制猶存高者出土二三丈低者不及二丈歲修止加培隄前隄後工倍費重例不估修照隄前較量六七尺以下之隄皆爲空虛無用之地每堡二里得隄坡三千餘丈以無用之地分堡夫自種黎棗果實數年成活落實歲可得數十金堡夫自顧生計挈眷看守計棗結實之時正當伏秋公私兩得其益不待驅迫而自赴功也隄內外十丈皆屬官地督令勤種柳枝照六柳之例多方培植空地閒種蔬菜禾豆功成饔食有資誰不樂赴然其責任在員弁修職則效立見人恆難與圖始或觀望而懼無實獲或效而盡棄前功司事者鼓舞善導之不侵其所有不責其所無而人皆用命矣（河渠紀聞）

是年修復戴村壩舊制拆低新壩改建磯心五十六中留水竇五十五以資宣洩（河渠紀聞）

按汶河下注之水入於大清河大清河一名鹽河卽禹貢導沇水東流爲濟東北會於汶者也宋禮於坎河口西築戴村壩截

汶南流至分水口南北濟運壩初用土埆築高厚植柳培護水無旁洩留坎河口刮沙作壩蓄水歸運水漲聽其連沙衝出坎河口沙壩歲築歲決萬恭疊石為灘潘季馴築石為滾壩屢加修治為壩有三通長一百二十六丈北為玲瓏壩中為亂石壩南為滾水壩伏秋漲發挾沙而來上清下濁水由壩滾入鹽河沙由玲瓏亂石洞隙隨水滾瀉冬春水弱上下俱清則築土堰匯流濟運水不泛濫沙不停淤後何國宗於三壩內增築石壩一道高寬堅實涓滴不行既無尾閭洩水復無罅隙通沙汶河挾沙入運淤積日高至是總河田文鏡朱藻先後定議改壩為牐建礮心五十六中留水門五十五安設牐板以資蓄洩又以不能啟閉另築土隄名春秋壩前人作事謀慮深遠宋尚書不壩坎河口與馬之貞堽城築土壩同一作用佘毅中以坎河創

石為壩有隙可以洩水無路可以通沙擬建牐以時蓄洩張文奇仍議築土壩謂石灘能走水不能走沙均不出宋公留坎河不壩之意萬公以石為灘潘公以石為壩亦得其意而變通用之不敢輕視坎河誠慎之也（河渠紀聞）

是年修湖南廣西交界之興安靈渠（靈渠在桂林府興安縣北五里興安即漢始安縣地）**以利農田通行舟**（河渠紀聞）

按渠水發興安縣南九十里之海陽山湘灕二水（湘江在永州府北自廣西興安縣流入過府北與瀟水合下長沙歸洞庭湖合岷江入海灕江即桂江下廣西歸廣東西江范成大云湘灕二水皆出靈川之海陽山行百里分南北下北下曰湘稠灕急瀧二千里而至長沙水始緩南下曰灕名灘三百六十至梧州又一千二百里而至番禺云）皆出於山下泉不盈尺深巨測秦史祿始築石為隄以堵禦湍流鑿山通水一注於北曰湘江一注於南曰灕江有七十二灣三十六陡因名曰陡河溉田萬餘頃漢馬伏波復葺之

至唐李渤加修後皆循其故迹洪武初遣官修葺爲陡渠者三十六至其末年復圮命嚴正直燒鑿陡澗之石以通餉道旋卽崩壞成化閒增修更置水函十以洩潦靈渠水不復嚙隄　本朝康熙二十二三四年閒巡撫陳元龍先後改葺經十有餘年陡座石埂傾圮將半加以水勢衝決不由故道以致舊河淤塞水無涓滴數千百畝糧田之資灌溉者時虞枯槁至是督臣鄂爾泰撫臣金鉷恭奉　命履地相度酌籌興修事宜鳩工庀材堵截新河之流疏濬舊河之淤堰壩悉皆修固蓄洩水源商農兩益惠民之實政也宋李師中重修靈渠記云廣西湖南一嶺中截舊時咸阻於嶺弗相聯接至秦史祿導海陽山水逆爲石磯以激水分嶺而下會湘桂二水合爲一石亙數十里不絕迄今千有餘年假民力爲隄爲陡門以役水於石者屢易其制矣後寖堙廢集夫興作燎石以攻既導既鬬以通南北之流繼前事也方輿紀要云水經注湘水自零陵西南謂之靈渠是也唐時安南爲南詔所陷嶺南用兵諸道餽運皆泝湘江入靈渠范成大云秦始戍嶺時鑿此以通運水發源海陽山在此下融江融江爲牂牁下流水南下興安地勢最高二水遠不相謀祿始作渠派湘之流而注之融使北水南合南舟逾嶺其作渠注於湘流砂磧中壘石爲鏵嘴（鏵音華玉篇鍫也釋名鍤或作鏵刳地爲坎也）銳其前逆分湘流而激之達渠中以入融江與俱南渠繞興安界深不數咫廣丈餘六十里閒置斗門三十六土人謂之斗舟入一斗則閉一斗俟水積漸進故能循崖而上建瓴而下千斛之舟亦可往來治水巧妙無如靈渠者一渠通南北之氣故必有事於此而善其後也（河渠紀聞）

是年濬河南陳許二州溝洫河渠紀聞

按豫志言陳州地勢卑下夏秋霪雨積潦許蔡汝鄧及開封諸河之水下注並由陳州沙蔡同入潁河不能容受境内豬爲陂澤開八丈溝分決蔡河之水自爲一支由潁壽入淮沙河不能壅遏嗣以新河去淮尚遠益開二百里起西華循宛邱入項城達於淮使畝澮陂澤各有所歸水小得以灌田水大不致傷稼年久沙淤故道漸失至是疏古蔡河故道一入沙河一經沈邱項城縣境内入沙河又疏灌河故道至鹿邑縣境併入沙河由是以次疏濬自陳迄西商項沈許臨襄郾長葛之境分年並治初疏陳州之柳涉清水枯狠麗橋各溝河商水之青龍青泥護城等溝粉枯二河項城之老萊十字高張閻秦李王孫石等溝及南北新河沈邱之黍洋老萊三里八丈柳阜盧新等溝許州

之洗眉斜河黑河白龍草店薛陂官坑洪山孟坡蔣店古潩蓮池等溝臨潁之藕河土路清陽烏江黃龍連尖青泥黃花等溝襄城之山店洛子房村等溝郾城之泥河洪渠裴城曹店及城外村莊之田間溝渠長葛之汪陂長明胡陂寺耳謝柳周楊各溝此皆五年所濬之溝河也其施功之次第以時遞及陳州之外河戴留黃道清水河溝濬於六年左村明河艾坡並州南五溝及西華之柳窪二郎韓灣柏家各溝濬於七年西華之關清鹽塲高郭劉河各溝濬於八年蓋皆以引灌農田而因民所利如此陳許窪下之地大雨時行多屬水鄉惟恃溝洫旁通爲野潦所歸藉以委曲周達放而至於沙蔡灌粉等河通流溉田昔孫叔敖鑿驛馬溝以洩潦水賈逵開運渠以通餉道曹魏屯田許下北接潁水南抵泥河臨潁之棗祇灌河皆資引灌鄧艾宗

其法西華之鄧門陳州之翟王廣漕諸渠故蹟猶存自唐以來不廢經營而因時宜民之道古今不必盡同大旨以洩水而役水水爲人役利不棄於地而又得分洩其勢害去而利無窮隨宜修治歲必有事裁成輔相之道在是矣河渠紀聞

雍正九年大修高堰石工江南通志

雍正七年十一月初四日奉　上諭朕思治河之道惟有使黄水暢流無所壅滯則永慶安瀾然欲使黄水無所壅滯必須保固高堰隄工使清水力能救黄且以助其暢流之勢則河工永遠無慮是高堰隄工關係最爲緊要從前齊蘇勒雖將石工稍加幫修而朕以爲不若多費帑金於隄工險要之所及單薄之處俱加修石工務令堅固高厚以爲久遠之計庶於河道民生大有裨益前孔毓珣在京陛見時朕以此諭之伊亦深以爲然又曾將治河之道降旨詢問田文鏡而伊之所奏與朕意不謀而合可見高堰隄工乃必應加增修理者也著發戶部帑銀一百萬兩交與孔毓珣尹繼善籌畫相度有應豫備物料卽於歲內採買早爲豫備再著汪漋對琳張坦麟吳昌祚前往淮上協同河臣等悉心辦理世宗憲皇帝聖訓

時總河嵇曾筠等疏高堰山盱廳一帶石工隄工捍禦洪澤全湖巨浸保護淮揚民生蓄清敵黄利漕濟運最爲緊要工程仰賴我　皇上聖神天縱洞悉全河關鍵特發百萬帑金加修高厚以爲久遠之計臣查修砌石工必須於工外建築越壩攔水然後施工今小黄莊迤南湖面寬闊若建立一線孤隄安能抵禦再四思維惟有借舊石工連土留寬二丈暫爲外障俟新土築定根基再將舊工拆起選石添建方資捍禦查高堰廳屬自

六堡起至小黄莊止又自小黄莊起至高良澗禹王廟前止應幫戗隄工共長五千九百七十一丈六尺六寸山盱廳屬自高良澗禹王廟前起至古溝東壩北止又自古溝東壩南起至滚水壩北止應幫戗隄工共長三千九百三十七丈六尺三寸又疏稱臣等勘核題估除石工內現在完整者止須每年照例於石上鑲柴搶修足資捍禦無容加修其有閒段底樁腐朽石塊欹斜每層順砌卑矮應建越壩拆修加高一律堅實又有年久風浪撞激灰縫剝落樁朽歪斜脹裂傾圮者其中雖閒有完整但向係順砌之工襯裏甎石單薄若於舊石之上再加新石上重下虛勢難撐立應通身全拆重修另换馬牙梅花等樁丁順閒砌始能垂久至舊工根基樁空之內向經填滿碎石今舊樁難起新樁難下徒費人力不能施工惟有借舊石工留寬二

丈暫爲外障於後身開槽釘樁砌石俟新工築定根基再拆舊工選用其舊工底石因新工石汁未老應留二層以防風浪撞激保護新工再清水潭一壩裏越未建石工今應一例刱建通共工長六千三百四十二丈九尺四寸江南通志 雍正十年高堰石工告成同上

雍正十年修築禹王臺竹絡壩石河渠紀聞

按郯城境內禹王臺原以抵遏沭水俾其東由沭陽海州南行入海不容會合蒙沂白馬諸山之水入駱馬湖以爲運道民生之患俗諺有沂沭不相見見面成一片之語王新命齊蘇勒先後增修兹復以水衝加修鞏固河渠紀聞

雍正十二年河漫決陳留縣七堡九堡河南通志

時督臣王士俊河臣朱藻阿蘭泰奏領各員募夫堵築數日內

河崖挂淤大灘畢露得以取土施工因晝夜搶築於八月初八及十三日合龍（河南通志）此由河平日久河槽刷深大溜不移水落挂灘而施功易也決口雖跌深槽灘土未經跌透水落歸槽決口之流遂絕以柴土塞之自定（河渠紀聞）

是年河督嵇曾筠奏定葦蕩營歲採額柴一百七十餘萬束（南河成案）

蘋案左右二營爲河督于襄勤創設郎靳文襄先議清釐開墾而獲謗者也康熙年定額採葦一百二十萬束雍正四年加三十萬束至是又加二十萬束乾隆五十年工部議准李奉翰題新淤蕩地二千六十二頃增額柴十七萬束嘉慶二十四年黎世序奏遵部議左營每年增柴八十萬束連舊共二百三十三萬五千束右營增一百二十萬束連舊共二百八十三萬四千八百束此成案可考者也由今思之靳文襄清查淤地固不易

爲郎後來清丈亦頗費力大約空閒淤地或係豪强侵佔輾轉典賣或係流民託業無處還移若不按實查清順人情而爲之鮮不造謠作梗當事者相時量力爲之仍存三分寬厚庶官民兩利矣

是年二月十二日大學士張廷玉奉　上諭年來嵇曾筠辦理河工甚爲妥協但黃河工程關係緊要除嵇曾筠外欲更覓一明曉河道情形者不得其人朕思高斌現在江南管理鹽政若從此講論河工事務將來可望熟練著就近在嵇曾筠處學習並非以嵇曾筠不能專理更須人協助也爾可寄信與嵇曾筠令其留心教導並寄字與高斌令其加意學習凡有題本奏摺之處高斌俱不可列名（硃批諭旨）

十一月二十二日奉　上諭內閣年來江南河工因總河諸臣

經畫有方調度得宜是以湖河奠定民慶安瀾但河防關係重大將來河務必得通曉熟練之人遵循分理斯克繼前功而全河形勢非平日講求親身閱歷必不能胸有成算洞曉機宜郎修防堵築以及估工查料等事如非經練熟諳備悉利弊必不能隨時損益有裨工程是通曉河務之員不可不預爲儲備也著每年在各部院揀選賢能勤慎司官二員帶領引見派往南河學習河務酌量委辦估工查料等事以二年爲期出具考語咨回本任如有操守才具實堪任用者郎行保奏留工酌量題補其不堪學習者不必拘定二年於試用數月後郎咨回原任另行派員前往學習如此數年後通曉熟練者自不乏員於河工諸務大有裨益矣 憲皇帝聖訓

是年山東黃河廳蔣新年議將曹縣汛內河形用土填平築實高出灘面以斷其流 河渠紀聞

按此郎河工歲築之土格以禦漫水而大汛水發郎滅頂而過不足爲恃爲其四面無倚水從壩尾汕刷而易去也每歲兵夫應名築塡汛後蹤迹不存多雜濟用蔣新年因本汛內有支河數道估做埽壩横擋河身三面環水無收頭接尾之處焉能穩固塡平加高於平灘之上難資防禦曹縣一帶舊有順隄河形靠隄生根築壩挑溜南行則外灘北上之支河自淤此爲治事之本若新年所稱沿灘築塞名存實亡之道也 河渠紀聞

是年東撫岳濬會同直督李衛河督顧琮朱藻勘議於德州哨馬營建築滾壩開挑支河以分衛河汛漲之水由鉤盤河達老黃河入海 老黃河在德州城南二十里自西南環於東北經吳橋甯津東光南皮以至海豐大沽口入海 河渠紀聞

乾隆元年直督李衛奏築毛城鋪減水滾壩停止開濬引河 河渠紀聞

是時議開洪溝深浚蔣河疏毛城鋪以下歸湖之路分黃由毛城鋪下洩因李衛住近毛城併使入議衛言大開河道引黃必奪溜宜於毛城鋪出水之口圈一減水大壩水小毋容宣洩水大任其滚出仍宗靳文襄之說也河渠紀聞

乾隆二年河督高斌奏移運口於舊運口迤上與三汊河相接以避黃納清增建運河牐壩以資宣洩河渠紀聞

是時以濁流倒灌移上運口七十餘丈時清黃交匯猶在惠濟祠後也黃河乘高勢遏淮運口適與相對灌運淤淮爲患甚鉅移近三汊河以避黃之暴使清水滔滔外出全河要領握樞於此河渠紀聞

是年河督白鍾山奏請閘河毋庸另立水則河渠紀聞

按東省運河之水隨旱潦爲淺深調劑得宜淺者可深若限以定則責令深濬則有不能通挑之勢且有不可過於挑深之理惟習河者知其理而變通隨時自無阻遏之虞是時漕督補熙奏請牐河之水以四尺爲度責令河員挑濬不足即查參東河白鍾山據實覆奏疏略云東省牐河非若江淮河漢源遠流長全賴山泉從石罅泥穴中尺疏寸導引流會於汶河出南旺分濟南北流經千有餘里歷四十八牐層層灌輸晝夜不息不能有長無消加以春夏風日乾燥地勢高下懸殊前人設牐蓄水上牐閉而下牐啟上牐加深下牐自淺勢不能兩閘俱深長河距上下牐十餘里至三四十里七八十里之長亦不能一律加深河水原本山泉過雨澤愆期水無來源不能不淺所恃疏濬泉源關束湖水嚴下揑牌倒板依潘季馴偶淺急疏之法多築逼水草壩資送南漕重船並未停橈亦未起剝五月二十日已

全數過濟是未可以天旱水微之年與雨多水旺之年較其淺深亦未可偶值旱乾即謂河淺大興工役也再查會典載漕船正米不得過四百石入水不得過六捺空船以四捺爲度故船力勝米力水力勝船力前督朱之錫治河疏內亦有正米不過四百石入水深不過六捺之語若不務足船徒以搭運省船水力不能勝而漕大困矣向來六捺水浮送漕船並未阻誤即如雍正二年江廣船改長以來十有餘載未聞年年淺阻良以水源無多而節宣有制蓄洩得宜以水送舟以人役水故多不至溢少不至涸惜水正所以利運也今不問船之輕重槩定以四尺爲度二月頭幫入牐河至五六月尾幫出牐河總以一律四尺勢必將所蓄湖水早爲開放前去後空江廣重船到時水已告竭反無可接濟轉致悞運況運軍驕惰之習執定四尺水則

藉稱水勢不足沿途停泊貿易開關生事又從此起或謂河員挑河爲本職查歷年大小輪挑止有汶上之南旺臨清之甎板濟甯之天井塘河並滕縣彭口四處長不過四五十里東省運河十有餘里未嘗尺尺而疏寸寸而導其故有不能挑挖者二不必過於挑深者一南旺等四處係運河關鍵是以定有二年大挑一年小挑之例歷年於冬閒煞壩調集額夫添募鄉夫視受淤之淺深按土計工以去盡淤墊浮沙見河底老土而止其餘河道募夫挑挖止令額夫於挑完四處塘河之後各回本汛擇淺疏浚期於淺深一律不至阻塞而已蓋額夫無多限期緊迫不能通行挑挖者一也即使責令齊挑必先築壩戽水倒塘放水入夫雖多無可著力若一齊築壩河內水無處收蓄不能放水入湖即設法放入水勢過大決隄而出仍瀉入河內其不

能通行挑挖者二也南旺一帶上承汶河之水挾沙而來伏秋水發開放東岸常鳴等八斗門掣浮沙入南旺湖內若河身過於挑深則斗門底高於河底勢不能掣沙入湖河內積淤更甚此不可過於挑深者一也運河雖爲漕船而設南北往來差民船隻亦俱隨漕通行若執水聚則深之說止將河洪挑深僅容漕船前進各船無路可通全河之水盡歸河洪兩邊俱係乾灘亦且泊舟無地況河身愈深愈窄兩岸壁立漕船亦難掉頭迴尾兩船不能並行前船迎頭而來置之何地東省糧船回空多在四五月間其時江廣糧船正在北上兩船相值必值頂阻此不可過於挑深者二也若就現在河身挑挖水隨地落徒見河身低陷未見河水加增前明直隸巡按蘇惟霖疏云山泉之脈止有此數河身高則高受低則低受深淺相隨水之多寡不係

河身深淺譬置一極深土缸注一杯水豈能滿溢與瓴盎無異此不必過於挑深者一也東省運道綿長若通行挑挖以面寬六丈底寬三丈深二尺許需銀一二十萬卽挑深尺許亦需銀十餘萬而河洪尚屬淺窄山水發時濁沙居半下止一線河洪上載廣深丈餘之沙水勢必水從上過沙停於下河洪兩旁一受鼓盪衝激又必立至坍卸淤平查雍正元年動帑十萬擇段大挑是年大旱河水僅一二尺仍以束水起剝逐程前進是重運漕船北上全賴設法蓄水加意撙節節宣分合借助通融籌算接濟所當竭盡人力者在此不在河道之通挑與否其明證也至旂丁原宜體恤糧船起剝並非常有之事亦非近今創行之事前督朱之錫疏稱因重運而積水因倍載而起剝皆運河不得不然之勢是前時已有此例江廣糧船載多船重遇旱水

徽雇船剝運一年所費無多一船費更有限因此有限之費歲歲挑河增水以希冀於不可必之雨澤山泉不若酌給起剝工費所省實多況旂丁原給有行月漕贈並負重潤耗等銀米又例帶土宜貨物百二十六石省納幾重關稅費少獲多不爲苦累若更張已效舊法流弊更甚請照歲挑章程不必另定水則如印河各官平時不疏浚泉源臨時又不住宿河干竭力籌濟卽會疏糾參押運官弁藉稱水勢不足挾制停泊或額外多帶貨物以致船重難行又不肯起剝勒亦如之此平情定議斟酌事理之宜又得通變不窮之用漕河之大勢具於斯矣河渠紀聞

是年濬衛河東岸減水壩下支河列入歲修河渠紀聞

按是時全漳入衛漳衛合力並驟勢大力猛開挑支河以保護隄岸田廬漳衛自雍正八年後衛潊尤甚支河沙漫歲受其淤至是以趙殿量言會同河撫查勘支河上下缺壞之處重加疏浚並將滚壩以下曹村隄口開挑橋架之阻礙水勢者拆而撤之照例列入歲修疏治無閒然支河寬深不及數丈長幾百里之遙漳衛水排山倒峽挾沙帶泥而來支河力小不能推沙洗滌又旁設衛河東岸無迎溜吸川之勢有流緩沙停之病鉤盤河形如丁字洩下之水歸流難以直達各牐河於每年過水之後溜斷砂沉不能禁其塡墊兼之老黃河身及海濱較牐河高幾及丈水至數十里之外卽不能下下壅上淤徒費經營亦未可以有限之民力歲疏必淤之溝槽惟有於直東兩省地方就地分功各挑挖子河以洩暴漲加築遙月各隄以固重門原有通漳之故道加修禁其堵塞如直督顧琮所議庶爲有備而易行也河渠紀聞

乾隆四年禁止開放天然壩開歸道事宜册

時大學士鄂爾泰奏一天然二壩斷不宜開也查天然壩之名始於明河臣潘季馴因彼時湖底甚深此處地形稍亢且爲山盱尾閭而高家堰石隄僅三千餘丈又不足恃故用以減水防決然亦止令漫溢而出初未聞掘壩至地而一洩無餘也今湖底既高水面隨長形勢迥異所賴以豬清會黃濟漕運而保淮揚者實惟高堰一隄束水之力或遇異漲藉以減水則又有三滾水石壩南壩北壩寬七十丈中壩寬六十丈且前河臣齊蘇勒恐其減水無多復經將三壩各改低一尺五寸是半槽之水湖本能容過岸之水壩已足洩天然土壩原不須開乃河員舊習但遇湖水盛漲三滾壩尚未過水即將天然壩掘與地平俾全湖東注以高寶邵伯諸湖之巨浸地勢低於高堰數倍而又

益以洪澤全湖之水諸湖不能受勢不得不開高郵之南關五里車邏等三壩以洩入下河而興鹽等七州縣田禾盡沒廬舍漂蕩此等情節河員非不熟知所以忍於爲此者不過爲隄工考成計耳殊不思以幾人之考成較諸億萬人之田廬生命孰輕孰重以數十丈隄工未然或然之需費較諸數州縣被災應免數十萬之錢糧與夫散銀賑米又數十萬之帑項孰寡孰多況湖水全洩則元氣大虧應請　敕下河臣將天然二壩永不許開俾洪澤湖水得以常蓄至有爲天然壩不開高堰隄危險之說者查高堰石工共長一萬二千九百二十餘丈計七十餘里且隄頂寬四五丈貼隄土工靠實坦坡如法而葦草蟠結過隄之浪不能擊背而撼隄此萬無可慮者也或又有爲湖水甚盛壩減無多歸入運河可慮之說者不知湖水卽便暴漲正可

用以刷黃但將運河正越各閘壩暫俱封閉大關清口令湖水暢出料不過數日卽平若令歸入運河始籌消受則是旣招之入又逐之出凡所經由皆屬危險誠不如截其上流不令洩入俾專力趨黃一舉兩得之爲愈也（關道事宜冊）按鄂爾泰此奏 廷議令總河酌議嗣總河覆奏所有滾水石壩仍照原議建築以備宣洩（續行水金鑑）

是年禁河工胥役侵漁土棍包攬等弊

是年三月奉 上諭國家興修工作雇募人夫原欲使小民實受價值以爲贍仰身家之計至於荒歉之年於賑濟之外修舉工程俾窮民赴工力作不致流移更非平時可比其安全撫恤之心亦良苦矣凡爲督撫大吏及地方有司自當承宣德意敬謹奉行使閭閻均霑實惠方不愧父母斯民之職朕訪聞得各

省營繕修築之類其中弊端甚多難以悉數或胥役侵漁或土棍包攬或昏庸之吏限於不知或不肖之員從中染指且有夫頭扣剋之弊處處皆然卽如挑濬河道一事民夫例得銀八分者則公然扣除二分應做土一丈者則暗中增加二尺或分就工程用夫一千名者實在止有八九百人以國家惠養百姓之金錢飽貪官污吏奸棍豪强之慾壑其情固屬可惡是不可聽其積弊相沿而不加意釐剔者嗣後凡有興作之舉著該督撫轉飭該管官員實力稽查務使工價全給民夫無絲毫扣剋侵蝕之弊倘該管官員稽查不力督撫卽行嚴參如徇庇屬員或失於覺察朕必於該督撫是問欽此（永定河志）

覆按胥役土棍最爲河工一蠹要在工員勤慎任事權不旁落上司督察有犯必懲至夫頭亦多狡猾作弊者而工員不能不

用夫頭各散夫亦願聽夫頭所使而不聽委員之命工員但擇其素性謹愿家道飽煖而又夙昔辦工無悞者用之自無流弊其每丈扣一寸作爲夫頭津貼散夫皆明知之不爲弊端此不必革不然夫頭既非在官人役又無工食可領豈能枵腹從公若每丈扣至四五寸及一尺又復扣減方價賒賣糧食一切盤剝等事則萬不能容矣

乾隆五年改山東管河道爲通省運河道專管運河一切蓄洩疏濬牐壩隄岸事宜仍兼管河庫事務改兗沂曹道爲分巡兗沂曹三府專管黃河事宜議定兩河効力人員額數停止武職投効河渠紀聞

時部議定効力南河一百五十員東河六十員著爲定額停止武職効力之例以節冗濫河渠紀聞

乾隆七年河大漲衝坍石林口土壩石林口在徐州北岸豐縣屬**漫堰潰成大河奪溜東趨衝決沛縣縷隄河督完顏偉集夫塞之**河渠紀聞

按是時河溜雖奪正河尚有餘溜東下及時堵閉築壩開河幫築裏戧加築月隄逼溜歸故大修沛縣縷隄以畢工乘其勢也

靳文襄以河至徐州城垣山根逼束不能暢流南岸於毛城鋪建石壩石閘北岸留石林黃村二口減洩漲水其時下流初治上流石林黃村一帶灘地平曠內外高低不甚相懸故爲急則治標之法流行三十餘年黃水淤高近河之岸內地窪下漲水北出建瓴直下衝成深大溝槽勢必奪溜歸東乃築壩以節之然築壩以爲節宣之道而壩仍不可恃伏秋漲水勢猛力大河岸高於內地一洩則排山而入下跌深潭潭深而跌愈甚循舊有河溝衝激下注其不奪溜者幾何此所以卽有石林之潰決

不數年又有孫集之變至接築大隄而後已治河以時爲準盡信書不如無書也河渠紀聞

是年完顏偉調東河白鍾山調南河續行水金鑑

是年十二月二十六日　上諭江南河道總督職任最爲重大必得熟悉情形經練幹濟之人方有裨益今年河湖異漲原非尋常可比而議者皆以不能先事豫防及時捍禦歸罪於河臣甚非情理之平卽條奏之人並非身歷其地輒以臆度之論紛紛陳説及加考查皆必不可行之事其爲害於河工甚大若因議論紛起卽將河臣加以處分則後之膺此任者愈難辦理矣完顏偉由按察使陞任河道總督素未諳練河務且到任未久驟遇如此水災未免措置倉皇此實有之朕思河東河道較之江南尙易料理完顏偉著調補河東河道總督白鍾山歷任南河頗稱練習著調補江南河道總督續行水金鑑

乾隆八年議於天然南北二壩處添建二滾水石壩南河成案

是年正月工部題會議得大學士陳世倌等奏稱分洩下游水勢若不多方區畫設復有漲水湖不能容高堰全隄受險則淮郡全城可慮臣等再三籌酌山盱滾壩之南天然南北二壩處添建二滾水石壩口門各寬六十丈壩身量高一尺儻遇異漲旣可分洩而過水止在壩面以上一經平壩便已斷流於全湖蓄水無損與天然之徹底開放致清水受虧者迥别況壩身旣比山盱舊壩稍高一尺是必舊壩過水一尺以上新壩方能過水若僅止一尺猶無水可過卽遇盛漲過水旬日無不稍退兼之循序漸下必不致奔濤直衝爲高寶諸湖之患南河成案今按此議改三壩爲五壩之始續行水金鑑　是年刑部侍郎周學健議移臨

淮縣城於縣屬之周梁橋地方又移泗州之治於州境雙溝地方（南河成案）

乾隆九年　命大學士訥親會同總督尹繼善總河白鍾山查勘下河水利通籌詳議順道與河東總河完顏偉直督高斌審定一併具奏（河渠紀聞）

按自議治下河以來至此而河湖之原委通江通海之去路未臻始盡得其底裏靳文襄知下河之不易辦亦未有疏剔明晰如會疏之曲盡者疏稱洪湖正溜由老子山前自西南注東北從裴家場引河達清口當漲發時來水湧盛運口重重關鎖惟清口一路出水宣洩不及高堰在在受險湖水過漫淮滄等河水不及下溢而爲盧鳳六泗境內之患此洪湖減洩不暢上游易致爲害之情形也至減下之水由高寶邵伯等湖歸入運河分注泰州之運鹽河歸江與鹽之串場河歸海其通江之港有八如秦塘百汊白塔等河洩水無多惟芒稻一河最爲寬暢而鹽河水深四五尺僅足浮送商船芒稻開牐即有礙鹽運既不能預爲容受之地及至水漲開放不免壅遏其由高郵湖入運者各閘壩洩入官河至蚌蜒梓新車路白塗海溝等河入於串場河通海十二牐以白駒天妃爲暢順亦因串場河水僅深二三尺白駒等牐專事閉蓄資運官河及梓新各河率皆淺狹容納無幾蕩湖停淤不能即下先已漫溢民田是通江通海之去路猶未順也江海去路不順下河各溪湖蕩悉成止水洪湖減水不消貽患下河因而洪湖不敢輕言宣洩然閉塞過甚蓄而爲盧鳳六泗境內之患若驟有漫溢下游爲患更大須亟籌江海去路其歸江之路應浚鹽河以資輸注也鹽河上流水深四

五尺如臯以下益淺河底原高於運河應挑深五尺由通州城東至丁堰一律浚通使芒稻等牐壩下常存之底水即足以資運然後察視水勢酌量開放預爲減洩再將高寶邵伯相連之通運各引河疏浚俾三湖循次灌注由運入鹽爲湖河遞減之法每年重運過後四五月內行之即遇盛漲亦不至有河湖先滿之患再浚通州唐家倉等牐下淺塞以便宣導修浚歸白馬湖之文華寺牐河備上游宣洩而水有去路矣其歸海之路應浚串場河以資容受也高郵牐壩下注之水由官河至興化分由梓新車路白塗海溝界河以達串場河邵伯頭二等牐水入恒子涤陽等湖亦由蚌蜒達串場河出天妃白駒以及小海丁溪歸海五月水盈時河水僅深二尺即水長滿岸不過五六尺興化各湖河水無去路稍增四五尺即淹浸爲患蓋興化地窪

而串場河淺故也應將鹽城南北串場河一律挑浚寬深使水恒瀦白駒等牐平時相機啟閉盛漲普同開放牐下引河亦疏浚以順其勢其興化以上之高郵官河及東西官河洩水要道均開浚寬深南關車邏二壩可隨時減洩前議將壩脊加高五尺應減高二尺四寸俟運河水深一丈以上即令過水以資分洩邵伯以上水由運河東岸出牐歸下河者合計口門共寬四十餘丈范隄各牐口門僅共寬三十六丈應照芒稻牐多添金門天然二壩改建滾水石壩此處地亢難高過流水緩且係水長自過土性堅實應即因土壩之舊甎石等工及二壩停止加修以節糜費並商之完顏偉高斌以開浚鹽場各河及停修高堰二隄意見相同惟土壩過水不若用石堅固洪湖水不宜多洩改低滾壩恐未相宜應令河臣詳加酌度復經議停甎石等

工及高堰二二隄分別估辦應浚河道用項運庫動支商人分年帶還此以浚鹽河開串場順歸江歸海之路爲釜底抽薪之計而人事亦有不齊者芒稻暢洩即奪鹽河之流阻礙運舟則前之樁釘葦溝非獨爲截私也白駒天妃等牐專事閉蓄以資運而官河以至白塗海溝之淤淺亦不獨在惰挑也鹽運各事所事而海口之不淤者亦淤矣淤之久而海潮勢大清水力微塘水由內洩出遇潮退回潮頭擁入之沙多隨潮滌出之沙少日積日甚海岸烏得不高海口烏得不塞此不可以口舌爭也惟於所當濬者濬之深運鹽串場而芒稻之底水即足資運白駒天妃暢達而行運之支港不致掣流民與運始兩得安便然非勤敏治事隨時調劑要之於恆持之以久法立弊生其能相與有成者幾何矣河渠紀聞

是年豐碭廳梁家莊天開引河刷寬二百餘丈石林埽前停淤又邳睢廳王家堂汛張工對岸淤灘橫亙東西河流旋繞忽於柏家灣直衝成河刷寬一百餘丈大溜全歸新河對岸三百餘丈埽工淤閉化險爲平河渠紀聞

按自石林堵築後大河坐灣側注北岸先於袁家莊挑引河引水中泓而袁家莊引河迤下老灘橫亙大河向北圍繞刷開梁家莊河溜始歸中張工對岸淤灘橫亙東西奔騰曲注忽於柏灣塌透成河寬百餘丈舊河漸次淤墊斷流此天成之形勢也黃河之水盛長則力大不能轉灣直走灘面水消力緩仍循舊槽走灣石林漫口初閉下流河淤未刷深透水緩高直出走灘梁莊柏灣之天開引河即由於此然新開之河究不如舊河之寬深水大隨溜刷開水小仍分溜歸灣舊河嫩淤漸次滌去而

溜復歸原矣惟在乘勢加工於新河上流再建挑壩逼水直進新河漸刷寬深溜不能移始可常恃梁家莊新河初成石林工即漸淤閉不數年復開溜走如故聽其自去自來而無人力為之防護也不然如柏家灣塌開新河閉張工三百餘丈之埽何以旋即歸原不數年即有張工決口之大變使先時乘勢保守加工挑護止須修防之力至勢變而後為之防已無及矣惜舉手之勞而迴千鈞難挽之勢智者不為然凡人之情能見已然不能見未然往往如是也河渠紀聞

乾隆十年八月黃河南岸陳家浦以下漫口百十餘丈河渠志稿

時江督尹繼善河督白鍾山相度情形應於上首遠築遙隄直接老灘高處以束水勢事半功倍　命訥親高斌酌議尋奏陳家浦乃數百年黃淮入海之路自應仍照舊堵築合龍不失老隄故迹方為鞏固河渠志稿

是年十月初二日　上諭軍機大臣等有人奏稱本年黃河水勢伏秋二汛異常盛漲較上年長至二尺有餘徐郡沿河一帶工程竭力搶護幸保無虞而南岸一帶無隄之處多皆泛溢淹浸至阜甯縣陳家浦地方因隄內多係蘆蕩竄地歷來未曾下埽閱於前歲即已溜逼隄根河員僅於老隄內築越隄一道以資保護上年汛水長發老隄又已坍卸止存越隄外餘地十餘丈本年六月聞雖於上游築挑水埽壩一道而老隄未經修築至七月上游埽壩衝去大溜直射越隄河臣臨工始趕集人夫料物晝夜儹築幫戧然已水深溜急楷埽不能到底致七月間河溜下注海潮上湧漫決二十餘丈黃河直由射陽湖雙陽子八灘三路歸海迨至八月連日大雨東北風作潮汐倒灌不能

下洩入海漲漫橫溢淹浸甚廣陳家浦潰決之口門竟至二百餘丈再聞陳家浦未決之前工員四次稟請河臣發帑河臣只給銀數百兩以致緩不濟急蓋河臣係河員出身工程熟諳一切弊竇皆所深悉綜覈太甚事務不肯擔承於錢糧上尤覺過緊工員含怨俱有幸災樂禍之意此朕得之訪聞者其言實中白鍾山之病夫錢糧固宜節省但河工關係重大與別項工程不同現在南河需費多金即刻意節省亦屬有限若衝決一口不但小民流離可憫而賑濟之費用帑不貲較之前事豫防臨時搶護其所費孰多孰少耶白鍾山祇知慎重錢糧而不能權其事之輕重朕所不取至於河員雖例用家道殷實之人然孰是挾貲投效者若過於綜覈恐皆觀望退縮不能與上官一心於事無益將此並諭白鍾山知之（純皇帝聖訓）

時因海灘土性浮沙椿埽旋築旋塌不能施工至水落掛淤填土補築又北岸五套於乾隆十八年及二十五年亦漫灘過水隄外高不致奪溜且近海不關緊要非如嘉慶年間之斤斤多事也（河渠紀聞）

乾隆十一年江南河督顧琮（琮鑲黃旗滿州監生時白鍾山以陳家浦漫工革職）議建木龍於安東縣西門越隄大學士高斌勘議於西門大壩下添設一架工尾復設一架水長溜勢南移自木龍以上皆生淤灘化險爲平（河渠紀聞）

考木龍之設始於高文定試紮於清口南岸挑溜北趨並將頭二三壩險工淤閉著有成效自後踵而行之定例木龍暨纜夫工分年核銷木料工竣彙算惟木龍功效全在停淤既經淤成沙灘木已沈陷入土若復刨起勢必引溜刷灘前功盡廢是以

題定分別銷存管收核實造報查河工下埽糜費實多且易引溜生工大汛搶護費更不貲尚不能保無意外之虞木龍設置得宜淤舊停新安如磐石較築壩幫戧節省不可數計然在審度形勢用所當用耳河渠紀聞

乾隆十三年修山東沂河堤埝河渠紀聞

時大學士高斌東撫阿里袞奏請疏築蘭山郯城河道隄堰開濬郯城柳墨二河建蘭山江風等口石工各工並舉分水受水之處無不統治沂河發源遠而水急受諸山之水匯流南下勢如建瓴所向莫禦蘭山江風口俗名夾縫口尤爲喫緊之地隄岸坍卸每遇汛水漲溢洶湧分行兩道南入沂河西入武河實爲全河之險隘沂河西距武河僅數里武河西距燕子河再西而芙蓉河皆十數里數里不等三河舊無隄堰當春水涸一綫

淺流夏秋暴漲即與三河溢水相連至是奏請修築東岸自高莊起至郯城交界觀音堂止長八千五百餘丈西岸自埠東起至郯縣交界孛家莊止長九千九百四十餘丈蘭郯等縣各開溝渠四十道上源下委無不貫注經始於十三年四月至十四年二月畢工河渠紀聞

是年六月顧琮調任東河大學士高斌管理南河事務奏江南河隄不如豫東高厚節省椿埽加培隄工於歲加五寸之外隨宜增築河渠紀聞

按歲加五寸節省椿埽增培隄工隨事所宜使帑不糜而隄自固惟是爲之不以實則收埽削隄隄不加而費益鉅歲加之功績削隄之弊大節埽之用輕引溜之害重如以歲加之土匀加壩臺使埽有後靠水不得內潰而埽身穩隄亦倚埽爲護而土

不傷河工歲修埽段每以收進爲節省留戧爲杜弊初聽似覺有理及事後驗之鑲做一次留戧一尺數年之閒埽面收進丈餘埽後壩臺必須鏟坡順勢卽藉此靠埽之土鏟鑲埽工既可就近應手又可省取遠土之費不數年閒向之隄頂寬五六丈者裏鏟外縮去其大半不得不加幫壩臺向後退收漸加漸退昔時舊埽根基竟有讓出河心者黃河南坍北長埽收進一丈則對岸必長沙灘一丈灘長挑溜引水入袖埽灣迎溜變成頂衝非水性不常抑由人所自致也埽工之弊非留戧可除河工之費非縮埽可省而剷創老隄引溜生險敗壞於要害之地病反入於膏肓惟將壩臺頂寬尺寸量定註册隨工驗收不得絲毫鏟傷埽勿留戧遇蟄加鑲以歲加五寸之土幫隄則隄日高厚埽益寬大溜至不能衝動此河工之實用實效惟眼到身到始知之耳 河渠紀聞

時總河高斌奏呈河工圖說恭候來春 聖駕時巡 指示方略 洪澤湖 洪澤湖在山陽縣西南清河縣東南盱眙縣東北周環三百餘里發源河南桐柏經信陽羅山息縣光州新蔡固始霍邱至正陽關與汝水合又經安徽壽州與淝水合歷臨淮懷遠定遠五河泗州盱眙合豫皖諸山河水匯爲洪澤湖由清口會黃入海隄工自武家墩至秦家高堰長一萬七千餘丈查洪湖地居淮揚數十州縣之上游堰盱隄工所以障全淮之水使不分流旁出併力北趨以與黃會復分入運口以通運道乃黃運兩河關鍵也先是隄身單薄石工閒段幫築屢致衝潰淮揚頻告水災淮水勢分力弱黃水倒灌入湖運口淤墊運道民生均爲可虞歷蒙 聖祖仁皇帝南巡 親臨指示堅築高

堰堵閉六塘使淮歸故道暢出清口雍正八年荷蒙　世宗憲
皇帝特降諭旨以治河之道惟有使黃水暢流無所壅滯則永
慶安瀾然欲使黃水無滯必須保固高家堰隄工使清水力能
敵黃以助其暢流之勢發戶部帑金一百萬兩將隄工險要之
所及單薄處俱加修石工以爲久遠之計捍禦巨浪保護二郡
民生蓄清會黃利漕濟運誠千古不易之章程也臣等查高堰
石壩現今完固惟土隄尚有未能一律之處緣湖水浩瀚兼之
西風鼓浪汕刷尾土自武家墩至秦家高崗有寬十餘丈者有
寬七八丈者且有僅寬五六丈者雖土隄外俱有甎石工程可
無虞而萬全之策必須將尾土培厚增高惟是隄長一萬七
千餘丈工費浩繁臣等再三籌畫通計隄身幫寬以十丈爲率
約需土方銀五萬餘兩若即於堰盱二廳歲搶修柴埽工內分

年節省安辦土工則數年可一律完整不須另請錢糧該處土
堅足資捍衛將來俱寬至十丈則既有石工以爲外捍復厚其
土隄以資保障高堰一帶大隄益增鞏固正以仰體　世宗憲
皇帝大修石隄保固高堰之至意而淮揚十州縣民生咸底安
全矣　三滾壩天然壩蔣家閘　洪澤湖三滾壩於康熙四十
年前河臣張鵬翮題建一北壩一南壩均寬七十丈一中壩寬
六十丈因其時六壩既經堵塞大汛水漲若專恃運口爲尾閭
則高堰瀕危於是議設減水三石壩以洩溢槽之水其翟塘原
有天然南北二壩仍留以備異漲各壩滚下之水俱由草子唐
漕等河分洩入白馬寶應諸湖歷高郵邵伯入運以達江乾隆
十一年臣高斌奏准將滾壩迤南之蔣壩石閘修建每年相機
啟放查洪澤湖會黃濟運必須多蓄使之常盛方能暢出清口

不致黃水倒灌伏秋盛漲有餘之水又必早爲分洩高堰一帶方能容受現在南北中三石壩總以高堰水誌長至八尺五寸外聽其過水如未及誌水已低於壩脊當收蓄以會黃濟運旣可洩溢槽之水而仍能留平槽之水則減洩之法誠莫如滾壩爲最善也至天然南北二壩係屬土壩並無石基一經啟放則全湖之水奔注高寶邵伯諸湖勢必將運河東隄南關車邏等壩啟放下河各州縣田廬受淹且分洩太多湖水受虧卽不能會黃濟運是天然二壩誠未可輕易啟放臣等謹按洪湖爲全淮委注之地天然壩旣未可輕放若專恃南北中三滾壩過水其蔣家閘分洩亦屬無多設過水溢湖不能容則淮揚二郡深爲可慮臣高斌曾於乾隆八年奏請添建二滾水石壩估銀一十一萬餘兩嗣經　廷議以天然壩地亢灘高所受者原係淮

漲分流漫注倒漾之餘水今將現在土壩改與南壩相平過水停其建石十年南滾壩過水二寸卽啟天然土壩汕刷廣深仍係徹底開放隨經搶護堵閉十一年臣高斌復奏俟南滾壩過水三尺再相機啟放臣等細加籌畫十四年湖水加長自六月初一日滾壩過水後至七月十二日水勢有長無消滾壩過水已至三尺一時不能消退高堰全隄可慮急須啟壩分洩臣等因下河民生關係是以慎重未放幸水勢漸退保護無虞據此試驗情形若再添兩滾壩則減洩旣多水退自速應請仍照八年原議相度地勢添二石壩其天然舊壩照舊堵閉庶異漲旣可多爲分洩而過水止在壩面以上一經平壩便已斷流於全湖應蓄之水毫無損礙與天然壩之徹底啟放致清水受虧者迥別兼之循序漸下下游不致驟漲而高堰一帶可無危險之

患矣南河戚案

治水述要卷五

治水述要

六册

治水述要卷六（乾隆十四年至五十九年）　全集七之六

秋浦周馥玉山甫纂　男學淵、學熙、學煇　孫明焯校字

乾隆十四年以直隸總督兼理河道（永定河志）

是年三月奉　上諭直隸河道事務近年以總督兼理不過於伏秋汛至之時往來率屬防護工程俱已平穩所有直隸河道總督不必設爲專缺卽於總督關防敕書內添入兼理河道字樣其一應修防工程向係河道等官派辦者照舊飭委辦理現在纂修會典將此載入欽此（永定河志）

乾隆十五年六月清河縣豆班集北岸大隄漫溢塌寬三十二丈未奪河溜卽由三岔進堵二十日堵竣補還大隄（河渠紀聞）

漫水陡長必有陡落及時施工力少易舉待其加長而後治人力緩於水力缺口衝刷漸寬有吸川之勢外灘必抽深溝引溜直入暴流湍急兩岸不能裹頭雖欲進埽不得徒望洋而歎耳豆班工築不待時得機得勢進三岔順溜之工補豆班已破之甑惟有定識定力始能破常格而成大事（河渠紀聞）

覆案堵分溜之工須在正河初分溜處起手漸逼漸前溜自漸歸正河若退後一步則溜已入袖難堵禦矣初分溜處卽三岔河也

乾隆十六年永禁開放天然壩添建智信二壩（行水金鑑）

是年二月奉　上諭洪澤湖上承清淮潁泗諸水匯爲巨浸所恃以保障者惟高堰一隄天然壩乃其尾閭伏秋盛漲輒開此壩洩之而下游州縣胥被其患冬月清水勢弱不能刷黃往往濁流倒灌在下游居民深以開壩爲懼而河臣轉藉爲防險祕

鑰二者也相恃朕南巡親臨高堰循隄而南越三滚壩至蔣家
牐周覽形勢乃知天然壩斷不可開夫設隄以衛民也隄設而
民仍被其災設之何用若第爲掣流緩漲自保上游險要各工
而鄰國爲壑田廬淹沒弗復顧惜此豈國家建立石隄保護生
靈本意耶爲河臣者固不當如此存心也天然壩當立石永禁
開放以杜絶妄見近者河督大學士高斌副總河巡撫張師載
於開天然壩之説亦深以爲非而請於三滚壩外增建石壩以
資宣洩朕親臨閲視謂增三爲五卽以過水一二尺言之向過
三尺者卽爲五尺向過六尺者增而至丈是與天然壩名異實
同人必有議其巧避開壩之名而陰襲其用者是當爲之限制
上年滚壩過水三尺五寸天然壩仍未開放應卽以是爲準俾
五壩石面高下維均以仁義禮智信爲之次仁義禮三壩一如

其舊智信二壩則於石壩之上加封浮土必仁義禮三壩已過
水三尺五寸猶不足以減盛漲則啟智壩之土仍不減乃次及
於信斯爲節宣有度較之天然壩之一往莫禦者懸殊矣再高
堰石隄至南滚壩以南舊用土工石隄有首無尾形勢不稱應
自新壩北雁翅以北一律改建石工南雁翅以南至蔣家牐水
勢益平則石基甎甃如此方首尾完固屹如金湯永爲淮揚利
賴至洪湖東水藉以刷黄而上游宿虹鳳潁諸邑歲被水患議
者謂洪湖盛漲諸邑先被其災洩洪湖仍於上游無補自朕觀
之漲減則上游之漫溢者亦減此固封疆大臣於未被水時先
時綢繆而司水土者亦未可以閭閻休戚非已職掌所在而專
以束水保隄爲得計也河工宿弊不可枚舉而無益之費尤多
或明知無用而因循弛廢或因以爲利而妄事興修高斌張師

載於此雖能持正如茆家圩頭二草壩固已廢所當廢而此外無益之費卽以朕巡視高堰一壩之內已不勝屈指數然屬員已議其不發帑不興工矣朕觀河臣管領河漕數千里民命所繫視督撫綏輯一二省者爲難冒涉風雨守護隄防亦視督撫坐辦案牘者爲勞而督撫職在刑名錢穀事有實據是非難掩河臣遵守章程可以福命苟安無事則其任較易歷年河臣不乏表表尸祝之譽而糜帑養患有罪無功其識機宜得關鍵實著功效者幾人哉果使全不興工則置民瘼於不問河臣幾於虛設固無此政體如其糜脂膏以擲虛地則蠹弊之最巨者總之河不可不治而勿循其虛名工不可不興而必歸於實用斯爲至要 高宗純皇帝聖訓

仁禮二壩舊寬七十丈新建智信二壩亦寬六十丈其壩基石脊五壩高下一律均齊總以高堰水誌深八尺五寸平水爲度 河渠紀聞

是年秋大水河南陽武五堡漫口水經延津漫曹濮入張秋歸海別由金鄉魚臺濟甯至南陽東流注大清河入海 大清河卽山東濟水之道與漫水曹濮入張秋歸海者同一道卽古千乘入海之道今之利津鐵門關也 運道大阻完顏偉赴工堵築至冬合龍 河渠紀聞

按陽武大隄自明正統三年決後屢有漫溢內外純是飛沙深丈餘皆前時決口隨溜噴出之沙工竣補還大隄就近取用夾入沙土遇水則陷河唇高與隄等隄內窪下至一丈有餘平時水不至隄根大水漫過河唇一二尺隄前之水已深及二丈遇水長風急往往成事若人夫踴集料物應手協力救護尚可支持亦不能保其萬全是在平時遠取膠土包淤使隄頂不受水

刷隄坡之沙草根盤結堅實順隄多加挑水土壩壓斷溝槽內加鑲防風積料備用大水一至先搶護挑壩使不得順隄行溜衝刷隄根水落歸槽自得無事惟明者能識微見遠若皇皇於迎溜之埽終日購料集夫而忘此暗險之工每至猝不及防所謂不顧於高山而顧於平地也河渠紀聞

馥考是時尚書孫嘉淦請減黃入大清河運道改由利津渡海至津或繞宣惠河至津宣惠河洩吳橋東光瀝水由鹽山慶雲海豐入海直隸山東兩省交界處平時無水南北不通大河惟五六月大雨時行野潦泛入皆以河工煩費漕運難保別思變計而不知格於地勢水性之不能行前明已屢議之矣

乾隆十八年八月河南原武一帶漫灘之水下注陽武漫過越石隄三壩纔隄將十三堡大隄漫決河渠志稿

是年九月江南銅山縣張家馬路河水衝決內隄七八十丈外隄四五十丈纔越隄一百四十餘丈大溜全行掣過漫水南注靈虹諸邑歸洪澤湖由五壩洩入高寶諸湖過運河東注下河河渠志稿

時 上命尚書舒赫德帶同白鍾山前往辦工奉 上諭秋汛已過何致衝決河隄其中顯有情弊該管同知李焞著革職拏問張師載身任南河日久張師載字又渠號愚齋謚懿敬乃張清恪伯行之子也著有治水方略不能留心查察致該處隄身卑薄疏鬆一時潰決浸延數邑其罪實無可逭即赴銅山勒限堵塞如不能剋期告竣嚴奏治罪尋策楞等奏李焞及革職守備張賓侵帑悞工狀奉 上諭李焞張賓即於該工正法使在工人員知所懲戒高斌張師載負恩徇縱實無可貸朕念高斌尚係舊人不忍即置重典張師載因併寬宥然國有常刑雖法外矜全不可不使知儆惕著將高斌等縛赴行刑處所令其目睹行刑訖再行釋放高斌傳稿

甲寅之秋張家馬路對岸横生大灘河流西來向南旋繞至東東西阻隔之灘祇餘一綫秋汛大溜埽灣山伯家灣場開登時刷寬一百二十餘丈大溜全歸新河舊河淤墊斷流張家馬路三百餘丈埽工淤閉時皆以爲天幸而忘其新灘嫩淤河流易變也使於其未來而豫備挑溜土壩稍有塌動立即裹護功倍不勞即於其方至而加壩集料先築迎水之埽河雖南徙相距數百丈之遥亦不能一蹴即至非趕辦不及也雖因先悞將兵夫調往二漲猝不能備夫料缺少搶護不及實悞於前時河徙工閉未能乘時爲徹土之計也（河渠紀聞）是年十二月銅山縣張家馬路漫工合龍河復故道用銀三十萬三千六百八十八兩五錢零（河渠志稿）

按河工每於口岸有事後輒爲議論以見長是年先於軍機處

議復嵇璜條奏河工事宜（嵇璜字尚佐晚號拙修謚文恭乃嵇文敏曾筠之子兩世皆大拜任河督忠清恭謹世並仰之）奉　諭昔人云議禮如聚訟議河亦如聚訟如浮言以開毛城鋪爲高斌之罪不知毛城鋪乃自高斌而閉劉統勳亦言此高斌數年未白之冤益可見浮言不足信惟身歷者能知之也今稱黄河減水諸壩應修是又遵開毛城鋪之説不知溜勢既分無力刷沙亦有議其後者從來爲政不在多言朕因河患宵旰憂勤日召在廷諸臣詳悉講求正謂蓄洩宜勤疏壩宜固隄堰宜增海口宜通則惟河員是任徒事摭拾空言甚無取焉此後仍有以治河奏者必將原奏發還（河渠紀聞）

乾隆十八年奏加築高堰石工灰土工（河渠紀聞）

十一月嵇璜德爾敏鄂容安尹繼善富勒赫奏高堰隄工捍禦洪湖爲淮揚保障今歲伏秋盛漲加以全黄歸注風浪洶湧致

甎石各工倒卸甚多仰蒙　聖恩念切民瘼興修以資捍衛臣等於月之十五日馳赴高堰查勘洪湖水勢武家墩沿隄深三尺六寸南至高堰水深八尺一寸又南至蔣家閘水深二尺六寸五壩已經斷流今歲水勢雖較往年旺盛而現在逐日消耗尚爲平穩自武家墩至蔣家閘止隄工共長一萬六千餘丈內有康熙三十九年修建石工乾隆四五等年續加甎工者有雍正八年興修通身石工者有乾隆十六年及十八年修建通身石工或通身甎工者工程甎石不同年分亦新舊各異因今年水勢甚大風浪衝擊新舊甎石工倒壞者三千六百餘丈現未倒壞而𦤘裂應行拆修者五百四十餘丈二共四千一百餘丈必須及時興工修砌其修築之法又當因地制宜詳加分別如修砌石工應於隄外先築攔水壩以便施工水深處難以築壩

惟有退進一二丈於隄身開槽修砌且留舊隄石基以爲外護俟新工砌至過半再拆舊石層層添砌至舊有甎工原難經久前經臣舒赫德等奏明將倒卸甎工盡行改石則凡甎工內通身全倒及半倒脹裂者自應全拆改築石工而石工較甎工其勢倍重應將下面樁木酌量加添其下石上甎工內有止倒上半甎工而下截石工未倒者即於上面改石甎腳年久未免虛鬆頭重難勝仍不免傾圮亦應通拆到底另行加樁修築方能穩固如石工年分未久止倒一半其根腳尚固者只須加砌上段不必全拆以免糜費至甎石各工有通身完好全未倒卸者自應存留雍正八年所修工程現俱堅固毋庸置議其餘新舊工內上面雖屬整齊而下面及根腳有無搖動殘缺現在水勢漫蓋不能詳閱俟興工時水涸逐一查勘如有應修補處另奏

續估辦理再查高堰石隄向來做法止用石二進石後用甎二進卽與隄土相連甎石與土不能固結一經風浪則湖水浸入搜空易致坍塌必須於甎石背後築打灰土三尺以禦衝刷（今按堰盱甎石工後加灰步土始此）南河漕規雖未載此項而石隄大工應請照京城各工例興作並請嗣後舊有工段遇坍卸應修者亦照此辦理此臣等現在分別籌辦之情形也工段緜長必得多員分修方能速竣今於附近府佐州縣及河員內擇才具可用者二十餘員分派工段委淮揚河庫二道催查趁此冬令將水中舊石上緊撈取儘數選用所需新石已奉 旨令江南山東兩省採辦所需甎灰石灰糯米等項雜料及雇募匠工皆須預備現在發銀定限飭承辦各員分路採辦俟運石到先儘險要處卽行價砌但工段緜長需石甚多洪湖水險轉運維艱石工未竣之

前風暴時有其倒卸殘缺處非鑲做柴工難以保護其海漫石必須鋪柴一層名爲馬鞍方免風浪汕刷（今按馬鞍埽始見此）石後尾土急應多備柴束以免臨時周章臣尹繼善已酌發銀兩購辦料物備用入於歲搶修案內核銷石工固須鞏固而土隄爲石工後戧亦屬緊要現在土隄歷年加高培厚其頂足十丈底足十餘丈者固多亦有被浪衝擊隄頂殘缺更有年久未幫隄身卑薄皆須一律加培其隄工海漫石殘缺者一併補修完整再五滚壩過水甚大壩身石塊閒被衝損應須修補五壩迤下束水土隄在在殘缺亦應補築均請歸大工內一體報銷以上各工共約需新石十六萬四千餘丈銀五十九萬餘兩再幫修土隄約需銀十餘萬兩此係約計之數容臣等將石料新舊隄身高矮及裏外層次逐一算明詳細估計題奏（南河成案）

上諭向來治河有用混江龍之法臣工中屢有以此爲言且謂
靳輔亦曾用之朕意前人雖有此法恐亦紙上空談未必實能
奏效株守陳編者或見爲新奇可喜耳尚書蔣溥又稱明人亦
云混江龍殊不可行前河臣靳輔疏濬河淤之鐵埽帚乾隆三十六年
清口淤墊江督高晉等奏用鐵篦子較杏葉杷混江龍爲得力可以刷沙復有作木筏逼水暢出清口之法似較便
捷其法於二里半一墩每墩一船船尾各繫鐵埽帚二令河兵
往來疏刷等語是二里半之長以河面兩岸相距之廣僅船二
隻而一月又僅有三日之期彼弁兵之用力與否尚難期必豈
能望其一律深通看來亦未必大有裨益卽如今日普福摺內
以泰州之斗龍王家二港現在淤淺委員攜帶混江龍前往分
頭疏導漸獲通流此以施之於支河小港或易於見功非所論
於挾沙奔注之黃河也但亦不妨姑一試之試之而效固爲有

益卽行之無效亦非有大損不若開濬黃河北流故道諸說之
迂遠難行也且嵇璜亦主此議著傳諭舒赫德等於合龍後諸
事告竣會同奉命諸人查勘混江龍鐵埽帚之法均不妨試一
行之其適用與否不過一二日卽可立見如不可行亦可釋羣
疑而息異論矣欽此欽遵試驗無實效可據亦不常用也河渠紀聞
乾隆二十一年秋大水銅山縣黃河北岸孫家集漫口掣溜東趨
灌入微山湖湖河相連下及荆山橋河銅邳宿桃海沭諸州縣被
淹荆山河身淤爲平地運河縴道淹沒回空設法南下河渠紀聞
是時遣刑部尚書劉統勳查參不能預防之咎會同富勒赫駐
工督築復調白鍾山來工會辦自閏九月初六日進占至十月
二十九日合龍劉統勳署南河辦善後河渠紀聞按孫家集向無隄
工留以減洩黃流保護徐州城社伏汛大漲漫灘過水經歷夏

秋接續增長刷成溝槽遂致奪溜（同上）

是年十一月石林大隄開溝放淤水停淤澄旋因水大隨即閉塞（河渠紀聞）

按放淤率因埽深水急內塘低窪積水浸泡不得已開溝引水冀水平淤滿以化其險法用淤土堅築越隄加防風裹護開倒鈎河於下流倒引而入進黃出清石林內塘氣勢過大不敢並開二溝止於東首開一小溝引黃清水過大黃不能大進是以止淤東首一段中間深水如故放淤之法既能平險亦可取土益工古人往往行之然履危蹈險老成所戒或內塘太寬水不能及時灌滿以致跌通中泓大溜壅進勢不能當或浸泡日久暴風蟻穴皆能穿潰成事往年蔡家樓放淤當灌滿內塘之時忽起東北大風壅水并注西南越隄激刷隄身搶救不及危在

頃刻副將李永吉急將存壩稭草千夫齊搬拋入塘內隨風飄至西南隄旁壅護隄根不能衝刷始保平穩若稍緩須臾則無救矣即如石林放淤冒大險而終歸罔濟反不如知險預防早夜勤修暇時積土待用堅築越隄以防不虞為有備無患之道治河疏於修防盛言放淤之利倖功輕試見險不知止豈可為常法乎哉（河渠紀聞）

乾隆二十二年二月河督白鍾山會同江督尹繼善安撫高晉堵築毛城鋪進水之蔣家營支河不及一月工竣三月水長潰後復開移基攢辦逾月堵合復蟄陷過水直至四月下旬始行築竣溜歸正河（河渠紀聞）

按毛城鋪支河洩黃河有餘之水由滾壩下注日久衝刷寬深掣動河溜驟難遏塞支河原寬二十六丈水深九尺一丈不等

兩崖鑲做至十餘丈時河底刷深至二丈餘勢甚湍急已塞復決原基塘深沙活難以施功復於兩崖高聳河面稍窄之處定基債辦撥附近徐家莊存料應用並借撥豫東商虞曹單兩廳新舊料物船運到工會同督催進埽層層追壓於四月初九日堵合斷流復因水勢湍激大埽蟄陷過水仍并力搶築並於埽外債做鉗口壩埽後築夾土鐵心壩以防汕刷蟄陷直至四月下旬始獲竣事河渠紀聞

是年修治皖北河南山東水利國朝先正事略

時奉　上諭近聞山東之金鄉魚臺上江之宿虹靈璧河南之永城夏邑等州縣皆有積水漫溢其受病實非一朝一夕之故若不及時籌辦將何所底止此朕南巡未了之事也其令侍郎裘曰修裘曰修字漫士又字叔度江西新建人諡文達直督裘行簡諡恭勤者其子也馳驛前往山東

河南上江現在積水各州縣往來周視寬以時日熟察情形通盤籌畫果歸實用毋惜多費帑金用副朕痌瘝一體之意公銜

命自山東查勘至河南自河南至上江疏請將靈璧之斗溝挖尾河沱河虹縣之荀家溝岳家河潼河一律疏濬至董家溝在宿遷境內安河界桃源泗宿三州縣閘皆已淤淺其金鎖鎮田家集劉李埂陡門等處上下八十里為入洪澤湖咽喉皆宜逐段開濬必此處較上游深通而後濉河等水可以順流直下惟下游之下復有下游洪澤湖以清口為出路前已奉　旨將草壩拆卸以暢其流仰見　聖明燭照於數千里外但每歲須應期開放庶不至壅閼一時有　旨嘉其明晰得要領　命與夢麟等無分彼此所見既確即一力擔承務期歲前蕆事公復由穎亳一路至河南疏言穎亳一帶必東面及東南面去路無

阻然後中州諸水可得而治宜先開幹河繼開支河繼開溝洫其東面之幹河在商邱爲豐樂河在夏邑爲响河在永城爲巴河東南面之幹河以大沙河爲最即古潁水次則開封之賈魯河即古汴水均宜一律挑濬此外如永城之漕溝夏邑之毛家河小引溝觀音閘引河白河三岔河虞城之惠民溝商邱之北沙河大澗溝鹿邑之清水河汝甯之洪河汝河宜徧加疏濬一律通流由引河以達支河由支河以達幹河其不能歸河者於田間多作溝渠導引或窪地聽爲澤藪庶不至漫溢得　旨如議速行公復至山東查勘疏言館陶臨清等縣濱河兩岸民埝向係民築民修請照直隸永定河工例每夫日給升米責成地方官督令修補從之又言山東道疏濬兖州爲要曹州次之節錄

國朝先正事略

乾隆二十三年五月定河員公費章程河渠紀聞

是年五月十五日奉　上諭嵇璜奏請定河員辦公經費所見亦是河員承辦工程一切雇船堆料犒賞等費勢所必需向來因未定有章程於領帑辦料銀內通融費用而河臣等因經費無出不得不於核銷時爲伊等稍留餘地均非慎重核實之道夫工員因公費而糜帑項從旁挾制者必多河臣核工料而恤私情高下其手者亦所不免則何如明定章程於公私皆有裨益但不肖之員雖設有公費安保其不圖弊混以肥私橐是在董河大臣嚴加察核有犯即重治其罪伊等亦不得更爲藉口矣其如何悉心酌量按廳分之大小工段之多寡覈其應用實數定爲章程著尹繼善白鍾山高晉會同妥議具奏純皇帝聖訓時會議南河各廳分爲三等大廳酌給經費銀二千兩中廳千

有五百兩小廳一千二百兩均入歲修册內報銷（河渠紀聞）

乾隆二十五年八月蘇撫陳宏謀奏移淮安府清河縣於對岸之清江浦以避黃河（江南通志）

乾隆二十六年七月河南武陟汜水等縣山水長發沁黃並漲黑堈口隄工漫溢蘭陽各堡多有決口田廬被淹　命倉場侍郎裘曰修會同巡撫常鈞查勘賑卹山東曹縣十四堡二十堡隄工漫溢水衝城武縣並淹范縣濮州河南中牟縣楊橋大壩接連大隄決口數百丈黃流奪出直趨尉氏縣賈魯河　命大學士劉統勳協辦大學士公兆惠督辦堵築（河渠志稿）

秋沁黃並漲北岸武陟滎澤陽武祥符四汛漫缺內外隄十五處因南岸楊橋奪溜大河乾涸隨經次第補修完固（續河南通志）按黃河南岸外灘高於北岸決水散漫四出土堅溜緩時金門收窄三四丈水深不及四丈故易堵合劉文正督工始終未襪貫一弁兵而無不氣協心服奮勇從事固威望有素也（河渠紀聞）

是年九月初二日奉　上諭軍機大臣等據尹繼善奏豫省黃河漫水現入潁郡渦淝等河江南潁壽等屬毗連豫省今漫水既入渦淝等河自將由淮河匯入洪澤湖朕前批閱河圖早慮及此惟奏內稱湖水加長必由山盱五滾壩洩入高寶諸湖則下河各屬及淮揚運河勢必均受其害此大不可者閱高晉所奏亦大略相同朕意洪湖水勢既盛惟有大開清口東西二壩俾湖水暢流庶爲急則治標之要策況清口兩壩之設原以蓄清敵黃今上游黃已入清正當就清口擴其去路而黃河斷流之處容納尤有餘地看來必應如此辦理若聽其由五滾壩宣洩則不獨洪澤湖已受黃淤而高寶諸湖及下河一帶豈不慮

在在淤墊耶著傳諭尹繼善高晉令其會同商榷速行妥辦_純
皇帝聖訓

今按展清口始於是年續行水金鑑

乾隆二十七年開寬德州之四女寺減水滚壩新舊共寬二十四丈以暢其流河渠紀聞

乾隆三十年江督高晉奏明葫蘆灣孫家集放淤告竣河渠紀聞

河工放淤工險而效大頂衝之處廂埽不已或內塘低窪隄脚落空塘後窪地積水取土遼遠放淤以保隄填塘淤出之土就地取用此其效也南河土性膠結以放淤爲修守良法惟是淤工既成上下裏頭仍不可廢每見埽工淤閉後即停修守大水繼至刷新淤如湯沃雪沿灣曲注生工更多如銅山之瓦房等工是也河渠紀聞

是年改惟揚淮徐二道仍兼理地方分巡事務江南通志

是年四月十五日奉　上諭內閣江南淮揚淮徐二道向係兼理河工地方之缺嗣後原任兩江總督德沛奏請將海防道裁汰改設爲淮徐海道專管三府州事務並將揚州一府歸常鎮道管理而令原設之淮揚淮徐二道專管河工久經部議允行今思河防分巡均屬地方要務原不應過分畛域現在淮揚淮徐二道專管河務而分巡之事不令兼司於地方官呼應不靈遇辦理一切工程未免掣肘且山東之兖沂曹河南之開歸河北各道俱不難於兼顧江南又何獨不然著將淮徐二府地方分巡事務仍歸淮徐河道兼管其揚州府地方分巡事務仍歸淮揚河道兼管俾事權歸一以資實效其添設之淮徐海道一缺即行裁汰所有一切裁并應行事宜及現任淮徐海道應加

何酌留另補著該督撫詳細妥議具奏純皇帝聖訓

是年八月高晉奏定總督總河會辦章程南河成案

一文武官題補題署咨補咨署並由河臣主稿知會督臣商定然後題咨一工程所用錢糧三道一體詳報督臣衙門查考一各廳工程用存料物各工水勢責成道廳營汛一體通報督臣南河成案自此兩江總督兼河務遂為例續行水金鑑

乾隆三十一年八月銅沛廳屬南岸黃工以下無工之韓家堂溜勢汕刷陸續漫寬一百四十餘丈南河成案

時漫水由陵子孟山等湖注洪澤湖正河仍有三四分水上游各處辦料順流即至正河水日增只將灘嘴挑切以順其勢毋須另開引河江督高晉會同河督李宏督辦施工未及五旬堵築竣事河渠紀聞

乾隆三十三年衛水倒灌入汶臨清板牐上下淤四十里總河李清時築壩禦之河渠紀聞

乾隆三十六年河水疊長宿遷支河口無工之處大隄坐蟄三十餘丈旋即堵塞河渠紀聞

時桃源南岸煙墩二堡北岸丁家莊陶莊古城等處隄頂漫水隄坡坐蟄滲水段落不一而足分段搶修啟放毛城鋪峯山蘇家山滾壩宣洩而支河口水浸隄身鼠穴不戒遂至過水由運中河下注幸未掣動大溜當即權其輕重啟放劉老澗王營減壩分流暢洩奔湧下注下游河道均經出槽漫灘黃水陡落二尺餘王營減下之水由鹽河入海運中河之水出楊莊歸大河決口漸次斷流挂淤補築完固隄至漫頂坐蟄滲水危險已極俱能搶護平穩而支河無工之處距河尚遠而反成事者人所

不經意之處鼠穴一隙水至透氣趁勢衝刷成渠比至聞救已無及矣所謂不顯於高山而顯於平地也河渠紀聞

是年八月黃水陡長徐城誌長至一丈三尺水勢浩瀚東北風大作桃源南岸陳家道口無工之處大隄坐蟄兩段先後刷寬九十餘丈集夫料儹辦自九月初九日開工至十月初七日堵合河渠紀聞

陳家壩向無隄工土性純膠正河尚有餘溜又得引河歸入舊有河形壩進一丈。水增一分順流歸故不勞而自理然其得手總在施工迅速水不得逞勢故未閱月而蕆事也河渠紀聞

乾隆三十八年四月山安十堡隄漫水二十餘丈旬日搶修完固河渠紀聞

十堡距雲梯關七十餘里海潮頂阻外灘串水溝一十八道次第堵完啟王營減壩河水稍落口門旋即乾涸補完原隄河渠紀聞

乾隆三十九年河撫何煟議奏洹河入衛事宜河渠紀聞

先是總河姚立德奏臨清牐外運河無牐攔束亦無水櫃接濟春夏雨少即形淺澀查有安陽縣境善應天禧二泉合流而東至高平牐分爲二一進高平牐灌萬金渠一由高平牐分流至合河口經安陽橋入新洹河歸衛上游西北有珍珠馬蹄二泉亦係洹河發源會合東流至合河口入新洹河歸衛水源旺盛與河內之九道堰輝縣之百門泉情形無異奏請濟運經部駁查至是河撫何煟親勘籌議略謂通河關鍵全在高平一牐牐閉則涓滴歸衛牐開則洩水入渠近時衛河淺澀高平牐下板封閉民間現不需水毫無異說前時王新命等竹絡壩規制雖無可考而三月初一日堵牐至五月十五日開放之例勒碑現存自改議以來東西橋洞分水之後高平牐雖有牐板啟閉皆

隨民便伏思既有牐座即可啟閉節宣不必另用竹絡壩堵塞橋洞分水亦無界限民築石子壩至今無存惟就現在情形定議高平牐閘全河水勢若不定例啟閉恐重運遄行衞河需水有費周章通籌運道應於四月初五日將高平牐下板堵閉俾洹河全溜歸衞至五月十五日開放聽從民便糧船於四月望後抵臨清其時二麥已收早秋已種民間尚不急需灌溉資以濟運漕運民生均無違礙責成彰德府通判督率經理此爲通變宜民之道而衞河濟運實不專資豫省南來之水漳河分流入衞灌輸浮送視高平百泉九道堰諸水不啻涓滴然至漳流北逝則不得不專藉於此而謂足以濟運固未可恃矣河渠紀聞

是年八月清河縣黃河南岸老壩口隄漫開七十餘丈南河成案

是年十月二十七日奉　上諭前因吳嗣爵奏老壩口漫工合龍用過正雜銀十一萬兩有奇俱責令道府以下文武汛員分賠而於河臣無一語提及竟欲置身事外殊甚鄙笑是以降旨令吳嗣爵著賠二萬兩兼管河務之高晉分賠一萬兩其餘令文武各員按股攤賠以昭平允原係就伊等所奏之數而言今據高晉奏漫工所用錢糧仍照往例賠銷實屬錯謬等語未免隱躍其詞既有賠銷之例自應查明辦理隨命軍機大臣查詢工部河工成例係准銷六分應賠四分是此項工程用過十一萬餘兩除應銷六分外實應賠銀四萬四千餘兩前已有旨令吳嗣爵賠銀二萬兩高晉賠銀一萬兩祇餘銀一萬四千餘兩即著落文武各員照例按股分賠此等應賠之項在道府等廉俸較厚完繳尚易爲力至文員廳佐以下及武職各員均屬俸薄力微若賠數過多完繳未免拮据今照例減定伊等完項自

更易爲力著高晉等按例查明妥辦該部即遵諭行南河成案

是年工部議定漫工分賠例奏嗣後遇有隄岸保固限外陡被衝決查明實係防守謹慎並無疏懈者將用過錢糧除照例准銷十分之六外其餘應賠四分銀兩總作十成計算河臣總理河務一切董率機宜是其專責應著賠二成督撫兼管河防責成綦重應著賠一成河道係專司河務大員修防乃其職守應著賠二成廳員駐劄河干工程錢糧皆所經手應著賠一成知府州縣均係地方正印官員例有協守之責應分賠二成參遊專司估計督率防護守備協辦工程應分賠銀一成半文武汛員駐工防守責亦難辭應分賠銀半成如無兼管督撫及參遊等官省分即將應賠銀兩在於總河以下文武各員名下按照應賠成數分別攤賠河上

乾隆四十一年三月薩載署理南河查勘黃河海口沙淤實在情形籌議奏覆河渠紀聞

時薩載奉　命前往山安海防一帶查勘直抵海口察勘測量疏稱黃河自安東縣雲梯關以下計長三百餘里紆迴曲折中泓水深九尺至一丈四五尺及二丈不等其自二泓起至南北海口約三十餘里水中淤有暗灘與兩岸連係屬硬沙潮退水平時自西向東至海水黃水相接處漸次高昂灘勢緜亙即係相傳之攔門沙自南岸新淤尖至北岸四泓灘邊橫量寬二百六十丈水深四五尺又於南尖頭至北尖頭橫量寬一千六百餘丈水深三四尺詢之土人漁戶云從前海口原在王家港地方雍正年間至今兩岸又接生淤灘長四十餘里南岸遂有新淤尖尖頭洋之名北岸有二泓三泓四泓之名四泓業經淤墊

二泓現寬二十餘丈潮退時口門水深二三尺三泓現寬四十
餘丈潮退時口門水深二三四尺就目下海口形勢而論河底
既有高仰河唇又復漸遠卽沙淤之明證當與道將等講求體
察俱稱該處流沙匯注潮汐往來淤積日久人力難施臣思此
時未屆大汛黃水尚小而潮退之時以一千數百丈之口門出
水四五尺不等勢尚湍急將來黃水加長出水亦必加多雖不
能建瓴暢流歸海似亦不致阻滯奉　硃批此海口自然之勢
似難以人力勝再詳酌可也欽遵河渠紀聞
竊案海口清濁相抵勢必停淤然潮汐日刷亦斷不能阻水不
下自闢闢以來如此未聞有濬海之事耳食者每疑海口下壅
上潰夫以滔滔下注之水何至倒漾百千里而致上游旁溢乎
恭查　純廟先有聖訓一道謹錄於後讀之仰見　聖明天縱

可以釋然無疑矣
乾隆十二年三月十二日奉　上諭協辦大學士高斌據周學
健奏稱七巨以下海口中泓水勢最深處僅一丈二三尺淺者
止七八尺皆因海口每日兩次潮湧水緩沙停所以海口中泓
轉淺於內地等語海口淤淺之說自來卽有不過相沿浮議無
足深信蓋係彼處之人欲聳動眾聽藉與大工之意黃河會淮
入海以來自宋迄今已數百年若果淤淺有礙何以安流至今
蓋海潮沙汛不常旋湧旋消原無定勢如黃河水勢稍緩適當
海潮湧盛則停沙較多一遇汛水長發仍然汕刷如舊卽伊奏
清河等處中泓初止四五尺之深未及半月已深至六七尺一
丈不等皆因清口乃黃淮交會處所是以水勢深淺靡定未必
眞由疏挖之力觀此則海口深淺不足憑信可以類推且海防

一帶從前大學士鄂爾泰會與爾會勘乾隆九年大學士訥親亦經親往俱云海口深通並無淺澀今周學健復有此奏未免又為俗論所搖大凡河工之事當以鎮靜為要固不可玩工貽患亦不可喜事輕舉目下汛水未發各處工程俱屬平穩即有應行舉動之處亦俟爾至彼再行商酌妥辦並寄諭周學健知之純皇帝聖訓

是年江督高晉河督薩載會勘黃運河湖及海口淤墊事宜河渠紀聞按是時吳嗣爵奏黃河兩腮淤高中間溝槽窄狹洪湖運河亦因連年黃水倒灌致有淤墊現在清口挑挖引河係帶水撈泥恐於事無濟欽奉　諭旨令薩載到任後察看情形會同高晉悉心籌畫如何使黃水暢流不致倒灌分晰覆奏覆稱考之書誌康熙八九年間黃河海口積沙成灘橫直二十餘里相傳

為攔門沙其時黃河即從東北紆迴入海董安國創築攔黃大壩另闢馬港口致易舊制轉致去路不暢上游易潰康熙三十八年拆毀攔黃壩堵塞各港口仍由故道入海今之大通口是也八十年來黃水滔滔東注並無阻遏惟查該處潮汐往來黃水交接之處淤沙勢所不免日積月累兩岸接生淤灘南岸遂有新淤尖尖頭洋之名北岸有二泓三泓四泓之名現今海口距從前王家莊海口已有四十里之遙灘勢愈長海口愈遠水勢散漫計有二三百丈一千數百丈之寬若來水湧盛湍急海口原可由淺刷深祇以近年來黃水時有倒灌以致通湖引河淤墊清水不能暢出清江淮安一帶之運道俱有停沙並清口以外之黃河兩腮亦有墊高上年秋間豐碭南岸丁家集外灘民埝刷塌溜往南趨黃水從毛城鋪滾壩旁流幾至奪溜徐州

以下銅沛邳睢宿虹桃源黃河未免水緩沙停此海口與黃河運河洪澤引河先後淤墊之實在情形也臣高晉在工二十餘年歷經黃流倒灌河道停沙由通而淤由淤而通或淤在上而下流淺阻或淤在下而上淤壅盛一年之內通塞靡常數載之中變遷莫定不但海口茫茫萬頃無可施工即黃河內東坍西長東長西坍欲加疏治亦無良策惟有欽遵　聖訓將清口以內之通湖引河沙停淤淺人力可施處所設法挑挖使清水暢出清口與黃水滙流東注併力刷沙則黃水不濬自深海口不疏自治歷年隨時籌辦雖未能一勞永逸此即補偏救弊之一法也前時因湖水較大難以煞壩挑挖與吳嗣爵商定凡水深二尺以上者無庸辦理水深四尺以下者接續挑挖查現在洪湖誌樁存水一丈零八寸五道引河普面漫灘無可施工測探

五道引河淺者五六尺深者丈一二尺不等就目下情形而論清水力足抵黃自可無虞倒灌惟查向年通湖引河俱深至二三丈不等奔騰暢注抵禦黃流是以鮮有倒灌之事湖水亦旋長旋消高堰誌樁每到冬令存底水無多騰空湖面以為伏秋容納之地今則年終誌樁存水九尺有餘此即湖水未能暢出之明驗湖水出既不暢及遇黃水盛漲力不能相抵必有倒灌之虞一經倒灌引河復淤非特不能攻刷淤沙即黃運兩河之淤墊亦所不免惟有於冬春湖水消落引河灘現時大加挑挖並將清口東西壩基移下一百六十丈在於平成臺前建築使清水源遠流長出口之勢可期得力再清口之西所建木龍挑溜刷桃莊積土歷年以來積土雖已刷去大半但其根基凝結驟難刷盡擬於陶莊迤上積土之北開挖引河一道使黃水遶

北下注相距清口較遠清水益得暢行至周家莊而後會黃東注不獨可免倒灌之虞而二瀆並流合力攻刷則黃河兩䁖浮淤以及海口積沙均可漸次刷深下淤深通暢達則上游流行迅疾並可不致停淤洪湖無壅遏之病堰盱甎石工程亦得常資穩固惠濟之埽工更可化險爲平如是一舉數善皆備所謂治淮卽以治黃舍此別無良法此通論河淮湖海之大勢明暢透快脫胎於潘宮保奏議而指陳時下情形尤爲親切敷治之機宜無待他求矣（同上）

乾隆四十二年二月十五日開放陶莊引河匯清東注歸海（南河成案）

是年二月二十六日　上諭內閣朕從前屢次南巡閱視清黃交匯處悉其倒漾之患因思若能引向陶莊以北而流則清口通暢庶免黃流倒灌因未躬臨陶莊一帶閱視是以躊躇及詢之歷任河臣亦未有能任此事者昨歲薩載赴山東行在召見時諭令赴黃河海口上下察看伊卽奏請若於陶莊開挖引河一道使黃水繞北下注相距清口較遠清水益得暢行與朕意適相符合因與再三籌酌伊果能遵照指示開挑完竣今據奏報於二月十五日將引河開放過水新河內大溜暢注衝刷寬深形勢甚順黃河大溜旣由陶莊北行離清口甚遠可免黃水倒灌之虞並收清水刷沙之益卽就近險工亦可化爲平穩薩載辦理此事實心實力其所辦引河實爲全河一大關鍵非尋常築隄打埽開河者可比薩載著交部查照齊蘇勒之例從優議敘以示獎勵其在工出力各員交高晉薩載査明交部議敘（純皇帝聖訓）

是年五月二十三日高晉等奏臣前月會奏陶莊引河遊上添

築壩工將從前兩次挖挑陶莊引河原委詳查案卷另行具奏
奉　御批並當查古有在陶莊迤北河流之事否或自宋明以
來即流陶莊以南之處詳悉查明以便作記也查康熙三十八
年以來挑挖陶莊引河原委業經奏明臣復委員檢查書籍三
代時河未南行自漢以後屢見入淮旋經塞治仍由北行入海
至宋紹熙五年即金章宗明昌五年是歲河徙陽武而東分為
二派一由北清河入海一由南清河入淮為黃河南行入淮之
始明宏治六年築斷黃陵岡河全南行北派流絕正德四年河
決曹縣楊家口直抵豐沛自汴城而下徐州經邳宿至桃源自
桃源三義鎮入口由毛家嘴繞清河縣舊治後大河口會淮流
謂之老黃河接入三義口出清河縣舊治後會淮係在陶莊迤
北嘉靖初三義口淤塞河流南徙出清河縣舊治前與淮水交

會於小清口按小清口即今淮水所出之清口係在陶莊以南
敬條晰摘敘繕摺恭呈　御覽南河成案

乾隆四十三年六月河南祥符南岸時和驛隄工平漫三十餘丈
總河姚立德豫撫鄭大進督同在工官弁晝夜搶堵進水溝槽漫
口斷流築實旬日報竣河渠紀聞

按此即河分三股開隙之見端也大河勢已南趨待長水始大
洩其氣時和之漫缺不獨起於萬錦灘丈有餘之長水而起於
大河之分洩洩之不已而衝隄先由外灘刷出溝槽進水至攙
刷日久大溜隨勢奔湧所在破壁矣據報漫口後灘水散漫並
未掣動大溜水由朱仙鎮歸賈魯河下達亳州之渦河入淮水
勢漸落淤灘日大阻遏來水不至順流直注因即就淤灘上夯
實底盤圈築外越一道分堵進水溝槽捆埽廂壩追壓到底未

及十日已將外越二百餘丈築竣漫口斷流加培高厚以資穩實越數日河水加長復漫前工過水十餘丈搶築之新工不能抵建瓴之長溜此未塞而彼已開爲患正未已也河渠紀聞

是年閏六月二十八日豫省黃河南岸儀封汛十六堡十七堡二十二堡二十四堡三十六堡漫水六處考城汛三堡五堡漫水三處每處約寬三十餘丈至六七十丈不等惟十六堡地居諸口之上適近大河掣溜湍急漫缺七十餘丈陸續刷寬至一百五十餘丈漫水由賈魯河故道自豫省考城睢州甯陵永城達亳州之渦河入於淮河渠紀聞

時奉旨令高晉帶領熟諳下埽之副將等官數員赴豫協辦撥兩淮鹽課銀一百萬兩解工濟用截留漕米三十五萬石備賑派尚書袁守侗前往會同查辦河渠紀聞

按河分三股之患至是始大展其勢也河分則中泓之流必緩緩則淤停而下流不暢上游必旁洩下注隄根順隄衝刷成河者勢也此爲極險極要之時治之不力至將外灘之溝槽盡刷寬深湍溜奔湧而下所在莫禦此儀考二汛半日之內漫溢九處所由來也江督高晉尚書袁守侗先後到豫會同勘議以原擬築做壩臺處所均係嫩灘。一經進埽。恐致搜後。仍在漫水口門分東西兩壩堵築因順隄河舊形自十八堡外灘起至翟家莊開引河一道長千有餘丈達入舊河並將榮華寺以上舊河內淤沙開段疏濬以暢水勢水落後自儀封二十二堡至考城五堡七工俱挂淤斷流儀封十七堡初時稍分河溜嗣亦漸淤先將隄之兩頭圈築並將該處順隄河築壩攔截加廂防風俾水歸新開引河惟十六堡漫工大溜直注汕刷寬深對岸生出灘嘴切去一百丈以順其勢復因河沁並漲溜水衝刷口門寬至二百二十七丈水深二丈及三丈五尺不等相機下埽外鑲邊埽內潰土戧兩壩築成壩臺西長十六丈東長十二丈口門尚寬水勢平緩先用船捆纜軟廂隨後跟廂邊埽俟進深水再搶埽前進晝夜不停及至埽進水深輒復走失已走復進屢進屢衝自秋徂冬堵築至五次之多悉遭衝潰未能合龍新莊八堡繼開亦復興築時和驛前工猶未竣事雖以高制軍之久練河事直至智窮力索計無復之盡瘁以歿河分三股之貽患可勝言哉同上

附儀封十六堡堵築五次始合龍情形

是年十二月二十九日　上諭軍機大臣等高晉等奏堵築儀封漫口情形一摺亦祇可如此辦理今擬將引河挑深宜即妥速爲之此次引河不能得力究係原挑過淺所致伊等本圖省

費而所費愈多不可不引以爲前車之鑒據稱現在口門上水十丈下水九丈擬將口門收至二三丈時儘力多壓厚土俟引河挑深開放掣溜再將壩工堵閉等語自屬正理但口門收窄後河底愈深溜勢愈急施工自難期速效昨時和驛將合龍時曾經指示兜袖之法若易合龍固佳若復有變局或照前說將此處金門東壩之埽酌展向南西壩之埽酌展向北使爲兜袖之勢則急溜至此或成迴溜合龍自應較易而速因於圖內用硃筆標識高晉等宜即熟籌妥爲辦理不必拘於遵旨也再閱圖內現挑引河之處距漫口太近且不得勢亦係伊等原辦時止顧惜費未將河形大勢通盤籌核所致今就圖觀之引河亦當向北施工因於圖內用硃筆標示若伊等初時即就其處挑挖引河雖工大費多而事或可早蕆乃專就地近工小起見所

費雖覺少省今復經淤墊重挑且屢開屢塞前工盡成虛擲恐其費更不止於硃筆所指處興工之多矣今已辦定所謂成事不說然其間孰得孰失顯而易曉伊等深思之能無愧乎朕因豫省漫工晝夜懸念今爲日愈久盼望愈殷高晉等務善體朕意悉心籌度率屬實力速辦以期及早合龍必須於驚蟄節前辦竣方爲妥善 純皇帝聖訓

乾隆四十四年正月高晉卒於工次 賜謚文端 高晉傳稿 命薩載爲江南總督李奉翰以河庫道署理江南河道總督 河渠紀聞

命大學士公阿桂往河南儀封工查勘堵築並善後事宜 阿桂傳稿

乾隆四十四年二月初三日 上諭軍機大臣等袁守侗等奏二十八日寅刻東壩門埽忽又蟄塌 凡大壩蟄塌必有滲漏故合龍後必將大土重壓時時察驗總使大壩之內河水沈淤大壩之外二壩之內養水不長或長與河內之水相平不再見長尤察二壩埽外有無滲水長水之處百病全無方敢放心交於防守之員仍留加土之工使其帶領挑夫日夜往壩辦理庶緩急足恃 直衝西首正壩水勢愈猛至黎明時逐段鬆動其塌開口門四十八丈此亦無可如何並據阿桂奏二十八日午刻已抵工次一二日內即公同商酌一可望有成之策再行迅速奏聞阿桂此行竟似朕有先見者大工屢辦未就多一人心思於事自屬有益看來此次所辦工程既用兜袖之法理應穩固何以復有蟄塌之處或兩壩雖如法兜做而所下之埽本不甚寬壩身不能厚實雖層層壓土而不能逐箇幫鑲在急溜中勢仍單薄易於搖動故不能得力或當於下埽時設法幫厚不知其事可行否試詢之南河諳工將備悉心講求之至該處屢次施工未就總由口門之水太深下埽猝難到底且聞壩根沙性浮活水每從根搜汕翻花不可不思變計乃於急溜洶湧之中屢屬茭楗與水爭

勢徒費工作而不能收功實爲失算蓋漫口下業經大溜跌落刷深勢不能冀其復淺而水過沙浮日久愈甚亦不能使之堅實是在彼處施工終屬無益朕意或於口門外距隄稍遠擇水勢平緩處所另行接隄築壩較在漫口下埽難易若何可熟酌爲之若可行當於口門收小時或用兜袖之法必應兩壩較今壩加寬培厚雖所費不免過多但多費而工可速成較之徒費而事無把握者其得失利害曉然可見現在又諭戶部撥庫帑一百萬兩解往豫省備用無虞工費不足阿桂可即與袁守侗等確勘熟籌若應如此辦理即一面興工一面奏聞至阿桂所奏漫口之下水已先由漫口旁溢引河即不能掣溜自不如在上游另尋減水之法其言甚屬有理朕於上年十二月間閱高晉等進到圖樣覺現挑引河處距漫口太近且不得勢必係伊等止顧惜費未能將河形大勢通盤籌畫因於圖內用硃筆標示傳諭伊等第因引河既已辦定成事不說今阿桂此奏與朕前此指示處似覺相合著即將硃批原圖仍行發往令阿桂與袁守侗等詳細體勘講究將應作何施工可望有成之處切實具奏如果必應更張似不當仍爲守株之見阿桂辦事必不孟浪袁守侗等現在皆茫無主意亦不慮其迴護也純皇帝聖訓

乾隆四十四年四月十二日阿桂奏前月二十九日開放引河水勢甚暢水頭已於初五日過河南山東境而總不能掣動大溜兩壩口門仍復刷深初七日酉刻以後暴風大作波浪洶湧北岸壩工竟衝塌至二十丈殊出意計之外現在另商趕辦河攷

四月頒　御製祭文一道白璧一件　命阿桂於河干告祭成公年譜

同上

乾隆四十四年五月十一日　上諭連日盼望開放引河及壩工合龍之信甚切兹據阿桂等奏五月初七日西北風竟日不止河水驟長三尺有餘溜勢洶湧將北壩頭及上下邊埽衝塌十五丈正引河頭之土堰亦被衝開仍未能掣動口門之溜等語覽之深爲煩悶此次儀封之工屢隤於垂成實亦無可如何之事據稱新開引河之西王家莊地方有大兜灣一處大河溜勢於上游南岸埽灣而來頂至此處若於此開挖引河一道歸入正河所謂順水之性因勢利導現已勘估開引河一道長九百餘丈接入原開正引河之第五段較現在引河引溝更加寬深一俟盛漲卽行啟放此時自當以此爲正務阿桂等應卽董率承辦各員上緊挑挖迅速辦成以便相機啟放同上

乾隆四十四年八月初四日　上諭軍機大臣等昨阿桂等奏開放王家莊引河初甚暢順半日後河水頓落引河口門一帶仍復停淤等因深爲可惜阿桂等現在一面挑濬引河之淤一面趕築壩工逼溜舍此更無良法已諭阿桂等悉心熟籌迅速妥辦矣黄河漫口之事所經已多速或一兩月遲不過三四月無不堵築合龍從無似此次之經年未成者朕因此煩懣異常懸念無時或釋今開放引河又成虛望覽奏徊徨竟夕不能成寐因思汛水未經加長大溜自必稍平既不能助勢暢達引河則十六堡漫口之水應亦不似從前之洶湧今引河既不足恃自應以堵築漫口爲急但十六堡口門跌有深坎難以施工自應卽就現做壩工之處速爲堵築前阿桂等奏挑水壩已做成二百丈北岸之順黄壩亦做有四十丈卽係恐河水不能甚長設法豫辦以期有成等語所籌甚當莫若卽將順黄壩迅速接

築加長步步鑲培厚實俟與南岸挑水壩相離不遠卽可相機設法合龍目今新料已收足供應用計無有出於此者未識阿桂主見與朕意相合否著傳諭詢問令速妥辦奏覆豫省黃河漫已經年滔滔不止長此安窮總之漫口一日不堵民患卽一日不息朕心卽一日不甯今年漫水下游各州縣幸河流不甚泛溢田廬未致大受災傷實賴上天嘉祐然豈能保其長久如是思之深爲可慮且黃河未能卽歸故道則由江南入海之路已失其常殊屬不成事體而渾流旁溢變黃爲淮以達洪澤今歲南河宣洩清水已大不易幸值來水尚小猶可以人事經營若日久黃河沙性淤及洪湖再遇水大之年湖必不能容納雖人力亦無所施清水溢流其傷並不止下河一帶思之益復可懼是儀封漫口不獨爲豫省急圖實爲全河關鍵阿桂等不可

不善體朕意熟思妥計速使河循舊軌弭患衞民以副廑念純
皇帝
聖訓

乾隆四十四年十一月二十三日奉　上諭軍機大臣等前據阿桂等奏順黃壩工口門未施工者止有七丈餘現在上緊趕鑲計日可相機堵合連日盼望甚切茲據阿桂等奏自下大埽後口門止餘四丈有零正在督令趁勢搶壓冀可合龍乃十一日早水勢猛洶異常陡將南壩蟄塌二十餘丈懷慚無地詢之徐建功等再上又無可移辦之處惟有上緊接築輭鑲雖有埽底仍屬無礙計工段亦不致過遲等語覽之深爲焦急因思向來衝蟄俱係北壩此次則係南壩其壩身尙非頂溜不致與水急爭今補鑲補築似較北壩施工稍易或可期迅速蕆事亦惟有全力赴之一切皆臻妥善以待天祐神助耳至阿桂等另措

懇請議罪議罰之處俱可不必伊等在工俱實心任事百計經營似此次之功虧一簣信非人力所能施意計所能及並非怠玩誤功不但阿桂不必引爲己咎即袁守侗陳輝祖有河工地方之責者亦不必各請歸罪若如所見朕先當引過自訟然朕自昨秋豫省河工漫口以來軫念民艱日夕縈望前後發帑數百萬以爲工賑之需復截漕糧十萬以爲賑濟之用而且蠲緩頻施凡有關於民瘼者無不籌辦實政止不過如此朕心不可謂不盡豈有因此而即飾爲虛詞下責躬之詔乎近因史館進書偶閱元史河渠志見賈魯於合龍時所設之法甚多行之果有速效或史册過於溢美或今昔情形異宜其各法或有現已倣用者或有難以施行者亦不可知但史志既有此言著將此志節錄一段寄交阿桂等閱看詳詢徐建功李汞吉等或其中有可節取之處不妨倣而行之如皆不可行亦不必因此過於拘泥純皇帝聖訓

乾隆四十五年二月二十三日　上諭行在內閣據大學士公阿桂等奏報自本月初六日開放引河後日見暢達又連值順風全河溜勢掣動八分因於十一日趁機堵合未逾數刻金門立見斷流大溜全入新河其有腰漏掛簾之處率同帶往司員馮應榴舒濂並司道知府等分頭督催竭數晝夜之力金門一帶俱已閉氣從前水深至十一丈者均已停淤止剩四丈餘所有腰漏等處亦已塡壓堅實從此黃流順軌永慶安瀾等語昨據薩載奏徐城誌樁長水一丈一尺餘雲梯關長水四尺九寸溜勢湍急全黃已復故道直達歸海此次儀封決口辦理幾閱兩載特命重臣前往經理發帑五百餘萬兩近復將引河大展

竟深接做挑水壩逼溜北趨始將溜歸正道荷蒙天祐神助幸得成功朕感謝之餘益深虔敬向來河工漫口合龍例得邀恩議敘但亦應計時日久暫如三十九年老壩口隄工漫溢二十日之內即報合龍在事大臣自應加恩議敘至此次則幾閱二年之久方克蕆事朕惟感謝天恩神佑而於朕心方深愧歉即在事大臣如阿桂等休戚相關誼均一體亦不敢仰叨天功更邀議敘至分頭督催之司員馮應榴舒濂司道江蘭王啟緒朱岐張有年沈啟震康基田等晝夜催儹分力宣勞非大臣可比著仍交部照例議敘至前此遣德成前往豫工閱看原以其略知工程而其回京覆奏乃欲仍於十六堡漫口築壩逼溜歸入舊引河彼時以德成甫經到工數日即議更張乃欲於屢經決口處施工鑲壩執謬不通因阿桂等素輕其人不加禮貌遂爾意存偏執甚至奏對朕前尚復嘵嘵瀆辯思用小聰明故翻成案且用袁守侗為證而袁守侗至京與彼面議原不以彼為是也朕豈因德成一人偏見遽爾輕聽致阿桂等掣肘難辦因令軍機大臣存記俟阿桂引河挑成再降諭旨今阿桂等引河放溜金門合龍已成若爾時輕信德成遽議更張豈不貽誤大事德成著交部嚴加議處至此次漫工若照向例糜費工銀應著落在事大小官員賠補但此番辦理情形實非從前漫決可比阿桂等悉心經理亦不遺餘力所有用過工料銀兩俱准其奏銷毋庸議賠惟決口究因平時防護不慎所致前河臣姚立德撫臣徐績實難辭咎鄭大進到任不久不必議著阿桂查明伊二人任內所辦隄工歲修等項分別著落賠補以示懲儆朕辦理庶務一秉大公今日因阿桂報到特令隨營大學士督撫等

與軍機大臣一同召見明降諭旨並宣示中外知之純廟宗聖補
按是時堵閉時和驛八堡漫工以塞治上游而下游儀封漫工
始可治也然十六堡決裂已久潭深難以施工至移築十堡又
以北壩屢被衝塌形勢不順不得已商移於上游六堡之順黃
壩施工相度形勢於王家莊一帶挑挖引河接入舊河又耂挑
水壩斜向東北緊對引河上脣長幾百丈甚爲得力南北兩岸
正壩之外接做邊埽土戧鑲與正壩相齊以次進埽追壓堅實
至口門僅寬八丈北壩更進一門埽蓄高水勢於二月六日開
放引河正值順風大溜奔騰引河暢達兩岸塌崖不止溜勢掣
入已在八分以上卽於十一日堵台未逾數刻金門斷流大溜
全入新河加工幷力鑲壓直追到底竭數晝夜之力金門俱已
閉氣塡壓堅實無腰漏挂簾之病並將壩身加高外加邊埽防

風又於貼近戧壩後加裏戧一道增高挑水壩自南壩接至圈
隄十堡十六堡一幷補築十堡口門寬五十六丈用土塡實加
鑲防風十六堡口門寬二百六十五丈層土層硪堅築仍加防
風幷補還隄工復於順黃壩之東百餘丈外加築二壩南接老
隄北接圈隄以爲重門長四百丈底寬十六丈頂寬四丈以資
保固是役也阿文成公主其事避順隄河二百里之險成於不
日仰慰　聖懷自祥符儀封漫口堵築以來時和已堵復決繼
以新莊八堡之衝潰十六堡屢築屢塌決裂至五次之多閱日
至十餘月之久官窮於智計民困於轉輸高文端亦以驚怖憂
鬱歿於王事嗣改築十堡猶未奏績復移建順黃壩加挑寬深
引河接長挑水壩使全河順軌東下數年未竟之功阿文成公
臨工蔵事自是河分三股之貽患以除黃流復匯歸故道功亦

偉矣（河渠紀聞）乾隆四十五年李奉翰奏海口刷滌寬深山安佃湖加築挑壩事宜（同上）按此即南岸漫口水入洪湖刷深海口之明驗也時豫工十六堡未堵水歸洪湖已及二年變黄爲清合井淘刷清江以下直至海口一律深通河督李奉翰奏稱探量黄河上自清口下至海口久經清水刷滌一律寬深中泓深有三丈二三尺及二丈五六尺不等較往年冬閒刷深八九尺及一丈不等兩𦢊浮淤消除盡淨兩岸埽工根底亦被清水搜刷多有平蟄山安佃湖埽壩前此蟄塌工段雖經搶護完整而當迎溜頂衝須添做挑水大壩挑開溜勢以資保護此因清水搜出埽根而爲挑護之計也（同上）

乾隆四十五年六月睢甯縣郭家渡漫口九十七丈（南河成案）

是年七月初九日薩載陳輝祖奏郭家渡漫口現已塌定測量

口門寬九十七丈水深一丈八九尺至二丈一二尺掣動大溜十之七八其漫水三股分流下注統歸洪澤湖伊來工時經過淮揚查看運河及高寶諸湖水勢俱小洪澤湖底水亦小高堰誌樁存水八尺餘均可容納已飭淮揚河庫二道督率廳員將清口東西壩大加拆展如湖水再長即將山盱五壩酌開一兩壩騰空湖面容納漫水其高寶迤下歸江之金灣等閘亦先後開放使運河之水暢洩歸江高寶之水次第入運不使驟長爲患等語所奏籌辦情形尚屬安協但奏到過於遲緩朕日夜盼望此信薩載等豈不知之至此次漫溢實非意料所及或因今年春間朕親謁陶莊神祠顧禱祈祐儀封漫口即於次日合龍因此朕心稍慰而督臣河臣及文武道將以下均以儀封甫經合龍下游自可無恙不復慮及伏秋汛漲仍有意外之虞因此

稍存自滿此即我君臣之過自後惟當益加敬慎並明降諭旨
將該督等交部議處並於摺內批示矣至所稱開放金灣等閘
壩使運河水暢洩歸江並大加拆展清河東西兩壩若湖水再
長即將山盱五壩酌開一兩壩騰空湖面亦不得不如此辦理
但下河關繫民田設遇盛漲亦當慎之又慎不得已始歸放下
河總之少放一分則下游少收一分之累薩載等當慎重妥辦
再閱漫工圖內有峰山四閘可以洩水歸孟山湖若將次合龍
以前可否開放此閘或將毛城鋪酌量開放以期金門水勢稍
緩易於合龍並著交薩載等臨期詳慎妥酌辦理具奏近日工
次情形若何仍著由驛速奏欽此伏查今歲黃河伏汛水勢疊
長溜勢上提下移變遷莫定郭家渡漫口後上游之水仍在加
長徐城誌椿於七月初四日長至一丈四尺四寸各工均在報

險臣等在上游毛城鋪蘇家山及峰山頭二三四各閘均已啟
放並無可以分洩之處僅有天然閘未開當即一并飛飭開放
並將下游去路廣籌分洩業於初六日由驛奏聞連日據銅沛
廳營稟報徐城誌椿於初五日後復長水五寸連前長至一丈
四尺九寸與四十三年最大時相等今開放天然閘過水五尺
其毛城鋪過水一丈一尺六寸蘇家山滚壩過水二三尺不等
峰山四閘過水三四五尺不等是分洩之路不爲不多而大河
來源旺盛水勢未見消落豐碭廳屬兩岸隄工每多卑矮在在
險要銅沛廳屬周韓小店張家馬路等處埽工多有蟄塌段落
業令淮徐道韓鑅馳往各工率同廳營星夜搶護漸次平定又
邳睢廳北岸之宋家灣七壩埽工於初七日夜忽報蟄塌該處
即舊邳州地方在郭家渡漫工上游對岸相距二十餘里臣等

連夜到工查勘大溜直射埽工下尾計長一百餘丈隨鑲隨蟄場及隄坡存工料物因節次搶護業已用完臣等率同將備及府州各員搜買舊料採割青稭配用晝夜搶護並幫助後戧該工現已搶住可期不致再有潰塌此上游各工現在搶辦情形其下游洪湖水勢初七日已長至一丈二尺二寸山旴五壩內之信義二壩過水三尺二寸及三尺七寸臣等仰體　聖心不敢多開過水致礙下河民田除拆展清口之外有洪湖東岸之祥符五瑞二閘並高家灣迤下三堡及雲梯關迤下之二三套分洩之處專委參將高聖奇前往辦理業於前奏聲明今思來源既旺下游仍恐宣洩不及現飭淮揚道荆如棠督率外河廳營將清口東西壩拆展八十丈後仍將兩壩儹數拆展以資暢洩俟宋家灣等工搶護穩固卽分投查勘督辦慎重料理以期通工別無他虞（南河成案）

是年七月十八日河沁並漲考城汛五堡隄工漫缺四十餘丈曹縣安陵汛六七兩堡蔡家莊一帶隄工漫溢二處各二十餘丈溜尚未掣總河李奉翰督率員弁分頭堵築（河渠紀聞）

按自儀封汛大壩告竣未及數月南北兩岸又復漫溢者河未刷深也（河渠紀聞）

是年九月初一初二漲水不消兩晝夜西北大風溜隨風湧考城張家油房新刷溝槽二道（油房工仍由順隄河掣溜）河分兩股進口塌隄一百四十餘丈掣大溜七分未幾全河俱奪東河李奉翰河撫楊魁東撫國泰會同盤築壩頭集料進埽堵築（河渠紀聞）

按五堡各缺之過水由溝槽引溜溝槽之吸溜由順隄河通氣其病尚自河分三股來也芝蔴莊壩工合龍時汛水盛漲張家

油房灘形最窪刷出溝槽二道吸溜已有三分西首一道分兩股進口溝外有嫩灘四十餘丈先做挑水壩挑禦嗣河由西北坐灣斜向東南刷去嫩灘迴溜兜入溝內水歸順隄河仍由考城五堡下注不能築壩挑水新刷河槽寬闊掣動大溜水勢大半歸入新河於是兩崖盤頭集料興工相度形勢於溝口迤裏土性堅實之處欑築壩臺對岸灘嘴逼溜趨向東南建設挑水壩數十丈使溜勢未到口門即挑禦開行趨往東北歸入正河復估引河一道由西南斜向東北長二百七十丈派州縣分段承辦西南新築柴土壩一道接築壩臺輭鑲前進至深水下埽趕緊鑲墊至九月十八日壩門存寬十六丈兩壩水勢湍急大河水勢蓄高二丈餘水面高於引河底六尺開放後湍湧下注由引河直達正河掣下大溜五分晝夜欑進大埽口門止剩四

丈壩上水勢蓄高七尺五寸溜勢從東壩上角射注西壩下角異常湧激跌成深塘西壩下首旋即遊蟄隨鑲隨蟄壩頭陡蟄入水埽去大埽長十四丈探量西壩外水深僅三丈二尺埽底未經全走恐埽底不平趕緊出占輭鑲底平後再進埽追壓是時壩上冰凌擁結口門溜勢稍緩兩壩輭鑲進埽晝夜欑辦至十一月二十日口門剩寬三丈六尺兩壩鑲壓堅實即於次日合龍追壓兩晝夜堵閉堅穩水勢漸次蓄高八尺引河湍湧下注匯入正河循軌順流直達江境數經挫折而後底於成當嚴冬寒沍水勢乾涸之時人力可施故得乘便蕆事然下流淤沙未去河底墊高遇漲不能容納未幾即有青龍岡之變南岸之患又移於北岸矣河渠紀聞

是年加培高堰石工並將甎工一律改石南河成案

乾隆四十六年六月初一日南河郅睢廳南岸魏家莊大隄漫溢寬一百十六丈越隄亦被衝刷大溜奔注歸入洪澤湖（河渠志稿）是年七月初五日萬錦灘長水一丈八尺（萬錦灘在河南陝州）沁河長水四尺五寸黃沁並漲既驟且大南岸祥符汛八堡迤東焦橋隄頂漫水二十餘丈刷寬三十餘丈是夜北岸曲家樓漫塌隄工二十餘丈闗家莊朱家廠牛家場青龍岡（青龍岡在銅瓦廂之下儀封十堡）大李家灘俱漫塌三四十丈不等孔家莊塌寬一百餘丈至二十一日夜西風大作浪隨風湧青龍岡正當迎溜衝寬七十餘丈全溜歸注水勢幷入孔家莊以下溝槽悉皆斷流焦橋漫口挂淤總河韓鑅河撫富勒渾集料堵築（河渠紀聞）

按是時西水異漲幾及懷山陝豫山麓居民房舍材木盡行衝散漂浮水面壅注而下塞斷三門水半日不流過水高過三門

始衝開堆積柴木浩瀚東奔大隄所在漫溢南岸焦橋漫水大隄蟄陷三處圈隄漫塌五處各寬十餘丈至六十丈不等新莊大壩亦有漫塌均以全溜幷歸青龍岡次第挂淤用土築塞北岸初漫曲家樓過水口門四處寬三十四丈及七十餘丈刷出溝槽七道滎華寺闗家莊朱家廠牛家場均順隄下注青龍岡大李家灘漸刷寬深惟孔家莊倒鉤成河方議盤壩堵築忽以風湧水急大溜側注全歸青龍岡諸缺先後挂淤陸續補築漫水奔流下注急籌分洩河督韓鑅疏稱漫口下注之水分流入運入湖先將伊家河藺家山疏通宣洩飛咨江南起除邳州河清三閘閘板並開宿遷劉老澗以便分洩漫水東西分流東流入南陽昭陽湖者由西岸各單閘入運由昭陽遞達微山湖經藺家山伊家河入江南運河幷由劉老澗入六塘河分道洩[illegible]

西流由趙王河沙河入運者穿運出東岸五空橋滚水壩平水三閘入大清河幷挖通戴村民堰截入運之汶水同由大清河歸海其分洩不及者由運河下至東昌之魏灣龍灣各閘壩減入徒駭馬頰河歸海其餘下達臨清入衛河歸海此黄水入運南北分洩大概歸注之情形也至戴村壩挖開民堰使汶水全入大清河恐南陽至張秋三百餘里清水既已騰空黄流爭趨入運清不敵黄分水口南至南陽北至張秋一帶勢必倒漾易至淤墊更應籌畫查分水口南北各湖存水較定誌尚多數尺汶水既不使入運應將分水口之蜀山馬踏馬場南旺各湖閘座斗門酌量盈虛宣放入運以項南北黄流俾免倒漾停淤俟湖水消減勢不敵黄仍堵合戴村民堰使汶水下達以抵黄水此又酌放湖水敵黄流倒漾之一法也湖水抵敵黄流不但可

減各湖有餘之水並免黄流倒漾停淤爲無上要著黄水承虚而入數百里之河塡淤反壞挑土既難速成新漕不能久待機要莫急於此河渠紀聞是年九月大學士阿桂奉　旨來豫駐工督辦青龍岡堵築事宜四十六年十月十一月四十七年正月二月四月五次未成四十八年三月改從蘭陽三堡行河畢事同上按是時晝夜加鑲至百餘丈兩壩前水不甚深此即埽未生根不能穩固之由阿文成到工已開工四十餘日嚴督儹築晝夜不停疏稱此次堵築漫工至十月初十東西兩壩共做長二百二十餘丈口門存寬四十餘丈西壩水深不及二丈東壩深止丈餘河底並未刷深口門漸窄溜勢湍急捆鑲船隻不能存住難以進占增長壩臺一律穩固卽於是日進埽每下一埽層土層柴追壓到底然後再進一埽挑水壩接做長七八十丈大溜

漸埽至引河頭口門寬五十餘丈水勢漸急將二壩下全河刷成陡坎初距口門尚遠數日來愈近愈猛初一日跌過二壩十一日卯刻跌至大壩口門轉向口門兩旁沿壩跌深三丈湧激異常壩根立見行蟄西壩上水埽俱刷深懸空晝夜趕緊鑲壓隨鑲隨蟄至十二日巳刻西壩頭上水陡陷長三十丈口門仍寬七十餘丈下水深至三丈四五尺趕緊裹護並於上首衝去邊埽之處搶下護埽又邁一埽以抵溜勢至埽經蟄塌壩底高低不平下埽難以穩貼仍輭鑲進占爲無可如何之計凡築堵下埽必先得深水。工力雖多。而有基足恃。回溜不能衝刷。步步穩實。若水未衝深。埽浮寄沙上。水大卽衝去。不足恃也。西壩蟄陷後補築邊埽壩底收拾淨盡仍於原處輭鑲前進東壩又進數占長一百三十餘丈壩前上水止深一丈下水深至三丈四

五尺後於壩外幫做戧壩一層以資保護挑水壩連前做長八十餘丈挑溜甚爲得力自十月十九日進占起至十一月初五日口門止存九丈五尺兩壩各進一埽追壓到底又各進一埽口門寬止四丈追壓到底增長壩臺初八日丑時河水陡長三尺餘大溜直撞口門湧激異常壩工立見行蟄趕緊鑲壓隨鑲隨蟄搶至卯刻東壩頭陡蟄丈餘揭去埽上坯鑲十餘丈入水壩根尚存水底西壩亦隨平蟄丈餘口門存寬十四丈趕緊搶鑲平穩仍裹護壩身收束壩底加長壩臺以圖再進此次挫失仍由壩前水深一丈溜水搜刷到根沙隨水去以致工傾又未先放引河以疏其氣。事後之智難語先幾之哲矣（同上）是年十一月阿桂等疏稱堵築漫工必先開放引河使水有去路方易堵合此次所挑引河形勢本屬就下無如數次跌坎之後河底刷

成溝槽大河水面轉低於引河數尺大河水面低於引河數尺是不能掣溜之象雖收窄口門無能招入引河至口門跌塘深至八丈亦屬罕見此難成之工也灘面縱橫東流西折距引河已遠雖接長挑水壩無能爲力萬有餘丈之引河不能再行加挑惟冀口門收窄蓄高水勢至初六日後口門止存四丈水仍未長不能開放致上游水至復有衝失連日察勘水勢長多消少溜勢直到引河頭堰外原無水處亦皆有水現將兩埽追壓到底水勢蓄高測量可進水三四尺先相機開放掣溜再進埽儹堵惟引河掣溜俟河水蓄高有奔放之勢方可暢達若上游客水驟長一經開放陡落難繼則引河必致受淤一時斷難加挑仍於壩工無益然必待至水勢蓄高又恐壩工著重其功用固屬相需而事機又若相反大要全在機宜湊合間不容髮漫工最難籌辦者卽在於此前次口門雖僅存四丈而溝槽太

深未能蓄起水勢未敢卽時開放數日來河頭蓄水總有二尺挑水壩又接築十餘丈大溜逼近至十九日引河頭已有水三尺隨於午時開放初開奔騰下注流行尤覺暢順於二十二日東壩下門埽一箇次日復下西壩門埽口門愈窄壩前水勢頓高數尺湍激異常兩壩門埽追壓到底卽於二十六日辰刻挂纜合龍層土層柴晝夜追壓二十七日午刻追壓到底金門下業已斷流大溜全歸引河塌岸淘底衝刷寬深測量中泓已一丈四五尺流行迅駛直達江境是日亥刻金門一帶陡蟄數十丈搶至寅時不能保護塌至五十餘丈水勢奔騰湍湧引河遂卽倒流大溜仍從漫口下注推原其故總因數層跌坎之後河底刷成深塘自跌坎以上水深不過六七尺至一丈不等迤下至壩前水深八丈水性就下至此已成入袖之勢引河流行雖

暢究因太長全河之水一時宣洩不及金門以上長二丈餘致壩工臌裂復有蟄塌（同上）是年十二月阿桂等會奏籌辦展寬引河加籌壩工合龍未成疏稱青龍岡壩工復開惟有疏通引河爲保壩之根源連日細察引河情形自青龍岡至孔家莊十餘里水已漫灘河面刷寬有二百餘丈至孔家莊田家寨七八里（孔家莊一段必有淺阻或不順直未能吸受大溜凡挑引河必使上接正河順直收吸不可有一毫彎曲引河頭以下行不一里即有寬灘容水漸下漸漸而低方見勢順此放清水試河底之法不可廢也然放清水只能試河底平否而引河太窄不能容納非人力可爲必借舊河嫩灘取其容受易於沖刷若在老灘開引河工段太長必將引河加寬然總不能逾二里之遠無寬灘容水也否則合龍難成即成亦旋潰溢）黃流所行止在新挑數十丈河內並未塌崖河形僅寬二十餘丈水勢至此一束過此至滎華寺楊家堂十餘里沙土鬆浮易刷而阻於上段滯流不能十分迅駛致水積壩前衝塌埽工受病之源實在於此伏思此次開挑引河正河淤與灘平即在河身挑挖必須開至舊有河形處方可接溜是以長至七千餘丈查治河書內引河最忌太長長則水爲逼束不能迅疾宣暢治長之病惟有加寬一法將七千餘丈引河按灘之高下土性之鬆堅加寬自三十丈至六七十丈不等其應挑深者亦幷加深估土一百二十餘萬方分段派員儹挑計至四十七年正月初十日前即可竣事兩壩塌去埽工東壩頭一帶俱有埽底已將蟄陷處補鑲進做兩占西壩亦進一占口門存寬三十餘丈俟引河挑成以次進占幷力追壓漸做過金門水深處至四十七年正月初二日口門存寬十九丈引河於初十日前陸續報竣十三日至十六日兩壩又各進一占存口門七丈水勢漸次蓄高挑水壩復接做數丈大河正溜逼近引河頭衝刷崖岸勢不可遏隨於十九日開放引河水頭高四

尺奔騰下注勢甚迅駛河頭一帶卽時衝深趨瀉暢達掣溜已及三分兩壩各進一門埽追壓到底加鑲土坯增長壩臺擬於二十二日挂纜合龍忽於二十一日丑刻東壩中閒裂縫立卽陡蟄搶救不及塌去三十餘丈敗於垂成變生意外查視金門一帶水深三四丈者已深至六丈餘推原其故壩前刷深搜空壩根以致陡蟄而塌去之壩工三十餘丈乾草膠泥聯成一片跌在下水深塘之內往復籌商不得不稍爲變計此次壩臺屢經挫失不無搖動若但於原處生纜恐不能得力因思上水南首有膠泥灘一處甚爲結實卽於此外作邊埽內用膠泥夯硪堅實自南釘樁生纜向北進占每占寬十丈長二丈進至七八丈與西壩下水相對仍向西進兩占以爲捲下門埽之地其各占於舊壩身仍自東釘樁生纜多一層牽繫加一倍備防如此

丁順做去較爲穩固河渠紀聞是年奉　上諭據阿桂李奉翰韓鑅覆奏嵇璜前奏令黃河北流仍歸山東故道其事必不可行各摺已批交該部知道矣此事前據嵇璜在熱河面奏朕揣形勢以爲其事勢難行是以遲回久之更繙治河諸書及博訪衆論皆稱黃河南徙自北宋以來至今已閱數百年未可輕舉更張卽以現在青龍岡漫口情形而論其泛溢之水由趙王河歸大清河入海者止有二分其由南陽昭陽等湖匯流南下歸入正河者仍有八分豈能力挽全河之水使之北注此事勢之顯而易見者從前孫嘉淦亦曾有此議究以形勢隔礙難行其說遂寢今因漫口復決是以降旨詢問阿桂等令各就所見據實覆奏茲據阿桂等覆奏俱稱揣時度勢斷不能行其詞若合一轍且稱始而南流八分今則全歸南注地形北高南低水性就下

惟應補偏救弊以復其安流順軌之常山東地高於江南若導河北注撲之地形之高下水性之順逆斷無是理等語或阿桂等揣合朕意故爲此奏而嵇璜尚爲素悉河務之人其前奏使河流仍歸山東故道之語亦必中有所見即使其事難行而其言爲要工起見究屬因公且治河之策本應集思廣益正不妨博採周諮以期詢謀僉同折中至當著大學士九卿科道等再行悉心妥協會議具奏欽遵覆奏如前同上

乾隆四十七年正月二十六日　上諭軍機大臣等據阿桂等奏本月二十二日正擬挂纜合龍二十一日東壩中間裂開一縫旋即隨墊搶救不及至東壩頭塌去三十餘丈請交部嚴加議處此意外之變實屬無可如何至東壩中間裂縫致壩頭塌失則工程究未穩固其非波浪衝激可知是否係冬間用凍土

堵築其在工員弁又未免稍存欲速之意遂致復有此變人事未盡不得盡諉之於事勢之無如何阿桂等不可不知然勢無中止此時祇須鎮靜妥辦倍加小心以期必成況事不過三已經兩次塌失此後天氣融和施工較易再無不成之理但現在開放之引河是否得力其水頭究至何處前據阿桂等奏蓄高水勢開放時頗爲暢注其河身現在是否衝刷寬深掣溜究有幾分若引河暢順得力則溜勢歸入正河壩工自然不致著重前次儀封南岸堵築漫口曾將壩工改築始得成功此次是否可以改築移上十餘里再行挑挖譬如琴瑟不調甚者解而更張如此改辦俾歸入現放之引河吸溜歸槽或可得建瓴之勢阿桂等務期通盤籌酌悉心妥議一面辦理一面奏聞現距春汛之期已近必得於汛前趕辦完竣方安再阿桂等在工督辦

現有李奉翰富勒渾等彼此商酌佽助有人現間黃河以南運道俱各深通而北河運道未免淤墊目下正屆重運陸續北上不可無大員往來經理若令韓鑅前往微山湖北運河一帶查勘相機往來妥辦較爲有益著阿桂酌定後一面奏聞一面即令韓鑅前往運河辦理至阿桂等所奏落水淹斃弁兵殊可憫惜業經明降諭旨照例賞卹其所請交部議處之處正可不必無論降革處分朕不忍以此加於阿桂等若不過照例降留亦屬無謂且此事之屢經反覆朕方引以爲愧現在惟當盡人力以聽天佑不可稍涉張皇以致中無把握即如前令阿桂督師金川其未經蕆事之先誰謂功可必成而竟得告功振旅燕喜凱旋惟我君臣一德一心勉力慎重以期有濟耳 純皇帝聖訓

乾隆四十七年二月十九日　上諭軍機大臣等據阿桂等奏本月十一日戌刻壩工加鑲土坯之際東壩陡向前行蟄直抵西壩上水邊埽湊合堵住金門立見斷流大溜全入引河奔騰下注水頭已過七十里自戌刻至十二日丑刻奮力搶鑲及寅刻忽又塌陷四十餘丈引河隨即倒流大溜全掣惟有公同酌議另思設法變通之計等語此實亦無可如何然斷無坐視之理已於摺內批諭矣又據奏籌辦壩工一摺內稱現在專集道廳將備熟商妥議惟挑水壩一帶河水尚平地勢亦高又東岸前築兜水壩一座以爲兜溜入引河之計擬即於此處建築壩基向西進做將挑水壩鑲寬加厚向東進做計工一百餘丈上緊趕辦約須五六十日尚可於大汛以前完竣並於東壩後身加築土隄一道長二百丈接至舊東壩根以防長水搜後之虞朕詳加披閱圖內引河頭舊有兜水處所似可向東北加鑲寬

厚俟全東壩竣則保護更爲得力茲特用硃筆畫出發交阿桂等閱看如可照此接續廂埽出一面辦理一面奏聞至此次東壩蟄失三次閱阿桂等摺內情詞不免惶遽然從前儀封十堡亦屢有變動辦至一年有餘始得蕆事今北岸雖較南岸關繫東省運道尤爲緊要然亦惟倍加鎮定董率員弁竭力辦理以期仰邀天佑神助不可露恐惶之意俾在工員役人人較前加倍奮勉出力以期早日合龍蕆事至從前歷次漫決均係南岸且由賈魯河渦河洪澤湖等處經過水勢尚可消納歸海亦屬便利此次北岸決口由東運道河湖一片漕船北上輓運維艱民田廬舍多被淹浸所關更爲緊要若照阿桂等所奏改做之法剋期有成固爲甚善萬一事勢難料豫爲必不得已之計則與其決在北岸受害大而辦理較難毋甯漫在南岸受害小

而施工較易言念及此朕實爲之慚愧然此實無聊之極思著傳諭阿桂等務須慎密熟商即在事道將等官如李永吉輩亦不可稍爲洩露致衆情疑慮反覺不成事體設或阿桂等詢謀僉同一面奏聞一面密行咨會薩載等豫將南岸洩水處所妥爲籌畫隄防使下游百姓得早遷移不致失所爲要然此次乃避重就輕無可如何不得已之變計阿桂等不可稍存遷就必須審度機宜實有把握再據實陳奏 純皇帝聖訓

乾隆四十七年四月十五日奉 上諭據阿桂等奏青龍岡壩工於初十日丑刻挂纜啓合至十一日早金門業已斷流大溜全入引河水頭已入江南境至未刻西壩復陡蟄塌去三十餘丈大溜仍從漫口下注等語昨十三四日晝夜盼望好音不至十五日申刻始得五百里報詢知又有變動及閱阿桂等奏此

情形實爲焦急目下料物慚短大汛將臨當此萬難措手之際
必須盡心推求良法斷無束手坐視之理看來此處土性鬆浮
似不宜合龍只可另覓善地據奏片内稱自青龍岡一帶形勢
無可籌辦惟就上游相度擇其可以避重就輕之處帶同諳習
河員親履查勘熟商辦法朕意亦正如此應就上游相度善地
改而更張想阿桂等現在自已商有成局其如何籌辦之處即
速繪圖貼說奏來以慰懸注至此次所開引河屢次放溜不能
得手或應順南岸相近處所另行籌度地面別開引河使大溜
得以直趨暢達南下庶於事勢有濟至從前曾經降旨爲萬不
得已之計目下情形至此又不得不復申前説與其漫在北岸
受害大而辦理較難毋甯漫在南岸受害小而施工較易蓋因
南岸尚有賈魯河渦河洪澤湖等處逐漸消納歸海此實無聊

之極思阿桂等再行通盤熟籌如果可行一面奏聞一面飛咨
薩載譚尚忠等豫爲籌備庶北岸不致著重合龍較易爲力至
現在水勢仍由漫口下注三湖運河連爲一片亟須多籌去路
如潘家屯内外引河及劉老澗六塘河等處凡可以宣洩歸海
暢利之處均須逐節籌畫加挑寬展俾資暢注至阿桂所請治
罪并參奏河員之處情詞激切然何必爲此奏朕不忍觀也又
壩工走失時李奉翰跌入金門被纜格傷朕心實爲憫憐今已
全愈否此時朕實不忍治伊等之罪且亦無顏治伊等之罪況
此亦非治罪即可了之事阿桂等惟有與在工員弁竭盡心力
集思廣益詳籌妥辦以祈天祐耳其現在如何查勘上游地勢
改辦情形并作何籌辦料物遵旨妥議緣由逐一詳悉迅速具
奏南河成案

乾隆四十七年四月二十四日大學士三寶等奏竊照大學士
阿桂等奏籌辦添築南隄導河歸入故道二十三日奉　硃批
大學士九卿詳議具奏欽此據稱豫省自乾隆四十三年以來
祥符八堡十六堡張家油房曲家樓等處屢次漫溢將灘面淤
高較之隄頂僅低數尺舊河身內挑挖引河深至一丈五六尺
尚不能與河面相平此次口門收窄至七八丈時蓄水三四尺
引河始可進水總由漫口日益刷深而河底日漸淤高萬餘丈
之引河挑至一丈數尺斷不能再加挑深現在灘地旣一律淤
高實無別開引河之處且曲家樓一帶經上年異漲衝成溝槽
坑坎縱橫無數縱此次工竣竭力補救終不能保一二年無虞
爲先事豫防設法變通之計惟南岸外尚可更改遷移於青龍
岡迤上南岸隄內履勘測量自蘭陽三堡至商邱七堡地勢就

下較隄外大河水面低三四尺不等若比河脣灘面則低一丈
五六尺至二丈不等自此至考城商邱等汛一百七十餘里大
率相同卽間有高處亦不甚懸殊現擬相距南隄千丈外建築
大隄一道又前次南岸漫水所過本有沿隄舊河形再開段挑
深數尺引渠一道實有就下之勢此兩隄工程計長一百六十
餘里工大費繁非四五月不能竣事俟渠已挑成隄築數尺後
卽於蘭陽三堡老隄刨挖寬深決口導水進內由引渠下注從
商邱七堡出隄歸入正河大溜勢必全掣東向下歸故道入海
其曲家樓漫口自可堵閉此事一成可望數年無患至隄內民
田廬舍及考城一縣均須遷移避水先期示曉妥爲籌辦使安
全小民自必樂從等語臣等悉心酌議并詳閱阿桂等奏到原
圖自應照所奏辦理至考城一縣離河本近向來漫水經過淹

漫城郭今議開引渠令河水穿入老壩由城南經過尤無蔽障不得不籌議遷移境內一切民田廬舍俱須酌量妥爲籌辦毋致失所（同上）乾隆四十七年五月阿桂李世傑韓鑅富勒渾會同議奏改河築隄奉　上諭今日召見大學士尚書與軍機大臣等面降諭旨詢問現辦河工除築隄改渠之外是否別有長策僉稱青龍岡隄工屢築未就自應於南岸改辦卽目前形勢而論不得不如阿桂等所奏辦理又據嵇璜奏稱南岸蘭陽三堡建隄開渠經阿桂等相機度地通盤籌畫實與事勢恰當惟是大汛將屆將來伏秋盛漲上游險工頗多設其時大溜南趨情形又必變更則青龍岡漫口堵築未易爲力況時值大雨時行之際築隄挑土均未能迅速或俟白露過後秋汛水退時再行施工亦無趕辦不及之處等語河工乃國家大事關係民生不

獨朕日夜焦勞凡在廷大臣均應盡心籌慮以期有裨國家嵇璜此奏亦有所見其是否可以待至八月後施工不致趕辦不及之處著傳諭阿桂等再行通盤熟籌據實具奏至青龍岡壩工現在既不能堵合其所存口門三十餘丈務須保護完固不得續有塌失方爲妥善總之此事朕毫無成見惟期於民生實有裨益阿桂等昨所奏蘭陽三堡建隄改河卽係朕前旨所指之迤南一帶另籌出路惟前旨係通論大勢未嘗身親履勘目擊情形今覽所奏圖說阿桂等既經親勘籌酌得宜飭下廷議衆謀僉同自應照所奏辦理至嵇璜所奏緩至秋間開工之處亦爲斟酌查辦慎重要工起見阿桂等身親其事見聞眞確果否可行俟阿桂等奏到再降諭旨欽此查蘭陽迤南舊有沈隄一道係明神宗時商邱大學士沈鯉建築以衛鄉里者由蘭陽

起斜向東南接至商邱長二百餘里自儀封以西距大隄五六里至十餘里不等雖已殘缺基址猶存自儀封以東則距大隄遥遠且經數次漫水舊基衝失無存今擬自蘭陽三堡起至儀封數十里就沈隄加築自儀封至商邱十一堡另行盤築根基計估築大隄一道底寬十七丈頂寬五丈平地以高二丈爲準長二萬六千八百餘丈分工三百二段估土五百七十餘萬方派定各員分股承辦取土在隄南三十丈外每坯一尺五寸築實一尺一寸如式夯硪坯土不得過厚用硪夯築堅實錐試不漏至蘭陽引水入隄之李六口大隄高於隄外灘面八尺灘高水面一丈七尺五寸大隄高隄內二丈七尺五寸水面較高隄內地面二尺估挑引渠於李六口隄內挑深五尺迤下地勢高低不一挑深七八九尺及丈餘不等寬三十丈至四十五丈其

河頭尾灘地內挑深二丈餘尺寬五六十丈俾進水外灘成吸川之形出水外灘有建瓴之勢自蘭陽汛李六口起商邱七堡東老河崖止共長二萬四千五百餘丈分工一百五十六段估土六百六十餘萬方工長路遥高下不能確準令工員於應挖渠身內靠北先挖子溝一道以水爲平因其就下之勢可以一律平順時行雨水亦有所歸插定灰印出土以三十丈爲定界築隄挑渠工程將竣郎於蘭陽汛李六口進水處相度地勢築隄一道爲迺溜南趨之計隄內挑深五尺較大河水面已低七尺若八九月汛水未甚消落水面自高四五尺較隄面必高至丈餘開放後不患不建瓴就下大溜自必全掣但河面既寬倘有餘溜未能全掣北岸建築壩基逐漸收進挑溜南趨以期開放後截溜全歸新河計慮更爲周密適協機宜隄內築隄開放

段落丈量標記其有礙民田廬舍查明應遷廬舍酌給貲費應用民田若干將舊河身離地畝給更換其願在新隄外居住者即照河灘減則務期籌畫安全不使稍有擾累失所如此通變咸宜北岸漕運湖河要地得免衝壑而儀考一帶受病之所概可避去河渠紀聞

乾隆四十七年七月初八日　上諭軍機大臣等據阿桂覆奏接奉諭旨赴工遵辦及奏報起程日期一摺內稱霜降以後若未能一律完竣卽奏請展限據臣愚見亦斷不致桃汛以前卽可告蕆等語在阿桂之意以要工早得竣事可以仰慰朕懷但朕前降旨內所有明年桃汛前開放引河之說非專爲阿桂等辦理此事寬其期限向閩開放引河必當借水長時刷沙奔壑方爲有力若開挑完竣在冬月水斂之時放水恐不能得力未必如凌汛桃汛時酌量開放之穩而凌汛水勢尚帶冰凌又不如桃汛時之開放順暢更爲得力況從前閩阿桂等開放引河摺內尙稱稍遲數日蓄高水頭則開放時有一瀉千里之勢可以掣動大溜等語此一定不易之理豈可於冬月水落之候輕易從事乎阿桂到工後當與李奉翰等悉心體訪酌量情形再行據實具奏純皇帝聖訓

乾隆四十八年三月初一日開放蘭陽十二堡新河大溜暢行下注乘時堵築河渠紀聞按是時改河由南岸出商邱五堡歸大河路遙功鉅初開工時秋汛甫逾半月距桃汛尙遠乘霜降水落大河見底之時加工趲辦先抽子溝開放清水較準水平分段以次開寬加深長一百有七十里其自商邱七堡河尾淤高露灘。及土性膠結。應行加挑開寬取順之處。隨地施治。至是年二

月挑工告竣因桃汛未發相機進築壩工十餘丈水勢漸見湍
激三月初一日啟放新河寅刻大河水誌陡長八寸辰刻鑿開
土壩立見塌寬建瓴下注水頭高至八尺有餘一瀉奔騰淘底
刷崖勢莫能禦自辰刻開放後至晚河頭一帶深一丈八尺壩
前水立消尺許復轉東北風入夜風力益猛迺溜南趨初二日
寅刻水頭即出商邱七堡河尾未及一晝夜行一百七十餘里
歸入正河河面更寬溜行倍暢初三日入江南碭山縣境河溜
既已分掣壩工不致著重乘機補鑲兩壩並進口門存寬不滿
三十丈溜勢掣動十之六七土埽從容就理視水勢之緩急定
進占之遲速步步穩實期於必成有操之在我者矣上同乾隆四
十八年三月大學士公阿桂署河東總河李奉翰河撫何裕成
奏報青龍岡於十三日挂纜合龍酉刻金門斷流追壓一晝夜

閉氣穩固大工告成上同按是時經青龍岡屢次挫折之後益加
慎重相機辦理初以蘭陽十二堡放水之處形本坐灣頂衝著
重展寬十一堡河頭向東斜挑二十餘丈新隄頂上加築四尺
子堰攔水漾入隄根之處捆埽鑲護凡有溝槽河形與隄根相
近處添築埽壩加鑲防風隄後幫築裏戧至河尾出水之處挑
開舊隄一百二十丈並於南面挑川字溝二道以備伏秋分道
宣洩使尾閭益加通暢大學士公阿桂臨工欽遵　諭旨加展
河尾舊南隄於原估一百二十丈外再展寬二十丈又以河面
尚寬一百餘丈放河後始行築壩恐不能應手剋期若趕緊收
窄口門必至刷深河身於放河無益議於北岸水淺處先行進
做俾溜勢益向南趨俟近水深處停止增長壩臺追壓堅實再
行前進至口門約寬四五十丈底未刷深時開放引河溜歸新

河壩工不致著重。然後兩壩並進。口門存寬不滿三十丈仍恐水湧溜急小心鑲墊逐步進做。口門收至四丈追壓堅實增長高厚。於三月十三日辰刻挂纜。兩壩并力追填到底。至酉刻金門斷流。尚有挂簾透氣之處。用厚土加壓上水邊埽趕鑲湊合。至十四日辰刻閉氣穩固。壩前旋即澄淤。壩下行人往來。徒步可涉。十九日戌時。水頭已到清黃交匯處所。從此黃流歸故。壩工益加鞏固而北岸二百餘里瀕湖臨運之險工盡得避去所謂移險就平雖有改制之名仍得利用之實非有大力者堅任不疑未易輕舉而集事矣（同上）是年考城縣舊城湮於河另於河北創建新城新城距舊城六十餘里在張村集迤東堌陽舊儀封地新撥考城四十九年署知縣雷遜創建（衛輝府志）

乾隆四十九年八月蘭第錫何裕成奏報睢州下汛二堡隄工漫

水前後刷塌二百五十餘丈開河堵築至十一月合龍工竣（河渠紀聞）

按南岸睢州下汛二堡在儀封十六堡張家油房之東連年漫口下游久墊河底未刷寬深水長壅而為患也時河沁並漲伊洛瀍澗同時報長兼東北風大作上游之楊橋大壩中牟九堡十堡下南之黑𦊙下北之銅瓦廂睢州之下汛四堡均報蟄塌尚未過水惟下汛二堡河形坐灣溜逼隄根新淤嫩灘水到即成深坎加以昏夜大風船隻捆擄不定橛拔船漂平漫過水自亥至寅塌寬八十餘丈疏上　命大學士公阿桂前往豫省督辦堵築疏稱抵工後與薩載李奉翰蘭第錫何裕成等籌辦機宜據蘭第錫等擬於六隄頭堡四堡兜灣處接築土壩刨槽鑲埽東西共長九百餘丈復於東壩加長五百餘丈西壩加長一百餘丈斜對引河頭藉以挑溜東趨原估開挑引河一千七百

餘丈復增估開挑加深加長直接河形深處又陸續增估共長六千餘丈以原估工段俱在河身之內該處河形地勢北高南窪引河距南隄尚近恐水長引溜直逼隄根是以加估自中段迤下改移向北增估取直接至舊河深水既可免向南偏趨之患河尾亦爲得勢並史村鋪舊有埽工亦可避過再查前南隄自二堡漫口東壩起至二十堡止長三十餘里因漫水出灘緊靠隄南東注以致刷塌隄身若修復舊隄內係河槽外係順隄河形難以防守酌於外灘順隄河形之北地勢高阜另築新隄一道長五千二百六十餘丈新隄距引河二三里至四五里不等河形內添築戧壩並於戧壩加鑲防風俾大汛長水易於防守至堵築壩工審度時勢應從西壩進占並跟鑲邊埽趕澆戧土以期鞏固東壩悉迎溜頂衝盤鑲壩臺穩實以次進占做至

數十丈即暫緩前進以溜勢俱走東崖若東壩進占太長不惟壩身著重引河亦易受淤是以先從西壩進占將近合龍始兩壩並進是月二十五日興工至十月底東壩築成三十八丈西壩築成二百五十三丈口門尚寬三十餘丈引河子溝已竣試放清水通順十一月初引河工竣兩壩加築口門尚剩十餘丈啟壩開放引河水頭高至九尺建瓴直瀉自辰至酉金門消水一尺八寸引河頭水深一丈三尺大溜流行迅駛是時已出河尾入商邱正河暢達下注連夜趕進大埽並內外邊埽跟鑲接築并力儹辦至十四日口門剩寬三丈五尺方擬合龍東壩向西遊蟄直抵西壩底埽對門湊合察視甚屬堅實上口過水尚急兩壩後身俱有蟄裂因即挂纜儹堵分投填墊並於金門上首加鑲邊埽下首趕澆土戧搶護三晝夜至十七日閉氣穩固

壩前原水深五丈五尺合龍後已停淤一丈五尺引河暢行（河渠紀聞）

是年議開豫省減水壩未成（河渠紀聞）

時以豫工連年漫溢奉 旨治河之道隄防與宣疏並重南河如蘇家山毛城鋪峯山閘鹽河等處皆有豫備盛漲時啟放宣洩之地豫省隄防而外並無可以分洩之路上游水勢驟漲河自不能容納遂往往有潰決之患況賈魯河渦河濉河皆係從前黃河所經故路若仍照南河於此夾堵築工竣時或在該處就勢建設減水壩如何當務令堅實使大汛時有所分洩以殺其橫決之勢則隄防或可鞏固無虞此事關繫民生者甚鉅不可不詳細講求以期萬妥薩載熟悉河務著即會同李奉翰帶領李永吉及諳練河工之文武員弁亦即速赴豫省與阿桂蘭第錫何裕成五人會同詳細履勘虛心商酌將添設減水壩是否有益抑或另有善策之處據實具奏（純皇帝聖訓）

時公同審度建立閘壩如南河之毛城鋪蘇家山天然峯山等或藉山根爲址或倚土性堅凝外灘寬廣臨黃用倒鉤引渠距隄甚遠可以分洩王營減壩距河雖近內有鹽河橫亙其中過壩之水洩入鹽河以水禦水無虞掣溜豫省隄工滎澤鄭州境內土性高堅距廣武山甚近隄頭至山腳千四百餘丈無隄處所遇河水長至一丈以外即由山腳漫灘漫水歸賈魯河下注無庸再設減壩自鄭州以下中牟祥符蘭陽境內沙土夾雜蘭儀以下儀封考城睢州甯陵商邱等處歷次漫口沙多土少並有純沙之處建壩不能保固至隄南洩水各河睢州久經淤塞惟賈魯河一道係洩水要路是河發源於滎澤縣大周山由鄭

州中牟祥符尉氏扶溝西華等州縣至周家口入沙河自沙河經商水入江南太和縣境至正陽關淮河歸洪澤湖又惠濟河一道即賈魯河分支是河歷中牟祥符陳留杞縣睢州柘城鹿邑入江南亳州之渦河下達淮河亦歸洪澤湖此二河離黃河自數十里數百里至千里不等現俱窄狹間有淤墊如須減黃必應大加挑浚兩岸築堰攔禦一經築堰坡水無路分洩又須於河之兩旁酌建閘座增挑汊港以資啟閉而洩坡水需費浩繁非一時所能集事臨黃隄工土性浮鬆不能建壩就外灘稍堅處添建恐引河不暢若於大汛分洩得力處建設又恐壩基不固易致傾圮誠如　聖諭欲減水而轉致掣溜斷不可行再四熟商蘭儀汛高家寨一工河勢坐灣由儀封舊城折轉東出河道莊基樹根頗多一時難以衝刷寬深溜勢至此奔騰湍激壅注高家寨甚爲險要本年伏秋汛內經臣蘭第錫於正河淤平處繪圖具奏奉　硃批指示仍開此河爲是現在加挑寬深若再將上游儀封境內高家寨官亭一帶正河重加挑濬取直引溜北注則上下河道可以暢行新隄不致著重此通計豫省全河形勢而知其無可分洩也河渠紀聞

乾隆五十年初借黃濟運南河成案

是年九月初八日阿桂等奏借黃回空蓄清濟重疏云臣初到此間詢商薩載李奉翰及河工員弁等多主引黃灌湖之說查行水金鑑內所載康熙十年清口爲黃水灌入裴家場引河悉起油沙天妃閘底淤墊回空糧船不能進口乃於清河縣腰鋪地方支河之運張福口者疏濬通舟考其時並未言清水來源微弱故略貲挹注即可利濟至乾隆三十六年黃河南岸之陳

家道口漫溢大溜下注洪澤由清口而出湖中未嘗積淤蓋南岸漫溢黃水俱歸洪湖既有大溜下注即挾沙而行不能停積況當夏秋淮亦漲發二瀆並行浩瀚有力沙隨水去是以不致淤湖本年淮水未發湖水極小爲從來未有現在引黃濟湖爲今之計惟有借已灌之黃水以送回空蓄積弱之清水以濟重運查本年二進糧艘行入淮河全藉黃水浮送方能過淮渡黃則回空時雖值黃水消落而空船喫水無多設法調劑似可銜尾遄行至此時湖水既不能出自應築壩煞住使之停蓄不復消耗又免黃水入湖淤墊現奉　諭旨令畢沅派員疏濬淮河各處泉源薩載等亦將太平河裴家場張福口等處通湖引河派夫上緊挑挖約計明春重運北上彼時湖內自必積水稍多即可啟壩下注引河抵出清口刷沙敵黃庶爲有益臣與薩載李奉翰詳商大局無過於此所開祥符五瑞二閘過水寬不滿五尺深止四尺以周圍數百里湖面不致爲些微黃水所淤迨至霜降水落即不堵閉亦不能過水矣臣等籌議藉黃以送回空蓄清以濟重運詢訪河工大小各員弁僉稱此事稍有把握現在銅鉛船隻陸續出口回空糧船渡黃進口銜尾南行毫無阻滯即使黃水消落或慮口門淺阻已相度形勢於陶莊河尾迎溜另開口門過水較深四五尺並築兜水壩以蓄其勢現飭工員妥辦豫備臨時調劑至湖水出路自築壩攔截後日內高堰誌樁已長水尺餘距明春重運到淮尚有五月之久冀日漸停蓄再長水二尺餘寸即可啟壩下注抵出清口刷沙敵黃設或不能長至四尺臣揣度事理亦足浮送新漕不致貽誤可以稍紓　宵旰廑注（南河成案）今按借黃濟運始此（續行水金鑑）

是年分設東清禦黃兩壩（續行水金鑑）

是年九月二十四日阿桂薩載李奉翰奏查洪澤湖水自築壩攔截後高堰誌樁現存水三尺餘寸通湖引河又次第估挑俟湖水蓄高明春重運將臨即可開放濟運惟舊設清口東西壩工蓄清敵黃爲全河關鍵該壩原建於風神廟前距通河各引河尾長四百二十餘丈自乾隆四十一年開挑陶莊新河後黃流直至周家莊下注匯清歸海清水出口路長將東西壩移下一百六十丈於平城臺處建築至四十四年因湖水盛漲東西兩壩全行展拓遞下河面寬闊水勢紓緩又移下二百九十丈在惠濟祠前建築以逼清抵黃迨至四十六年冬洪湖水小清口口門收窄後湖水仍見消落又於風神廟迤上奏添兜水壩工以爲重門關束使湖水多入運口濟運四十七八九等年將兩層壩工相機拆築尚屬得力本年湖水過小黃水盛漲清不抵黃致黃水灌運雖爲近年僅見但黃强淮弱由來已久自不得不因時制宜於黃水未經倒灌之先設法抵禦查從前清黃交匯卽在惠濟祠前今黃流北趨由周家莊下注自通湖引河尾至清黃交匯處河長一千三百餘丈所設清口東西壩雖較從前已移下四百五十丈現居適中之地但相距清黃交匯處尚有五百餘丈似應量爲改移臣等相度現在兜水壩在通湖引河以下運口以外於東清相宜應照舊存留加鑲寬厚卽以此壩爲東清壩其舊有之東西壩應再移下三百丈於福神庵前建設以資禦黃如遇黃水過大迤下兜水壩相機拆展此壩亦一體展拓俾資暢洩並將東壩做長以遏黃水回溜西壩收短使清水直出抵黃如此則外有東西壩禦黃內有兜水壩束

清無論湖河水大水小相機拆展收束均可應手似屬兩益今

按東清禦黃分設兩壩始此續行水金鑑

乾隆五十一年七月河溢桃源南岸河渠紀聞

按是時山盱五壩全開南關車邏等壩並啟湯李莊漫溢後河湖仍在加長司莊煙墩又復續漫奉 上諭李世傑等奏河湖水勢續長初八九兩日桃源廳屬南岸之司家莊及外河廳屬北岸之煙墩兩處又復漫溢煙墩隄內逼近鹽河漫水爲鹽河頂阻分流無多桃源之司家莊與洪湖僅隔一隄隄內湖水已漲滿隄工雖漫開測量黃水尚高尺許溜勢平穩仍走中泓迅行東注等語閱圖內司家莊漫口雖止四十餘丈而河湖連成一片勢甚浩瀚應速行堵閉該處接連張福口引河今春甫經疏濬深通經黃水平漫又不免淤墊漫工閉後即將浮沙疏濬方不致前功盡棄淮關對岸之周家莊分溜阻運尤關緊要應首先堵閉俾河水充裕江西各幫得以次遄行方爲妥善至黃河北岸李家莊湯家莊王營減壩迤下之煙墩漫口數處距海不遠且有鹽河頂阻分溜無多口門水勢平緩自易堵閉不妨次第辦理再萬錦灘於六月底又長水五尺昨據蘭第錫等奏報豫省新隄各工在在危險竭力搶護而下游老壩工誌樁長至二丈三尺洪湖誌樁亦長至一丈六尺三寸河湖同時異漲實爲數十年所未有今李家莊數處漫溢以殺其勢上游不致潰決爲患尚小高堰隄工得以保護無虞未始非不幸中之幸該督等惟當益矢虔恭協力共治以副朕意欽遵分別堵築安撫書麟會同駐工督理上同大學士公阿桂奉 命來工相視疏稱江省黃河漫口四處內煙墩口門雖寬二百二十餘丈而水

勢極緩需料無多數日內卽可堵合斷流李家莊口門雖寬三百六十餘丈水勢亦緩逐漸挂淤口門下深處不過七八尺較湯司二莊易辦止須於有水處用料堵合無水處與煙墩漫口均於補還原隄之外再鑲邊埽並築挑壩足資保護其湯家莊漫口寬二百五十餘丈水深二三尺不等斷無虞奪溜至司家莊漫口寬二百七十餘丈水深二丈五六尺該處溜勢流入口門者較多大河水勢距口門相近處稍淺以下正河水深仍有六七尺至一丈不等先於對岸顧家灘上抽挑引河引溜北趨並於西壩先行進占挑溜歸入正河水勢自見增長壩工亦不著重湖水現仍盛旺彼此相抵黃流祇能循張福口引河與湖水相並挾沙而行亦不致淤湖所有湯家莊李家莊司家莊口門均已盤鑲裹住亦無虞塌寬惟司家莊與洪湖毗連恐湖水

漸消亦難免竄流漾入自應首先儹堵現在碧霞宮周家莊已經堵合五孔橋二井等處亦卽分別堵閉補還原隄司家莊料已陸續運工可資接濟先將司家莊漫口開工興築俟物料稍充分築李家莊至料物數用再趕堵湯家莊水深處先用船捆緊輭鑲至口門以漸收窄水勢湍急再相機下埽各漫口堵合後於補還大隄外並添築月隄以為重門此查辦之大略也司家莊開工後晝夜儹辦至九月二十八日口門存寬四十二丈卽相機開放引河水頭高五尺六寸引溜入河湍激直趨漫口水勢已緩兩壩並進每進一埽跟鑲邊埽晝夜加緊堵築口門收至四丈外挂纜合龍柴土追壓到底逾日閉氣其湯家莊在黃河下游安撫書麟專駐工督辦司家莊合龍後料物寬裕連夜儹辦亦於十月十六日合龍煙墩李家莊先已次第堵合南

河旬日之內漫工有七末及二月以次堵竣迄功雖由人事齊力亦由豫省協濟之船葦蕩營浚船往回轉運助成其事得襄贊之力為多也（河渠紀聞）

乾隆五十二年六月沁洛並漲黃河南北岸各工俱有塌卸開天然閘王營減壩啟放新挑玉皇閣引河溜勢暢達河南睢州南岸十三堡無工之處決口兩處漫水二十餘丈分溜二三分漸次塌寬值風雨水長大溜全注口門正河溜不及一分水由睢州甯陵商邱一帶從渦淝諸河下注亳州蒙城懷遠鳳陽泗州盱眙入淮命阿桂前往籌辦至冬已堵復開旋堵合（河渠志稿）

阿桂蘭第錫書麟畢沅疏稱睢州十三堡引河於九月初十日前一律挑竣連日東西兩壩進四十餘丈口門逼近止寬二十丈溜勢日漸加緊挑水壩挑溜北趨甚資捍衛之力惟全河大

溜側注東壩未免著重公同商酌從前壩工合龍多在冬末春初水力緜弱是以引河必待口門收窄至十丈水勢蓄高始行開放目下霜降甫過水力尚未大緜現在口門二十餘丈溜勢已覺湍悍若不為變計恐口門衝刷過深此次所挖引河勢既就下開放自宜略早俾分掣溜勢庶引河得藉以塌寬口門亦不致刷有變故隨於十五日啟放引河水頭約高四尺餘流行甚為暢順翼日已出豫境引河岸亦俱塌卸分溜約有五分壩前水勢較前平緩口門水深三丈餘尺每進一埽一晝夜追壓到底督率趕進仍鑲盤堅實金門已在十丈以內形勢甚屬順遂至二十七日口門僅寬三丈餘尺加高壩臺即日挂纜合龍詎金門收窄兼連日北風水力猛悍至二十八日壩前水深即至五丈西壩下首回溜尤大隨鑲隨蟄至二十八日寅刻西壩

壩臺陡蟄搶鑲不及衝失兩埽並往後掣去坯鑲數層口門衝寬十餘丈引河溜勢東注尙無淤墊卽將壩頭裹住鑲做完整探量埽前水勢尙無高下懸殊及河底不清之處是日塌埽時引河溜勢驟掣未免平緩二十九日金門水勢稍定引河卽暢順東注三十日引河下游除底水九尺外復長水二尺流行迅駛掣溜約有五分十月初二三兩日兩壩進埽多進一埽卽添一分之溜初四日兩壩復各進一埽金門收窄水勢湍急異常兩壩上首邊埽先後陡蟄幾與水平西壩壩身亦屢經蟄陷立時搶鑲初六日亥刻復平蟄十餘丈壩頭出水原高一丈八尺蟄後出水僅有四尺連夜搶鑲至初九日始定金門存寬三丈餘尺自初六日後引河連日長水又值南風吹送大溜全行掣入流行如駛隨於初十日挂纜合龍漸次閉氣十一日金門業

經停淤此次堵築漫口荷蒙　聖明指示於西壩迤上建築挑壩長一百六十餘丈挑溜北趨極爲得力是以西壩走埽後引河並未淤墊嗣金門收窄大溜仍行掣入雖兩壩連次陡蟄金門水深七丈以外幾經危險而竭力搶鑲卒保無虞得以合龍蕆事慶幸之餘倍深欽佩至籌善後止須壩後趕澆土戧壩內跌塘以下由東西灘兩築二壩以爲重門此治事之大略也蓋幾經挫折卒成大功奏績不逾三月信人事之足恃也（河渠紀聞）

乾隆五十三年定荆州民修隄工保固十年

覈案定例黃河隄工保固一年運河隄工保固三年係指土工而言若草工則保固三年石工則保固十年至民修之工無論土石平險向無保固年限恭錄嘉慶十年　上諭俾資遵守

嘉慶十年四月辛丑奉　上諭内閣前據瑚圖禮奏轉據布政

使台斐音稟請鐘祥潛江二縣民修隄垸無庸保固年限並稱
乾隆年間荆州萬城隄衝決案內欽奉　諭旨荆州隄工著保
固十年係專指荆州萬城隄而言其餘似不在保固之例請嗣
後除官修之隄仍遵例保固十年外其餘借項民修之隄無庸
定以保固年限遇有潰決仍令民自修補等語朕以所奏自係
實情當經降旨照所請行茲據工部查明乾隆五十三年節次
所奉　諭旨並彼時大學士九卿原議與瑚圖禮原奏不符據
實參奏所奏甚是詳閱工部摺稱乾隆五十三年荆州隄工潰
決時欽奉　諭旨以民修工程向無保固是以承辦之員侵漁
草率諸多不免嗣後著定限保固十年並令各省河隄等工凡
係緊要處所工程在五百兩以上者均一體報部予以保固限
期復令將荆郡隄工嗣後作何稽察保固之處交大學士九卿

等安議當經嵇璜等奏定一律保固十年如限內衝潰即將承
修之員參處著賠通行在案是從前欽奉　諭旨及議定章程
極爲明晰自當永遠遵行今瑚圖禮摺內輒將從前所定民隄
例限作爲專指官隄又將隄工通例作爲專指萬城隄一處竟
係有意朦混且鐘祥潛江二處工程俱係嘉慶七年所辦彼時
亦曾聲明保固十年瑚圖禮前奏不但請免著追並欲此後永
免保固則承辦之員尚復何所儆戒勢必人人效尤偷減工料
草率從事明係爲屬員辦工取巧地步大屬非是瑚圖禮台斐
音均著傳旨嚴行申飭此事瑚圖禮係轉據布政使台斐音稟
請具奏台斐音著交部嚴加議處瑚圖禮著交部議處嗣後官
督民修之隄工保固十年仍照舊例行其鐘祥潛江二縣潰決
隄工既在保固內仍著追賠歸款至工部於此事能詳細查出

據實參奏倘屬留心該堂司官究係何人首先看出查辦即著據實奏聞候朕酌量加恩以示鼓勵　仁宗睿皇帝聖訓

附荊州窖金洲蕭姓案

是年九月奉　上諭據阿桂等奏荊州郡城屢被水患因郡治下游江內有窖金洲一道侵占江面漲沙逼溜而本地蕭姓民人於雍正年間至乾隆二十七年陸續契買洲地種植蘆葦納課蕭姓貪得利息逐漸培植每遇洲沙漲出蘆葦即環洲而生阻遏江流以致上游壅高所在潰決等語已令阿桂等將蕭姓家產查抄並交刑部按例治罪矣各省民田廬舍百姓等守其世業或一姓相傳先疇是服或甲姓之業售與乙姓皆在所不免今窖金洲因沙漲而成何得爲蕭姓之祖業此必係奸民見江中漲出洲地墾種可以獲利藉陞科爲名納租認種其交官

者不過數百分之一而地方官吏亦必得其利賄其餘盡飽奸民之慾壑一經具呈地方官因受其賄求遂罔顧利害代爲朦混具詳而督撫等漫不加察率准題達任令據爲已業牟利肥家而奸民因報官有案又貪利不已逐漸培植以致蘆葦環洲而生阻遏江流沖決隄塍城郭以致數萬生靈咸受其害造孽甚深情節實屬可惡現將蕭姓查抄治罪實爲不枉但小民惟利是圖止期飽己不顧損人亦不特蕭姓爲然即如黃河之外灘以及西湖淀河山東江南湖陂等百姓私占耕種者甚多屢經曉諭飭禁而奸民貪圖利息地方官吏又思從中分肥並不實力查禁任令開墾居住與水爭地或藉口陞科輸納少許一經潰決不特附近居民咸遭淹浸而修築撫綏糜帑倍蓰於國計民生均無利而有害著傳諭各督撫嗣後凡瀕臨江海河湖

處所沙漲地畝除實在無關利病者無庸查辦外如有似窖金洲之阻遏水道致有隄工地方之害者斷不准其任意開墾妄報陞科如該處民人冒請認種以致釀成水患即照蕭姓之例嚴治其罪並將代爲詳題之地方官等一體從重治罪決不姑貸欽此

馥案江河中皆有沙洲係因水勢漲落而生非人力可以剷除亦不能禁人不種植惟官不便驟升科徵糧洲民亦不可築圩阻水聽其一水一麥略徵租息以貼地方善舉可矣

是年荆州万城大隄潰水入城大學士阿文成公相度江勢以窖金洲阻遏乃於江隄外築楊林嘴石磯冀挑江流而南之以攻其洲之沙今三十年矣計造磯後保護北岸誠爲有力但不能攻窖金之沙且沙倍多於三十年前矣議者多所策余曰無

庸也惟堅峻兩岸隄防而已考北魏水經注曰江水又東會沮口又南逕江陵縣南縣平聲江有洲號曰枚迴洲江水至此兩分而爲南北江據此知此洲即古之枚迴洲也沮口今在万城隄即古方城宋荆南制置使趙方之子葵守方城避諱改万又訛爲萬外沮水入江之口千古不改枚回洲非即窖金洲而何況沈約宋書毛佑之擊桓元於江陵枚回洲斬之是晉宋至唐皆有此洲特今俗易其名耳阮文達擘經室二集

乾隆五十四年六月睢甯南岸周家樓河溢南河成案

時周家樓業已漫口睢甯魏家莊在漫口上游十六里若魏工不守睢甯城正當頂衝時書麟蘭第錫奏稱周家漫口後上游魏家莊各段埽壩蟄塌現在搶護其第十七段係挑大埽尤爲通埽關鍵必須加慎防護十一日晚溜勢湧激蟄陷藩司康基

田帶同睢南營守備卓呆及兵役人等上埽鑲壓搶護忽大溜直射將埽衝翻倒塌時該司與守備卓呆及兵役人等俱站立埽邊隨埽翻入水底康基田爲埽所壓因大溜回旋埽復衝起該司亦隨埽上浮旋經多人撈救得生現在照舊辦事惟守備卓呆兵丁胡錦及該司家丁李全任瑞隨埽浮蕩當將李全任瑞撈起並於數里外將胡錦救護守備卓呆趕救不獲打撈無蹤奉　旨守備卓呆因塌埽落水淹斃殊可憐憫著該督等咨部照陣亡例議卹康基田翻入水底爲埽所壓幸復衝起撈救得生著賞給大荷包一對小荷包二對以示獎勵書麟蘭第錫康基田奶餅共一匣隨報發往其落水救護兵丁家人等著加獎賞（河渠紀聞）

是年定名黄河身內爲隄內隄外田廬爲隄外（南河成案）

是年十月十七日奉　上諭內閣黄河南北兩岸築隄捍禦原以防河水盛漲時泛溢爲患專藉大隄爲之保障以河流正身而論則瀕河兩岸灘地在大隄以內者卽當謂之隄內在大隄以外者正當謂之隄外此一定不易之理也乃向來河臣等所奏河務情形摺內轉以附近河身兩岸灘地指爲隄外而大隄外之民田廬舍轉稱爲隄內殊爲內外倒置玆偶思及必係從前河臣等意圖影射以隄內之民田廬舍爲隄外儻遇黄水衝缺口岸卽可指稱在隄外漫溢以爲掩蓋其災輕𠊱混之地不可不卽行更正以杜隱飾弊端嗣後總以黄河正身爲主附近兩岸灘地在大隄之內者謂之隄內若在大隄以外者謂之隄外毋得再有牽混以致陳奏失實藉資影射也（純皇帝聖訓）

乾隆五十六年六月蘭第錫奏定申明河工舊例八條（南河成案）

一文武汛員移住隄頂一堡夫堡房均匀修葺責令堡夫攜眷常住一兵丁堡房均匀建改住堡之兵造册咨部一大隄兩旁兵地夫地儘種柳葦以裨工用一兵丁堡夫應積額土應交秫稭兵草必須核實查辦一兵丁堡夫應備器具責成廳營隨時查驗一文武官員凡有欠帑不准辦料抵交一築隄取土必在十丈以外挑挖南河成案

乾隆五十八年定明報水長尺寸南河成案續編

是年八月十二日奉　上諭嗣後河督奏報長水情形當分晰聲敘將長水若干消落若干二次又長水若干除初長之水業經消落外現存底水若干尺寸據實奏聞毋得重疊牽算過事張皇致駭聽聞純皇帝聖訓

乾隆五十九年拆江南豐北廳攔河壩堰南河成案續編

是年八月初一日奉　上諭福甯奏據單縣知縣稟稱該處河水長至八尺八寸自十四堡至二十三堡黃水普律漫灘不能暢消沿隄察看緣江南豐北廳於界首築做南北土壩一道長三百六十丈直接灘內劉家莊止又於莊基南面接長土壩數十丈以致水無去路從壩根折向西南繞出壩頭始經東注曲折紆回停蓄無際現經福甯飛咨蘭第錫等查核辦理等語山東單縣地方黃河勢居江南上游遇出槽漫灘之水必使順勢東趨暢達下注方不致壅遏為患今閱福甯所繪圖樣江省黃河兩岸所築土壩各有三十餘壩之多又於界首築做南北土壩一道挺峙河灘而西南復加築子堰一道幾無隙地如此層層攔束無怪上游水勢竟無去路試思水性就下其溝槽之水既於河隄之閒舊有經行故道自可聽其流注下達況黃河已

有隄堰層層保護此外尚有遙隄節次關攔儘足以資抵禦又何必多築壩堰橫截去路轉致壅遏任其漫溢停蓄耶且以地勢而論江南省素稱澤國江海湖河均足以資容納即遇上游河水盛漲無難分導疏消至山東河南宣洩之處較少無可旁瀉今乃於江省築壩堵住去路則水無歸宿停積上游是以丹沁漳衞等河紛紛漫溢淹浸田廬設曹單等處致有他虞運河受害更復成何事體是江省所築隄堰不過藉此爲祇救目前之計又爲工員開銷地步於事無益而轉爲有損在蘭第錫等辦理南河不過以築做壩堰魚鱗櫛比一遇東省河水泛漲即可在上游處所散溢漫灘分消水勢江省河工不致著重殊不知上游之水一經攔截水無去路即有漫溢之患且黃河溜勢水急則沙活水緩則沙停若上游漫水紆回蕩漾則江省黃河

溜勢漸緩勢必泥沙停積河底淤高不能暢注歸海於南河更爲有礙又況治河必順水性今用壩堰橫行攔截其六壩七壩等處竟成入袖形勢又何以使之歸入大河是蘭第錫等所辦不但損人適以自害是不僅以鄰國爲壑豈非失算東南兩河該河督等雖各有分管界限而以公事而論則同係一河豈可稍存偏私之見各分畛域已於圖內用硃筆標抹所有江省南北新舊隄堰除被水衝缺處所暫且不必補築外其餘礙水去路應行拆去者竟當拆去使東省漫灘溝槽之水順勢東趨歸入大河曹單等處方不致有壅遏喫重之患此事著交蘇凌阿會同蘭第錫福甯親赴該處確加查勘蘇凌阿係暫署總督自不可存成見蘭第錫福甯於黃運兩河本其專管務須察看情形熟商妥辦總當以公務爲重於上下游水勢一律流通暢注

兩無妨礙方爲實心任事之道現已降旨令李奉翰酌量豫省防汛事宜如可以分身即速赴江南會同勘辦但該河督能否前往尚在未定即蘇凌阿到彼亦不無稍需時日設使曹單地方漫水壅遏河流遄急該處隄工著重殊有關係福甯若俟會齊再行酌辦未免緩不濟事爲今之計所謂急則治其標著福甯接奉此旨即先行馳往江境豐北廳地方將所築壩堰有礙曹單漫水去路應拆動者速行拆去以便上游漫水順勢下注可免他虞其餘壩堰應如何酌量拆展以資經久仍俟蘭第錫等到齊會商籌辦方爲妥善至福甯所繪圖樣內黃河及隄工自應分爲兩色庶可一目了然乃隄河俱一色繪畫初經披閱竟似河流分爲二道殊屬眉目不清且不吉祥是欲求細緻而轉涉模糊殊屬非是嗣後於繪進圖樣務宜展寬尺寸分別顔色去冗從簡以便觀覽不得仍前疏忽南河成案續編

治水述要卷六

治水述要

七册

治水述要卷七 自嘉慶元年至嘉慶十四年　　全集七之七

秋浦周馥玉山甫纂　　男學淵 學熙 學煇 孫明焯校字

嘉慶元年六月十九日豐汛六堡舊圈堰普漫過水大隄坐蟄塌寬五十丈十月十一月合龍三次未成次年正月堵合南河成案續編

是年七月十九日蘭第錫奏豐汛六堡漫口前於初一日正河溜勢尚有四五分下注並未斷流是以相度形勢在漫口西岸趕築挑水壩以期挑溜多歸正河卽就灘邊築壩趕堵無如初三四兩日陡長水三尺餘寸形勢頓改大溜全注口門情形著重必須挑挖引河引溜東注當在漫口迤上對岸就舊有河形一道估挑引河以期吸溜東趨臣連日率同道將廳營員弁等再四履勘原定壩基處所離引河頭三百五十餘丈尚覺地遠氣寬此時正河業已斷流自不便仍在口門處所堵截應將壩基移上二百丈並於河勢轉灣處現挑引河頭對過築做挑水壩一道將引河挑浚寬深庶口門收窄時逼溜全歸引河壩工易於堵合。南河成案續編是年十月十六日蘇凌阿蘭第錫康基田奏十四日口門止寬五丈五尺將兩壩臺鑲高二丈有餘正擬再進兩埽卽挂纜合龍詎金門淘刷愈深埽前水勢深至七丈有餘兩壩下首回溜亦甚洶湧十五日卯刻風大溜急東壩陡然平穩而壩頭溜勢尤爲湍激搶鑲不及登時陡蟄入水四丈餘尺有兵丁劉松齡沈元成二名隨埽落水當經船戶楊光德等撈救上岸並未致斃伏念此次漫工自開放引河大溜已經分掣暢行東注其冀一舉藏功乃事屆垂成陡見挫失不能趕早

合龍上煩　睿慮不勝戰慄惶懼之至奉　上諭據蘇凌阿等奏豐汛漫口收至五丈五尺水深溜急十五日大風鼓浪東壩蟄裂四丈餘尺現在竭力搶護等語漫工口門漸至收小自益水深溜急加以猝遇大風鼓浪人力難施以致壩頭蟄裂四丈有餘此亦無可如何蘇凌阿等轉不必心存畏懼以致中無把握惟當督率員弁奮勉詳慎趕緊進搶堵築現據奏所開引河並未淤墊分掣大溜十餘日後自卽可合龍竣事計該督所奏蕆功應在月杪佇盼喜音之速至屆期再當敬發藏香祀謝神庥並著該督等於漫工告竣後在合龍處所建蓋河神廟俾資鎭佑至因搶險落水之兵丁劉松齡沈元成二名並著從優獎賞拔補以示鼓勵仍將於何日堵築合龍喜信加緊馳奏以慰廑注同上是年十一月初十日蘇凌阿等奏豐工合龍奉　上諭

蘇凌阿等奏豐汛漫工堵閉合龍覽奏欣悅漫工口門收窄水勢逈深幸值連日晴和兵夫等始能併力鑲塡合龍斷流水勢均由引河及舊河下注循軌安瀾暢達歸海此皆仰賴河神佑護著發藏香二十枝謹祀謝神庥前已降旨令該督等於工竣後在合龍處所建蓋河神廟卽將匾對尺寸進呈候朕親書發往懸挂用昭靈貺蘇凌阿蘭第錫各賞給黃辮大荷包一對小荷包四箇康基田著賞給大荷包一對小荷包四箇以示獎勵至蘭第錫專司河務當河水盛漲之時不能搶護穩固以致漫溢本有應得之咎今因伊辦理漫工以來督率員弁堵築合龍免其治罪已屬格外施恩毋庸再予甄敍蘭第錫當益加感激愧勵將隄工加築穩固漫水趕緊疏消以贖前愆如果始終勤奮或將來伊名下漫口分賠銀兩再行酌量施恩亦未可定蘇

凌阿兼管河務亦難辭疏防之咎姑念伊已年老且係署事之員著交部照例議叙康基田係鄰省藩司幫辦河工尚屬奮勉著加恩交部從優議叙現在漫工已竣康基田在彼並無應辦事件著即回山東本任至蘭第錫前奏將專管豐北通判田治豐北營守備劉兆隆革職其餘道將汛員及地方各官即著交部查取職名分別嚴加議處以示朕勸懲功罪權衡公當至意同上是年十一月十六日蘇凌阿蘭第錫康基田奏豐汛漫工於十一月初九日合龍追壓一晝夜業已堵閉斷流至初十日午後壩前水已澄清溜勢全入正河當經臣等馳奏祇緣上月下旬豫東均得大雪上流河身凍合嗣於初九初十等日天氣和暖河水頓開上游凌冰下注勢甚湧驟十一日壩前陸續長水至一丈二尺壩前水面高於壩後一丈七尺臣康基田見水勢頓高不敢起身回任仍同臣蘇凌阿臣蘭第錫督率員弁晝夜搶護詎是日晚東風大作溜勢奔注壩前至十二日卯刻水勢又長三尺乘風鼓浪壩身陡蟄二處登時過水人力難施頃刻衝失二十餘丈臣等與在工員弁急將兩壩各用盤頭裹住隨督同將備等探量察看現在口門雖止寬二十餘丈但土性本鬆自兩經挫失口門汕刷極深河底又不平淨若仍在原處築做難以施工復在上下各處細加履勘查引河迤下貼近處所地勢較高可以盤立壩基上有挑水壩遮蓋下有大壩兜束水勢稍緩重門攔護實屬事半功倍且距引河甚近易於逼溜東注形勢較便可冀穩固合龍至水勢驟掣後引河未斷流但溜已緩弱不無淤墊暫將河頭攔截挑挖加深俟壩工收窄後再行開放又引河南首尚有張王莊舊河形一道本係沙土稍加

疏濬亦可並資分洩現在集夫挑挖一面盤築壩基惟工次正雜料物所存無幾須趕為添購並飛咨山東撫臣再協濟稭料三百堆檾五十萬觔以應急需原撥工料銀兩不敷應用擬即於江蘇藩司糧道庫內酌提銀六十萬兩解工接濟統俟工完日核實銷算著賠臣蘇凌阿臣康基田係奉　旨派同辦理之人咎無可追臣蘭第錫專司河務獲罪滋深惟有仰懇　天恩將臣等交部從重治罪並查開應參文武各官職名一併送部議處以示懲儆同上是年十二月二十六日李奉翰蘭第錫康基田奏豐工東西兩壩晝夜分投儹築至二十日口門存寬九丈是日引河一律挑竣隨於二十一日開放溜勢暢行頗為通順隨將兩壩趕緊出占前進二十三日口門存寬四丈餘尺壩身層層追壓計已鑲入水深五丈八尺已經到底並因西壩壩基

係在灘上築起恐口門收窄撞高水面不足抵禦先於西壩上水一面並下水一面刨挖深槽均鑲邊埽以護壩身其東壩雖於深水中進埽亦一律鑲護邊埽臣與道將等上下較量察看似屬穩實周備二十四日正在合龍乃西壩忽然游蟄直抵東壩口門天然堵合與四十九年河南睢州壩工合龍情形相似而西壩後身陡然蟄裂登時過水十餘丈所幸引河行溜照前暢順壩工口門進水無多此時稭檾料物尚有存貯臣等督率道將等將西壩基趕緊加築穩固即往前進東首亦即出占一齊併力妥慎趕辦計旬日內即可竣事惟前定合龍之期此時又須暫緩惟有慎之又慎督率趕緊儹辦務冀於正月初旬合龍穩固以贖愆咎同上嘉慶二年正月十一日李奉翰蘭第錫康基田奏臣等趕將兩壩進埽加鑲追壓高出水面二丈餘尺正

欲挂纜合龍連日天氣和煖大河上游冰凌消化壩前陡長水五尺六寸該處本係土性沙鬆金門溜勢建瓴而下湧激淘刷埽前水深本止五丈八尺立見刷深七丈有餘又値狂風鼓盪溜勢更緊至初九日戌刻東西兩壩同時並蟄臣等分投督率各員倍加土料竭力趕緊搶辦東壩甫得搶護平穩西壩因回溜淘刷更甚隨鑲隨蟄搶至亥刻業經鑲高出水五尺而壩頭陡然蟄塌黎明後風勢少緩水亦漸平立即兜纜盤護其舊大壩口門先經進占收窄僅存口寬八丈擎托得力過水無多而引河水勢仍屬暢順查量塌埽之處口門共寬十丈餘尺現在連夜盤頭進埽務期剋日竣事臣等疊蒙　訓示倍加慎重辦理迺功届垂成西壩仍有挫失憂慚悚懼無地自容仰懇　聖主天恩將臣等交部嚴加議處以示懲儆同上嘉慶二年正月二

十八日李奉翰蘭第錫康基田奏二十四日大壩金門僅存寬三丈六尺復將兩壩後身再加鑲壓處處周密隨敬愼挂纜合龍倍加料土因口門已合壩上水勢頓長高於壩下九尺壩身更加著重隨鑲隨蟄搶辦三晝夜至二十七日斷流閉氣同上

嘉慶二年七月二十四日曹縣北岸第二十五堡漫缺隄工三十餘丈續行水金鑑

按曹工三次堵合未成次年上游睢州南岸五堡漫口始堵旱口各疏列後南河成案續編

是年七月二十九日奉　上諭李奉翰奏河水情形一摺初加披閱係虞城與江南交界之碭山一帶漫灘水勢經趕緊搶護築戧得保無虞深以爲幸及閱至後幅則稱道員孫星衍稟報曹縣二十五堡無工處所因河水積長高於隄頂更兼風狂雨

驟隨搶隨漫於七月二十四日隄工漫溢三十餘丈等語前因江南碭山楊家壩一帶有漫溢之事曾降旨令蘇淩阿等馳往查辦楊家壩係屬南岸且在曹縣下游該處既有漫溢之事則上游水勢自應輕減何以曹縣復有漫口黃河性不兩行其故殊不可解但既有漫工即應趕緊勘築因思楊家壩漫水係屬南岸且下注之水有洪澤湖爲歸宿而曹縣漫水則係北岸且在上年豐汛漫口上游關係運道尤爲緊要若兩處同時進占南岸堵築則北岸尤爲著重未免施工費力今權其輕重當先將北岸曹縣漫工趕緊堵築其碭山楊壩工程止須派令道將等將兩壩頭裹住勿令再有衝刷暫緩進占其中流漫水且任其下注歸入洪澤湖如此酌辦則南岸下游既有宣洩去路北岸上游施工自易爲力此時惟當將曹縣漫工尅期鑲築勿令

妨礙運道俟此處工程辦竣再將楊家壩工程并力堵合庶於運道全河兩有裨益現在李奉翰接奉節次所降諭旨竟當馳赴南陽帶兵住守不必分身兼顧河務此時曹縣一帶僅有伊江阿一人在彼兼有查勘災區之事不能並資照料碭山漫工既可緩辦康基田仍應回至曹縣幫同堵築新任藩司司馬騊會任河員當知河務於工程應素所諳習著傳諭康基田司馬騊接奉此旨即各馳赴曹縣工次同伊江阿趕緊鳩工集料迅速蕆事以利運道而衞民居（曹河廳冊）

是年八月初五日李奉翰伊江阿康基田會奏臣李奉翰前將據報曹縣漫工赴東勘辦具奏臣康基田至工會同勘得漫口水勢尚大口門寬九十餘丈現將兩頭趕緊裹護其露出隄面水痕之處稀淤浮於新加堰面之上詢之土著老民咸稱今年

異漲實爲從來罕有至今灘上水尚未消其刷出溝槽共十餘
道臣等乘舟往來相度若於口門堵築相去大河六七里已
成入袖之勢必當於隄南就高灘建築跨壓各溝槽包裹在內
庶爲得宜已酌擬圈堰基址俟灘水稍涸即集夫趕築壩基所
需秸縻等料臣等會商應於豫東兩省分投採辦其採自河南
並山東上游者多雇船運順流而下較爲迅速不能船運之處
酌撥車輛由陸路儹運復查上月二十日江南碭境漫溢河溜
業已旁趨二十四日山東曹汛亦有漫溢先後兩處分流其正
河下游均已淤墊應自曹汛二十五堡至江南石林工以下一
律挑深以資暢達不惟現今堵築壩工不致著重得早蕆功即
來年大汛經臨更得暢行無虞壅滯（續行水金鑑）
是年十一月奉　上諭前據康基田等奏山東曹縣漫口工程

十一月內可以合龍今已屆十一月底尚未奏到朕心深爲盼
望著傳諭康基田等督率趕緊堵築竣事不得藉詞延宕並將
日內曾否合龍之處迅速馳奏以慰廑注尋奏口門僅二十九
丈正擬開放引河因嚴冬冰凍滿河淌凌恐一經啟放冰凌推
擠槽內黃水不能暢流壩身反致著重應暫緩啟放引河（康基田傳稿）

是年十二月二十三日伊江阿康基田會奏東河曹汛壩工合
龍旋即潰蟄（曹河廳冊）嘉慶三年正月二十八日東河曹汛漫工堵
閉後西壩後身陡蟄十一丈追後水湧溜急竟深至十一二丈（豫東事宜冊）　嘉慶三年二月初十日李奉翰康基田伊江阿會奏曹
汛壩工堵合斷流後西壩續有挫蟄臣等搶護鑲辦業經據實
奏　聞臣等親督官弁兵夫儘力追壓并將通壩一律加高出

水二丈有餘已極穩實祇緣西壩根當築做之初水勢本淺土性較鬆前於壩工收窄之時溜勢向西側注壩前淘刷極深合龍後卽經加鑲邊埽追壓重土并趕澆裏外各戧以期堅固及壩前水深處所尚未淤積新沙正月二十七日東南風大水勢直注金門西首搜刷底土致壩身側卸急督工員日夜搶護二十八日風勢愈狂浪高溜激西壩後段陡蟄入水卽時過水十一丈時風沙迷目在壩官弁兵丁間有隨埽落水淹斃兵丁田倫等四名實係人力難施臣等見引河暢順前次堵合金門毫無滲漏原冀數日內趕緊堵閉詎銜失處已成跌塘深至九丈餘尺隨鑲隨陷河底高窪不平難以施工若另行改築不特需費浩繁且上下相度並無形勢穩妥之處臣等悉心籌議查壩工除過水十一丈現存壩長一百八十六丈均極堅固實可不必另做現擬將西壩邊埽幫寬十餘丈向東接築越過深塘東壩亦幫寬十餘丈順勢堵合不但河底平坦根基穩實且可逼溜東行洵爲事半功倍已先將二壩口門收窄僅止六丈過水已有節制是以大壩不致塌寬運道亦無妨礙將來同時并合重門保護定可穩固蕆功引河過水本暢不致淤墊現在委員查勘量爲撈濬仍可一律深通所需添備料物錢糧仍於藩庫通融支用工竣分別賠銷仰懇 天恩將臣等交部嚴加議處以示懲儆南河廳冊

嘉慶三年四月十二日李奉翰康基田司馬騊伊江阿奏曹汛大工儹辦情形節經會奏三月中下兩旬連得透雨上游黃沁二河水勢漲發匯流下注曹工大壩金門已跌成深塘近復水湧溜急淘刷撞擊探量口門水深至十一二丈不等形如鍋底兩壩隨鑲隨蟄十分喫緊前經開放引河勢若

建瓴數日內黃河直達清口流行不爲不暢但向來長河水勢
不過深至二三丈今口門深至十丈以外水性就下勢所必然
現在溜勢湍激異常壩頭時見蟄裂若株守舊壩徒費工料勢
難穩固藏工臣等帶同諳練道將在上下周歷勘查移前則距
南岸甚近河面過於逼窄如退近北岸又恐水勢入袖惟二壩
前一帶河勢坐灣向東側注距新挑引河不遠就其灣形開挑
直入引河甚爲得勢且止長二百四十餘丈工費無多該處水
面不深河底平淨若另築壩工一道易於措手且前有大壩遮
護後有二壩擎托尤爲事半功倍將來即以舊西壩作爲挑水
壩亦甚得力惟挑挖河頭添築壩工至速亦需兩月今當夏令
不特舊料已盡無從購買且轉瞬大汛萬難於灘上施工查本
年節氣較早如緩至七月後水勢漸落新料登場時相機堵築

可期一氣呵成伏思從前青龍岡北岸漫口因趕緊儹辦欲速
轉遲久無成效仰蒙　聖明洞燭全河機要　諭以另籌辦法
酌展限期遂得底定安瀾今臣等再四思維與其僥倖而無濟
不若遲久而有成仰懇　聖主逾格鴻慈展限數月俾得於秋
閒興築一舉告成現在上游豫省各廳伏汛將臨工程緊要擬
將原調在壩之將備弁兵撤回本汛防守以免他虞奉　上諭
李奉翰等奏壩工水深溜急另籌堵築一摺此次曹汛漫工總
由該督等築壩進埽未能堅實致上年甫築旋開及復經鑲築
後又不能督率在工人員趕緊施工曠日持久水性就下致口
門日刷日深昨有旨令劉墉慶桂前往查勘即以口門跌成深
塘轉瞬大汛經臨辦理費手爲慮今據所奏情形果不出朕所
料是李奉翰等疏玩遲延之咎實無可辭伊江阿係屬巡撫有

本任應辦事務非專辦河工之員姑從寬免李奉翰康基田原係河東總河司馬騶現任總河厥罪均屬甚重本應革職治罪姑念伊等向於河工尚爲熟習姑先革去頂戴圖功自贖以示薄懲仍俟秋後工竣核其功過再降諭旨至漫口處所現已深至十丈外斷難再爲施工閲該督等所繪圖說二壩迤前一帶河勢坐灣之處向東側注且距新挑引河尚不甚遠若於此處開挑河頭導入引河似尚得力其所稱另築壩工一道及留舊西壩以爲挑水壩之處亦止可如此辦理但黄河之性遷徙靡常亦非可拘執成見已於原圖改挑引河頭處所用硃筆標出該督等務須察看情形如此時尚可施工或酌量所費無多不妨先行試挖加放寬深俾大汛經臨水勢盛漲時或向東坐灣之處漸成吸溜之勢若汛水直注引河歸入正河豈不事半功

倍河道關係民生自昨秋漫溢後曹單下游一帶多被淹浸迄今已逾半載該督等辦理堵築事宜爲時已久早應熟籌情形迅速妥辦乃既未實力堵築於前及復行興工時又未查勘此等情形早爲籌及直至此時束手無策始議另辦則該督從前所辦何事若此時劉墉等審案已經完竣即仍遵前旨馳赴工所詳悉履勘現在該督等所籌辦法是否情形實係如此將來堵築時是否可期完善竣工及李奉翰等因何因循於前並不早爲籌辦據實覆奏毋得稍有遷就瞻徇惟將屆大汛經臨漫口既須緩至秋汛後方始興工則下游一帶多係民田廬舍必須廣籌去路俾水有歸墟方足以保衞民生摺内所稱微山湖伊家河藺家山壩等處凡可以遞達六塘河歸海及分洩入黄之路務須一律展拓俾暢達下注不致壅遏爲患該督等亟宜

派委妥員分投查辦毋得僅以紙上空談塞責致干重咎其附近漫口及下游各屬如有被災之處該撫尤應加意撫綏妥爲辦理俾災黎口食有資毋令一夫失所至現在糧船正當北上漫工旣不能依時堵合運河連成一片糧船行走挽運稍艱亦應照前旨於河內插立標識導用縴船俾糧運得以銜尾前進如再有逡巡脱空致遲逾限之事必當一并從重治罪仍著劉墉等將查辦漫工情形迅速據實先行覆奏南河成案續編

嘉慶三年八月二十九日睢州上汛五堡漫缺隄工二百餘丈次年合龍開歸道册

是年九月初二日河南巡撫倭什布奏臣於二十九日未刻行抵祥符縣朱仙鎮據河道彭如幹轉據署儀睢通判蔡鑾坡稟報睢州上汛大河水勢於八月二十七日陡長五尺三寸出槽漫灘數日來大雨如注二十八日河水復陡長三尺六寸連前共長水八尺九寸時值黑夜雨勢甚緊北風愈猛河溜全擁五堡以上高於隄頂該處本無埽工竭力搶護趕辦不及致二十九日丑時漫溢十餘丈接閲之下甚爲駭異現已節交寒露乃復有漫溢之事時河臣司馬騊已赴曹工籌辦料物距彼稍遠臣由朱仙鎮進省僅五十里由省至睢州上汛一百四十里可以剋期而至於九月初一日申刻行抵睢州上汛親往查勘其過水之處已滙寬一百五六十丈探量水深四五丈不等大溜分注漫工者十之八入正河者僅十之二其漫水出隄向南分流一入睢州城東之十八里河舊河槽向東南過睢州之東甯陵之西南至鹿邑歸亳州入洪澤湖一出隄向西南流自儀封廳地方入杞縣睢州交界之惠濟河繞至睢州城南仍歸十八

里河入柘城交界南至鹿邑亳州統會一處細加察訪該隄土性沙鬆並無埽工加以連日疾風猛雨竟夜滂沱水勢洶湧高於隄頂平漫過水人力不能展施隨督率該道廳帶領弁兵趕緊盤頭俾免續匯一面調撥船隻救護生民搭棚安置並捐廉多辦饝餅米麪委員分投散給難民以資口食復分委丞倅等官周歷被水村莊確查房屋人口照例分別撫卹其秋禾業已收穫料物易於購辦現在嚴飭文武員弁廣辦料物河臣司馬駒不日可到臣卽協同上緊籌辦設法堵築務期迅速蕆事早紓

聖主慈廑奉　上諭睢州上汛因連日疾風猛雨黃河盛漲水勢洶湧高於隄頂平漫過水一百五十六丈該處本係無工處所與頂衝迎溜者不同且曹汛漫工尚未堵合何以復有漫溢之事現據奏稱大溜分注漫工者已有八分入正河者僅

止二分則下游自必卽日斷流曹汛漫口可以堵築不大費力而睢州五堡漫水有淇澤湖爲之歸宿較之曹汛工程轉易辦理向來北岸漫溢漫水下注勢如建瓴施工較爲費手南岸地勢較高且多平衍分洩湖河較寬易於堵築是以從前辦理北岸漫工曾有飭令於南岸或酌行開放缺口分洩水勢今北岸曹工未堵而睢州南岸漫溢奪流未必非天神佑助轉爲不幸中之幸特發去大藏香四十枝著交倭什布二十枝於睢汛一帶河神廟敬謹祀謝其餘二十枝著交伊江阿於曹汛一帶河神廟敬謹祀謝此時司馬騶自已得信馳抵睢工卽會同倭什布督率工員先將漫口趕緊盤頭勿令塌寬該省本無工程且連歲豐收現當秋禾收割之時料物更易購辦現在漫口一帶本有舊河溝槽將來開挖引河亦易得力該河督等惟當相度

形勢恐心籌辦設法迅速堵築等因欽此續行水金鑑嘉慶四年正月二十二日司馬騊倭什布奏睢工大壩已築成二百十五丈存口門十八丈時值大河冰凌凝結未敢冒昧堵築當即具奏荷蒙 聖恩俯准緩俟春融辦理現時交春令氣候和暖冰凌日漸融化臣當即將睢工引河頭攔壩趕緊起除并飛札移行下游一帶加緊防備至正月初七日大河冰凌全解消凌之水陡長五尺餘寸大壩金門收窄溜勢湍激淘底搜刷水深七丈餘尺壩工頗爲著重即日相機開放引河大溜奔騰下注甚得吸川之勢流行迅駛旋接山東撫臣伊江阿江南督臣李奉翰河臣康基田咨會水頭於初八日已過曹汛陸續長水丈許壩工穩固初九日入江南境長水八尺四寸十一日過徐州城外長水七尺餘寸仍在源源加長湍流東注睢工大壩自開放引

河分溜後兩壩稍輕適臣倭什布星夜趕抵工次會同臣司馬騊督率將備連夜儹築步步慎重進鑲至十六日口門收至四丈隨即挂纜合龍料物應手官兵齊集一晝夜即將龍門搶堵到底其上下水邊埽亦分投鑲護壩工間有滲水之處復於上水邊埽挂簾添埽普面搶鑲加壓厚土不任稍有罅隙至二十日大壩周身結實穩固全黃暢入引河復歸故道壩前之水現已漸次澄清同上

嘉慶四年吳璥議復御史馬履泰黃河治法南河成案續編

是年四月初十日吳璥奏臣欽奉 上諭御史馬履泰奏黃河全局設法籌辦一摺所奏自不無所見著將原摺發交吳璥令其察看全黃水勢情形秉公籌議不得將就迎合亦不可輕事更張據實覆奏以重河務伏念黃河浩瀚奔騰古稱難治以臣

自揣才庸識淺何能諳悉機宜而要之河深則勢暢勢暢則河安此一定之理臣迴歷豫東兩岸查驗隄工丈尺已較前數年加增復測量高出水面丈尺仍與前數年相彷淤墊顯然計自三四尺至五六尺不等但河泓跌深必自下而上及至淺阻亦必下墊上淤豫東如此江境更不待言所有受淤之故其病安在黃河宜合不宜分合則溜急而沙隨水去分則溜緩而水過沙停河患自昔不免一年有事須數年之力治之而去病始盡豐工曹工雎工疊經漫溢勢必淤墊益甚迨雎工合龍以後雖已循軌安流然抽挑引河豈能如舊河之寬暢春汛水尚綿弱伏秋時溜急力猛自可大加淘刷而遽云積年之患一但豁除又臣所未敢輕議也至於治河之策不外疏濬隄防兩事疏濬以暢其流隄防以束其力二者本不偏廢然凡遇淺阻處所一

律興挑不特需費浩繁亦斷無水中施工之理且黃河斗水沙居其六溜一平緩即深處亦頃刻澄淤大溜遄行即淺處亦立見蕩滌凡挑濬祇以引溜其刷寬刷深仍賴水力非盡人工也東水攻沙爲千古不易之論以水攻沙則必以隄束水固知日漸培隄計非盡善而舍此更無束水之方自豫東以迄江南雖隄長一千數百里亦非處處必須加培惟應察其平險情形分別緩急節省可緩之埽壩辦理緊要之土工不必責效於一時自可收功於次第隄皆鞏固河槽不患其不深去路不患其不暢既深既暢之後自無須再議增隄此即所謂以水治水以下策爲上策也抑淤墊之故固由於節次漫口而猶不盡然漫口之處其害立見故顯而易知旁洩之途其患漸成每伏於不覺豫東河寬向無洩水閘壩江南河窄至徐城而一束勢難容納

是以建有毛城鋪石壩並天然峯山四閘及王營減壩等處以備宣洩異漲之水賴以保全者實多但啟閉之緩急當日本定有章程乾隆二十七年毛城鋪改於唐家灣築壩定以徐城水誌長至一丈一尺五寸始准開放四十二年又以唐家灣水誌長至九尺五寸始行啟壩他如峯山天然等閘俱有限制非盛漲不開亦非同時並啟故有減水之功仍免停淤之虞立法至善防患至周迫後偶因搶護險工不能堅守定誌啟放較早者有之始而受淤尚少繼則漸墊漸高近年豐碭曹單商虞一帶往往未屆盛漲水已到處盈隄其勢更不得不急於宣洩甚且各閘壩並啟惹其分減以免他虞在一時濟急權宜固屬出於不得已而河身之受病日深徐城河窄遂成中梗上游奔赴之水至此一扼求其不壅積爲患也得乎奉　硃批所議甚屬通暢有須調劑之處汝同康基田札商妥協辦理可也欽此（南河成案續編）又議復御史馬履泰淤灘宜挑引渠一條臣查險工對岸必有淤灘挺出如能挑成引河掣溜去得一處灘嘴卽省卻一處險工但灘有老嫩老灘可以挑挖新灘不能施工且必須看得河頭有吸川之勢方能建瓴暢注若不得地勢水到卽淤徒費無益又須察看兩岸去路遠近河勢趨向所在方可興挑否則此處取直彼又坐灣甫閉一工又生一工則創新不如守舊之爲得也此非處處可辦亦非處處不可辦可辦者不得惜費坐誤不可辦者亦不得擅修多糜總在隨時隨地細察情形相機籌酌務臻妥善以裨河防（同上）

是年奏定兩江總督南河總督分管事宜（南河成案續編）

是年四月費淳康基田奏臣等奉　上諭費淳奏素未諳習河

務懇請免其兼管所奏尙係實情兩江總督管轄三省事務殷繁若復兼管河務勢必難以兼顧多致廢弛總河係河務專員一切隄防蓄洩事宜自應責成康基田一手經理但遇有應辦工程事宜鳩夫集料籌款撥項等事必須費淯董率辦理方期呼應較靈著傳諭費淯康基田卽將河務工程應行分別事宜何項應歸總河管理何項應由總督會同查辦俾緊要工程不致掣肘遲誤可以永遠奉行之處詳晰妥議具奏臣等查江境黄運湖河土埽各工一切蓄洩機宜董率河員駐工修守此係河臣專責自應由臣康基田一手經理惟遇大工大役動用錢糧必須督臣會商籌辦方期呼應較靈易於集事其估銷錢糧亦應會列銜名以昭愼重如此分別責成既無兼管虛名更收辦公實效於地方河工均有裨益所有妥議應行專辦各事宜另繕清單敬呈　御覽

計開

應歸總河專管各事宜

一稽查各廳用存正雜料物　一查勘籌辦黄運兩河土埽工程　一巡閲河營官兵　一暫行委員署印及題參各參官員　一題參武職疏防　一年終甄别河員　一奏報三汛安瀾及漕運空重船隻出入江境　一據道詳批發各廳工料錢糧修造船隻　一河標四營官兵俸餉棚馬奏銷軍裝甲械河銀考成　一河營官兵俸餉　一黄運湖河水勢

應與總督會辦各事宜

一奏撥河工錢糧歲搶另案工程由河臣衙門主政會同核題以昭愼重　一遇堵築大工應行會奏督飭州縣集夫採辦料

物　一大計及河營軍政應行會辦　一河員題請實授及陞轉沿河州縣　一河員文職通判以上武職守備以上俱照舊會商題補文汛州同以下武汛千總以下咨補咨署由總河衙門主稿咨會辦理以歸統攝南河成案續編

是年八月毛城鋪東壩尾土隄刷缺二十餘丈南河成案續編

按此工惟邵家壩已堵復開次年正月又遇火災至冬合龍各疏列左

是年八月十七日費淳康基田奏七月下旬毛城鋪灘面民堰普漫刷成溝槽溜歸南岸臣康基田分別堵閉收束節經具奏臣費淳於十五日到工會同查看查毛城鋪滚壩之北河灘內舊有民堰一道斜袤長二千餘丈以為毛城鋪外護使大汛分洩時水由唐家溝引河倒鉤而入節宣有制本年六月內壩後

土隄漫缺經臣康基田在魏家寨地方築鉗口草壩一道鉗束水勢頗為得力壩下洪溝河水勢卽漸消減而河溜仍由正河滔滔東注迨七月下旬丁工至邵家壩一帶民堰普律漫水跌塘而下掣動大溜刷成溝槽五道水勢俱歸壩尾缺口下注臣康基田將丁家集高家莊傅家窪張家寨等處所刷溝槽趕先搶堵惟餘邵家壩口門一處茲臣費淳到工適十二三兩日復陡長水七尺四寸大溜湧激異常所有四道溝漕壩工甫經堵閉尤為危急幸賴道將等漏夜搶護得保平穩惟邵家壩口門未免漫刷加覺察看正河內溜勢已微誠恐水緩停淤必須將正河疏浚方能吸溜東注與其水中撈浚不若將河頭攔截大加挑挖現於正河河頭暫築土壩攔截掣乾餘水確估土方派員分段興挑一面趕購正雜各料卽於兩壩相機進占趕堵南河

成案續編是年十一月十六日費淯康基田奏臣等接奉　上諭朕聞本年夏閒毛城鋪漫口至今尙未堵合湖河連成一片何以該督等並未奏及該處漫口究有若干丈於漕運是否妨礙現在如何籌辦有無棘手情形殊爲廑念目下正當冬令水涸之時如有亟須堵築之處自應乘時上緊興工免致交春以後水勢增長辦理更爲費力著傳諭費淯將毛城鋪漫工實在情形速行具奏毋得稍有回護隱飾致干咎戾將此諭令費淯並康基田知之欽此仰蒙　垂詢毛城鋪漫工情形卽係碭汛邵家壩民堰漫口匯歸下注之水並非另有要工所以漫下之水係由洪溝灘股等河遞注洪湖並未連成一片且在黃河南岸與漕運實無妨礙自興工價堵以來截至十一月初四日兩壩已築成九十九丈僅存口門寬二十九丈引河亦已挑挖如式臣

康基田於初五日具奏連日兩壩又已捲進六埽長十二丈金門僅寬十七丈現同道將等悉心商酌俟金門收至十二丈卽啟放引河連夜進埽堵合務期剋日早竣同上是年十二月初二日康基田奏邵家壩漫工大壩金門收至十餘丈時溜勢愈急淘刷愈深兩壩頭時見平蟄殊形危險幸挑水壩挑溜直注引河而大壩下又得二壩擎托之力趕下埽箇晝夜加鑲追壓得保平穩至上月二十九日金門僅寬四丈隨卽挂纜合龍十二月初一日午刻卽斷流閉氣可以完固務保無虞同上是年十二月初八日費淯康基田奏邵家壩堵築漫工合龍已逾七日察看大壩通身滴水不漏忽於初七日亥刻西北風大作狂捲竟夜正逢凌汛水長水纏溜急將西壩尾淺工之處前水深二丈餘者刷深至五丈有餘大埽蟄塌十餘丈壩下滲漏過水合龍時大

壩必未閉氣停淤幸二壩東水擎托引河大溜東注兼之埽已蟄入深
水根基穩實不能大潰現在人夫雲集連夜重土鑲壓同上嘉慶
五年二月初二日康基田奏邵家壩漫工合龍後因凍土滲漏
過水臣在壩督同道將弁兵連夜儹修功屆垂成忽於正月二
十七日夜半西北狂風大作至丑刻勢更猛烈瞥見大壩上游
運料船上失火乘風隨溜漂淌而下直撞大壩隨率令將弁兵
夫飛速搶救多用長篙將船竭力抵開無如壩頭料物山積悉
皆引火之物登時延燒二十餘丈引溜過水而被燬之船隨溜
漂淌壩下陡入回溜遄旋衝至西壩根火乘風勢撲上壩頂到
處延燒臣思壩身皆係稭粱築成煙煤串入壩心無從撲救督
飭兵夫將壩身趕爲挖斷以期截住火勢不意將土刨開挖見
稭粱火燄即從壩心透出在壩官弁兵夫數千人無不效死爭

先撲救倉猝之際有銅沛營協辦陳本立蕭碭營目兵張樸等
冒火赴救爲煙所逼落水淹斃計撲救兩晝夜之久至東壩挖
開深大溝槽直至水面始截斷火勢臣同道將各官於喘息稍
定後率同廳營各員上下逐細查勘應於大壩後再築新壩即
以舊壩作爲後靠緣壩身雖燬水面迤下埽根深固臨時再加
柴土築實雖有大水不能推動新壩亦加穩實辦理較易爲力
惟現餘燼甫熄未敢用料加鑲且近地料物已搜買淨盡轉瞬
桃汛水發更難施工臣等虛衷商酌漫水所注毛城鋪滚壩下
之洪溝等河面係洩水之區時啟時閉皆有河軌可循即此時
堵閉斷流大汛時仍須啟放分洩自上冬至今洪澤湖水勢日
漸消減高堰誌樁僅存水四尺二寸湖面空闊儘堪容納將來
大汛盛漲亦有歸江各路可以分洩臣再四思維與其補苴於

前勞費無益不如俟新稭登場再行興辦庶帑不虛糜工歸實用不敢不據實上陳仰祈　聖鑒訓示遵行至此次壩工垂成猝被火燬出於意料所不及而臣及在壩之道將文武各員弁搶救不力之咎實屬難辭惟有仰懇　天恩將臣交部嚴加議處並請將兩壩掌壩之淮徐道田自福河庫道葉雯副將田宏謨參將韓勝及守壩辦工之備弁等官一併開列職名送部議處至壩工合龍後堵閉滲漏所用錢糧欽遵　諭旨在臣名下全行賠出外此次焚燬之壩自應由臣率同守壩之文武各官不拘常例一體分別全賠以示懲儆以昭公允奉　上諭康基田上年辦理邵家壩漫工於合龍後又因凍土不能堅實以致滲漏過水已屬玩誤節經降旨諭令加倍小心妥為鑲壓以期壩工鞏固茲據康基田奏購料堵築口門祇寬三丈復因正月二十七日運料船隻失火乘風隨溜直撞大壩將堆積壩頭料物悉行延燒被燬之船衝至西壩復將該處壩身焚燬近地料物業收買淨盡難以購用須俟新稭登場再行興辦是康基田種種疏防玩誤辦理不善實難勝河督之任康基田即著革職留工效力贖罪所有此次焚燬稭料等項並著落康基田賠償十分之五餘著在工該管官員分股攤賠統俟該處河工全行辦竣康基田應賠銀兩全數交清再行加恩錄用其江南河道總督員缺著吳璥調補所遺河東河道總督員缺著王秉韜補授同上

嘉慶五年三月初一日吳璥奏臣於二月二十五日接奉

廷寄　上諭江南河務敝壞已非一日總因徐城一帶正河日漸淤墊勢成高仰黃水不能暢流下注頻年屢遭潰溢吳璥現在已抵工次惟當實心籌辦務於大汛前將漫口堵築完固

斷不可因循遲誤欽此又於本日接奉　諭旨工程應需費用不待吳璥奏請現已諭令費湻書魯等於江南省存款及商捐各項內酌量動撥最多不得過百萬之數少亦以四十萬爲度務須撙節支用勿任承辦工員稍有浮冒以期實用實銷方爲妥善欽此仰見我　皇上痌瘝在抱籌畫周詳自應亟籌儧辦上慰　聖慈以蘇民困惟現在情形種種棘手其萬難趕辦者有五不得不據實上陳於　聖主之前伏查邵家壩漫工臣等逐細查驗口門已跌成深塘測量水深九丈有餘而被燬之壩殘缺傾欹半成灰燼若就舊壩加鑲斷難穩實必須於西壩迤上另立壩基越過舊壩口門形勢方順始能堵合核計壩工約長二百餘丈非月餘所能完竣此壩工之萬難趕辦者一也堵合漫口首在料物應手不致停工以待始能一氣呵成全保雖

已奏撥豫東稭料一千垜蒜三十萬觔但料數較多運送非易臣接全保來咨已及半月尚未到境即使此項撥料無誤而所缺尚多臣奉到初次　諭旨時即飛飭道府廳營等四處訪覓據稟本省蕭碭等屬及豫東接壤各縣近工百里以內者實已購盡若遠處搜買距工二三百里不等運腳倍增一垜須數垜之價兼之來路愈遠則到工愈緩一遇陰雨泥濘更多遲滯是料物既難多購又難速到且價值過昂亦斷無如此糜帑之理此料物之萬難購辦者二也堵漫口須先挑引河使水有去路方能杜其旁流現在淤墊既厚且遠急辦則不能寬深而妥辦必多需時日臣等沿河逐段丈量除徐城三山頭迤東至桃源縣境幾及四百里俱有河形毋庸估挑外自三山頭至邵家壩止共一百七十餘里河身淤成平陸並無河槽較量舊河身竟

高出水面丈許水性就下豈能激之上行若欲速抽溝丈尺淺窄不但現今漫口難以合龍卽勉强堵閉而正河未暢梗阻依然略一長水卽壅與隄平處處危險恐此堵彼潰又蹈從前覆轍是挑河乃第一要務有斷不可不認眞疏導之勢但工長一百七十餘里卽倍集人夫長遇晴明亦須兩月餘告竣設遇大雨便須停候晴霽後戽去積水再挑則又遲多日兩月餘尚難蕆事查三月十二日節届清明卽係桃汛轉瞬夏令大雨時行正與挑河有礙是以向來大工從無四月後興工之事此引河之萬難趕辦者三也至興舉大工錢糧尤爲先務現蒙 皇上天恩不待奏請已 諭令費滙書督就近撥項仰見 睿算精詳先事豫籌無微不至但兩淮江甯距工八九百里江蘇藩庫距二千餘里至速亦須半月兼旬始得解工計期已在三月半

後卽趕緊挑築亦總在夏雨正多汛水長發之時貽誤之勢十居八九此錢糧節候之萬難趕辦者四也抑臣更有慮者此時青黃不接料物本貴又須遠處採購勢必價增數倍而挑河限緊工繁夫價亦必昂貴且恐工未得半一經雨淋水漲不得不停則前功盡棄又將虛擲金錢帑項攸關何可孟浪從事此經費之大應愼重籌計者又其五也臣旬日來與道將等虛衷講求並採訪輿論通盤籌畫晝夜圖維竊思邵工一日不堵災黎一日不安且速竣則早紓宵旰緩辦則自蹈愆尤苟可勉力又安肯舍功就過況國用繁多因緩辦而滋賑費臣若竟不籌及豈復具有人心但冒險償工必致半途僨事是已潰之災區仍無裨益而現籌之帑項轉又虛糜其費愈多其害愈大不得不據實瀝陳仰懇 天恩俯准將邵家壩漫工緩至秋汛後再行

興築俟費消到工先將銀款會同籌辦再將一切工料事宜撙節核實次第經理並下游歸江歸海各路及洪澤湖高堰要工如何設法防守之處悉心妥議另奏同上是日吳璥又奏臣奉上諭邵家壩漫工被火延燒實屬可恨此事情節大有可疑卽如摺內稱暫見大壩上游料船失火乘風漂淌直撞大壩致壩工料物盡行焚燒料船失火豈無水手舵工在內何至乘風漂淌卽常川在工次照看料物者亦不乏員弁兵夫竟何以不能搶救而被燬之船又何以適撞東西兩壩俱致延燒向來河工員役弊竇甚多此次料船失火或竟係該處壩工存料多有虧缺工次員役等恐被查出獲罪私行放火焚燒裝點情節以爲掩飾詭避之計向聞康基田性情剛愎或待工員苛刻致伊等心懷積怨竟將料物焚燒冀圖傾陷康基田使之獲罪均未可

定吳璥現係該處河督若不查明懲治何以儆戒將來務須徹底嚴查如有前項指出情弊究訊明確若係兵夫則一面正法一面奏聞若係員弁則一面鎖拏一面請旨正法以示懲儆至康基田素日操守尚好此次壩工失火諒非伊有心裝點是日伊究在何處儻竟有爲屬員彌縫掩飾情事亦卽嚴行參奏常川在工照看料物係屬何員亦應查參治罪毋得稍有徇隱其康基田所請交部議處各員俟吳璥查覆到日再行核辦欽此伏查歷次大工料廠失火事所常有壩身被燬實所罕聞茲奉諭旨指示各情節誠屬大有可疑如果竟有前項情弊實爲理所難容法所不貸若非大加懲治何以儆戒將來臣恐河工人員扶同徇隱詢訪未能得實查有未經到工之徐州府知府龔圖平日聲名正直可靠當經密札該府詳細訪查復密札豫

省接壤之商虞廳汛人員互相印證現據稟覆實係料船失火風大延燒並無放火別情稟甚切實並於沿途遇有商販民人自工散歸者卽面爲詢問亦復相同臣親赴該壩逐細查看形迹燒燼埽工現俱殘缺焦爛其撲救時挖斷溝槽並燒賸之船底板片亦有撈存在灘者且事已帀月臣在壩上尙親見埽內忽有冒煙者數處實屬可怪隨又摘提常川在工之弁兵居民人等隔別硏訊眾供歷歷如繪緣是夜有船一隻上堆稭䅳等物停泊東壩因船上燈籠燒著立時火延料物風勢狂猛火頭卽四處飛開官員兵役連忙往救而東壩散堆料物並壩身埽心業已烈焰飛騰東壩距西壩口門僅寬三丈西壩有鋪成大埽高七尺五寸卽在臨河壩頭火焰乘風撲上其時失火之船尙未淌至西壩卽已延燒隨後此船又打入同溜靠至西壩因之壩心亦被煙煤串入同時焚燬是晚康基田住在東壩當率兩壩官兵多用桶斗戽水澆撲而風狂火猛竟如杯水車薪且壩身被焚難以立足更無從著手此兩壩被燬之實在情形也臣查此事由船上失火延燒兩壩並無虛捏惟此船本在東壩前被火燒斷纜繩隨同溜漂至西壩並非由上游乘風淌來適撞兩壩康基田原奏由上游漂淌而下因倉皇驚擾之際未及詳細查明致起火情形稍有未符誠如　聖諭豈無舵工水手在內何至乘風漂淌又何以適撞東西兩壩此原奏聲叙未能明晰之原委也至工次員役或因存料虧缺放火掩飾一節最關緊要臣細加查究若料廠存貯之料與報買之數多寡不符則須燒燬滅迹使無可查對此次康基田因錢糧短少不能豫爲多備存貯料廠之內陸續購買卽堆壩上隨時應用是以廠

內並無存料計兩壩僅有料四十六堆寥寥可數蔴檾更屬無多是料數既無可掩燬去亦屬無益其非放火舞弊實無疑義至康基田性雖剛愎不理人口而皆知其並不要錢且在工半年有餘勞瘁憂憤屬員亦頗道其苦尚無積怨似不至竟有傾陷情事惟料戶因欠銀未償怨者頗眾然臣查是日壩上官料無幾而未售之民料堆積甚多其時同被焚燬是料戶又斷無放火自害之理層層根究徹底推求實無別項情弊且據兵民人等僉稱是夜風大火驟頃刻間到處燄起有無數火球飛出于人其見竟有難以撲救之勢但在壩文武官弁既不能先事巡防又不能即時搶救疏懈之咎實無可辭所有此次被燬料物應遵 旨著康基田及在工各員全數分賠外其康基田原參之淮徐道田自福副將田宏謨參將韓勝俱係在壩督率之員仍應請 旨交部議處至河庫道葉雯係本年正月十八日始奉調來工即經康基田委赴唐家樓開發料價不但失火之日並不在壩即以前亦未在工辦事壩工被燬一節實與該道毫無干涉臣不敢不秉公奏明可否免其置議出自 皇上天恩其餘派委在壩照看料物各員弁容秉公查明另開職名送部議處奉 上諭吳璥奏邵家壩漫口已跌成深塘必須另立壩基錢糧料物未能應手轉瞬夏令雨水時行難以挑挖引河各情節皆朕所深悉若此時冒險償工必至半途僨事豈有將帑項虛擲之理邵家壩工祇可緩至秋汛後再行興築但壩工堵禦尚需時日則全河之水灌入洪澤一湖豈能容納而河底淤高將來大汛時清黃並漲高堰石工皆成險要淮揚一帶所關非細已節降諭旨令吳璥留心慎重此時壩工既須於秋汛

後築辦該河督竟當親赴高家堰查勘該處石工豫為設法防護以期萬分穩固方為有備無患現在徐城一帶河身高仰未能及早疏通並所築壩工失火焚燬皆歷任河臣及康基田之咎與吳璥無涉若高堰壩工稍有疏虞則係吳璥任內之事吳璥恐不能當此咎也其南河下游歸江歸海各路及一切工料事宜亦當會同費淳悉心酌議妥協辦理又另摺查奏邵工大壩被燬一事吳璥先令知府龍圖到工密訪又親赴該壩逐細查勘實係料船失火延燒東西壩頭並無別故龍圖人尚正直諒不致飾詞揑稟而吳璥身任河督經朕密飭嚴查亦斷不敢稍存隱飾代人受過但此事疑竇正多朕早已密為查訪或於出差經過之人或於該省及鄰境各員奏摺內批令密查即軍機大臣亦不得與聞想吳璥無從豫防若果有燒燬滅迹之事

斷難始終掩飾吳璥此奏雖查無情弊或此後續經訪得確情不妨據實陳明不可因有此奏稍存回護若無其事亦不必有意周內至康基田身任河督於南河下游高仰之處不思及早設法疏濬任其淤塞及至邵家壩漫口後康基田不能鑲築堅實合而復開茲又疏於防範燒燬壩工且其性剛愎辦事苛細不理人口又不將漫工情形據實奏明致滋貽誤實屬罪無可辭本應將康基田在工處所枷號示懲姑念伊操守尚好且因現辦軍務糜帑過多不敢懇請發給帑銀各處挪貸應用在工勞瘁憂憤亦覺可憫康基田酌加恩免其枷號著隨同吳璥實心經理工程何處緊要即令康基田前往承辦如果認眞出力俟壩工合龍後吳璥不妨據實保奏候朕酌量加恩儻仍前貽誤必將伊永遠枷號決不寬貸此一節著吳璥面傳康基田知

之至摺內稱辦理漫工晝夜圖維幾至寢食俱廢等語吳璥不過承辦一處河工即如此焦急若朕籌辦軍務繫念河工且日理萬幾於吏治民生在在均關厪念宵旰憂勞吳璥試思朕之焦急憂愧爲何如該河督總當盡心籌畫期於河工有裨轉不必過事悚切也同上 嘉慶五年十一月二十一日費淳吳璥奏邵壩大工因冰凌天寒停工十六日午間氣候晴暖察看口門僅存十餘丈正應乘時攢辦即督令兩壩官兵同時進埽連夜趕築至十七日祇存口寬四丈水勢刷深至七丈餘溜急力猛而業經做成之壩工一百八十餘丈屹立堅凝隨往引河頭相度情形水高溜緊即飭將引河頭土壩啟除乘機開放水勢蓄極而通頃刻奔騰直入引河立見金門大溜掣向東趨則口門堵合正在其時臣等即於十八日督同道將等各工員挂纜趕築

層土層柴追壓到底龍門即日堵合一面將壩前邊埽並壩後裹戧攢緊跟鑲以資重重攔禦幸天氣暄和土脈融潤大小各員亦俱齊心奮勵并力施工計三晝夜細察大壩兩面封堵堅厚已無涓滴滲漏並有二壩重門拏托實屬穩固查引河爲黃水歸路若稍不順暢則壅滯壩前必致壩身喫重臣等於放河之前豫派弁兵沿河查探水勢茲據接續馳報所挑新河一律深通實有建瓴之勢是以水頭迅駛如箭兩岸旋即塌寬一二十丈河泓刷深丈餘至一丈七八尺不等十七日亥時即行過三山頭以下十九日已達清口匯淮入海之路河歸故道順軌安流至此次引河處處深通壩工步步穩實而約計所用銀料較歷次大工撙節不少承辦各員實爲認眞奮勉臣等不敢壅於上 聞謹擇其最爲出力者另列清單呈奏奉 上諭費淳

等奏邵工合龍河歸故道一摺覽奏欣慰此皆仰賴河神垂佑得以合龍蕆事特頒發藏香二十枝交該督等敬謹祀謝用答神庥此次堵築邵壩費淳吳璥督率將弁等晝夜趕築壩工穩實開挑引河深通得力用能掣溜東趨甚爲奮勉除前次奏報秋汛安瀾業將伊二人交部優敘此次毋庸再行議敘外費淳吳璥俱著加恩賞給太子少保銜仍賞費淳吳璥舒綸馬褂各一件黃瓣大荷包各一對小荷包各四箇用昭優獎至該工大壩現在兩面封堵堅厚已無涓滴滲漏並有二壩擎托自可一律鞏固而一切防守善後事宜尚須經理盡善費淳吳璥俱著暫留工次督率查察加意愼重俟實在穩固可靠再行各回本任同上

嘉慶五年開吳城七堡引渠使洪澤湖水入黃河 南河成案續編

是年三月費淳吳璥奏高堰石工臣等先後到彼會勘並與道將等虛衷籌畫查洪湖周圍四百餘里甎石工長一萬七千餘丈湖邊存底水三尺二三寸石工高出水面十一二三層不等湖查歷年盛漲時湖水長至一丈二三尺至一丈四五尺不等石工卽出水無多全藉一綫長隄捍禦淮揚兩郡去秋汛壩漫口全黃歸湖本年尤須設法豫防臣等察看湖底雖不免淤墊而比較石工出水層數尚堪容納查洪湖設有山盱石滚壩五處壩脊高九尺向來上加封土攔禦盛漲時始啟除開放由高寶湖洩入下游各支河歸海歸江以減湖漲臣思五壩全開下游恐難容受祇可於五壩中酌啟兩壩但俟盛漲水高再啟封土過水未免湧驟莫若將封土豫行啟除俟水長至九尺以上聽其於石壩脊上自行過水則循序漸進下游既免湧注而湖

面豫爲騰空亦不致漲滿再桃源縣境內吳城七堡地方湖河僅隔一隄前遇湖漲會開引渠二三十丈使洩入黃河東注亦可分減暴漲今擬照辦將引渠酌爲展寬加深使由黃河故道歸海則入黃之水多一分卽存湖之水少一分而桃源至順黃壩一帶河身轉可收清水刷滌之益且湖內不至過漲卽五壩不必全開又可保護下河農田如此廣籌疏導高堰石工似不至過於著重（南河成案續編）

嘉慶六年九月蕭南廳唐家灣民堰（唐家灣在毛城鋪左近）漫塌過水（南河成案續編）

是年費淳吳璥奏蕭南廳唐家灣九月初異漲時民堰普漫塌寬進水較大致毛城鋪減水壩下隄堰內外皆水間有浸泡盤卸附近之王家屯一帶被淹處所雖係常年洩水之路本有淇濉等河舊軌可循但唐家灣引河頭進水旣寬應卽儹堵並請將該管道將文武各員查明照例參處並將臣等交部議處（南河成案續編）時奉旨派兵部侍郎那彥寶來工查看協同堵築於十一月十七八等日將正壩二壩合龍（同上）今按唐家灣引河續經江督費淳等奏明於舊河頭迤東唐家土樓改挑距毛城鋪減壩計長六千五百四十八丈（同上）

嘉慶七年外河廳南北岸麥汛漫溢幸俱堵塞（安瀾紀要）

是年正月內冰凌凍結陡長水丈餘外河南岸吳城一帶北岸刁家菴等處凡隄工稍卑者幾及平漫地旣凍結無土可取不得已購買村莊之糞地草堆廚屋地基（買屋基取土禦水倉猝之間轉敗爲功是可爲法）挖土搶築子堰方得平穩（安瀾紀要）

嘉慶八年六月工部奏定河工搶護工程確指應修處所起止地

名不得用一帶等處字樣並將搶護各工長寬高厚丈尺若干約
需銀若干確實聲敘即有豫籌防守各工臨時更易及奏報時未
及勘定丈尺者亦令於興工時將丈尺銀數另摺專奏運河道冊
是年七月十六日費淳吳璥奏查各廳搶辦新埽經工部奏請
令將段落長寬高厚丈尺若干隨摺敘明等因伏查大汛時遇
有溜勢遷移刷及隄根搶鑲新埽抵禦皆係事在呼吸刻不可
緩之工斷難拘泥貽誤仰蒙 聖明洞鑒早邀 睿照無遺臣
等實深欽服至所用料物錢糧向來工完後先由該管道員查
驗高深寬長丈尺核其實用料物數目開報臣等復親往量驗
駁飭核減逐款減定始造册題估本不容工員浮混影射惟當
搶險甫定之際察看大局無虞即先將情形隨時具奏上慰
聖懷而大汛期內河水長落靡常溜勢提坐未定往往埽段搶

護平穩後溜勢或又上提或又下坐不得不相機接築與初辦
時長丈若干即有不符其寬窄一項埽工鱗次接比與隄工一
律相平者不同緣臨河鑲埽總視溜勢之緩急不能拘定做寬
若干如迎溜頂衝之埽有寬至六七丈及十丈內外者迤下溜
勢稍緩即漸次收窄埽面寬不過丈餘或二三丈不等迨數段
下溜復湧激緊逼埽根搜刷則又須做寬一兩段以挑溜勢且
有初鑲時尚窄汕激漸深勢不能不跟鑲漸寬其力始足相敵
是以一工之內寬窄不同又入水高深更難豫定蓋大溜初到
深祇二三丈者迨日逐淘刷深至四五六丈亦所常有新做之
埽不得不追壓到底儻一俄延則埽底刷空陡蟄即潰及隄身
患生頃刻及至溜一開行則水勢原深四五六丈之處又復淤
存一二丈亦俱不定是以埽工之長寬高深丈尺大汛搶辦時

朝夕變遷不一非俟霜降水落歸槽後斷難截數作準故未敢於隨時奏報新工情形摺內約計聲敘至所動錢糧當搶辦時勢關呼吸斷不能拘泥靳惜而所用各色料物零星瑣碎亦必須工完後將秸柴繩纜草橛正雜各料夫土等項按工計料按料計銀實非立時所能逐細確核向來每工由廳造册詳報到後臣等與該管道員必加駁查核删追減無可減始爲核實具題若於搶辦甫定即約略大數入奏恐轉啟草率浮混之弊亦不可不防其漸其築壩加堰或幫土戧等工長寬高厚丈尺非如水中埽工深淺寬窄鑲壓未定者可比俱係估定興辦無難即得準確丈尺今經工部議請將新工地名段落及長寬高厚丈尺若干豫爲開單隨摺具奏自爲杜漸防微起見臣等謹遵

諭旨將伏汛摺內欽奉　硃筆點出各工並七月初九日摺

內臣等奏敘新工就現已辦成實在丈尺謹開具清單恭呈

御覽發部存案此後遇有搶辦新工均當遵　旨隨時開單先行附摺具奏至奏過各工以後有無溜勢提坐淘深加築丈尺不符之處容臣另疏仍照例俟霜降後覈勘確實分案詳晰聲明造册具題臣等惟當嚴飭稽查確實勘核斷不轉任工員稍有牽混影射以仰副我　皇上慎重工程務期核實之至意（河南成案續編）

是年九月十三日衛糧廳屬封邱汛衛家樓隄工（衛家樓在荊隆工之東古黄池地）**蟄陷過水三十餘丈**（河北道册）

是月二十三日奉　上諭嵇承志等奏籌辦衛家樓漫工並查看水勢情形據稱該處漫溢之後因地勢建瓴旋掣大溜東西兩岸汕刷塌卸逐漸寬至一百八十餘丈現已稍定盤頭裹護

可以施工等語覽奏稍爲幸慰著發去大小藏香共十枝交嵇承志等先將一枝即於漫工處所虔心默禱河神並達朕宵旰悚惕之誠以冀仰邀靈佑及早合龍奠安黎庶其餘藏香可留存隨時祈祀至現在採辦料物最爲急需昨已有旨交顏檢飭屬多爲儲備即速解赴豫工今又降旨諭令吳璥酌量購辦以資協濟本年豫省秋收稍減但大河以南年成尚好自可就近購辦及時應用較之鄰省採辦究爲便捷即將該省約可辦料若干需用他省接濟若干先行具奏向來堵築口門必須開挖引河俾河流得歸故道朕詳閱此次所繪圖內十五堡地方似可挑挖引河但必須相度情形不拘道里之遠近而在地勢之高卑得宜該堡與正河身高下若何朕亦不能懸揣著嵇承志等妥爲籌議酌定引河處所並測量引河地勢較之正河高下

丈尺若干速行具奏詳細繪圖貼說進呈至所請撥調南河將備張永盛等員自係該河督等素知各該員熟諳楷埽做法業已有旨准行其請撥銀二百萬兩除先經撥給豫省存貯銀五十五萬餘兩外著於山西藩庫撥銀五十萬兩安徽藩庫撥銀二十萬兩兩淮運庫撥銀六十萬兩連前共湊有一百八十萬兩該督等即可先儘支用如通盤核計在二百萬以內自可不必另爲籌畫儻尚有不敷即照向年河工投効之例速行奏請以便及早行知各省仍一面將要工速籌堵築其投効銀款亦須數月後方能湊集歸款難以遲待也再據稱懇派大臣來工督辦一節初次奏報漫口時朕即派令那彥寶馳往會同堵築但黃河要工刻不能緩嵇承志等不必專俟欽差到豫始行興工致有遲誤務宜趁此初冬氣候尚暖之時趕緊堵築所有購

備正雜物料及挑挖引河等事宜著卽迅速安辦至埽工進占數十丈卽由驛奏報一次以慰廑注再披閱圖內衡家樓正當頂衝封邱縣城四面皆水該處田廬自必衝損城垣亦恐有坍卸之處其下游被水各處災黎應亟爲撫卹著該撫派委妥員確切查勘一面上緊辦理一面據實具奏河北道冊衡家樓工於嘉慶九年三月二十二日合龍同上

是年議濬海口未辦將近海黃泥嘴河裁灣取直南河成案續編

時總河吳璥奏康熙八九年因海口積沙橫亙相傳爲攔門沙前河臣董安國乃創築攔黃大壩另於雲梯關外北岸之馬家港開闢新河而去路愈形壅遏三十八年前河臣張鵬翮奏明復將馬港口堵閉拆去攔黃大壩仍由故道入海　聖祖仁皇帝賜名大通口卽今之歸海尾閭此後七八十年橫沙仍在河患亦未能免乾隆四十一年前河臣薩載會奏　高宗純皇帝諭旨查勘海口奏海口水中淤有暗灘與兩岸灘坡相連潮退時水深八九尺至四五尺不等河底卽有高仰河唇又復漸遠卽淤沙之明證欽奉　硃批此係海口自然之勢似難以人力勝之爾等再詳酌可也欽此復經前大學士督臣高晉會同薩載覆奏該處潮汐往來淤沙勢所不免歷經黃流倒灌河道停淤由通而淤由淤而通或淤在上而下游淺阻或淤在下而上游壅盛一年之內通塞靡常數載之中變遷莫定不但海口茫茫萬頃無可施工卽黃河東坍西長欲加疏治亦無良策惟有使清水暢出與黃水併力刷沙則黃水不濬自深海口不疏自治欽奉　硃批此奏皆合機宜形勢是治淮黃一大關鍵屆時妥爲之欽此迨五十一年前大學士公阿桂會同前河臣李奉

翰曾於北岸開挖二餘引河冀其衝刷寬深由南北潮河入海因地高土硬旋亦淤閉仍由原路歸海此歷來海口淤沙屢經籌辦之原委也臣現在率同淮揚道曹恆署參將王福遊擊包宗堯同知張鼎王坦緒沈朝宗及備弁等由雲梯關循河逶迤而行測量水勢自雲梯關至新淤尖以上河寬一百數十丈至二三百丈不等深八九尺至一丈二三尺不等至新淤尖以下即係海口汪洋無際臣於十三四等日即在荒灘覓草屋棲止候看潮上時白氣瀰漫津涯莫辨潮退後兩岸沙灘始能辨別口門南首有灘約寬四五百丈名爲南尖北首有灘約寬七八百丈名爲北尖自南尖至北尖約寬一千五六百丈即黄水出海口門水底有暗灘與南北兩灘相連即所稱攔門沙也潮長時南北尖亦漫入水中潮退後始露出水面其中闊千餘丈之橫灘仍係河水由此滔滔外注水深四五六尺不等測探橫灘之外遞深入海漸不可測橫灘之內水勢自八九尺遞深至一丈二三四尺此灘形如魚背與石滚𡐊相似以灘內一丈二三四尺之水僅能於灘脊上過水四五六尺計有七八九尺水爲灘所攔阻是積沙攔門海口高仰之說誠非虛語但灘下之水雖攔住數尺而灘上究有四五六尺水可過將來黄水加長出水亦必隨之加多且寬至一千餘丈以寬抵深過水亦不爲少此臣親督道將等乘舟測量得其備細並詢土人漁戶所言皆同口門高仰洵屬可據而水仍浩瀚東流亦顯然可見尚非竟至阻遏如傳聞之過臣與文武各員虛衷講論欲使海口深通惟有疏挑橫沙及另籌去路兩策今細察情形如能將橫沙挑除自屬大暢但潮汐往來每日兩次人夫固不能立足船隻亦

不能停留若用混江龍鐵篦子繫於大船尾拋入水中潮長則湧之而上潮落則掣之而下險不可測力無所施是海口非人力所能挑濬斷然無疑至改道一說北岸土性膠結從前所挑之馬港河二套河俱未能成舊蹟具在臣復從南岸查勘盡係平灘亦無建瓴之勢且附近無通海港口又屬南行因思或挑現在之口門或籌另闢之去路如果有良法即多費鉅帑　聖慈亦所不惜臣何敢畏難因循無如細察形勢實無善策豈容虛擲金錢臣思海沙固不能以人力起除而水力如果湧急亦未嘗不可刷動即如薩載查奏時已稱口門僅水深八九尺至四五尺今仍相倣且康熙初即以橫沙爲慮百數十年來通塞靡定若竟存而不去不知積高若干是前人束水攻沙之說究屬不易之論今查舊海口本即在雲梯關下迨後淤出一百五十餘里至王家港入海後又接生淤灘四十餘里至新淤尖以下始爲海口淤灘愈長海口愈遠且河身節節灣曲未免兜水以致出海無力此乃壅滯不暢之一病而南岸之黃泥嘴爲尤甚蓋黃泥嘴紆曲兜灣形如荷包周圍長五十三里而上下口對直灘面僅四里零計紆緩十倍有餘溜行無力沙即易停是以黃泥嘴之上水勢較淺其下水勢較深是處兜溜緩滯可以概見臣等悉心籌議應將黃泥嘴兩灣相對處挑挖引河使之取直自必湍流迅注又吉家浦于家港倪家灘宋家尖等處挺出灘嘴溜行紆緩亦應挑切順勢庶可迅流舒展如此因勢利導俾無兜阻則出海奔騰有力海口漸掣漸深雖非一勞永逸之圖尚屬補偏救弊之法所有雲梯關外挑渠切灘各工段臣督同道將廳營等撙節估計需銀十四萬七千五百八十一兩

霽如蒙　俞允臣即會同督臣陳大文歸黃河各廳挑淤案內統在運關各庫就近酌撥趕築興辦奉　上諭前因陳大文吳璥奏到江境黃河隄工亟須加培請撥項辦理一摺已諭令俟吳璥查勘海口覆奏到日再行降旨今據奏稱該河督帶同道將員弁等親往雲梯關一帶測量口門南北兩灘之間約寬一千五六百丈底有暗灘橫攔兩灘之內水勢遄深計有七八九尺爲所攔阻而灘脊上過水仍有四五六尺滔滔東注等語是海口情形固屬高仰而攔門沙灘脊尚可過水數尺並非竟至阻遏此外亦更無去路經該河督逐一勘詢自係實在情形現據奏請將黃泥嘴兩灣相對處挑挖引河使之取直而行導流迅注又吉家浦于家灣倪家灘宋家尖等處挺出灘嘴一并挑切各工程均著照所請辦理計此次估需銀十四萬七千五百

餘兩合之前次奏請培隄築壩等工需銀五十八萬餘兩現已飭令戶部速行如數籌撥統計前後撥帑不及八十萬兩若果經理妥協所費亦不爲多但既發帑興工該河督等務當慎重妥籌計出萬全儻來春豫工合龍河歸故道後下游不能暢注或致別有他患則惟吳璥是問至混江龍鐵篦子等項原非施於海口潮汐往來之地或雲梯關上下河水經行有挾沙停淤處所亦未始不可用資爬剔此係前人留遺成法自屬可用吳璥仍當留心講求如有可施用之處如法製辦究於攻沙不無裨益其黃泥嘴挑直引河地方是否有礙民田廬舍該河督亦當詳細查明毋使稍致擾累（南河成案續編）

是年吳璥奏黃河倒灌清口情形並非海口阻遏（南河成案續編）

是年六月初四日吳璥奏臣於初三日接奉　上諭朕因聞本

年豫省合龍後黃流由雲梯關入海不甚暢利竟有分溜直入洪澤湖及淮揚一帶運河倒灌較往年爲甚此事殊有關係海口一帶舊有阻遏上年豫工未經合龍時朕早爲慮及節經降旨吳璥令其親赴海口一帶詳悉察看隨機酌辦務爲一勞永逸之舉不可惜費畏難申諭甚爲明切該督每次奏到皆言雲梯關一帶出水通暢惟請再將黃泥嘴新河等處取直開挑以收東水刷沙之益本月初旬復據奏稱各工業經挑切如式河水滔滔外注並無阻遏等語今黃流分溜直入洪澤湖運河是海口之不能通暢已可概見現在未交大汛以前已形倒灌將來伏秋大汛清黃並漲洪澤湖不能容受各處工程豈不大形危險海口阻滯本非一日亦並非吳璥一人任內之事但上年有旨特交吳璥查辦何以吳璥並不通盤籌畫意涉因循以致

本年黃水倒灌甚於往年該督前此辦理畏難自不免存惜費之見殊不知顧惜小費於前即不免多糜帑金於後試思海口消納不暢洪澤湖又遭淤淺則河身漲滿濱河州縣在在可危彼時設有漫溢工鉅費繁又將如何辦理吳璥即不惜身家更於國事何益著傳諭吳璥即查明現在河水倒漾情形究竟有無妨礙務即設法籌備以期汛水順軌無虞工程一律鞏固不可遲緩貽悞仍一面將現在黃河水勢及如何籌辦之處即據實由驛覆奏欽此伏查南河清黃交匯之區乃全河關鍵最要機宜　高祖純皇帝臨御六十餘年無時不以清口情形上煩睿慮　指示河臣籌畫總以蓄清敵黃暢出刷沙爲淮黃並治之要策臣服膺恪守未敢稍忘但黃强淮弱由來已久每當春令淮水未長輒致倒漾湖查歷年皆常有之事其最甚者乾隆

五十年因久旱水枯洪澤湖僅存水二尺二寸是年秋冬及五十一年春自河口以達淮揚運河悉係借黃濟運清口淤成平陸直至夏秋淮水長發始能暢出敵黃而河勢亦卽復舊此向來河口倒灌時塞時通之實在情形也上年九月豫省衡家樓旁溢黃水斷流河工一帶專仗湖水灌注浮送漕船自冬及春竭力收蓄截至三月底高堰誌樁尚存水六尺時衡工合龍全黃驟至清水力不能敵遂卽倒漾與往年情形相仿經臣及漕臣吉綸節次奏明查江境黃河長一千數百里河面寬數百丈惟徐城及外河順黃壩至窄之處亦將及百丈去秋黃水陡落普律受淤臣欽遵　諭旨勘估挑濬祇可將河心行溜之處擇要疏挑俾不致阻遏爲慮其兩灘之淤萬無如許金錢如許夫役全用人力起除之理亦經陳奏原期黃流復故後自能刷深

加寬但向來大工合龍總在冬底春初於汛水未長之前刷滌數月則河皆復舊長水時卽可容納有地今衡工於本年三月下旬合龍河未刷寬已交夏令水在中泓行溜之地雖無阻遏而兩灘淤沙勢不能一時刷去容水之地較少是以水面擡高致形浩大黃水初到時較量河口誌樁黃水高於清水三尺致驟然倒漾倍形湧激漕運商民各船逆流出口縴挽較艱遂疑分溜過半其實正河之水仍係滔滔東注歸海蓋緣洪澤湖上游淮水來源於三月下旬水卽長發以後清水日長湖水充滿黃水至太平引河卽兩相頂阻清水雖力難外出而黃水亦不能入湖其運口各草壩經臣督飭道廳竭力收窄止留口門四丈以寬至二三百丈之黃河所分入運僅寬四丈按水方計算何能分溜過多此本年黃水倒灌之實在情形也自五月下旬

以來清水益旺高堰誌樁共存水一丈二尺八寸已由清口暢出敵黃東注現在河口一帶及淮揚運河悉係清水流行迥非五月上旬情形可比此後黃運兩河正可淘刷加深至海口橫沙高仰誠如　睿訓本非一日亦並非臣一人任內之事何敢稍爲因循迴護臣上年冬親往確切查看黃河入海之處與乾隆四十一年前督臣高晉河臣薩載所奏情形相同其沙脊高仰殉顯然可見而沙脊所過之水寬至一千數百丈滔滔外出以寬抵深過水亦不爲少實不至如傳聞之過甚本年黃流歸故後又專委淮揚道曹恆查勘比較上冬臣查勘時水面加增二尺有餘出口甚爲湍激卽如本年四月以來計已長水四次共長水一丈五尺九寸共落水一丈二三尺目下除底水外僅存長水三尺上下如果海口去路不通則節次長水從何消去此卽海口尚不致阻遏之明驗上同

嘉慶九年八月刑部酌改盜決河防罪名續行水金鑑

是年八月二十一日刑部議兩江總督陳大文等奏安東民李元禮等盜決河防審明治罪一摺八月初七日奉　上諭陳大文等奏審擬私挖官隄人犯一案訊出李元禮因黃水漫灘淹沒田廬糾衆盜決大隄進水以圖自便郭林高教令決隄僱人木堂極力慫恿糾人助決經該督等審明將李元禮郭林高二犯問擬發近邊充軍僱人木堂量減一等問擬滿徒係照本例辦理但大隄以內均係民田廬舍該犯等以河灘自有之田畝被淹輒敢決隄進水設或堵閉稍遲水勢一經流入則地內田廬豈不盡被淹毀以鄰爲壑損人利己其居心實屬忮忍況現當大汛經臨隄工喫緊之時非尋常盜決可比陳大文等所擬

罪名尚輕李元禮郭林高僧木堂三犯著刑部另行核議具奏其爲從僧道學等七犯卽著照所議完結摺井發欽此議得據兩江總督陳大文等奏稱緣李元禮與郭林高等至十三堡迤下大隄將隄面挖掘約寬四五尺深二三尺掘口進水流破大隄聽聞人聲一齊歇手維時該汛主簿李師綱聞信馳勘立卽堵築並未衝開臣等詰訊各供無異並究明此外並無同夥之犯將李元禮郭林高擬軍僧木堂擬徒道學等擬以枷杖等因具奏查律載盜決河防者杖一百故決者杖一百徒三年因而殺傷人者以故殺論又例載故盜決河濱一帶各隄岸軍民俱發近邊充軍盜決格月等隄發附近充軍因而殺傷人者照律定擬各等語查濱河隄岸一經盜決不惟有害田廬亦且攸關民命誠如　聖諭損人利己以鄰爲壑設或堵閉稍遲其爲害甚鉅若不嚴立科條俾愚民咸知凜畏不但法輕易犯亦於民命河防均不足以昭愼重請嗣後凡遇故盜決隄防之案權衡輕重辦理如但經故盜決尚未過水者首犯先於工次枷號一箇月發邊遠充軍其已經過水尚未浸損漂沒他人田廬財物者首犯枷號二箇月發極邊煙瘴充軍旣經過水又復浸損漂沒他人田廬財物者首犯枷號三箇月發黑龍江等處給披甲人爲奴因而殺傷人者照例問擬從犯均於工次枷號一箇月各減首犯罪一等此案李元禮郭林高僧木堂均照故盜決隄防但經過水尚未浸損漂沒他人田廬財物枷號二箇月發極邊煙瘴充軍並請纂入例册通行各省一體遵照仍行文管河各督撫各於工次將新定條款出示曉諭二十二日奉　旨李元禮郭林高二犯著照該部所擬新例於條枷號兩箇月發極

邊煙瘴充軍其僧人木堂一犯雖聽從慫恿究非起意盜決尚可末減著仍照原擬問以滿徒所有酌改盜決隄防罪名各條即著纂入則例餘依議續行水金鑑

是年黃水倒灌清口漕船停滯數月南河成案續編

是年十月初三日吳璥奏初二日奉　上諭據陳大文吳璥奏河口一帶湖水消落力不敵黃漸覺淤淺漕船不能挽行已於順黃壩迤下擇乾灘人力可施之處挑成引河一道以期通順等語當即派令姜晟馳驛前往會同辦理矣本日吉綸奏到河口水勢如舊漕船阻滯尚多等語朕思河口淤淺不能挽運則糧艘回空源源踵至均須停泊守候船隻日聚日多不特火燭可慮而水手人眾難保無偷盜滋事之弊即旂丁坐食需時亦必致有多費況空船不能陸續進口誠恐歸次稍遲有悞冬兌

冬開所關匪細朕心甚為廑念現在陳大文等所辦引河是否挑挖深通其淤沙處所曾否爬疏暢順漕船曾否進口陳大文等即由驛具奏欽此伏查河口之通塞以黃河之高下為憑凡挑渠撈淺固屬應辦之事然黃水一灌即淤仍須清高於黃始能流行刷滌是疏通之法惟有掣減黃水或擡高清水斯為正辦前所挑引河一道已於上月半前告成因比較黃高於清不便啟放又致停淤而漕船勢難久待是以先於順黃壩埽工迤下挑通溝槽為借黃濟運之計無如過船將及二百又復淤塞九月二十五六七等日黃河落水七寸正望再消七八寸湖水即可外出乃水定兩日至十月初一日後又長二寸臣與漕臣吉綸目擊情形焦灼莫能名狀雖時逾霜降黃水萬無不消之理而回空為日已遲豈容束手坐待因同道將廳營虛衷集議

減黃蓄清之法惟酌啟李工口門可期掣消黃水尺餘收窄運
口各壩可期擡起清水尺許而啟放李工口門一層究宜慎重
雖已堅實盤做裹頭祇可存爲備著其收束運口一節有益無
損實爲正策現督道將等查看運口各草壩金門早經收束如
制爲頭壩二壩口門迤上稍寬應再進占收窄更可擎蓄得力
舊有挑清壩亦須再爲接長蓋護則湖水少一分入運卽可多
一分敵黃並於惠濟越閘之上築做鉗口壩一道先行堵合惠
濟正閘之上亦有鉗口壩一道再加培築收窄祇留口門三四
丈層層關束清水自可擡高外注如初十日前黃水大消清水
暢出則不特李工毋庸啟放運口各閘壩亦俱可照常放船儻
至初十日前後黃水仍未大落清水擡蓄無多則勢處萬無可
待不得不爲權宜通變之計擬仿照明臣潘季馴及前河臣張

鵬翮等閉壩蓄水之法竟將二壩或惠濟正閘上鉗口壩相機
堵合使湖水涓滴不能入運自必全力東注河口必通卽將各
幫船銜尾渡黃挽進清口暫於太平河一帶停泊俟清水暢行
刷通形勢既定卽仍拆通草壩口門放船此亦萬不得已之一
策而漕船必可通行不致阻悞指日　欽差侍郎姜晟到工會
同籌辦如水已通順無須權宜辦理卽當奏慰　宸衷萬一必
須啟放李工或竟用堵合草壩之一法俟届期公同酌定亦卽
妥辦一面據實呈奏奉　上諭清口淤淺由湖水力弱不能衝
刷而湖水之力弱實因夏間吴璥等辦理不善清水宣洩過多
所致現據吴璥奏稱擬將二壩或惠濟正閘上鉗口壩相機堵
合使湖水涓滴不能入運自必全力東注河口必通卽將各幫
船挽渡進口暫於太平河一帶停泊一俟清水暢行卽仍拆通

草壩口門放船等語亦祇係一時權宜之計卽使今年囘空船隻可以設法挽行明年重運北上設仍有淺阻又將如何辦理除現在清口淤塞處所該督等務當上緊籌辦俾囘空漕船銜尾歸次外吳璥不可僅顧目前仍應會同姜晟陳大文等通籌全局詳察河身受病之處如何設法商辦使湖水暢出清口黃流不致淤淺方爲經久善策不必預存惜費之見日事因循致全河受病日深所費益多更難經理卽著將如何籌辦需費若干據實速奏至日內黃水如已消落清水擡高外注漕船通行無阻毋庸啟放李工口門堵合草壩著由四百里具奏以慰廑注（南河成案續編）是年十月初七日姜晟吳璥吉綸奏初四日臣姜晟馳抵工次會同臣吳璥臣吉綸在河口上下逐細履勘自清黃交匯處以上至禦黃壩惠濟祠一帶淤灘甚寬水深僅數寸至

尺餘業經於惠濟祠西岸直至河尾挑成引河一道長五百六十四丈深五尺餘寸已有路可通惟因黃水尚高恐內灌澄淤是以未便啟放自初一二日長水三寸嗣後定而不消較量黃水仍高清水一尺一寸似此情形若靜待黃水大落竟難定期臣姜晟因將啟放李工及堵築草壩兩說復與臣吳璥臣吉綸切詢道將等官悉心講求並採訪輿論俱云事已急迫除此別無良策其堵閉運口一說係仿前人成法而稍爲變通固屬穩安無弊之計但草壩口門水深五尺有餘須慎重堵閉非旬日半月不可且空船進口尚須挽至太平河停待啟壩始能放船稽遲時日似啟放李工掣減黃水一說較爲迅速臣等因卽由黃河坐船至下游山安廳李工細看該處舊有口門可以洩水由鹽河入北潮河歸海從前屢經啟放上年亦曾放過詢之道

將廳營並年老弁兵僉稱必無他慮臣吳璥前次奏明未經遽辦者因究係旁洩之路恐李工口門以下正河稍有停淤日盼黃水自行消落自更妥善是以未敢輕議啟放臣等公同籌酌歷年啟放李工正河尚不致過淤刻下急需減黃通船實有萬不得已之勢該口門業經道將督率廳營等盤做裹頭並鑲邊埽簽釘長樁甚爲穩實祇留口門六丈過水亦不至太多現擬於初八日啟放仍令多儲料物以備加鑲小心防守俟黃水消減清水暢注船行通順仍即趕堵不任久洩以免下游河身淤墊計日內船隻通行上緊催儹則十一月內可全數渡竣尚可不悞歸次同上

是年十月十六日姜晟吳璥吉綸奏臣等初八日督飭道將等將李工口門啟放寬六丈有餘至初十日口門刷深至二丈四五尺兩壩裹頭穩實過水亦暢而河口順黃壩一

帶黃水未見消減查上年五月初六日啟放李工至初十日河口御落水二尺七寸曾著明效是以定計啟放乃此次消水較少而大河又屢有增長推求其故大率夏閒水旺力猛驟長亦能驟落此時水力已緜消退亦緩或係天氣晴暖海口尚未收水頂托黃流是以現在大河上游水轉見增臣等目覩情形萬分焦急今李工既未奏效只可仍就運口蓄水一層籌辦復與淮揚道曹恆副將參游各員籌酌將向北新做之蓋壩再爲接長蓋過口門十餘丈使清水少入運口自當多向外注並於惠濟祠西岸原挑引河之上直至東清壩以下再爲煞壩戽水接挑引河一道加寬加深使放水時跌刷得勢助其迅注之力如能刷滌日深不但目前得濟卽明春重運遄行亦甚有益已專委徐州道龔圖督催工員旬日挑成其時蓋壩計已築長清水

萬無不出之理而黃水亦必減落但此時究非汛期何以黃水倘旺頂阻清水臣等詳細講論水勢固未大落而河底實亦擡高檢查舊案黃河變遷靡常通塞向無一定河口積漸淤墊由來已久卽以近兩年而論河口順黃壩誌樁嘉慶八年存底水一丈八尺九年三月杪黃水歸故之日存底水二丈三尺是本年底水高於上年五尺可見河底已墊高五尺其故由上年豫省衡工漫溢黃水陡落九尺有餘下游河身停淤寬厚而河口一帶淤灘尤甚竟成平陸其時漕船挑挖引渠始能挽渡當經臣吳璥會同臣吉綸具奏嗣奉 旨籌勘疏濬因江境河長千餘里寬二三百丈祇可擇要抽溝切灘勢不能將無限淤沙全行挖除迨本年衡工堵合正夏令長水之時全河驟至河口又復倒漾舊淤未去新淤復增節經臣吳璥於上年十一月本年

四月六月閒先後據實奏明是以前數年湖水長至八九尺卽能外注現在湖水誌樁實存水一丈二尺三寸較往年尚大三四尺而不能外注其爲河底擡高以致頂阻清水鑿然無疑此時所幸者湖水自九月至今並未消退但得黃水大落卽可通順而所慮者一則黃水消落遲速難定二則河湖並落清水仍難暢出臣等虛衷細商須在河口上游再籌分洩之路較爲得力據淮揚道將曹恆汪德張永盛包宗堯及廳員等僉稱銅山縣境天然閘乃每年洩黃之處秋汛後原不應啟放但現今回空緊要不得不權宜暫啟以減黃水又桃源縣境祥符五瑞兩閘亦係減黃助清之所乾隆五十年因回空阻滯曾奏明啟放該道將皆在工四十餘年經歷已多一力擔承亦屬急公心切況回空阻滯已久迫不能待勢不得不多方設法以期有濟現

已飭令前往趕緊盤做裹頭並做鉗口壩愼重啟放一面仍收束運口各壩加挑引河如能黃水多落則事機即可順利臣等於初七日較量黃水高清水一尺一寸十三日落水二寸十五六日又長水六寸計算現高清水一尺五寸總須落盡此數方有把握再查乾隆五十二年回空於十月二十六日渡黃一千餘隻十二月中旬始行渡竣新漕仍未致悞臣等惟有趕緊籌辦以冀月內通行雖遲尚可不悞合併附呈奉　上諭本日未刻據姜晟等奏李工啟放後河口漕船仍未通行現在趕辦收束運口並加挑引河啟關減黃一摺姜晟等於初八日啟放李工即使河口未能通暢亦當念朕宵旰焦勞於一二日後將該處情形據實具奏以慰廑念乃遲逾八日始行奏報仍未能剋期奏效惟以焦急等虛詞敷衍搪塞於事何益其熟籌啟放天然祥符五瑞等閘是否有濟亦尚係懸度之詞並未能確有把握伊等尚可謂之實心任事乎江南河工本係吳璥專責上年衡工漫溢下游河身斷流停淤彼時即當預為籌備早行疏濬乃吳璥一味因循其意總以衡工未必能即日堵合下游各工儘可從緩甚至預存一黃河北徙之見觀望遲延置要工於不辦現在姜晟查勘河口風神廟西至新開引河頭一帶節節淺阻此即明驗該督等辦理河工不能未雨綢繆動以惜費藉口不知此時糧艘不克歸次來年重運一切起剝及疏通淤墊所費更屬不貲是吳璥種種辦理不善咎實難辭陳大文兼管河防不能及早安辦亦有不合陳大文吳璥均著先行交部議處用觀後效姜晟特派前往會同籌辦吉綸駐劄河口亦已旬餘乃隨同吳璥等遲延不奏均屬非是姜晟吉綸均著再傳旨嚴

行申飭姜晟等所擬啟放天然等閘應否如此辦理朕亦不爲遙制惟期於事有裨姜晟等於開放後仍著將是否通順情形由百里速行馳奏嗣後每隔四五日即奏報一次不可再似此次啟放李工遷延不奏全不念朕焦切殷懷也至吉綸身任漕督全漕轉運是其專責伊現同姜晟等駐劄河干目擊該處淺阻情形一籌莫展且於漕運如何預爲籌辦之處亦無一字提及惟以焦急萬狀之語支吾塞責無論其焦急未必出於眞誠即使果係實情亦復於事何益吉綸本不諳河務所有該處挑淺事宜竟無庸在彼兼管伊惟當專心商辦漕運通盤籌畫現在幫船淺阻在彼旂丁水手守候需時一切費用如何設法籌措並明年重運北上一切起剝如何預爲料理俾得遄行無滯均係目前緊要機宜前日朕早經籌度令江西兩湖巡撫多備

剝船以便迎前交兌本日又降旨令汪志伊王汝璧阮元等一體早爲籌備若一一待伊等籌辦豈不因循悞事耶此時吉綸竟不必作河道通順之想惟當及早熟籌明年重運如何北上多方設法於恤丁濟運計出萬全若天庾正供稍有貽悞惟吉綸是問仍將如何籌辦情形迅速具奏同上

是年十一月初八日奉　上諭姜晟等奏日內黃水消落暫緩啟放引河據稱清口黃水自將祥符五瑞兩閘啟放後至本月初一日已共消落一尺二寸現在黃水將與清水相平因冬令北風較大黃水若不低於清水仍恐漾入停淤擬遲一二日俟黃水再消數寸即開放引河以期清水暢行無滯所見尚是看來事機已順一兩日開放後清水即可暢流幫船自能儧渡但減黃助清亦祗係一時權宜之計今年回空船隻較輕尚屬易

於辦理明年重運北來若不熟籌萬全之策仍恐臨事周章現在徐端已馳抵海口相度形勢姜晟等應會同熟商如何方可經久暢順無阻之處悉心妥議具奏同上

嘉慶十年加培桃源以下至外河裏河山安海防等廳隄工南河成案續編

是年三月　命於高堰擇險要拋碎石坦坡切海口俞家灘灣河同上

是年三月初六日奉　硃諭徐端河工至要民命攸關須悉心講求務求至當集思廣益不可自恃今河底墊高清水雖強尚不能抵禦故議加高蓄清使成建瓴之勢以去淤滯立意甚善然淮揚保障亦須籌算宜擇險處用碎坦坡以緩水勢柔能制剛亦爲上策他如混江龍木龍等項器具皆古人之成法不可

不講求也雲梯關以上河身宜窄不宜寬寬則散漫窄則湍急散漫則沙必淤湍急則沙可刷現挑俞家灘引河使水勢直下誠善策也凡此數端皆可試辦總不必存惜費之見況隨時整理永除水患所省實大若因循不辦較量錙銖一朝有患所費倍多再察弊去其太甚不可過於搜求河工員弁毫無所得必另生枝節關係匪淺汝不可不深思熟慮也南河成案續編

是年閏六月初四日兩江總督鐵保奏河防之病有謂海口不利者有謂洪湖淤墊者有謂河身高仰者茲詳細推求海口淤高前明已有此議潘季馴疏稱雲梯關外沙積成灘中開行水之路不及十分之一然海口故道則廣自二三里以至十餘里若兩河之水全歸故道海口可仍全復是海口視黄流爲通塞黄水藉清水以刷滌自昔已然現經河臣徐端屢次親勘海口

寬千餘丈攔門沙之上過水深四五六尺實無壅遏其形勢尚較勝於潘季馴治河時且本年黃水六月二十日以前並未倒灌入運全河俱東趨入海不見停阻設果壅遏何以仍順軌而東此理至明一言可決況從古無濬海口之法亦無另改海口之處是此說竟可勿論矣洪湖淤墊前河臣靳輔疏載彼時湖中止存小河一道寬十餘丈深五六尺至一二丈不等今則湖面寬數百里深至二三丈不等較靳輔時大不相同又豈得反誣為淤淺況清水之敵黃所爭在高下而不在淺深此說又可勿論矣惟河身擡高一說詢之在工員弁兵夫及瀕河紳士僉稱嘉慶七八九等年黃河底淤高八九尺至一丈不等是以清水不能外出河口之病實由於此但河之通塞靡常歷考載籍有時上壅而下通有時上深而下淺並有時上下皆通而中忽

淺澀實黃河自然之勢即如徐州一帶素稱極險之工動輒泛漲近年則水不出槽河底刷深豈盡人力所致且大河遠近巨浸茫茫亦萬無水底挑撈之理是此說亦止可存而勿論矣臣向因有此三說以為有一於此是以人力與天地爭功難期奏效及參觀潘季馴及靳輔等奏議其治河之法全不治此三病而惟專心致志於清口誠以清口暢出則河腹刷深海口亦順而洪湖不致泛溢一舉而三善備因思目下受病之處與昔正同雖在河身淤高亦由歷久之間壩多傷各處之支河漸塞致清口日淤下游受害是復清口舊規疏洪湖歸路為刻不容緩之急務也前歲衝工合龍後清口大淤自惠濟祠至彭家馬頭一片淤成乾地至今仍由引河行船黃水一長河口即淺病一惠濟等三閘金門年久損壞難下嚴板啟閉不靈病二洪湖義

壩挐通壩底被衝洩水太甚現在趕緊購料運工以期堵閉其他四壩亦須大加修理病三爲今之計惟有大修閘壩全復舊規去新受之病收蓄洩之利則借湖水刷沙而黃河治湖水有路入黃不虞壅漲而湖水亦治舍此別無治法至洪澤湖面數百里水深至數丈一遇西北風駭浪奔騰在在危險欲藉湖水以刷黃則不能不多爲收蓄欲多蓄湖水則不能不保護石隄尤不可不急籌去路若不設法宣洩水長一尺則堰低一尺加培有何底止臣與徐端通盤籌議湖水固宜收蓄異漲尤不可不防今年湖水盛於往年全賴義壩減洩是欲守護高堰先須將仁義禮智信各壩底修砌堅固以備節宣俾操縱由人下游不致泛漲然後由高郵大壩疏濬支河以通入海之路將人字河芒稻河𪢮河一律挑通以疏入江之路均復還靳輔原開河

道之舊制則高堰可保而下游州縣亦不致受淹此又慎重五壩之節宣以衞下河田廬之至計而非目前苟且補苴之圖也伏念古法可遵而不可泥人言可參而不可廢一已之見識難恃鄉人之聞見較眞現與大小臣工悉心籌議並出示淮揚二府紳衿耆老有洞悉機宜者召令來淮虛心博採折衷定議先委妥員查看再與河臣親身履勘酌定辦法奏明於秋汛後同力合作河員不足則兼派地方經費不足則薄藉民力務求一勞永逸之法以利漕運而奠民居事關重大不敢不愼之於始以籌全局奉　上諭鐵保奏籌議河務事宜一摺所奏甚爲明晰海口淤高已非一日從古無濬海之法亦無另改海口之處至清口之通塞關係漕運往來鐵保於此專心致志洵屬扼要辦理近年來河水稍有增長卽至頂阻清水不能暢出河口因

之阻滯挽運維艱即如昨冬回空船隻歸次遲緩幾遭凍阻皆由清水力弱不能刷黃之故本年春夏湖水盛漲重運始得暢行目今清水消落黃河水勢漸長已覺倒灌即須起剝後方能挽渡此其明驗若不及早籌畫將來河口日見淤淺並此一線引河旋挖旋淤成何事體是此時治河即所以治漕不可稍有稽緩至洪湖淤墊之說鐵保謂清水之敵黃所爭在高下而不在淺深等語所論固是但湖底不深則清水焉能多蓄是必蓄深然後水力裕如足以敵黃鐵保務當會同徐端通盤籌畫俟大汛過後將高堰五壩及各處閘壩支河應如何酌量施工之處妥爲經理總之疏清口以利漕運護石隄以衛淮揚其分洩清水入海入江之處固不可不熟籌去路然亦不可過於宣洩以期蓄清敵黃此爲至要同上

是年七月二十二日宿南廳周家樓汛三堡隄工漫缺六十餘丈南河成案續編○案此下二條一作十一年事

今按周汛三堡漫工因上游郭家房續有漫溢漸次停淤奏明築堰鑲埽補還土隄旋即竣事續行水金鑑

是年八月初一日宿南廳三堡迤上之郭家房隄工刷寬八十餘丈南河成案續編

時奉
上諭本年伏汛黃河長水不多自交七月中旬以後上游處處漲發致前月周家樓甫經漫口之後現復在迤上之郭家房地方刷開口門既經奪溜五分惟有趕緊堵閉免致溜勢全移有妨減壩下游由灌河口入海之路鐵保等擬先集料將三堡缺口塡堵一面將郭家房漫口兩頭趕緊盤護不使再塌以便施工自應如此但現在兩處工程皆關緊要戴均元徐端

二人必當分投經理戴均元著專辦周家樓堵口事宜其郭家房堵口事宜著專交徐端督辦此時節交白露水力漸縮伊二人惟當督飭工員購齊料物迅速儹辦務趕霜降前一律堵閉合龍不可遲悞其堵築禮壩工程並著飭催工員上緊辦理迅即堵閉不致清水再有減洩為要（南河成案續編）

次年戴均元徐端清查河工積存未銷各款奏　諭旨錄於左

是年九月十七日奉　上諭黃運河一應工程為民生國計所關即需帑較多朕豈肯稍存靳惜惟國家經費本屬有常且度支需用甚多亦不止河防一事果工程盡歸實用則帑項庶不虛糜河防每年辦理各工歲需帑項動逾數十萬兩果能絲毫皆歸實用實銷乎即如戴均元此次所辦各工林立需項已百數十萬兩堵築漫口及辦理海口碎石坦坡各鉅工尚不在內

試思此等應辦工程即係歷年動項修作之所如果從前實用在工則諸臻穩固即閒遇盛漲何致各處均形損壞此其明驗各省大吏往往於蒞任之初動以徹底清釐不任絲毫弊混等詞繕摺具奏竟成套語而日久因循視為奉行故事或致屬員胥吏無所畏憚玩法營私百弊叢出戴均元甫任河督現據設局清查正當乘此時發現天良破除情面會同徐端將歷年積存未經銷完懸款逐一清查如查有侵漁捏冒情弊當即據實參辦查明之後截清年月務使眉目瞭然各清各款不准稍有牽搭通融使官吏無從弊混方為妥善總之大吏有統轄糾察之責非徒以潔己奉公遂為盡職設有疏懈承辦之員得滋弊混則蹈法者之身家性命固不必言而國家政務已就廢弛豈公忠體國之道該河督不可不慎之又慎也（同上）

次年奉　上諭郭家房漫工壩基前據鐵保等奏盤築完竣與工進占今復因上游黃水陡漲長水三尺八九寸至四尺不等郭工漫口溜因風急全歸金門下注東壩迤下正河溜勢微弱而豐北睢南邳北各工埽段均有行蟄坐蟄其銅沛北岸之蘇家山石壩刷塌三十餘丈驟難堵合是該督等於郭工漫口既未能堵閉合龍而現在蟄塌工段又復層見疊出閱之殊爲焦灼又據另片奏郭工形勢漸變必須添築邊埽疏挑引渠需項較多請於兩淮運庫淮安關庫撥發銀五十萬兩解工應用等語南河工程近年來請撥帑銀不下千萬比較軍營支用尤爲緊迫實不可解況軍務有平定之日河工無甯晏之期水大則恐漫溢水小又虞淤淺用無限之金錢而河工仍未能一日晏然卽以歲修搶修各工而論支銷之數年增一年並未節省絲毫偶值風雨暴漲卽多掣卸蟄塌之處迨至水勢消落又復有淤淺項阻之虞看來歲修搶修有名無實全不足恃此卽工員等虛冒之明驗該督等每奏報一險工必稱他處尚有應辦之工羅列若干是報險者止一處而預爲將來增工之地者卽不止一處朕固不惜多費帑金以期設法疏治但國家經費有常應支應用者何止河工一事若以無數銅銀盡歸虛擲伊等天良安在朕於內外臣工推誠相與從不逆料其舞弊營私然如直隸省官吏通同勾串侵冒錢糧一案迥出情理之外以徵解有定之款尚如此任意侵吞況河工每案支銷動輒數萬朕實不能無疑卽該督等毫無沾染而任聽工員揑報浮開又安用汝等爲乎本年節次請撥之項較之往歲尤多今復請撥銀五十萬兩亦卽照所請於兩淮運庫淮安關庫撥銀解工應用該

督等摺內旣稱具有天良此語天實鑒之若此中稍有浮冐則是全無人心恐身家性命不能保矣至此時正河溜勢微弱看來海口改道一事尚無把握該督等當察看情形如果礙難辦理應如何著手之處卽著據實奏聞不可稍存回護致干咎戾將此諭令知之仍著將郭家房現在堵閉情形及蘇家山一帶滚壩曾否堵閉隨時速奏上同

次年議由王營減壩改河由六塘河歸海以水中不便築隄而止上同是年十一月初二日鐵保戴均元徐端奏臣戴均元會同臣鐵保馳赴減壩以下確切接段履勘上游五六十里內兩岸灘勢顯露間有缺口無甚斷續相度隄基有土可取陳家圍河窄水淺下至鮑營河張家河尾河面仍窄水勢漸深隄形殘缺舊隄外仍係漫水各深數寸及尺餘不等間露嫩灘不成片段

下接南六塘河碩項湖則漫水甚爲廣遠周圍十餘里至四五十里不等絶無灘形難覓隄基水勢迅激仍歸武障河由灌河口入海自武障河以下俱有土岸可以築隄與淮揚道黎圖等勘稟相同臣等親到武障河頭查看碩項湖與惠家潤相連湖河一片約寬四五十里茫無涯涘其中雖有深槽隱在水底誠如

聖諭何能水中施工此形勢之極難措手者且兩岸長隄四百餘里必一氣呵成方有收束斷不能間斷辦理工非剋期可成稍不完整一經大汛田廬處處堪虞我　皇上籌辦新河不惜數百萬帑金亦無非爲保護民居俾得永叨樂利儻新河不能計日奏功百姓致滋水患上厪　聖懷尤非萬全之策再四思維新河可成而不能於水中施工必得涸出河道方可從容辦理計惟先堵減壩挑挖舊河以奠民居爲目下權宜之法

臣等遂由新安鎮陸路轉至舊河探量中泓水深三四五尺不等水面約寬二三十丈近因郭家房漫口黃水入湖由清口暢出較前又刷深一二尺再加逢灣取直抽溝切灘可期通暢一面趕堵減壩借清水刷滌力半功倍易於奏效竊計新河辦成四百里長隄必二三年之久約費三四百萬挑濬舊河堵築減壩爲期不過兩三月所費亦祇二百餘萬兩就現在商捐三百萬之項足數辦理仍須收拾鹽河以備減壩李工宣洩之路照例隨時啟閉臣等斷不敢存畏難惜費之見亦不敢有因循觀望之心實因新河中段情形一時無從措手而舊河尚有故道可循謹就現在情形酌量籌辦將來漫水涸出河道分明於乾地施工較有把握奉　上諭海口改道一事前經疊降諭旨令該督等趕緊履勘如果可以施工自當卽行辦理今據稱勘得

六塘河碩項湖一帶漫水甚爲廣遠周圍十餘里至四五十里不等絕無灘形等語是新河不能辦理已屬顯然並非因費用較多有所靳惜實因水中施工築隄萬無此理況需費既多又復全無把握且鹽河一帶被淹於國計民生均大有關係該督等此時竟不必再涉游移惟應決意將舊河速行挑濬堵築減壩以資暢注據稱探量舊河中泓水深三四五尺約寬二三十丈不等抽溝切灣尚可期其通暢等語是舊河施工較易卽當上緊籌辦該督等所稱爲期不過兩三月又稱統限明春桃汛前辦竣之語尚覺稍遲總須在麥汛以前辦竣方爲妥善且商捐之項亦屬敷餘儘可隨時提用現在徐端督辦郭家房漫工所有挑濬舊河及堵築減壩工程卽著戴均元專司督辦俟郭家房壩工合龍後徐端再行前往幫辦堵築減壩事宜其往來

督察催運集料等事著鐵保專司經理毋稍遲悞現據該督等確核估計章程著先將減壩口門共有若干丈定於何日分投興工之處迅速馳奏嗣後減壩每堵築十餘丈及舊河挑挖若干卽行具奏一次以慰廑注至郭家房壩工現據徐端奏稱尚存口門五十八丈仍著趁此晴暖督催儹辦嗣後再進占十數丈亦卽具奏一次計至合龍日分作四次具奏用告蕆功其現辦工程所用料物均著遵照新頒諭旨按照例價若干時價應增若干實用實銷據實奏報不得稍有冒濫又任工員等以少報多致滋弊混同上又十一年十二月初六日鐵保戴均元徐端奏報郭家房大工於十一月二十九日啟放引河十二月初二日辰刻合龍正在將次閉氣西壩壩身陡蟄六十餘丈臣等督率在壩官弁兵夫奮勉搶辦三晝夜於初五日酉刻斷流閉氣

臣等復逐細察看隄身壩基一律穩固現卽趕鑲關門埽並於裹戧之外加鑲護埽一面漏夜趕堵二壩以資重門摯托務期倍加慎重奉　上諭鐵保等奏報郭家房大工合龍穩固情形一摺覽奏欣慰據稱大壩金門於十二月初二日辰刻合龍時西壩復蟄六十餘丈隨卽督率在壩官弁兵夫奮勉搶辦三晝夜現已於初五日酉刻斷流一律穩固並隨卽加鑲護埽趕堵二壩以資摯托等語郭家房大工自八月下旬開工以來該河督等籌催料物疏挑引河儹築壩座步步進占玆得合龍穩固實爲幸慰南河事務繁鉅目下先將郭家房一處工程趕辦完竣其餘各工皆可以次經理卽在工人員亦可酌量歸并差委鐵保戴均元徐端統俟築堵減壩完固之後施恩一并甄敘至此時減壩工程更關緊要郭家房漫口旣經堵合則黃水全注

下游必須將減壩堵閉合龍方能挽歸舊河不致復形散漫除舊河淤塞處所急需趕緊疏治外所有減壩工程據伊等奏稱約於明年桃汛前可以辦竣但爲期尚覺稍遲若能於正月底麦汛以前堵築完固方爲妥協現在戴均元徐端已先後趕回減壩興工其料物一切想鐵保亦籌辦足用著於進占二十餘丈時卽奏報一次不必拘定隔數日一報總以丈數核計陸續馳奏並將舊河挖淤情形隨報奏聞伊三人仍應遵照前旨分投趕辦爲是至堵築壩工愈速愈妙但必須步步穩實盤裹堅固築一丈卽得一丈之效於趕緊辦理之中又當加以慎重旣不可意存濡緩尤不可稍涉草率工員內尤須隨時詳察如有偷工減料情事卽當據實嚴參勿稍姑息其另片奏請就近撥銀五十五萬兩之處已交戶部議令改撥迅卽解往應用矣同上

是年修河南嵩縣河渠灌田派員管理

時十一月辛酉　上諭馬慧裕奏洛陽嵩縣地方開濬河渠灌漑民田著有成效請責成專員經管以垂久遠等語河南伊洛等河濱舊有渠工歲久湮廢今修復開增廣漑田畝所辦甚好此事先由升任藩司温承惠查勘倡修並捐買渠占地畝通判楊世福實心相度經理得宜本年收穫豐饒已有成效温承惠楊世福俱著交部議敘至此項渠丁本爲利民興復若無專員董率仍恐日久廢弛所有該處各河渠一應事宜卽著專歸河南府通判衙門管理照依所定章程實力奉行永資利濟欽此

仁宗睿皇帝聖訓

是年　命勿開峯山閘減黃助清

時奉　上諭軍機大臣等本日據戴均元奏到履勘運口水勢

情形一摺並繪圖貼説呈覽朕詳加披閲圖内所繪形勢甚屬明晰而自禦黄壩迤南至迤東一帶滿幅皆係黄水可見倒灌益甚據戴均元奏稱自八月堵築義字壩後迄今三月有餘清水較高黄水未及一尺距明春啟放僅有兩月儘力收蓄諒不能及二尺初放時或可暢注日久勢弱雨水頂阻或遇汛水漲發仍恐不免黄水倒灌等語所慮甚是但據稱與鐵保徐端再四商酌如遇雨水相抵不能不暫開峯山等閘用減黄助清之法來年重運亦可不至淺阻此則非是蓄清敵黄原係治河良法乃自上年回空阻滯經姜晟吳璥等籌啟祥符五瑞等閘掣減黄水權宜濟運本年回空則全係借黄濟運似此年復一年黄水所到之處在在停淤日久竟成平陸全河受病關繫非輕今若再開峯山等閘仍係上年掣減黄水辦法必致淤及下游

殊非正辦現據戴均元奏稱俟催令銅船幫船渡竣亟宜堵合禦黄壩將引河一併開挖其臨湖引河二道趕緊挑竣並將清江以下運河兩熙淤灘上緊開挖此等應辦工程均著照所請辦理仍著鐵保徐端會同戴均元悉心商酌熟籌良法務使來年重運可以通行無阻而黄水不致仍前倒灌停淤爲一勞永逸之計方爲妥善欽此仁宗睿皇帝聖訓

嘉慶十一年修直隸千里長隄

是年丙寅正月戊午　上諭内閣據裘行簡奏直隸舊有千里長隄自乾隆三十七年大加培築之後已閲三十餘載其新舊格淀隄自乾隆十年二十二年增築以來亦久未辦理現在隄工卑薄處所多被衝刷河水淤塞各水縱横四注平野不可不亟講疏築請先撥帑銀四十萬兩趕緊興修仍於蘆商本年鹽

價內每年酌增制錢一文以盈餘所入之數補工程撥用之需等語直隸千里長隄及新舊格淀隄兩項工程年久塌卸附近民田多成巨浸自不可不講求疏築俾霑樂利但如裘行簡摺內所稱在於蘆商鹽價內每觔酌增錢文以資撥用此則不可鹽觔加價一事原為恤商起見從前閒因商力疲乏錢價過賤暫時准行但究屬病民非可引以為例屢經降旨飭禁此時辦理工程與商人全無干涉伊等有何賠累之處轉欲藉此增加鹽價乎朕於民生利賴之舉卽多費帑金從無靳惜所有此項隄工需銀約四十萬兩卽著撥動正帑交戶部查明在於長蘆鹽課項下酌撥應用若該處課項不敷並著另行籌撥以資興築各需該署督惟當督飭承辦工員認眞經理確估實銷務期工堅料實俾小民永資利益無庸於鹽務中屑屑籌費為也仁宗睿皇帝聖訓

謹案千里長隄起清苑縣界訖獻縣之臧家橋遇迴於順天保定河間三府之境長千有餘里沿河繞淀為數十州縣之保障見畿輔水利書

又案嘉慶十三年因南河工需無措經兩江總督鐵保等奏續收鹽商之捐並官生俊秀捐認土方卽開捐之濫觴也錄案於左

嘉慶十三年五月二十四日奉　上諭據鐵保徐端額勒布等籌議南河應辦各要工經費擬借商力以治河卽資民力以卹商現在南河籌辦各工均關緊要不獨民生漕運賴其利濟卽於鹺務亦大有裨益茲總商江廣達等情願公捐銀三百萬兩以資工用該督等據情轉奏朕察看商情踴躍甚屬急公著加

恩照數賞收仍准其於舊捐六限全竣之後續分四年帶完歸款先由運庫墊解河工備用所有捐輸各商姓名查明交部議敘以示嘉獎現在淮商成本較重營運維艱誠恐悮運噴銷此時籌款治河勢不得不借用商力但未治河而鹺已累亦非兩全之道自應妥爲酌劑著照所請准其加餘息一分五釐之數聽各商暫時售賣俾資充裕一俟河務告竣該督等再行體察情形具奏再捐辦土方一節此次興辦大工各官生俊秀人等紛紛呈請捐認土方自難阻其趨事赴工之念亦著加恩准其捐辦所有捐出銀數卽令其在工呈繳其應如何酌定投效章程之處仍著妥議具奏（南河成案續編）

嘉慶十二年重定河工料物價值（南河成案續編）

是年三月鐵保戴均元徐端汪志伊奏臣等奉　上諭河工料物土方運腳例價不敷之處著江南河東各河督及江南山東河南各督撫再行公同詳核各就地方情形妥議具奏總之工程物料必應實用實銷方可以杜工員侵冒之弊而價值必有確據可查錢糧方不致虛糜卽如豫東兩省歲料有生息津貼幫價其中無幫貼者價值仍屬不敷江省則並此無之其應如何籌畫使工員領購物料不致賠累該河督等得以核實查工俾無冒濫該督撫等又能設法勾稽杜絕浮捏部中有一定章程可憑考核議上時候朕裁酌欽此伏查南河每年額解河銀六十餘萬兩除動支官兵俸餉外仍餘四十餘萬兩以爲各廳歲搶修工程之用此係遵行常例至大汛內遇有搶護新生工段則視工之大小勘估銀數此爲另案新工而近年南河工用總在三百萬兩以外實因黃運兩河隄埽險工林立需用稭柴

𥼶橛土方甎石各項爲數甚多價值倍昂於前工程緊要例價不敷採辦必須照時價給發而報銷則仍遵例價造送以致實用之數無從開報不能不以另案新工及多用椿木通融抵銷此積習相沿之所由來也查豫東尚有幫價稍資津貼江省先留派辦地料藉以支持嗣緣累及閭閻革除地料工員不敷承辦遂致流弊日深民間物價既早晚不同黄河工程復變遷不定有工之地未必皆產料之區即如徐屬多用秫稭其價係上游賤而下游貴揚屬多用海柴江柴其價係下游賤而上游貴例價每觔一釐及七八九毫不等與現在時價大相懸殊前擬責成州縣以月報價值爲憑原冀互相覺察但報價之日與購料之時卽不能畫一定準河工丞倅固未可盡信地方州縣亦未必皆賢立法之初可收近效行之既久難免扶同現據各州縣開報時價有較例價多至五六倍不等者若據以爲準誠恐漫無節制儻過於折減又屬有名無實不足以杜絶冒混勢必日久仍循故轍至將例價時價隨案聲敘未免煩瑣臣等率同司道各員通查江省各屬實在時價確按物產之盈虛採辦之緩急轉運之遠近以定價值之多寡其募夫挑土工作亦按農力之忙閒以足敷口食爲度比照向日例價酌中分别加增謹逐項擬開清單恭呈　御覽再南河歲搶修工程銀數原額四十餘萬兩從前河深工少物料充裕例價足敷辦理近緣工多料少購運維艱時價數倍於例價每年實用不能實銷致有以歲搶之工報作另案又於另案工內虛開丈尺通融匀銷等弊甚至此廳所用彼廳融銷本年所用次年帶銷並徐揚隔屬亦有彼此代銷之事又查椿木一項原係下埽所用如歲搶修等

工內係加鑲軟鑲卽不必盡用簽樁遇有水深溜急之工逾例多用繩纜騎馬無可開銷另案尚有不能全銷之工遂藉下埽用樁之例開報將盈補絀上司明知外辦之工與報部之册迴不相符礙於例價難銷懸款無著僅據詳册轉申了事此皆爲例價所限不得不虛作收支以致相率爲僞也臣等檢查近年報銷册檔除土石等工專案辦理外其各廳鑲修埽工如嘉慶八年銷銀二百五十餘萬兩九年銷銀一百九十餘萬兩十年銷銀二百七十餘萬兩內搶修歲額俱各止四十餘萬兩此外俱於另案中及樁木通融開報是往年辦理工程名雖照例價報銷其實卽係實價辦理於另案工程及樁木等項內通融銷納此其明證惟立定章程事事核實從此實用實銷永爲定例杜牽混之源而稽核亦較有把握矣南河成案續編是時河東總河吳璥等亦請將東河工料照南河一律覈實報銷續行水金鑑

時奉　上諭河工料物例價不敷近年皆以浮用之數虛開融抵該河督等欲杜其弊奏請按照時價實用實銷若以時價比例價增多仍責令如前虛報則廳員融銷朦混其弊將無所底止至部臣以例價有常恐遽增數倍致涉虛糜駁令復覈實爲慎重錢糧起見但未經目覩情形憑空揣度駁令另議該河督等仍不過覆申前說章奏頻仍迄難定議殊非覈實辦公之道著派英和蔣予蒲揀帶工部精細司員馳驛前往南河將河工應用稭麻樁木以及土方等項均一一親身查訪時價採試切勿假手河員將實價詳細開單具奏候朕裁酌英和等於南河查覈完竣後並著順道前赴東河一併查覈具奏睿皇帝聖訓

是年五月十二日英和蔣予蒲奏臣等奉　命前赴南河查得

各項價值內惟鐵器煤炭等物價值尚不甚昂甎石灰汁土方等項尚可量爲節省其稭料柴料麻觔草柳等項均較該督等請加之價有增無減復經移取該河督等歷年批准時價原案詳加查覈所有歷年批准之價與現在請加之價均屬相等臣等逐一檢查謹按原奏分款酌擬開列清單恭呈　御覽臣等抵浦以來將河工利弊博加採訪每年額備歲料例於七八月間卽行給價採辦近來籌撥較多未能及時購辦每遇汛期工險臨時急購料戶既得居奇而其中不肖工員又或借急購爲詞虛擡價值種種弊端由此而起惟於新料登場之際將歲料全數購辦並將另案所需寬爲籌備分貯要工處所則遲早祇爭數月而節省不啻倍蓰且遇緊要工程得以立時搶護其預辦料物查明實貯在工卽以用去之料覆其所辦之工廳汛各

員無從隱匿虛報應請　旨飭督臣河臣詳細妥籌至河道工程欲其確核錢糧首在嚴查工段應責成督臣河臣等於報險之初確勘情形辦公之際嚴查做法竣事之後確覆工段並於每年水落歸槽之後派委不兼河務之司道大員將一年辦過各工通勘結報河臣等仍親身分投覆勘如稍有浮冒情弊卽將承辦各工員並扶同出結之司道一併嚴行參辦庶工歸實用弊可漸除（南河成案續編）

是年五月二十五日奉　上諭工部奏查明南河需用料物例價並鐵保等奏請加價數目及此次英和等所擬增減各價值分晰比較開單進呈河工需用料物全在經手得人自無弊混從前卽未經加價在謹飭辦公者自不敢多有浮開而見利忘害者全借此虧國肥己此時加價之後設或辦公各員仍前糜

帑營私其弊又將何所不至是河工杜弊之法原不專在於定價但近年大工屢興物產昂貴一切工料不能悉照舊價辦理亦係實情旣據侍郎英和等在彼訪查明確自當酌量准行亦不能不定以限制所有單內增添價值著將較舊價多半倍一倍倍半以及兩倍者均照所議辦理其有兩倍以外至三倍四倍半有零者著減至加兩倍爲止違者工部仍前不准此次定價之後工員承辦料物自更無掣肘之虞不得再有藉口若前虛估寬報復有弊混一經查出必當重治其罪不能少爲寬恕矣將來如果辦工較少物價漸平該河督卽當據實奏聞酌量議減設或物價仍復昂貴該河督亦何妨隨時具奏再行請旨辦理總以天庾爲本最實爲要朕不時特派大員覆查如有弊端惟該河督是問凜之愼之 南河成案續編

是年七月初六日鐵保戴均元徐端奏伏查南河需用物料最爲煩瑣內加石料河瓶石灰汁米鐵器煤炭柳草湖蘆江柴等項價值不一臣等分別定議請照例價增添一倍至二倍半有零不等復經侍郎臣英和等次第酌減覆奏茲蒙 諭旨減至兩倍爲止不得再有浮多臣等欽遵嚴飭各工員於無可節減之中力求撙節不敢再爲瀆請惟徐屬之秫稭揚屬之海柴爲正料之大宗產地有遠近不同轉運亦難易不等價值本難畫一內徐屬豐蕭兩廳每觔二釐二毫較例價加增不及兩倍銅沛睢邳運河等四廳每觔二釐八毫較例價加增兩倍僅多一毫其下游宿桃南北以及中河外河揠盱等廳每觔請照三釐三毫至四釐則較例價加三倍有零若概以兩倍爲準則豐蕭銅沛等廳購辦可以從容而桃源以下路遠各廳未免獨形竭

蹶惟有遵照　欽定兩倍之價均匀核派損此益彼合計仍不
逾兩倍之數請將豐蕭銅沛邳睢運等廳之價再爲遞減卽將
宿桃中外河堰盱等廳之價量爲遞增如此增減相抵購辦咸
歸平允至揚屬葦柴一項產自海灘從前例價每觔只定七毫
自乾隆年閒至今產柴灘地漸遠轉運日難現在民閒購買燒
煙每觔實需制錢六七文不等　欽差侍郞臣英和等在工採
訪時實所目睹今照依例價加增每觔僅准銀二釐一毫萬難
敷辦臣等輾轉籌思若勉强遷就於一時必致仍前通融虛揑
流弊潛滋惟有將揚屬各廳葦柴價值於原請加三倍半至四
倍有零之中酌減十分之二比較例價約加三倍有零此係實
在情形未敢因葦柴一宗牽制全局仍貽將來通融流弊不得
不瀆陳於　聖主之前謹分晰另繕清單恭呈　御覽再南河

每年歲搶修錢糧定額不得過五十萬兩搶修之工每案不得
過五百兩今料價既增應卽照實用銀數開報未能仍拘舊額
請嗣後搶修每案不得過一千五百兩如銀數在二千兩以上
者卽專案奏明核辦仍於每年年底將各案動用銀數彙開清
單具奏查核如此酌立章程勾稽益歸愼密矣奉　上諭照准
是年四月甲午　上諭軍機大臣等戴均元覆奏勉力辦理河
工不敢徇縱屬員以致自蹈重愆一摺戴均元自簡畀總河以
來於興辦工段出納錢糧皆能認眞講求悉心綜覈未嘗稍避
勞怨朕所素知是以特加委任伊本係讀書人素行謹飭斷不
疑其有扶同弊混情事若果有疑早不加委用矣但工員積習
牢不可破若謂人人潔己奉公於經手錢糧毫無浮冒此實難
以盡信且河工節省亦須在大處留意如緊要之工目前嶄惜

貽患將來或轉縻至鉅萬此得謂之節省乎總之應辦之工決不可省無益之費在所必除即河員承辦一工果於工料估計大數不致懸殊而又能辦理堅固或其中稍有沾潤伊等在工日用所需豈能一無資藉此尚情事所有朕亦斷不苛求若止圖侵帑肥家不恤國事此則罪無可逭戴均元竟當明諭屬員以河工需用錢糧非止上關國帑抑且全係民膏現在興辦要工每次請撥動逾百萬原以保障無虞生靈爾等出力辦工豈能毫無沾潤即皇上亦所深知果於所辦工程各發天良認眞經理即稍有浮糜尚可原恕若惟知營私舞弊於所辦工段任意偷減大肆侵漁藉此擁有厚貲在工所並不勤勞王事日日怠惰偷安或徵歌選舞或置買田園爲子孫報捐官職以致日後工段不固民受其殃則是全無人心孽由自作非特國法難

宥抑亦天理不容萬難倖免即子孫亦必遭惡報如此剴切曉諭庶工員共知儆惕不致甘心罹罪多所保全設竟有怙惡不悛之徒仍前肆意冒濫戴均元訪查確實惟當執法嚴參不可姑息至所稱查出宿南廳汛弁有辦工草率情事即已斥革枷示等語自應如此辦理仍當隨時通查各工如有似此劣員一體懲辦 仁宗睿皇帝聖訓

嘉慶十三年長麟戴衢亨奏修十八里屯舊減水閘移王營減壩並加培南河兩岸大隄雲梯關外南北長隄 南河成案續編

時會同河督徐端等勘得毛城鋪在徐城上游一百四十餘里原建滾水壩以備宣洩黃河盛漲嗣因啟放日久河水下趨著重自乾隆四十年後傅家窪丁家集張王莊王平莊等處屢次漫水吸溜嘉慶四年七年邵家壩唐家灣復因開放引河掣動

大溜致成漫口經年累月始行堵合今該壩現存石裹頭二座東西相距五十丈將淤土刨挖數尺下露碎石壩頂已非前河臣靳輔舊立滾水壩規制其屢次河水漫口串刷之處溝渠歧出該督等議請於各處分築埽壩節節攔護使由洪濉河下注該石壩口門寬廣一經開放黃水建瓴而下恐不能循軌前進且水過陳梁馬路王家屯一帶大隄土性疏鬆設不能抵禦難保無潰決之虞再臣等細加查訪近年徐城以上河身漸覺深通因八年後停開毛城鋪滾壩正河得以遏溜刷沙所致竊思河水旁洩過甚則正流淤墊必多何以該督等又有復修毛城鋪滾壩之請據河臣等僉稱實因近年黃水倒灌漕運維艱若不急籌消洩糧船儻有貽悞關係匪輕臣等悉心體察亦屬實在情形雖徐城上下有天然峯山等閘但過水無多不足分洩

當據康基田告稱天然閘迤東數里地名十八里屯有前河臣靳輔所建石閘二座猶存遺蹟一座若能修復此二閘誠足減黃利運臣等當即同赴查勘南岸距正河五十餘丈有小石山一座中峯兩旁有山縫二道每縫寬不過三丈有餘挖深可得二丈以外東山縫內尚露舊時壩頂西山縫內積淤已與山平詢之居民均不能指出舊壩基址適有一百三十餘歲之老民張姓尚能記憶隨令帶領人夫指認刨挖現經挖出原壩舊基臣等公同商議若即將二閘修復并開挖引河築打隄岸較修復毛城鋪事半功倍且該二閘每閘過水僅止三丈有餘閘旁又係山勢夾峙可保無奪溜衝決之患適督臣鐵保亦馳至會同熟商今十八里屯兩閘形勢既便若添修此兩閘雖寬不過七丈而深已至二丈有餘遇有倒灌及大汛盛漲足敷宣洩且

較修復毛城鋪約可節省銀數十萬兩自不如辦理兩閘較爲穩妥請　旨飭交督臣河臣等委員確估興修於本年大汛後首先辦理並請嗣後得守則守非遇倒灌及盛漲危險不得擅開以收正河日刷日深之益其議修毛城鋪石壩應毋庸議至南河自交界起兩岸大隄尚俱堅固間有單薄應修處俟勘覆全河完竣再行具奏奉　上諭長麟戴衢亨奏勘明毛城鋪毋庸修復並另籌宣洩之路以利漕運而防盛漲一摺所辦甚好其摺內所敘情形并圖說亦皆明晰前此鐵保等修復毛城鋪原爲減黃利運起見但流弊甚多若竟照所議辦理不但工費浩繁且該處勢若建瓴口門寬廣將來啟放時必致一發莫禦下游潰決之患何所不至長麟戴衢亨於馳詣江境後因康基田告稱十八里屯地方舊有壩基足資宣洩卽至彼確勘并又

訪得一百三十餘歲之張姓老民令其指引入夫立將壩基刨出信而有徵於此修復舊規較之毛城鋪工程實屬事半功倍長麟戴衢亨能不遷就鐵保等原奏留心博訪措置得宜實爲可嘉俟工成後再行優敘至康基田曾任河臣近因年老改用京員此次派令隨往能將十八里屯舊閘基址呈明辦理可見其平日留心河務深中窾要應予嘉獎康基田著加恩賞道銜並賞戴花翎其張姓老民尚能記憶壩座舊基帶人指認得濟要工亦屬可嘉伊從前自必得受旌賞並著再交鐵保詳查如無頂戴卽賞給七品頂戴再酌量賞銀數十兩並加賞大緞二三疋以示獎勵朕披閱奏摺欣慰施恩非巳如此籌辦卽可省銀數十萬兩不致糜費帑項實緣黃流盛漲在在可虞下游地方關係尤重似此於減放之中仍寓節制不致漫溢爲患則

地方生靈以及漕運均受裨益所係匪輕鐵保徐端二人前將
修復毛城鋪一事冒昧陳奏現在據伊等亦自稱開放毛城鋪
石壩極爲擔險且不免流弊特因別無分洩去路不得已籌辦
及此等語試思十八里屯舊閘規制具在何以伊等不加籌畫
若謂舊基湮沒不能勘出則此時現有張姓老民足資採訪該
督等並不周諮博採率爲行險僥倖之舉豈實心任事之道此
事係鐵保先行奏請殊屬不合著傳旨申飭徐端專司河務於
朕交議時並不悉心講求率行復奏請辦更屬非是著傳旨嚴
行申飭所有十八里屯修復舊閘並開挖引渠築打隄岸等事
俱即交該督等確估具奏於本年大汛後即行辦理務須認眞
督辦期收減黃利運之益不可草率其修復毛城鋪石壩之處
毋庸議此事朕前若輕聽鐵保等所議不派大臣前往查勘遽

行興辦又或長麟戴衢亨於到彼後不能悉心講貫即照伊等
原議則流弊無窮不但鐵保徐端二人將來不能當此重咎即
長麟戴衢亨亦豈能辭責耶可見河工要務不厭詳求總須揆
度情形和衷商榷斷不可稍有成見此一事已照長麟戴衢亨
所奏辦理但此外尚有應行籌辦各條鐵保等又不可以一經
申飭竟爾緘默不言以爲欽差在彼可以置身局外此後盡存
推諉之見致負重任恐將來獲戾更重矣勉之愼之（南河成案續編）是
年五月十四日長麟戴衢亨奏會同督臣河臣查勘王營減壩
該壩在黃河北岸距清口二十餘里康熙四十五年前河臣張
鵬翮因外河清口一帶南岸之洪澤湖北岸之中河兩路匯水
歸入黃河勢甚浩瀚不特隄工喫重而清口亦易倒漾奏請建
造此壩以分洩黃河異漲之水由鹽河入北潮河歸海嗣因舊

壩離河隄僅二十餘丈開放時溜勢湍激易於衝損乾隆四十六年前督臣薩載等復奏請改建迤下八十五丈清口得此分洩漲水可以掣消嘉慶十一年五月清黄異漲將裹頭壩底全行衝刷跌成深塘堵築後遂無宣洩之路臣等會勘該壩關係運道機宜實屬應修之工惟舊壩地勢究覺逼近黄河且堵閉缺口以後深塘積水施工甚難又舊壩裹頭原止一座是以一經開放竟至衝刷今擬移置舊壩西首土頭乾老之處查照舊式作滚壩一座再於壩下三十丈添做石壩一座重門保障庶免吸溜跌塘之患至沿河南北兩岸大隄前於嘉慶八十十二等年疊經該督臣陳大文等奏請培築俱蒙恩准何以目下又請加培詢之督臣河臣據稱江省南北隄岸二千餘里本不及山東河南高寬十分之五且每年盛漲時河水出槽水過沙停漫灘日高隄身日形卑薄雖節次擇要加培並現辦淮揚道屬土工估銀五十三萬兩均不過間段修補今請普律加培要期收束得力水勢趨下庶可冀河泓日深臣等查河工漫水一次即正河淤墊一次欲河工日有起色須先將隄工保護萬全則其餘各工得以次經理今徐州以上隄岸略爲整齊而卑薄之處較多一至淮揚所屬桃南桃北即多灘高隄矮處所外河山安海防等廳更有灘與隄平僅賴子堰護持者設遇盛漲險工立見是以沿河大隄普律加培勢非得已惟隄長二千餘里估修銀二百餘萬兩一時難以猝辦自應分別緩急以昭慎重現在淮揚道屬隄工最爲喫緊雖經擇要加培尚恐未足深恃請旨於估修銀二百餘萬兩內先行提借兩淮運庫銀四十萬兩交督臣河臣等派員將揚屬隄工卑薄較甚各處於本年

伏秋前趕緊加培其餘可以稍緩處分定段落再於霜降後次第興工至雲梯關外海口情形先於徐州途次即派隨帶司員敦良牛坤會同候補道葉觀潮先往查勘臣等於勘過王營減壩後會同鐵保徐端由清江一路逐次測量查至雲梯關外一百五十餘里將至大淤尖止凡河流所經深處二丈六七尺至三丈不等至淺處亦有八九尺流行極爲暢駛是海口實屬寬深並無阻遏惟雲梯關迤下舊無隄堰處河水至彼平衍散流現在陳家浦以下數里至張家莊許家圩地方即有旁出溝槽二道一寬三十餘丈一寬一百餘丈雖過水三五尺不致奪溜但河身散漫旁溢久之中泓必形於墊尾閭亦因而不能暢達是以該督等奏請接築長隄爲束水歸槽之計前河臣靳輔以治河必始自下游雲梯關外南岸築隄七十里北岸築隄十數

里時海口距關較近今河灘日淤日遠關距海口已一百八九十里臣等目擊兩岸禾苗芃茂村落散布田廬甚多較乾隆年間情形又復不同並非如莫瞻菉所奏雲梯關外專係蘆蕩沙灘潮汐往來之所其北岸爲安東海州所轄南岸爲阜甯鹽城所轄近年河水旁溢因災賑卹歲有所費若接築兩隄收束水勢既可杜河身散漫停淤之病並可衛護兩岸民田誠爲一舉兩得先據該河督等擬照內地隄工接築估需銀一百萬兩伏思近海之隄究與上游不同祇期足以束水不必過於高厚又續據確估南岸至大淤尖止北岸至龍王廟止兩岸接築長隄三萬五千三百餘丈頂寬二丈高一丈足資攔束其近海數十里之八灘地方爲潮水所及擬自八灘以上五里許即將南北兩隄略仿雁翅形勢漸遠漸寬俾海口長潮時河水毫無頂阻

暢行入海計關外接築長隄實需銀八十餘萬兩較原估仍可
省銀二十萬兩隄成之後總須官爲修守方足以專責成據鐵
保徐端等籌議沿河廳營兵夫內儘有可以歸幷移駐者於歲
帑亦不致增多應令該督等另行詳議將如何更設抽撥之處
分别題奏並將應辦各工由河臣確造做法丈尺細册咨部查
核奉　上諭照准上同

嘉慶十三年十二月二十五日奉　上諭吳璥托津會同鐵保
等奏稱海口改道之說溯查前明及本朝康熙年間舊案所有
灌河入海之路覆轍具在而現在周歷履勘北潮河匯流馬港
口張家莊等處漫水業已數月尚在壅積可見去路不暢且又
不能刷出河槽而此外又無可以另闢海口之路仍請修復故
道將雲梯關外大隄接築收束水勢使東注得力並據鐵保等

另片奏請其需撥銀二百九十萬兩務於歲底春初到工等語
北潮河漫水去路不暢又無河槽伊等以現在情形證之昔年
誤改成案論據確鑿是由灌河入海之說斷不可行自應挽歸
故道至所稱雲梯關外水勢散漫必須接築兩岸大隄收束水
攻沙之效並稱較原估丈尺可以稍減其十八里屯及減壩工
程均停止緩辦揆之目前情事亦祇可照伊等所奏辦理惟是
國家帑項實在支絀河工連年請撥之項數已不貲迄未一勞
永逸現在據伊等計算海口挑挖引河堵截缺口並接築長隄
等項又需餉銀二百八十餘萬兩現當辦理緊要之時亦不能
不設法應用惟詢之部臣此時各省實已無項可撥不能俯從
所請况天下經費甚多豈能以天下全力專理一工乎萬不得
已姑照鐵保等所請降旨阿克當阿令將商捐項下一百五十

萬兩趕緊解往全河南山東江西浙江四省藩庫雖亦降旨分
其籌撥但有無尚不可知伊等祗可就現有帑銀將目前緊要
各工內擇其尤急者先為趕辦試思撥餉如此之難而伊等此
次請撥之後果能不再請撥否河患未除帑項日絀勞費無已
是誰之咎鐵保等惟當激發天良督飭在工大小各員實心經
理嚴查弊竇若稍有浮支混用辦理不實則不但王法具在而
天理更屬難容祗得在工所正法示衆決不輕恕伊等身家性
命所關不可不慎之又慎（上同）

是年六月山安北岸之六套地方無隄處所大汛漫水刷出溝槽
分流由灌河口歸海（南河成案續編）

今按六套一帶漫溢刷經　欽差吳璥托津查勘卽馬港口張
家莊等處漫工（續行水金鑑）

是年七月十八九日海防廳境雲梯關外南岸陳家浦漫缺二百
八九十丈分溜八九分水由五辛港入射陽湖歸海其北岸六套
地方亦有漫刷溝槽一道旋卽挂淤（南河成案續編）

次年二月初二日陳家浦開放引河初十日合龍（南河成案續編）

嘉慶十四年正月以運河荷花塘漫工堵合復經釐塌降徐端副
總河那彥成往新疆換班（南河成案續編）

是年三月十一日鐵保吳璥徐端奏伏查海口高仰歷年已久
黃河倒灌之病溯自前明以來皆所不免近年因漫溢頻仍河
底淤墊愈高倒灌遂較前更甚欲除倒灌之病非河底刷深不
可欲使河底刷深非海口通暢不可卽海口復舊之後尚須刷
滌二三年方能大暢現在尚未挑復更別無掣刷河身之法此
倒灌不能急治之一也蓄清敵黃尤為要策但水爭高下黃河

河底日於日高清水勢難外注及至湖水長發之時若過於收蓄必至又如上年甎工之失其害更大勢不得不啟壩保隄而五壩石底尚未修砌過水無所節制何能蓄清敵黃啟閉兩難無從措手此倒灌不能急治之二也江南河面窄狹盛漲難以容納是以前河臣靳輔於上游徐屬地方建設毛城鋪及天然閘峯山蘇家山等閘壩以備宣洩盛漲之路既可減黃又可助清皆爲保護隄工救治倒灌之良法今毛城鋪業已停辦蘇家山天然峯山等閘四處其寬僅十餘丈洩水無多黃漲難期大減黃水愈强則清水力愈不敵此倒灌不能急治之三也下游揚屬之王營減壩距河口不及二十里向來倒灌時啟放掣消其效較靈現在尚未修復河口水長無可掣減此倒灌不能急治之四也臣等日夜焦思何敢不急求實效但工鉅費繁數年

來無暇辦及此時斷不能剋期興舉近年所辦要工如郭家房王營減壩陳家浦運口甎工佘家壩千根旗桿百子堂平橋三鋪荷花塘並對岸臨湖缺口貟家營蔡家潭等處以工程而論實已不少然俱係堵築漫口於治河之計無涉是以費用祇見其多而實效仍形其少直至本年二月初九日荷花塘合龍運河各漫工始得全竣而雲梯關外上年漫缺之馬港口張家莊等處缺口尚未堵閉舊海口不及挑復其餘各閘壩要工更無暇籌辦不得不先就湖河隄埽現在人力所能施時日所能辦各工擇要興修爲目前補苴之計但求今年漕運無誤黃運隄工處處無虞則以後各要工即有餘力可辦亦有餘暇可圖惟現在實有不能遽復舊規急求奏效之勢不得不據實瀝陳南河

成案續編

治水述要卷七

治水述要

八册

治水述要卷八 自嘉慶十五年至嘉慶二十五年　　全集七之八

秋浦周馥玉山甫纂　　男學淵 學熙 學輝 孫明焯校字

嘉慶十五年八月徐端奏海口停淤非裁灣取直貽害 南河成案續編

時徐端奏臣接奉　上諭本日據松筠奏籌辦海口一摺內稱黃河受病之由總緣嘉慶九年十年間吳璥徐端等將黃泥嘴俞家灘二處逢灣取直致水性紆緩轉致停淤此時辦理之法仍須將舊時灣曲處所修復如式此外祇須間段挑挖毋庸大挑引河致需帑過多等語黃河下遊上潰自因尾閭不暢之故今據松筠察看情形以爲大溜不應直趨當聽其隨灣就灣深以當日所辦爲非言之甚力昨已降旨將徐端補授河督並派馬慧裕前往督辦海口除俟馬慧裕來至行在面行詳詢外徐

端久任河工現在總理全河責無旁貸松筠所言是否實在情形著即據實奏聞不可稍涉回護如事多窒礙亦不必存附和之見松筠所管事務較多於海口事宜不能兼顧此事全責成馬慧裕徐端二人會同經理務當細心講求以期蕆工完善爲要所有松筠原摺並硃諭著鈔寄閱看欽此並恭錄硃諭松筠原摺寄閱前來仰見我　皇上至聖至明於黃河水性情形洞燭無遺莫名欽服伏查黃河溜勢趨向靡常因之曲直無定曲則紆折而行遲直則迅捷而流急此一定不易之理也臣恭讀康熙三十八年三月　聖祖仁皇帝　上諭朕欲將黃河各險工頂溜灣處開直使水直行刷沙欽此是年四月前河臣于成龍奏稱徐州楊樹莊一帶已遵　旨挑挖其各險灣曲之處容臣陸續挑挖奉　旨是凡有灣曲之處俱各挑直欽此是

灣處取直使之刷沙　聖諭煌煌久已昭垂勿替今敬誦我
皇上硃諭此論近是北河形勢則不然若河太直慮其一洩無
餘若以入海之情形而論河道似宜直直則建瓴而下曲則停
淤欽此具仰　睿照如神片言居要誠與　聖祖仁皇帝同符
合撰洵當永遠欽遵　垂萬年之法守臣查黄河自豫東至江
境海口千數百里其間曲直相間隨時變遷不知凡幾乃河流
自然之勢固不能使曲者皆直亦不能使直者盡曲然此千數
百里中或數里一曲或十數里一曲不過埽灣而行形勢仍屬
舒展並不兜裹惟黄泥嘴俞家灘兩處則回環屈曲東流者折
而向西乃復南北周轉然後東行此數十里内幾經輾轉兜裹
不能迅駛暢行因有水圖之名言其圈積停滯也嘉慶八九兩
年吳璥與臣先後奉　命勘籌海口時廣諮博訪皆以黄泥嘴

俞家灘灣曲太甚入海紆遠水落較遲因率道將等測量兩灘
以上水緩而淺過此即溜急而深其爲兜阻顯然是以奏請取
直使徑捷東趨計黄泥嘴周圍長五十三里對直挑通僅長四
里於九年二月挑成俞家灘周圍長三十餘里對直挑通僅長
六里於十年四月挑成時引河甫挑並未將舊河築壩攔截而
大溜即全歸引河水深二三丈不等舊河盡淤在工官民皆所
共見此水性舍曲取直之明驗若謂改挑徑直旋濬旋淤則初
放引河時大溜即應仍走舊河何待三四年後始壅遏爲患此
又不辨自明也至松筠所奏自黄泥嘴俞家灘改挑後始有陳
家浦等處漫工其先未聞雲梯關外有漫決之事查乾隆十年
海防南岸陳家浦漫溢十八年及二十五年北岸五套兩次漫
灘過水二十九年陳家浦五套兩處坐灣頂衝其時該處河身

低而內地高不致奪溜水落即可挂淤前河臣高斌勘籌議奏讓地與水毋庸急堵又四十一年北岸二套漫水刷缺至四十二年秋後始堵四十四年山安之三四五六等套堰工平漫過水皆在雲梯關以外黃泥嘴俞家灘未經取直之前成案具在並非因兩處河形取直始有陳家浦馬港口之漫溢也本年春督臣松筠查勘海口見舊河有長灣積水即欲就此疏挑向臣等面商當以該處河形兩頭淤高故水有存積並不甚深若欲疏通仍須大加挑挖詳晰告知迨六月下旬催漕事竣預籌興辦海口大工松筠復論及河形有水之處即可不必挑挖祇就淤墊處所略為挑濬汛漲時自能掣溜下注工既易竣而錢糧又大可節省臣與吳璥因其為撙節工帑起見當虛衷籌酌復同松筠商委明白估算之參將劉重等復加逐細較量河身之高下酌定應挑之丈尺確切估計旋據開單稟覆黃泥嘴舊河形周長七千六百六十丈窪處僅深一二尺俞家灘舊河周長六千一百四十丈兩頭淤平中閒低窪積水處寬二三十丈深二尺至七尺不等較現估所挑河底高至丈餘若不一律挑深則過水實難通暢如照原估取直開挑計算土方共銀一百四十九萬六千三百餘兩若就黃泥嘴俞家灘舊河灣曲處開挑計增估土方銀九十萬四千三百六十二兩零連正河挑土共估銀二百四十萬六百餘兩如果就舊有河形處間段挑挖即可放水通暢而錢糧又能節省臣等具有天良何肯固執回護必不欲照伊辦理今再四籌維既須增費多金且又兜灣不暢是以令原估之員親赴江甯詳細面稟嗣稟稱松筠仍未見允吳璥與臣復詳細作札請其通盤籌畫此與督臣松筠先後商

議之原委也查逢灣取直傳自前人非由今始靳輔治河方略云開挑引河必酌地形若正河身曲如弓背引河身直如弓絃則河流自必舍弓背而趨絃是靳輔亦以取直爲得勢又河防志所載張鵬翮黃河取直論云千里一大曲百里一小曲故河雖善淤無停滯之患假令寸寸而爲曲折則水阻沙停河之潰決不可勝言於是有楊横莊等處灣曲取直之奏蓋黃河坐灣處始成險工取直本屬良法雖千數百里奔湧而來隨溜勢爲曲直亦必不能處處取直盡去險工若云河宜曲不宜直此語則未之前聞況雲梯關外地已近海誠如　聖諭以入海之情形而論直則建瓴曲則停淤實爲不刊之論且黃泥嘴俞家灘盤旋兜裹更非尋常灣曲可比無論紆折太甚其勢不能建瓴直注亦斷非有此兩處大灣曲即能將海口横沙刷深一勞永

逸而現在挑工轉須增估銀多至九十萬兩有零似未便牽滋虛糜至所稱凡有積水處即不必大挑自能掣溜等語從來水性就下縱能使之舍直就灣斷不能使其舍卑就高舊河高仰之處不挑而欲其吸動大溜入海斷無是理必致馬港壩工金門著重難以堵合此臣等反復籌商博採眾論實未敢隨同附和也計九月初開工爲期已迫不便再有游移八月初一日將原定挑河土方丈尺章程及採辦料物情形會同吳璥具奏所有舊河形勢及淤高丈尺皆目所共覩現在蒙　恩令尚書馬慧裕前來計期九月初到工自可細加覆勘臣現將應分段落應雇人夫預爲齊集俟馬慧裕到工勘明即飭普律興工限六十日完竣不致遲誤奉　上諭徐端覆奏黃河形勢隨灣取直各緣由並繪圖進呈覽奏俱悉已於圖內俞家灘黃泥嘴舊河

灣折州對之處用硃筆攔截即照徐端等原議取直挑挖矣隨灣取直之論自　聖祖仁皇帝時已明頒訓諭即前任河臣如靳輔張鵬翮等亦皆敬謹遵辦並非吳璥等創爲此論松筠自係聽他人慫恿未經熟悉全河形勢亦未詳查舊案率爲此奏不獨挑復舊河灣曲處所虛糜帑銀九十萬之多且舍直取曲亦斷無此理已諭令松筠不得干涉河務機宜惟當幫同督催料物如有應行調派之員即飭令前往以期迅速集事此事專責成馬慧裕徐端二人等因欽此南河成案續編

覆案推五行者莫不以水屬智而孟子言智獨以禹之行水當之足見治水非智者莫屬然智者豈易求哉必設有專官終身考究庶幾少敗乃事每見世之重風骨勵品行者於治水一事多茫然莫解或名德老臣亦有時悮會如宋之文呂二公主回河之議是也松文清督兩江時謂衞河水淺宜引沁助衞且欲逼衞仰行於張秋濟運已屬創論經河督陳鳳翔奏駁幸蒙

聖鑒嗣後謂海口宜曲不宜直欲以所挑之直河仍改使曲尤屬駭人聽聞旋又遭徐端奏駁說者謂陳徐二人不得安於其位矣當時南河之病在河底淤高徒開黃泥嘴俞家灘兩灣無補全局查各處小水入大水大水入海兩水頂托無不坐灣即裁灣取直地非建瓴不能驟刷寬深出上至三十丈以外不能再遠當時挑工已屬周密然其至要辦法在上游不使旁決則力專行疾趨壑之勢自正海口之河自深其謂海灘較淺者乃地勢較上游獨低耳非仰阻也善哉吳菘圃相國之言曰海口固須挑濬而大隄不能堅鞏則一經旁洩挑亦仍淤蓄清固屬至要而隄壩不能修復則遇盛漲蓄亦必潰　宣廟謂此言切

中事機有由然哉

又案松文清任兩江時曾密陳吳璥徐端辦理工程有虛捏開報情弊自求調任總河以便查覈又疏薦蔣攸銛孫玉庭堪勝此任奉　上諭河工敝壞已極人人視爲畏途松筠不但不推諉轉鋭意自任具見公忠爲國朕甚嘉焉但河務非其所長其令蔣攸銛補授河督與松筠實力講求相助爲理欽此先正事略

又案徐心如河帥著有安瀾紀要迴瀾紀要二書詳明切實閩係某守備原稿至今河員奉爲圭臬特摘要錄左

安瀾紀要　簽隄　河工首重埽工猶屬明險大隄爲根本其暗險不可不知一綫單隄年深日久或有獾洞鼠穴水溝浪窩之病及樹根朽爛冰雪凍裂之處一遇大汛漫灘滲漏串水最爲隱患其所以防患於未然者惟有簽隄之一法每年於春初百蟲起蟄後將南北兩坦逐細簽試該文武汛各帶兵夫分投督辦每汛隄最長者不過二十餘堡每日可簽一堡文武分簽十餘日可竣其法用尖頭細鐵簽長三尺上安丁字木柄如拄杖式先量明兩坦丈尺每人攤管三尺如坦長三丈派兵夫十名按坦之長短排定人數開定名單自上而下按次持簽排立挪步前行每挪一步即立住。中左右用力簽試。三簽再向前進。步步皆然。隄旁派字識一名。力作兵夫七八名。各持鐵簽榔頭隨行。遇有簽出洞穴。該兵夫報明。一面令字識在某兵夫名下登記。一面令力作兵夫刨挖。尋其根底。洞之大小灣直不一。其小而灣曲者。恐兵夫偷懶。或將碎土壅蔽。雖無心作弊。而洞穴細小。一鍁下去。洞口即掩。其實並未塡實也。該汛必得親督刨挖。細心察看。古云蟻穴沈竈不可以小而忽之　水溝浪窩沙土隄工水溝浪窩在所不免隄頂愈寬則浪窩愈大塡時竟有用土數十方者此則形現於外人共見尙有一種名爲穿井隄身中間不過存一窪形其中間有小洞一箇大如指而其下極爲寬闊此種浪窩兵夫看見輒以一舉足之勞粉飾目前遂泯然無迹惟在廳營留心查察庶不致爲若輩所朦凡塡墊水溝浪窩先將溝旁未經沖動之土細細粉開小者用夯大者用硪尋覓好土自下而上如築隄法坯坯夯築堅實再比隄頂加高二三寸庶下次大雨不致再沖至於井穿當查其從何處出水如外坦出水卽將外肩挑開從出水洞口至隄心全行挑挖如法塡墊方能結實

堵漫灘決口　漫灘決口因河水盛漲普面漫灘大隄或有滲漏或隄本單薄以致漫溢潰決者此等決口既非頂沖又非掃灣究無大溜應急切裹頭勿使刷寬

歲修宜早　河務工程宜未雨綢繆不可臨渴掘井人皆知伏秋大汛爲修防緊要之時殊不知全在冬勘春修一交桃汛後土埽各工皆竣料物儲備充足入伏經秋從容坐守不過遇險卽搶而已若冬勘未週春修不足伏汛之水已長廂築之工未竣事事措手不及鮮有不潰敗者縱幸而搶救保全然所費錢糧已不知幾倍矣

估計增培土工　近年以來河底有日高之勢大隄增培在所不免必須預爲估計估計之法大約以盛漲水痕爲準如一廳內通工水勢長落尺寸大概相同水痕尙有把握倘上汛大下汛小或上汛小下汛大其中必有所以然之故如下游有分泄過暢者則下小或本工中有淺阻則下亦小或下泄有淺阻之處則上小而下大此亦理所必至然分洩者可堵淺阻者能通則明年水勢大有不同估工者於水痕

之外再加斟酌則得之矣　險工對岸估挑引河　險工對岸
必有淤灘南灘則北險北灘則南險前人有於對岸挑引河之
法可以化險爲平然舊河至窄亦有七八十丈深三四丈不等
所挑新河寬深不及十分之五以就下之水而欲其舍深就淺
舍寬趨窄是豈水之性哉必須河頭得勢庶乎其可所謂河頭
者當於對岸灘嘴上游尋河流初轉灣處陡崖深水溜勢頂沖
塌灘潰崖似必欲於此尋一去路如此謂之河頭其下又有灘
嘴兜住溜勢爲之下脣再於下游尋陡崖深水處謂之河尾測
量灘高水面若干再用旱平自河頭至河尾逐細較準方得河
頭水面高河尾水面若干如高二尺以外大可興挑迨開放時
河頭有吸川之形河尾有建瓴之勢其成工也必矣其必不成
者有五無河頭者不成有河頭而無下脣謂之過門溜者不成

有河頭下脣而無河尾者不成有河頭河尾下脣而上下水勢
相平者不成四者齊備而河身純是老淤者亦不成五病之中惟水勢相平者闕有成功非平也建瓴之勢少耳須近河尾兩旁有寬灘足以容水亦自吸溜惟無河頭無下脣其病極大十有九敗老淤灘刷亦是大病
包堆料垛包辦夫土宜禁　廳員所管境內汛長
工多豈能處處親自經理不能不任用幕友家人分駐各工八
數既多賢愚不一未必能休戚相關赤心任事廳員自知稽察
難周遂有包堆料垛包辦夫土者計堆科算誠爲簡便殊不思
一經包辦其弊叢生從此料垛空鬆埽不堅實目前之節省無
多暗中之消耗甚大且釀成大險貽害無窮爲河廳者不可不
知蓋料既包堆人思分潤於是門印有費廠書有費巡兵有費
料未到廠已剋扣不貲工友再包於料販層層剝削所賸幾何
必致胥役串同堆成花堆以掩一人之耳目況廂工時所需夫

土錢文既係按垛計算則多用一垛卽多開一垛之錢文又何樂而不堆空鬆之垛爲後來開銷地步耶此料垛之不可包辦必須設廠收買也至包辦夫土之弊初意原恐跑簾偷竊花費故特定以限制然錢文既有定數幕友家人豈能賠墊必愈求撙節每遇廂工遂以料抵土埽肚悉皆花土四工僅高尺許用料多則開銷愈多用土少則用錢自少試思用料一方與用土一方其價值相懸豈止倍蓰而爲廳員者暗地喫虧竟無人計及於此員可浩歎況廂埽全憑土壓土輕則埽必鬆浮大溜一到輒致漂淌所費更不知幾何其病皆由節省夫土而起更有一種昧良之人利在搶險埽段已蟄猶以無錢坐視任意俄延往往釀成大患其害尤不可勝言矣語云疑人莫用用人莫疑派管埽壩之人必擇其肝膽相信者廂工夫土不限定數總之

按用料一垛連土計單長若干單長多者用土自多單長少者用土自少無他巧也廠房則多備錢文以爲不時之需則工皆堅實伏秋無險可搶所省實多多矣

大汛防守長隄章程錄二條

一　廳官查工必需帶大小銀牌並錢一二千文如有出力兵夫隨時獎賞多則二百文少亦數十文以示鼓勵務使在隄兵夫踴躍歡欣便是太平氣象能於獎賞之外別有感勵人心使之奮興從事久而不忘者則神而明之存乎其人使有罰無賞則人人解體誰肯出力乎所謂恩七威三者是也

一　有大案土工每汛應於裏面有土之工酌留一兩段俟伏汛開工以爲養夫之用如無土工亦應酌估一兩段庶可招集人夫以備不虞

堵漏子說　大隄走漏爲至險至急之事古人云蟻穴沈竈蓋不急救則害且不測矣猝然遇

之雖賀勇者不能不驚心動魄然必靜以鎮之察其形勢施工搶救庶不致氣阻神消手忙腳亂凡有走漏之處當先知隄身是淤是沙離河遠近有無順隄河形測量隄根水深若干見有漩窩即是進水之門速令人下水踹摸一經踹著問明窩隆大小如係圓方洞則用鍋扣住令其用腳踹定四面澆土即可斷流如係斜長之形一鍋不能扣住者應用棉襖等物細細塡塞或用口袋裝土一半兩人擡下隨其形象塞之仍用散土四面澆築亦可堵住此外堵法也或臨河一面不見進水形象無從下手只得於裏坡搶築月堰先以底寬一丈爲度兩頭進土中留一溝出水俟月堰週身高出外灘水面二尺然後趕緊搶堵如水流太急緊一小枕攔之裏面再行澆土更爲穩當仍須外面幫寬夯硪堅實俟裏外水勢相平則不進水矣此內堵法也

如隄頂寬闊有於走漏處隄心挖一溝務須大坦坡見水而止即用棉襖等物於進水處塞之亦可斷流此又一法也倘大隄土性沙鬆諸法搶辦不及竟至塌透者不可驚慌因彼時口門不過數丈當於見漏時先紮一枕較外灘水深高一二尺如水深三尺枕高五尺倘竟塌透即將此枕攔於口外用橛釘住使水流少緩一面多雇撳手排立兩隄頭將土粉下一面令兵夫數人立於缺口內連臂閉眼齊力跳踹以免瞇目傾跌所粉之土須從人頭上潑下漸跳漸稠亦可閉氣惟沙土隄有此辦法沙隄漏孔如斗大多不可救要在多積塞漏之物常留然亦挑土之夫晝夜分班梭巡不斷遇滲水處即呼人搶堵耳然亦僥倖於萬一耳總之臨危濟急不如防患未形所以簽隄一法前篇諄切言之果能實力奉行信賞必罰春初簽隄夯築堅實既無罅隙何致復有滲漏耶　創築隄工　創築之要有五勘

估宜審勢取土宜遠坯頭宜薄硪工宜密驗收宜嚴備是五者工必固矣不宜於隆冬僵凍土凝結凌塊難融雖重硪不能追透者亦不宜於夏恐水至漫灘無土可取故凡大興工作非春秋不可也估計之要必因地勢周禮考工記曰善防者水淫之（注謂水泛濫所及而不當衝激之地也）注曰防所以止水不因地勢則其土易崩蓋必擇高阜處不與水爭地然後能禦水隄身不宜過於順直不妨少有灣曲他日如遇河溜埽灣而來逢隄身外曲處不過埽工兩三段即挑溜開行否則順走隄根生工不已此屢所經歷信而有徵者

迴瀾紀要　定壩基　漫口有分溜奪溜之别如大溜尚走正河漫口不過分溜幾分謂之分溜大溜全歸口門正河下游乾涸謂之奪溜分溜口門壩當建於兩河分岔之處萬勿稍爲退後至成入袖之勢難於成功其奪溜口門當先定河頭挑挖引河使水有去路河頭既定再看壩基大都東壩基宜去引河頭七八十丈至百餘丈（若永定河頭只距大壩三五十丈可矣）倘離河頭過遠則開放時不能得力太近則東壩基有搜遠之虞更宜建於老崖深水處如兩岸均得老崖固妙然溜走中泓者絕少能得一岸老崖亦可以施工矣　挑水壩　挑水壩應建於引河頭對岸之上游所以逼溜全歸引河且護西壩根基最爲緊要查引河頭應在深水陡崖之處對岸上游必有灘嘴挑水壩基此其處也萬不可過低低則斜長做去壩頭已在引河頭之下不能得力亦不可過高高則溜頭挑於引河頭迤上塌崖坐灣引河頭反成背溜爲有礙必須恰對引河頭上唇方爲得勢　出占　出占即兜纜軟廂也治河書言之未詳亦莫考其創始前人用之

於歲搶埽工乾隆四十三年豫省馬家店大工始行此法然猶一壩下埽一壩軓廂嗣因軓廂便而且穩凡有大工兩壩皆用之及至將合龍時兩壩各下一埽名爲關門埽亦有不下一埽純用軓廂合龍者軓廂之法用大船一隻橫於壩頭名爲捆廂船凡大西河船卽可雇用先將船舵䙡去再將中艙棚板拆卸用木一根如船身長架於船上用繩連底捆住名爲龍骨加以上水提腦下水揪艄使船不隨溜動移謂之上位船旣上位卽須兜纜每纜一條用橛一根纜之名色不一

合龍　合龍不必擇日定時拘泥遲早欲速則虞草率太遲則金門刷深恐防意外總視兩壩頭重土追壓後盤築十分堅實以高出水面三丈及二丈七八尺爲度釘廂壓土不見蟄矮然後合龍先釘合龍橛每根離檔一尺於金門前眉釘合龍枕每橛一根掛纜一

條上下水各掛紅一匹總河率道將祭告行禮後先丟柴一束道將各官依次上柴再拉旗買料官兵一齊動手擇熟練之將備鳴鑼爲號守纜樁手聽鑼聲號令將繩齊齊放鬆廂料先鋪上水次及下水俟兜子沾水卽按坯壓土廂至三坯卽可用大土追壓未到底時下水翻花必近而大愈追壓則翻花愈遠愈小漸漸閉氣矣合龍日開工宜更早總在子丑寅三時以便窮一日之力追壓到底夜閒派官看守追壓大土而已合龍之夜能將大占體壓落地毫不走蟄卽是好氣象總要先一日分派文武換班兵夫到晚閒亦要換班一氣趕做不歇非到閉氣斷流消滴不漏不可歇手惟恃掌壩調度得宜文武兵夫前三日宜畧養息不可過勞

開放　引河旣成後開放機宜爲通工第一關鍵在掌壩將備無不欲早開一日則壩工早輕一日而引河各員惟願俟將合龍時再行開放欲藉壩工擡水更爲得力此二者均不免私見總應看兩壩頭底土性

如何如壩頭進一占得一占毫不刷深無妨多進幾占金門收窄至六七丈始行開放倘壩頭底子不好隨進隨深則收至十五六丈即須開放蓋水去一分則壩工輕一分庶壩頭不至再爲刷深台龍較易爲力萬勿選擇日期惟察看風色溜勢齊逼河頭便是極好機會一有可開之機即刻動手若少有拘泥貽悮不淺至於冬至後天寒地凍滿河冰凌不可輕放曾見帶凍開河河頭爲冰凌擁積涓滴不能下流以至壩工失事然此非臨時所能斟酌必於大壩口門收至三十丈時當時爲留意否則欲進不能欲停不可悔之晚矣

是年十一月初二三日風暴掣通仁智義三壩過水共計高堰廳屬掣塌甎石工長一千七百餘丈山盱廳屬掣塌甎石工長三千餘丈南河成案續編

是年十一月十三日奉　上諭徐端不勝河督之任著革職仍留工效督辦義壩及一切緊要工程以觀後效江南河道總督員缺著蔣攸銛補授欽此同上

是年十一月吳璥奏本月二十三日蔣攸銛親賫諭旨宣示上諭據徐端奏高堰山盱兩廳於本月初二三日風暴大作巨浪激盪致將義壩舊埽掣通過水仁智兩壩封土護埽亦皆掣通其計高堰廳屬掣塌甎石工長一千七百餘丈山盱廳屬掣塌甎石工長三千餘丈等語現在該處潰決情形想吳璥在浙自早已得有信息高堰爲淮揚保障要工今甎石工多至四千餘丈越隄過水固由湖水旺發風暴猛烈實在人力難施而其受病根由諒非一日究竟因何潰決至此吳璥久任河督年來親歷河干定能悉其原委現據徐端奏稱先將下游歸江各閘

壩並高郵之車邏大壩悉行開放俾免壅漲一面擬將仁智兩壩先行趕堵其義壩掣通處所擬將兩壩盤護仍留口門減洩隨後再爲儹堵一切隄工俟春融續辦但全河大局吳璥較徐端自爲熟悉應否卽照徐端所奏辦理或吳璥另有所見著蔣攸銛傳旨詳詢吳璥病勢如已就痊卽令緩程於歲內來京以備詢問先將近年河湖受病緣由及目今應如何籌辦之處據實具奏臣受恩深重司河有年未能補救萬一捫心已切慚惶洒猶荷　聖主鴻慈垂詢諄切更何敢稍存隱飾伏查南河河患其病不在洪湖而在黃河黃河之病又在海口蓋從前黃河底深湖水易於外注定制高堰誌樁存水九尺或一丈以上卽可酌啟山盱石滾壩量爲減洩湖內自不致過漲而河口亦尙能敵黃迨後漫溢頻仍河底日淤日高勢不得不堅守五壩蓄

力蓄淸以救倒灌而蓄水過大則石隄舊重風水因湖漲而倍猛湖漲因河高而難消是以患在湖而病實在河也至於黃河底高又由海口高仰所致溯自前明潘季馴及　國朝靳輔治河時卽屢以橫沙爲慮非人力所能起除潘季馴靳輔大功雖成而海口仍時塞時通亦未能一勞永逸然彼時雲梯關外卽係海口距淸江尙近淸水匯黃之力較强刷沙之效亦較速是以漫口尙稀受淤亦少此後海口漸淤漸遠距雲梯關幾及二百里沉水出海之力不能迅捷尤易停淤前人反覆講求惟束水攻沙爲治病握要之論而以水攻沙必先以隄束水如能溜無旁趨自可全力刷滌防守之功卽屬疏導之策迨至乾隆四十二年改建淸口以後河勢一變漫工不可枚舉旁溢一次卽增淤一次河流無刷沙之暇海口安能免壅遏之虞誠如　聖

諭受病已非一日積至近年淤墊益甚河病而湖亦病運河淤墊漕運維艱其患皆相因而至此全河受病之實在原委也至於高堰石隄舊工歷年久遠根脚多有鬆朽新工灰漿未老浸泡深水之中力量俱不能堅足況此次風暴過猛且至兩晝夜之久亦向所罕聞舊損新補之石工何能相持抵禦遂至潰決若此臣前請包砌碎石坦坡庶可偎護石隄亦萬不得已之計業蒙　恩旨准行惟因工鉅費繁曠日持久勢難剋期興築為今之計祇可先其所急徐端所奏先將下游各閘壩悉行啟放宣洩係照舊章辦理以救運河兩岸隄工皆屬應辦之急務但三壩過水太大旣恐各支河宣洩不及兼慮洩水過多倒灌愈甚堵閉自不可緩徐端因湖瀆購運料土甚艱不得不分先後興工仁智兩壩俱有石底堵合稍易請先儹辦義壩隨後再堵

惟義壩於十一年已跌成塘仁智兩壩堵後勢必義壩水力更湧堵築更難似亦不宜過遲其高堰石隄塌至數千丈需用石料甚多一時尤難趕辦但大隄刷塌已窄情形喫緊明年大汛前必須補砌全竣方資捍備應於冬閒即籌項趕緊採辦石料。已須春融興工。遲則大汛前恐不能辦竣。攸關匪細惟現在海口興舉之時銀料人手未免籌畫稍艱惟盼大工速竣雖舊河祇能挑至二木樓而止未能竟除海口横沙之病而究係數百年河行熟路如果沛然東注漸次刷滌寬深自可望黃水多消清水暢出洪湖無暢滿之虞河口少倒灌之患則各工較易措置諸病亦可漸除矣南河成案續編

是年奉蓄清敵黃　上諭一道

是年十一月二十日奉　上諭朕雖未博覽治河之書留心

聖祖　世宗　高宗三朝實錄百餘年內黃河亦屢有事故

列聖垂訓指示機宜大旨總以清水不可旁洩使之盡力刷黃

黃水毋令倒灌使其迅流歸海其法以隄束水以水攻沙黃河

無旁趨之路則入海自能通暢其河湖交匯清口處所多蓄清

水使力足敵黃併勢東注以收刷滌深通之效斷不令黃水涓

滴入湖致水過沙停河湖交受其病維時諸河臣遵循辦理河

治而湖不爲患河湖並治而漕亦安常就理歷經辦有成效此

卽我朝治河之成憲也必應永遠遵循不可更張妄逞臆見近

則黃河屢有漫口河水旁溢而河底日高黃水高於清水湖水

不能暢出轉受倒灌之累迨漕船至此淺阻不能挽渡又輒以

黃濟運借黃一次河口淤墊一次河口愈高清水愈不能暢出

是與開門揖盜何異如此年復一年清口恐成梗塞之虞雖每

口挑挖深通而咽喉阻塞尾閭安能暢達乎松筠蔣攸銛務當

通盤籌畫能使清口出水之處常高於黃水則河底必能漸深

至來歲漕艘北來但得不借倒灌之黃水浮送卽河湖均受其

益縱不能責效旦夕亦當漸除其患河口漸通再將兩河隄岸

認眞保固凡有險工卑薄處所擇要培築盡心防護俾河水數

年無旁溢之患自可化險爲平轉難爲易河治而漕亦治其所

裨於國計民生者甚大松筠蔣攸銛皆受朕深恩其悉心經理

勉副朕望（南河成案續編）

是年海口增築長隄添設淮海道員缺（南河成案續編）

嘉慶十六年五月二十五日王營減壩坐蟄過水塌寬八十餘丈（南河成案續編）

五月二十七日陳鳳翔奏臣赴上游徐州一帶巡防伏汛二十

五日戌刻在桃南工次接據淮揚道廳稟報二十四日夜大雨如注河水增長普律上隄外河廳各險工均經搶護穩固惟王營減壩土隄於二十五日丑刻陡然坐蟄並漫過遙隄溜勢由鹽河一帶舊路行走臣漏夜馳回二十六日辰刻趕至減壩工次帶同道將廳營詳細查看情形測探水勢口門塌寬八十餘丈水深二丈四五尺不等黃河底高於壩外一丈數尺水由東北舊河形直下經由清河沭陽安東海州境內入海查減壩原係分洩盛漲去路誠恐分洩過多正河又形淤墊臣當即分派員弁將工次料物趕緊鑲築裹頭一面進占收窄仍照嘉慶十一年辦理章程口門空三十丈以洩漲水臣查本月初一日長水起順黃壩誌樁長至三丈四尺一寸各廳具報皆比上年盛漲較大遲至二十三日之久一寸未消徐州淮海各道屬亦紛紛具報出險臣嚴飭各道將廳營務宜加意堅守兩隄爲東水攻沙之計相持二十餘日水勢有長無消兩岸嚴守堅固禦黃壩亦經緊閉則全河大溜正可幷力刷沙乃上游疊次增長下游總不消落實由海口未能通暢而下游馬港口消水之路又爲堵閉此時若將王營減壩堵塞汛期方長河水必漲海口旣不能暢消則兩岸險工在在可慮或別工失事則運道鹽場均有妨礙自應先將減壩兩裹頭盤護中空三十丈口門以資分洩舊路經由傷損田廬亦少而於運道鹽場居民均可無虞且糧艘即日回空必須開放禦黃壩黃流不致擡高則運道亦無倒灌之患俟秋汛後再爲相機辦理似於漕運河務均爲有益查十一年正河大溜已掣八九分現在約掣六分兩壩裹頭進占後將大溜仍可擠入正河尚不致於墊第秋後必須設法將

海口疏濬通暢方可堵合減壩否則此合彼開徒滋糜費即如十二年減壩閉而陳家浦開嗣後陳家浦合而馬港口決此皆由海口之壅遏現在水由減壩而各工具報水勢消落更足徵海口之未能暢也臣與道將再四相商惟有於秋後辦理則料物充盈工程堅固而海口得以認眞測探妥辦於全河實爲有濟奉　上諭本日據陳鳳翔奏海口漲水不消王營減壩土隄坐蟄過水據稱五月二十四日夜大雨如注河水增長王營減壩土隄於二十五日丑刻陡然坐蟄口門塌開八十餘丈水由東北舊河形直下經由清河沭陽安東海州境內入海王營減壩於嘉慶十一年衝決後堵閉口門接築越隄以爲保隄即與大隄無異此次蟄塌至八十餘丈該河督陳鳳翔不能督率廳汛員弁先事防護其咎甚重且向年河工隄岸遇有缺口該河

督於奏報時即自請處分並將廳汛文武員弁嚴參辦理陳鳳翔豈不知之仍僅以一奏塞責並不自請處分又不將廳汛員弁嚴行參辦實屬辜恩溺職本應革職治罪姑念陳鳳翔到南河未久著先革去翎頂交部嚴加議處該壩雖係分洩黃水盛漲去路但蟄塌口門八十餘丈大溜已掣六分於清口固無妨礙惟減洩過多正河必致又形淤墊自應趕緊設法相機籌辦勒保現已回省辦理地方事件著即星夜馳回工次查辦一切徐端在南河較久於河工情形最爲熟悉前因迴避陳鳳翔改赴東河候補此時且暫留南河即著勒保陳鳳翔帶同該員親赴海口將漲水因何未能暢消現在如何淤墊其減壩蟄塌口門約計何日可以修復大溜始能仍歸正河之處逐一履勘明確據實覆奏至前此勒保等具奏海口北岸並無人煙之地隄

裏隄外面面皆水俟秋閒黃水消落相機籌辦一節明係北岸隄工疏於防範致有漫溢該督等諱匿不奏曾有旨令該督等據實查辦勒保係該省總督陳鳳翔專司河務著一并詳細查奏不可稍涉回護儻再意存瞻顧別生枝節不惟陳鳳翔不能當此重咎即勒保亦難置身事外也所有此次減壩蟄塌之疏防廳汛文武員弁均著革職拏問專交勒保研審此次決口係何緣由嚴參定議具奏其淸河沭陽安東海州一帶被水處所著勒保遴派明幹大員前往查勘有應行撫卹加恩之處即行奏明辦理南河成案續編是年六月初八日勒保陳鳳翔奏臣等欽奉

上諭勒保等奏稱海口北岸並無人煙之地現在隄裏隄外面面皆水低窪之處水高於隄所有該處工程應俟秋閒黃水消落時相機辦理等語黃水幷力東注方能刷沙海口始不致

阻滯豈可任其漫溢旁趨上年堵築馬港口工程南北兩岸新隄係一律培築況北岸地勢較高何以轉有漫溢之水明[illegible][illegible]岸隄工疏於防範又有缺口該督等前此諱匿不奏此時[illegible][illegible]於摺內透露殊有粉飾黃河形勢全在海口深通方無他病今該處散漫若此雖上游各處隄工目前尙不妨礙而海口正河必致日形淤阻去年挑挖工程豈不全歸虛擲乎究竟該處過隄之水係由何處漫越現由何處經行是否別有歸海之路抑仍繞歸正河入海其經由所在雖據稱並無人煙亦當有確實地名著該督等俱即確實奏聞勿稍含糊聲敘現在黃河入海之路舍正河外別無他途應如何趕緊堵築將水勢挽歸正河使不致海口受淤著即妥籌速辦勿再觀望遷延致滋他患欽此伏查臣勒保向來不諳河務本年蒙

恩簡任兩江二月接

印任事後卽在清江浦留任帀月與臣陳鳳翔將南河水利反覆講求覺從前南河諸臣請築海口新隄及堵合馬港口等事皆非長策緣黃河舊日工程至雲梯關而止關外卽瀕海沙灘不復築隄建隄伏讀乾隆四十五年 純皇帝諭旨二套以下由北潮河入海之處路捷勢順設遇漫溢正河分洩盛漲俾尾閭益得暢遂不必添建閘壩雲梯關外原不必與水爭地欽此煌煌 聖訓實屬思深慮遠可爲萬世之法當時大學士阿桂會同河臣薩載卽將二套以下馬港河東灘地應徵地畝錢糧奏請豁免是雲梯關以外皆置爲閒曠之地以爲河尾宣洩之路無所用其隄防保護也當時 聖旨所謂北潮河入海之處卽係馬家港下注之水是馬家港支河亦留爲分洩黃流之路無所用其堵閉也近年籌河諸臣皆執禹貢同爲逆河之說謂海口之水宜合而不宜分又請將旁洩之路皆行堵閉又執靳輔束水攻沙之說請築新隄逼溜入海但禹貢同爲逆河之上尚有播爲九河一語可見黃河入海處非一路可容而向日王家營減壩馬家港支河皆合於播爲九河之義非可概行堵閉至上年所築海口新隄尤未妥善查雲梯關外之地盡屬沙灘土性不能膠固且築隄時並未將隄之根腳刨土夯硪又未立樁挂埽止於沙上加沙堆成長隄兩道隄又低矮高僅七尺海灘地勢窪窿去年馬港口未合大溜分注正河歸槽之水較小不致漫灘故隄工牽高七尺不覺其有高矮之異今年水勢全歸正河漫水侵隄水勢平而隄之高矮遂見高處尚未平阻而矮處已經漫溢此海口新隄無益之實在情形也又新隄南岸至宋家尖止北岸至張家社止其下仍無隄防而大淤尖三十

里之積沙正當其衝夫以黃河數千里下注之水既出雲梯關東在兩隄之閒又爲積沙當其去路其不能宣洩可知矣本年桃汛黃水漲發即從北岸之倪家灘溢出泛濫隄外葦蕩而注入俞木套支河入海查倪家灘即北岸之尾黃流既盛隄內勢不能容因從隄尾繞出隄外由是隄之兩面皆水而隄根亦受衝刷嗣伏汛黃水益大於是上十套下十套二處皆有漫水蓋隄高七尺漫灘之水但深八尺即可漫隄是以地勢高處隄尚高出水外低處即沒入水中夫他處河隄立樁挂埽加土夯硪尚有蟄刷之虞今以無樁無埽之一綫單隄兼之沙性鬆鬆而欲其與水力爭必不可恃自新隄既築馬港口堵合束水攻沙之法可謂極矣而海口之淤如故可見築隄束水以水攻沙之效實未能操券五月初黃水增長較去年之水大至五尺一寸

積至二十三日不消遂由王營減壩旁注推原其故由海口過緊水無他路可行生此漫溢之患臣等刻刻以此爲慮而所以不敢早陳於　聖主之前者實因臣勒保初至江南河務素未閱歷臣陳鳳翔亦甫調南河於宣防利害不敢自信且大工甫竣未便遽生異議竊冀本年伏秋汛幸保平安萬一海口漸有疏通之機即不必又議更張今就減壩漫水情形而論則海口新隄及馬港口之堵閉實未盡善臣等受　恩深重豈敢因循瞻顧致悞要工就愚昧所見將來秋深水落減壩係在雲梯關內且該境有民居鹽埠皆須保護此處工程不得不加修築然漫口堵合後仍須修減水石壩以備將來分洩盛漲之路其海口新隄則請但保護南隄以衛居民田廬其北岸竟毋庸修築以免逼水之患蓋該境東北均係沙灘湖蕩竟可任水所向不

必拘定更令擇路而走總期下流通暢而已至馬家港支河仍須啟放俾黃河盛漲時分溜下往北潮河入海以復乾隆四十五年之舊章臣等連日籌議意見久同然採訪羣議有以爲然者尚有不以爲然者惟是河工要務爲民生 國計所關既有所見不敢不據實直陳爲此繪圖貼說合詞具奏奉 上諭勒保等覆奏王營減壩旁注實由海口逼近水無他路可行故有漫溢之患將來秋深水落止須修築王營減壩其海口新隄請但保護南岸以爲居民田廬之衛其北岸竟毋庸修築以免逼水之虞詳加披閱摺內援引乾隆四十五年 皇考高宗純皇帝諭旨雲梯關外不必與水爭地欽此從前雲梯關外盡係瀕海沙灘並無居民村落此時馬港口外現有大廣莊小尖集響水口曹家圩張家莊等各村落已非從前之盡爲沙灘可比至

引禹貢同爲逆河之說尤屬荒遠難稽今昔情形不同不但此時海口已非禹貢所言故道卽近來數年之內情形屢更豈能泥古而不知變通若如勒保等所奏將馬港口北岸勿庸修築任其廢棄是使上年挑濬工程盡歸虛擲北岸居民盡付波臣且北岸既廢水勢旁洩設南岸又不能保護豈復任其廢棄置民田廬舍於不問耶況水勢散漫不惟海口更淤卽全河亦必勢緩沙停爲患更大其弊有不可勝言者卽如束水攻沙亦前人疏濬之一法又豈可以盡廢且雲梯關外正海口及灌河海口情形前於嘉慶十三年十二月內曾派吳璥托津等前往查勘繪圖貼說呈覽朕復加閱看馬港口以外村落瞭如指掌此圖原係徐端眼同繪呈豈徐端亦未憶及乃本日該督等所繪之圖止有小屋數椽又無村落地名其馬港口至小黃河形勢

舊圖甚爲灣曲此則故爲取直顯係意存朦混希冀掩飾不能先事防護之咎看來陳鳳翔竟有恃才妄作輕視要務尤甚如果雲梯關外無須疏挑築隄陳鳳翔何以前此不行具奏並稱溜勢暢達上年未經估挑處所刷深至十餘里可見海口並非高仰勒保於北潮河一帶本未親往查勘惟遷就陳鳳翔之意扶同入奏即陳鳳翔亦並未身歷其境實因北岸業經漫溢致令海口淤墊現在束手無策故反以從前挑河築隄皆屬非計之言相爲抵塞此時若交廷臣集議其該處情形均未目擊亦礙難懸擬著交百齡會同陳鳳翔親赴海口及北潮河等處詳細履勘明確應如何辦理之處另行繪圖貼說據實奏聞再降諭旨所有十三年吳璥等進呈舊圖著發交閱看仍附報繳回以備披覽上同

是年七月初九日丞北廳屬縣拐山刷塌隄工二十餘丈蕭南廳屬李家樓隄工坐蟄二十餘丈南河成案續編

是年七月二十日奉　上諭據百齡奏稱查勘海口上年未經挑挖處所尚俱深通即馬港以上河身雖經減壩奪流存水亦尚及丈惟中段挑濬之處轉涸成平陸詢之河兵土人等僉稱去歲挑河所挖之土即在河灘堆積並未遠移隄外今春黃水漫灘衝刷土山坍瀉仍淤河內又挑工盡處之攔潮壩一道放水時壩根起除未淨以致阻梗水中黃水泥沙俱爲壩基攔阻停淤特甚本年凌汛淮海道黎世序即屢將漫水汕開土山必致河身淤墊之故稟明河督陳鳳翔批令俟秋汛後再行籌辦等語上年特派馬慧裕前往南河督辦挑工費帑數百萬乃壩根起除未淨又堆積土山逼近河灘致水過沙停淤塞幾同平

陸馬慧裕係駐工專辦之人實難辭咎著交部議處陳鳳翔身任河臣本年三四月間倪家灘一帶既有漫溢之處即應親往相機籌辦乃該管道員慶經稟請伊轉視爲緩圖以致河流不暢上游漫口實係該河督因循貽悞且現據奏稱縣拐山李家樓復有兩處漫口陳鳳翔著交部嚴加議處其疏防之蕭南同知陳熙守備管友仁邳北通判朱楹守備鄭慶瑤及該管之文武汛官俱著先摘去頂戴戴罪堵築仍交部議處兼管之徐州道張鼎遊擊孔成一并交部議處南河成案續編

是年七月二十七日奉 上諭本日百齡具奏查勘河口情形及審度全河局勢各緣由一摺朕詳加披閱所奏甚爲明晰百齡親赴海口查勘現無高仰形迹亦無攔門沙阻窒其受病之處在去歲挑挖河身工段內積淤三千餘丈又親至馬港口以

下見該處積有淤沙挑費更鉅且入海路窄從前試行數年總不能通暢兩相比較仍以修濬正河爲便所見甚是並擬將竈工尾以下河身加挑寬深兩岸接築新隄夯硪堅實再於七套地方增減水壩及修復王營減壩復建磨盤埽等工所議均有條理摺內以事關重大請派親信重臣前往江南公同查勘酌定目下在京各大臣惟托津曾派往南河查勘數次於河工情形稍爲通曉令據伊奏稱閱百齡摺內與伊從前履勘情形大畧相同即派令前往亦不過仍照百齡所奏公同會銜定議百齡係本省總督現經逐處履勘既言之瞭如指掌必辦理確有把握此時即責成百齡盡心籌畫朕亦不再派大員前往至伊摺內請帶素曉河務之員吳璥久任河督於南河情形素爲熟悉已降旨令其前赴南河隨同百齡辦理一切惟百齡陳鳳翔

奏應辦各工事繁費重恐一時難以並舉且河員得力者少或於要工不能兼顧著百齡再酌量緩急先後目下以何處最爲緊要應儘先修舉何者應以次籌辦通盤計算共需帑項若干何時可將全局辦理完善條分縷晰詳悉奏聞百齡受恩深重且素能辦事此時責無旁貸務勤思熟計以副委任又據稱去歲挑河所挖之土即在河灘堆積並未遠移隄外以致黃水漫灘衝刷土山坍瀉仍將河身淤墊等語挑河積土堆積遠處所需土方工價自不無加增然以重淤再挑計之則所省所費相去懸殊將來再舉挑工百齡等務相度地勢令堆積遠處不可再循故轍因惜費而轉致多費也再據另片奏邳北縣拐山及蕭南李家樓二處隄工漫溢本年王營減壩漫口河水旁溢現在上游又有二處缺口河流分溢其受弊必致加甚著該督會同陳鳳翔嚴飭道廳迅速堵築據稱縣拐山兩山夾峙不致跌塘堵合尚易爲力一俟縣拐山堵合陳鳳翔即親赴李家樓工次督同徐端率領各工員等將漫口上緊儹辦刻期堵合毋得稍有延悮同上

是年陳鳳翔奏縣拐山缺口於八月初三日合龍其堵築工料夫土錢糧應令邳北通判朱楹賠繳十分之八守備鄭慶瑤賠繳十分之二分限繳還道庫不准報銷同上

是年九月十八日奉　上諭百齡等奏查明李家樓漫水安豫兩省被災情形籌議辦理緩急次第又興挑減壩以下河身淤墊各一摺本年江境兩開漫口現有王營減壩李家樓兩處鉅工未堵其被災地方亦廣朕宵旰焦勞時時軫念普天之下未有重於此事者百齡等所奏欲堵減壩必須大挑雲梯關內外

河身欲堵李家樓必須大挑邳北上下河身減壩不能遽堵李家樓口門亦不能即堵此乃事理之自然原不待煩言而解惟有設法趕緊辦理成功愈速則入事盡而災患可弭現在減壩以下挑工業已分段興挑若如百齡等所議俟減壩工竣再籌辦李家樓濬河築口之事則實不能待朕已通盤籌畫惟有將王營減壩以下挑工與李家樓以下挑工同時並舉可以將時日償前於全局補救甚大在該督等之意不過以帑項不足工員不敷二事爲詞昨不待奏請已發給長蘆備辦直隸水利銀五十萬兩茲又降旨令粵海關撥銀五十萬兩迅速解工應用儻仍有不敷據實奏請朕不少靳惜其需用工員奏請到日亦即發往想該督等亦更無掣肘難辦之處至若仍執借黃助清之說遷延觀望此則太不權利害輕重大小甚屬非宜非大清之臣僕矣從古治河重在宣防皆以河決爲患未聞有言河決轉受其益者刻下安豫十餘縣災地盡在洪濤巨浸之中民情急迫其可虞之處昨降諭旨已言之甚明且該督等此次摺內並言洪湖已日形漲滿開放智禮二壩後又須啟放仁壩是黃水入湖不但無益且恐有害現值霜降水落湖內尚不能容若李家樓漫口不及早堵合明年伏秋大汛漲水日增安豫被災之區益形泛濫而以全黃之勢直注湖河設堰盱不能保守其患尚可言乎彼時不但河工無從措手漕運又將如何籌辦百齡等豈可輕聽曲說而不遠慮及此至該督等現欲於蕭南工次搭蓋棚廠姑示剋期進堵以安民心此說亦非長策民不可欺指日汛水方來漫口未築何忍將數十萬良民盡付洪水不思援救朕承天考付託豈肯爲此暴虐之事朕鋭意速辦以贖

已咨著百齡等即遵照昨降諭旨尅日興挑李家樓以下河身淤墊其所需人夫不患短絀王營減壩以下挑工所用者係海沭一帶民夫李家樓以下挑工切近安徽河南被災各縣一聞興舉大工數十萬之夫可以一呼而至既可以工代賑使災民藉資餬口並可曉諭該處紳士使知國家不惜重帑同時儹辦鉅工用以救災卹患恩意傳播民情自必大安其李家樓以下挑工亦著分爲三段吳璥雖不能奔走河干若專駐一處督辦伊力所優爲著伊承管一段徐端承管一段張鼎承管一段百齡等即酌分派定並每段各撥給委用員弁示期一同興挑愈速愈妙但不可稍有草率挑工一竣王營減壩合龍後即將兩處熟諳工程員弁人夫并力堵築李家樓漫口如此同時興工而次第自在其中可冀明年桃汛前河歸故道以拯災黎以釋

朕憂百齡等即勉力籌辦以副委任若再飾詞推諉必將倡議之人正法示衆凜之同上

是年九月二十七日百齡陳鳳翔奏現在興辦挑築各工所有檄調當差之候補試用文武員弁二百餘員既無廉俸可支而濱海地方荒寒僻陋一切薪水日用賠措維艱壩工所用兵夫尤衆飯食更屬必須給發之項向來辦理大工此項委員薪水及隨壩彈壓巡防築做樁埽兵夫犒賞飯食解銀盤費及添設塘站夫馬棚廠窩鋪各廠油燭紙張並造册繪圖等類雜費較繁不得不於工段內通融津貼或取給於工員以致偷減草率流弊滋多難以稽核此次力除積習嚴爲飭禁各工員等亦俱謹慎奉公惟察看情形實有例不准銷而必須支用之費若不酌定章程示以限制徒有嚴愼之名適啟朦混之弊乾隆五十

一年堵築司家莊漫口時經大學士公阿桂奏明例外支用准
銷銀二萬二千餘兩此時要工林立經費繁多難於定數未敢
援照辦理請於各工員應領項內每兩酌扣二釐作為例外支
銷之用在工員旣不受需索擾累辦工無由藉口而工段亦不
致虛浮此以公濟公人所共曉可以永杜流弊所扣二釐工竣
如有盈餘仍令繳庫充公如尚不敷亦聽各工員自行捐辦理
合附陳奉 旨允行同上是年十一月初十日百齡陳鳳翔奏李
家樓工需用稭蔴浩繁因東豫兩省收成稍歉價值增昂查前
定章程聲明設遇漫口大工事非常有准臨時陳奏酌辦嘉慶
十一年宿南郭家房及外河王營減壩工程均確按時價採辦
又上年馬港口大工經前河臣吳璥徐端奏請稭料每觔增為
四釐縈蔴每觔給銀四分五釐嗣經 欽差馬慧裕核明正料

每觔減去三毫定為三釐七毫麻縈每觔減去四釐定為四分
一釐奉 旨准行臣等查上年江蘇東豫秋料收成不似今年
歉薄價亦不如今歲增昂向以用料稍多頓增價值刻下李家
樓工堵築期迫已防料戶居奇而各省收成又復遜於去歲且
黃河斷流數百餘里盤運艱難若拘執成案實恐貽悞要工轉
令辦工各員得以藉詞諉卸仰懇比照去年馬慧裕所定料價
加增一釐之數定為每觔四釐七毫縈麻一項請每觔給銀四
分五釐以便迅飭各員速購運工奉 旨允行同上是年十一月
二十九日百齡陳鳳翔奏王營減壩漫口歷經臣等遵奉 聖
慈指授機宜督率文武各員實力興辦業將疏挑堵築各事宜
節次奏陳前因風雪嚴寒河中冰凌凍結新河放水恐致壅礙
正流臣等於收驗挑工後未敢卽時開壩飭令工員將引河頭

一帶鑿冰展寬一面將攔河壩身逐層拆卸因冱寒凍結特甚水土堅凝二十二二十三兩日連起西南風日暖天和河中冰凌漸化水勢稍增於二十三日酉刻試放引河溜勢東趨頗覺順暢旋據山安同知婁青稟報戌刻溜過李工至二十四日天復嚴寒李工以下至湯陳工等處冰凌凍結河水鋪冰而行不能迅下臣等即同吳璥並各道員等馳赴下游察看緣中段之河地勢本低估挑時汪有積水是以取平河底自上而下間段抽溝今積水普結冰凌放河之水自上游挾碎冰遞下溜勢由寬入窄以致壅積一時不能暢瀉臣等督率工員將凡有冰凌處打開用竿探量積水稀淤俱深七八九尺不等當即集夫打凍挑溝二十五六兩日天氣回暖冰漸融化河溜迤邐歸槽旋即據報通行無阻勢若建瓴臣等因思仁壩於二十四日業已

合龍水勢歸入正河其溜自長亟應趁此將減壩堵閉庶溜歸一處刷滌新河更為湍急隨於二十七日未刻正二兩壩同時挂纜合龍臣等與吳璥及胡克家舒明阿等督率在工文武各員奮力進埽層柴層土上緊追壓即於是日亥刻堵閉斷流兩壩以下涓滴皆無滲漏次日察探水勢旋即蟄高滔滔直下隨遣人馳馬沿隄查看自山安海防二廳以達海口兩晝夜間河底刷深有至四五六七尺者所有冰凌凍淤悉由中泓帶走毫無阻隔壩工合龍後循隄丈量大壩連裹頭並拆舊鑲新共埽工長九十九丈三尺五寸東裹頭寬十一丈其餘壩身寬八丈至八丈三尺不等上邊埽連拆舊補新共埽工長一百六十七丈三尺五寸寬四丈至六丈三尺不等壩外水深二丈五六尺至三丈以外二壩共做埽工長一百三十三丈五尺五寸寬五

丈至五丈四尺不等上邊埽共做埽工長一百四十丈七尺七寸寬三丈至四丈五尺不等又東壩頭做土心壩十四丈西壩頭做土心壩十八丈各寬一丈以防清水串滲二壩外水深自一丈五六尺至二丈八九尺不等隄壩各工皆甚堅實現派淮揚道胡克家督率廳營卽於壩後澆築土戧使更臻鞏固以護隄根其原估之挑水壩亦毋庸築做以歸節省迆口順清河亦已收攏暫留口門俾清水暢出庶益收刷盪長河之力同上嘉慶十七年正月初九日百齡陳鳳翔奏李家樓漫口河勢本由西至東復折而南再折而西仍轉向東南衝出口門下注其紆折之狀於河勢則成倒鈎而頭壩距溜勢兜灣處長六百八十餘丈其形又屬入袖太深照此形勢萬不能成夾水冲順殆有天意存焉夫黃流健悍非他水可比既已倒鈎西向則難挽入引河頭使之順勢東趨既已入袖過長則兩壩收攏時更難擠水使之退出且恐邊高溜勢壩基蟄塌可虞歷來堵合口門必大壩與引河頭挑水壩三者緊連呼吸相通辦理方能應手蓋大壩爲堵築之法而引河爲疏導之方挑水壩係攔護大壩而佐其堵築又藉以挑遛正溜歸入引河以利其疏導誠能三者功兼則事無不集若使一端偏廢則效有難成今李家樓河勢既已倒鈎入袖是引河與大壩消息迥不相通而滿河嫩灘人夫難以站立無可設立挑壩之處前此目擊情形茫無可恃不得已加深引河頭擬先放引河掣溜東注庶壩工差免喫重又因道將等咸稱大壩下皆屬層淤層沙不知底土所在故就二壩口門水勢稍淺底土稍堅之處擬卽改爲大壩後因風雪嚴寒河冰厚結又不敢不審機持重業將籌辦情形節次陳奏自上年十一月十六日以後

督率工員將大二兩壩壩基之下挑挖凍淤刨深至一丈五六尺見大壩之下亦漸有底土可以填築前進郎飭將兩壩裹頭接長以便勾續進占歲前協辦大學士臣松筠到工與臣等詳加察看亦謂俟冰解後相度溜勢辦理方有把握本年元旦雪霽天晴東風乍起鼓盪吹嘘滿河冰凌全行解泮至晚驟起西北大風將上游所解河凌全溜注於河形兜灣倒鉤之處積高丈餘及七八尺不等阻住水路竟將大溜逼向嫩灘中段河槽內行走一日夜間郎將河槽刷寬四五十丈深一丈五六尺至二丈餘尺數日來溜勢全由新刷河槽南注日益衝滌寬深直抵東大壩之前全無倒鉤入袖情形機勢大順其原趨東北之河路現已長成灘面臣等連日察看溜勢已成斷不能再有遷變竊思數日閒消凍回瀾不假人力而化逆為順實有神助此

蓋由我　皇上至德感孚天心默佑是以河神助順風伯效靈特於元日令辰聿昭瑞應各掌壩工員咸謂溜勢既如此更改亟宜先從大壩鑲築可以得手復詢之通工員弁眾論僉同自應郎從大壩施工以圖扼要未便拘泥前議致失機宜查東大壩裹頭現已做成二十三丈隨壩邊埽十三丈西大壩做成二十六丈邊埽二十四丈緝量兩壩臺相距寬一百六十餘丈從此挨占繼進自可逐日見功惟查現在溜勢直趨東南則引河頭必須改與相接始能就近吸引今定於東大壩之下二百丈外重挖河頭準對大溜使之順勢計長一千三百丈俾放水時可以湍急直注而屆時口門收窄更易逼溜歸槽乘機堵合現在按段勘估漏夜儹挑限二十日完竣如臨期須做挑壩再行酌辦總期機括通靈上下聯貫可以一氣呵成至原定引河頭

業已挑成留備分洩之用均屬有益同上嘉慶十七年二月二十六日百齡陳鳳翔奏二月初十日以後天氣晴朗新引河三十一分均已竣工按分丈量皆有敷餘尺寸兩壩日漸收窄水勢益見擡高隨與吳璥督同胡克家舒明阿等分駐各壩嚴催刻無停晷金門愈收愈窄溜勢日見湍急測量水深五丈七八尺至六丈八九尺不等情形已覺著重即於十六日未時開放引河掣溜跌塘沛然下注壩前水勢已落數尺臣等即督率工員乘機進堵至十九日大壩金門止賸五丈因上游春漲發生水又旋長溜勢倍猛壩工喫重當將門占壩臺用大土追壓高厚於二十日亥時大壩挂纜二十一日寅時合龍層料層工趕緊鑲做至亥刻業經斷流惟是夕陰雲密布旋作風雨至二十二日辰刻北風暴起大雨如注河水陡長數尺巨浪洶湧撞擊壩

前西大壩上水邊埽並正壩一時陡蟄長四十餘丈蟄矮至二丈五六尺當即督率員弁冒雨奮力搶鑲至戌刻始蟄定而東大壩復蟄長六十餘丈蟄矮二丈餘尺亦即并力分投鑲築至二十三日晚間甫一律平整而是夜風雨尤為狂猛天氣驟冷無異嚴冬且雨晝夜之久官弁兵夫衣裳溼透寒顫難禁是時北風益勁巨浪直撞大壩水愈洶深埽眼竟有滲水翻花之處甚屬危急臣等與吳璥並胡克家舒明阿署道王逢源等於風雨黑夜中督率文武各員弁俱在壩前頂衝處所激勵弁兵夫役優加賞賚無不冒雨爭先雲集蜂擁其時急需跑買柴土蘆運送稍遲即不能應手趕搶所有經理錢糧料物稍直發錢籌筒並由各廠分路催運柴土赴壩之道將以及廳縣佐雜備弁數百員齊集趨事漏夜奔走泥淖中毫無遲延退縮各盡乃職

奮不顧身所以大壩雖屢見陡蟄並未游走一占自二十二日
至二十五日計四晝夜之久片刻不停始一律搶護平穩此皆
仰賴　聖主誠孚蒼昊念切烝黎遂得事遇艱而轉順工屢險
而化平　訓示機宜剋期告蕆臣等與在事諸臣並億萬民夫
無不同聲歡頌現在壩工甫堵尤宜倍加慎重仍督令道將廳
營等添壓重土培厚加高以期益臻堅鞏查引河頭已刷深三
丈以外並據上游各廳稟報全黃挽歸正道奮迅東趨從此可
期安瀾順軌永慶平成敬由驛馳奏仰紓　聖廑奉　上諭百
齡等奏李家樓大工合龍長河放水暢行一摺覽奏實深敬慰
該處壩工於上月二十一日挂纜合龍據稱自二十二日至二
十五日連日風雨交集河水增漲邊埽陡蟄經該督等督率員
弁兵夫晝夜冒雨搶鑲始得一律保護平穩此皆仰賴昊蒼默

佑神祇協應化險為平刻期蕆事欣慰之餘倍深感惕發去大
藏香十枝二號藏香十枝交百齡陳鳳翔及在工大員分往壩
工左近河神廟敬謹祀謝用答靈貺百齡督率有方蕆工妥速
深堪嘉獎該督歷荷恩施業經賞戴雙眼花翎給予世職並賞
加太子少保銜至為優渥無可復加著交部從優議敘陳鳳翔
身任河官屢經獲咎此次與百齡同在工次奮勉出力著加恩
賞給三品頂戴仍交部議敘其在事出力文武各員著該督等
擇其尤為奮勉者據實保奏候朕施恩並著阿克當阿購備五
絲緞一百件就近解交百齡等分賞出力員弁並發去九錢重
銀牌二百面五錢重銀牌二百面分賞出力兵夫以示鼓勵所
有搶鑲二壩落水受傷之守備王林著加恩以應陞之缺即行
陞用現在大工合龍其一應善後章程及修防各事宜該督等

當倍矢敬誠加意經理以期全河順軌永慶安瀾同上

是年改義壩爲石隄南河成案續編

是年三月初八日勒保奏臣同原任河督徐端赴五壩詳加履勘仁智兩壩均已妥辦惟義壩尚在撓築土戧查該壩上年合龍係用柴土鑲埽堵閉復加土戧更資結實第石土壩基業已衝刷深坑礙難修復舊制而柴土工程究難經久臣與陳鳳翔商酌擬於秋後相度形勢補築石隄庶一勞永逸此時尚有仁智禮信四壩足資宣洩湖水盛漲南河成案續編今按義壩改隄始於是年續行水金鑑

是年議加高堰二層土隄後復改議加培大隄南河成案續編

是年二月初九日陳鳳翔奏上月二十九日奉　上諭陳鳳翔所奏急辦各條內加培高堰二隄一事前經吳璥條奏發交廷

臣集議未經准行高堰保障淮揚自須加意籌辦從前碎石坦坡一事屢經議辦並曾試做有效祇緣臨湖取石甚難錢糧不無多費是以有分年辦理之說今欲改築二隄該隄形制本屬單狹近年來又殘缺過多恐一時取土更難尤非可迅速集事著陳鳳翔再詳悉體訪是否應仍辦碎石坦坡抑二隄籌辦土方尚可不致棘手通盤籌畫奏聞定議欽此伏查河口蓄清敵黃之策首在堅守高堰大隄惟大隄年久一經風浪鼓盪動輒掣卸是以吳璥等疊經奏蒙　恩准仿照前河臣靳輔土坦坡之法塡砌碎石坦坡以資保護並擬分年次第辦理緣此項工程需費既繁且曠日持久自嘉慶十年創議今逾六載迄無端緒上年春吳璥徐端等復同道府各員議改辦二隄以收速效經大學士議駁臣調任南河即先赴高堰詳悉查看將風浪掣

塌工段逐細丈量分派員弁趕緊購料修砌俾得蓄清敵黃並同道將各員虛衷諮訪僉稱塡砌碎石坦坡隔湖運石按工計日非十年不能竣事且抛石水中稽查旣難易滋弊竇每遇風浪撞激碎石亦不免掣坍加以歲修則經費更大前經試做碎石坦坡處所大隄上年亦曾坍卸自應因靳輔之二隄加高培厚以作高堰重門淮揚保障而錢糧亦省費三百餘萬且可剋期成功按土量驗易於查察亦不致有侵冒之弊較爲切實而有把握臣查洪湖寬廣水勢本平惟遇西北大風浪如山湧撞擊堪虞萬一大隄過水則淮揚兩郡皆成巨浸是以靳輔創築二隄法至善也儻湖水至二隄河面不寬其勢已弱風力卽不能鼓盪如乾隆五十九年嘉慶十一年及上年十月高濶汛之禹王廟前大隄曾被風浪掣卸三次因後有越隄攔截均未塌

通此卽二隄足資抵禦之明驗也臣遵　旨復加體察現在二隄高四五六七尺不等殘缺單薄緣大隄節次加高二隄愈形卑矮且近年高堰誌樁湖水收蓄至一丈二尺以上方能由清口外注敵黃洪湖收水愈大則高堰大隄愈形著重須將二隄一律加培方資捍衛該隄附近土性甚堅取土亦易辦理不致棘手除加培外尚須接築千有餘丈共約需土方工價二百萬兩上下酌分二三年築做則稽查易周錢糧亦可應手又不致冒濫侵肥較之碎石坦坡實屬工簡效速此隄若成則洪湖之險無足慮淮揚士庶可以安枕無憂而蓄清敵黃之策實惟萬世永賴之利矣同上今按此停辦碎石坦坡籌議增築二隄之始續行水金鑑嘉慶十七年四月二十八日百齡陳鳳翔議復清水治法條款一堰盱坦坡一條前河臣靳輔行之有效載在成書惟

現今湖水必須蓄至一丈數尺始能敵黃則概於深水施工辦
理殊非易事誠如　聖諭風浪衝激不能經久轉恐坡土卸入
湖心日久淤墊應毋庸議臣陳鳳翔曾於嘉慶十六年奏請補
還堰盱二隄以爲重門保障恭奉　上諭該處保障究恃大隄
若大隄不能得力則二隄又豈復可恃此時欲辦二隄自應將
大隄殘缺之處一律補築齊全使屹然爲金湯之固然後再將
二隄築辦如式始可收重門保障之益等因臣等公同酌議二
隄既以費用浩繁一時驟難辦理坦坡復以蓄水過大急切難
以施工而堰盱兩廳恃一線之長隄爲淮揚之保障風浪撞擊
刻刻堪虞莫若將築做坦坡之土移之加培大隄添做後戧需
土不及坦坡之半所費較省既可藉資捍衛又能經久無虞如
蒙　俞允再行確估奏辦（南河成案續編）十二月松筠初彭齡奏臣等

欽奉　上諭百齡等奏籌辦河湖全局善後緊要工程據稱現
在河底尚高必須收蓄清水以期暢出敵黃而高堰石隄不如
從前之可靠惟有先行趕緊築二隄以資重門保障其二隄之
外請另挑二河一道以通鹽柴運行之路事關重大此時是否
能一律興辦辦成後啟壩放水下游州縣能否全免淹浸著松
筠初彭齡二人前往該處訪察民情輿論一并奏聞再行降旨
飭辦臣等遵即先由清口至高堰山盱一帶詳加履勘復向年
久河兵王德榮及沿途士耆年老文生陳芳老民張國富等虛
衷訪問據稱高堰大隄實爲根本臨湖建砌石工隄身年久土
性膠堅本屬穩固若再培厚加高添築後戧栽柳蟠根隄土更
可堅實若另築二隄土性不如大隄儻或大隄不固即有二隄
亦不中用等語是士人所言情狀已先在　聖明洞鑒之中臣

等烏勝欽佩查堰盱兩廳所屬大隄縣亙百餘里臨湖石工自上年陳鳳翔督修以來尚俱完整間被風浪衝刷隨時補砌並無妨礙現在海漫高出洪湖水面八九尺不等惟大隄子堰東首土坡年久殘損甚多迤東隄頂低於海漫石者一二三四尺不等俱應加築修理督臣百齡等先請臨湖築做坦坡旋請將坦坡之土移之加培大隄添築後戧茲又稱先行加築二隄以防意外臣等現與署河臣黎世序公同履勘悉心籌酌惟有將大隄子堰東首卑矮單薄之處分別加高培厚以資鞏固計新加隄頂高於現在水面一丈三四尺以湖水最大之年而計隄頂尚高水面六七尺以之捍禦盛漲較為得力並於子堰前後栽種排樁即可蟠根護土設遇風浪上隄亦得以資保護其百齡等原奏請於五壩兩旁加築東水土壩原為保護壩工起見

自應一律築做所有幫築大隄自東清壩尾東首起至信壩迤南東水壩根止估計土方總於二隄迤東十丈之外取土共需銀七十九萬八千四百餘兩栽柳需銀一萬四千二百餘兩二隄格隄俱毋庸築做其二河亦毋須另為挑挖奉　旨允行同上

嘉慶十七年議定黃河治法挑水壩切灘抽溝多備料土嚴查鼠穴獾洞修復減水壩各條南河成案續編

是年五月百齡陳鳳翔議復黃河治法四條一黃河挑水壩一條既可挑溜使入中泓而大隄可護又能挑逼水勢使之奮迅急流流急則自能攻沙洶為治河保隄之要術其法行之已久惟徐城以上河灘尚寬以下灘窄隄近恐此岸避險而彼岸又復生工是以築壩不宜過長向來祇於埽工頂衝迎溜處所築做大埽一二段謂之邁埽使之遮蓋迤下各埽免致段段著重

卽前人挑水壩之意俗所稱當家壩是也現在各廳俱已照此辦理臣等仍隨時相度形勢指示安設方可挑溜護隄務使位置得宜斷不使有益於此岸而貽害於彼岸也一切灘抽溝以逢灣取直一條原係前人挽險保隄之要法但抽溝取直必須挑挖新河寬深過於舊河方能挽之舍彼而就此江境河長千里險工林立若能處處抽挑固爲至善而所增繁費未免過多現在祇可擇兜灣最險之處相機抽切以引其流而殺其勢所費無幾亦可漸收挽險就平之益也一多備料土嚴查鼠穴獾洞一條實爲修守至要之務查束水攻沙爲治河第一善策然攻沙必需束水而束水先在保隄大汛搶險之時料土不能應手往往易致失事均應於有埽險工預籌正雜防料寬爲堆貯並多積大土牛以資防守其無埽長隄不能處處備料而兵夫

積土亦必須多備以防漫灘水汕刷滲漏得以立時搶護並須分段派員率領兵夫梭織巡查節節有人聲息相通方可防守周密至捕搜獾鼠並應申明舊章實力稽查分別懲勸以除隱患運河湖隄皆應照此一體認眞籌辦一黃河修復減水各閘壩一條實屬減黃助清之第一善法查前河臣靳輔因江南徐城以下河窄隄危若非於上下游分減漲水勢難容納是以南北兩岸多建各閘壩以弭漲溢之患現在祇有天然閘峯山二三兩閘每年尚照舊啟放以資分洩而該閘下引河淤墊必須估挑方可暢流靳輔所建徐州上游之毛城鋪石滾壩向寬五十丈減黃助清最爲得力前經　欽差長麟戴衢亨往勘恐開放時奪溜奏明停辦惟查該壩建設百餘年來每至汛漲卽行啟放由引河循序漸進並無漫溢之事迨後王平莊邵家壩唐

家瀦係因民堰蟄開大溜湧入致將毛城鋪迤東之陳粱馬路大隄潰塌遂成漫缺並非石壩衝損成事似不得歸咎於毛城鋪滚壩惟該壩迤東之陳粱馬路大隄沙土虛鬆必須遠取膠土包於一二尺再鑲防風護埽方可抵禦穩固如詳慎籌備既可無虞閃失而盛漲得此分洩之路下游隄埽工程均可輕減且減黃助清又可漸除倒灌之病實於全河大有裨益如黃水不致過大清水力足敵黃仍堅守不准啟放使黃水全力由正河刷沙則流弊悉除而收效甚廣（南河成案續編）是年七月百齡奏七月初八日臣於查看海口途次接奉 上諭朕恭閱 皇考高宗純皇帝實錄內載乾隆二十三年八月 諭旨據白鍾山奏中河水淺將臨黃臨運二壩開放引黃濟運恐不免利少而害多引黃入運雖權宜之法但黃水多挾泥沙一入運河易致淤墊非甚不得已不可輕爲此遷就之計 聖訓煌煌至明至確實爲治河緊要關鍵允宜久遠遵循近年清口因河底淤高清水不能暢出運河水小漕艘經行即取助於黃久之不但借黃竟係以黃濟運遂致倒灌並運河亦淤百弊叢生皆由於此本年河流順軌糧艘遄行來往臣工皆言運河內全係清水並無黃流浸灌爲數年罕有實全河轉關極好機會該督等務當恪遵 聖訓謹守成規趁此清黃分注安瀾循軌之時一應啟閉防守盡心修治不可復循故轍仍思借黃濟運能自今年以後總令清水暢出運口黃流迅赴尾閭則河漕並治從此可永慶平成欽此臣跪讀之下服膺心感莫可名言伏查黃河自宋元以來與淮水並流歸海二瀆來源本不相同源既不同則水勢情形即不免有此强彼弱此絀彼贏之異必長使清高於黃乃

可衝敵黄流免使挾沙內灌此潘季馴靳輔張鵬翮等俱以蓄清敵黄為要務而後之治河者得此則河平失此則河壞也近來南河失於宣防遂致河底淤高墳塞清口倒灌運河每值糧艘經行多借黄水浮送始猶知為事非得已繼則視為分所應然以弊承弊遷就相循幾至以蓄清之言為迂闊推原其故緣河底日高湖底日下蓄清原較往日為難堰盱一線長隄所砌甎石各工不能如昔堅固而蓄水倍於昔時一經風浪則防守維艱如嘉慶十三年十五年俱以清水過大致有衝決頭壩臨湖甎工及掣開山盱義壩之患嗣後遂以蓄清為畏途以借黄為長策苟且偷安殊不知河以倒灌而分流以分流而日澱迨至汛漲經臨禦黄壩閉後大溜壅遏不下泛濫旁行遂有上年倪家灘王營減壩縣拐山李家樓之漫決災延數省工徧全河

上煩　宵旰焦勞下致閭閻蕩析撫心追咎能不憤然今幸仰仗神謨塞平諸決又秉承　睿旨疏濬正海口接堰東水本年尾閭深通叨賴洪庥瀾安伏汛現屆秋汛大漲自應竭力周防惟河身因上年各處漫溢受病愈深則禦黄之計既難而蓄清之方尤急是以臣前至清江閘山盱禮壩坍穿暢瀉即往勘驗飭先堵智壩並將禮壩攔護收蓄湖水備禦黄流而在工各員意猶觀望謂湖水過於蓄多隄工著重似不若接黄濟運之安穩蓋不蓄湖水借黄濟運既便於臨邇各工免致防險而外河得有分流則臨黄南北山海各工亦不虞漲盛便可稍弛守護似此苟安便己之私心實為敗壞事機之大弊臣所菀結憒悶而不能自已者查現在壩外黄水祗高清水三尺餘寸計回空漕船行抵河口之日已在八月中旬秋水漸落之期且海口業

已深通自必消納益速此時卽將禮壩堵閉俾開放禦黃壩後清水高出於黃方爲得要卽或不能蓄高猶可施夾激挑通之功使之頂黃外達克收成效臣竊謂不敢必者天時所當盡者人事斷不敢曲從聽說坐聽黃流倒灌復循故轍今荷　聖明剴切指示實足以振聵發矇臣遵卽恭錄　綸言徧諭在工之道將廳營等使觸目警心益勤修守以冀淮黃並治糧運遄行仰副　聖主廑注河防提撕策勉之至意奉　上諭百齡奏查明海口實在通暢各緣由一摺覽奏欣慰之至其另摺覆奏治河機宜尤爲至當不易黃河之性總在去路通暢則其流猛迅大溜直注中泓河身刷滌日深使水勢不致壅高自無旁趨漫溢之患所謂東水攻沙其效莫捷於此現據百齡查奏河水自雲梯關至八灘而下直至海口南尖俱深二三四丈至五丈餘

尺不等而瞭望海中黃流互起直由南北尖之外衝入海中約有四五十里此卽黃流迅注尾閭明效大驗百齡現復擬將馬港口對岸之攔黃壩拆去一半並將河中拆除未盡之民堰全行起除使灘面展寬俾資消納所辦俱妥目下秋汛方長臨黃兩岸隄埽尤當嚴督各廳汛加意防護不可稍存大意是爲至要至全淮匯入洪湖以清刷黃尤爲治河良藥惟清水非豫爲瀦蓄則力弱不足以敵黃而蓄清之道全在保護高堰欲保護高堰則必須復修五壩使宣洩得宜操縱在我方能收湖水之益而不使爲害今五壩已壞其四惟餘智字一壩而禮壩跌穿之後洩水過多下游高寶一帶已受其患現在該督擬將禮壩速行堵閉收蓄清水所見甚是昨已有旨諭令該督等修復五壩卽使工費浩繁不能同時並舉本年當先擇何壩最要先行

修整完固其餘再以次遞修務令全復前人舊規然後治河關
鍵得有把握清水治而黃水益治實係全河至要機宜也至引
黃濟運無利有害從前　皇考高宗純皇帝聖諭至明所當永
遠遵奉近日河工各員每以借黃濟運爲詞此等劣員並非關
心河務漕運其意總欲使黃河爲患則大工屢興伊等不但可
以侵帑肥橐並可以爲陞遷捷徑其從前獲咎之員亦借以開
復而國計民生之貽悞槪置不顧卽百齡摺內所謂以苟安便
己之私心爲敗壞事機之大弊嗣後若再有倡爲此論者卽應
拏問治罪方足以息妄言該督現在籌辦各事宜俱有條理謂
當盡人事以俟天時尤爲確論該督等惟力持定見勿惑浮言
竭力盡心敬愼不怠人事克盡天佑必加從此全河順軌永慶
安瀾勉之望之同上是年七月二十八日百齡奏洪湖清水自禮

壩蟄穿石脊後洩水較多亟須堵閉以期蓄水敵黃前經具奏
飭令趕辦乃自六月下旬河臣陳鳳翔派令淮揚營遊擊陳岱
督率備弁等進占鑲堵計圈越石壩外測量口門寬一百餘丈
截至七月二十二日動工月餘該遊擊僅令備弁等捲做小占
小埽尙留四十餘丈未堵經臣嚴札疊催仍以水急做工費手
爲詞不肯多進占埽加增丈尺現在回空糧船已報入境陸續
南下若再不將禮壩速堵任聽湖水久洩不但下游農田被水
且瞬屆開放禦壩過船之時必致黃流攔入淸口諸多窒礙屢
奉　聖諭指示以蓄清爲緊要機宜而南河大小文武總以洩
枯清水尙可借黃濟運沿循痼習河臣陳鳳翔前自山盱回浦
又遠赴海口查看水勢臣隨於二十二日復馳赴山盱將聽從
遊擊陳岱遲延之守備等在壩前棍責並將陳岱撤回清江另

派参將劉重及河標中軍副將汪德在工督令捆下大埽晝夜
趕鑲限月內完工據淮揚道黎世序禀於二十三四兩日兩壩
趕進六埽已成十丈現在漏夜堵築剋期完竣查該壩做工現
已收窄口門水勢猛急自撤回遊擊陳岱各備弁等即能較前
多做丈尺可見從前淺水易於做工祇用小占小埽躭擱時日
並非力不能爲實由陳岱不認眞辦理所致似此玩延糜帑若
不嚴參示懲實無以挽南河工員詐肆之風應請　旨將淮揚
遊擊陳岱革職以爲玩誤要工者戒再臣往查時據報高堰誌
樁存湖水一丈三尺一寸親自測量僅存水一丈二尺七寸不
勝詫異當即面詢看守誌樁之効用王如擇呈出該廳營諭單
令其每日少報消水是以自七月初六日至二十二日共少報
四寸復詢問該廳通判唐文睿守備劉俊據稱恐報水消落過

多上司著急等語查各工設立誌樁原以驗水勢消長隨時籌
辦最關緊要若不據實查報必致失機誤事今該廳營竟敢有
意朦混諭令兵丁短報消水使上司知存水尚多冀緩堵口以
附和該管遊擊陳岱遲延做工實屬欺玩查諭單雖係守備劉
俊所爲而通判唐文睿扶同弊混咎亦難辭應請　旨將署高
堰守備之千總劉俊革職署高堰通判唐文睿摘去頂戴以示
烱戒該二員均在禮壩掌管進埽現當堵築緊急未便令其置
身事外仍請責令在壩効力俟工完後再行奏辦臣與道廳各
員籌商現將運口頭壩外之鉗口壩及東清壩俱行收攏並於
三閘相機下板以資擡托計禮壩合龍後清水尚可多蓄並設
法挑逼且每年節交白露即黃水漸消將來開放禦壩過船時
或不致黃流倒灌以冀仰副蓄清刷黃之　睿訓同上八月初五

日奉　上諭百齡奏報秋汛後各工平穩及勒限堵築禮壩緣由內將玩誤要工之遊擊陳岱等參奏懲處所辦甚是已明降諭旨分别照所請辦理矣南河文武官員欺詐成風冀圖興工縻帑藉以漁利飽槖積習相沿牢不可破試思河工設立官弁兵夫歲給俸餉原責其實力防守俾河工安全無事乃伊等視俸餉爲故常轉冀大工屢興不但可以侵肥獲利並藉爲陞遷捷徑甚至援引親友濫邀官職種種惡習不可枚舉非如百齡之大破顏面不避眾怨不能力挽頹風但百齡旣將各劣員嚴參懲治尤當加意防閑恐伊等不得遂其牟利之私心懷恨怨或陰謀詭祕計圖報復甚至私挖隄埽以爲陷害地步百齡等當存之於心密派妥幹可靠之員隨時查訪如查有偷決私挖等事立卽嚴拏從重辦理不可稍有疏懈至堵閉禮壩爲蓄清

敵黃最要關鍵該督現派員趕緊堵築可以剋期完竣俟堵合後將湖水認眞收蓄將來開放禦黃壩時不致黃水再灌入清口方爲妥善同上八月初十日百齡奏臣前奏河湖清形一摺曾附驛將禮壩堵閉遲延勒限完工並將玩誤遊擊陳岱參奏嗣因接據淮揚道黎世序稟報八月初一日連值風浪壩工難以著力致占埽遊走河臣陳鳳翔前往督辦又經附片奏明茲於初六日復據黎世序稟該壩於初三日將走失之埽補還初四日黎明卽督率弁兵鋪捲大埽重下而壩工日漸收攏口門溜激非常忽然繩纜全斷所補之埽又走現在趕緊搶護臣因連日秋汛盛張各工報險河臣復在山盱不能不親往清江督率防守並接據桃南通判沈植蕃稟稱該廳所屬王家莊等工自七月二十七日後至八月初四日共長水三尺一寸照上年伏

汛盛漲已大五寸現在竭力防守等語因思禮壩現有河臣駐工而黃河秋汛漲水大於伏水各工緊要必須該管道員往來策應隨遣標弁札調道員黎世序回浦以便督飭廳營防禦秋汛各處險工並派令熟悉工程之外河北岸通判嚴烺及原任裏河同知繆儁前往禮壩幫同堵辦旋據該道黎世序來浦面稱禮壩口門尙存寬二十丈因收窄後愈見刷深現在測量水勢已在五丈外初七日又走一埽壩門之水上下高低一丈二三尺陡急異常壩臺稍狹占埽纜橛難以舒展經河臣與在工文武各員商酌覓邊埽再行趕堵須遲數日始得竣工查清水因禮壩分洩過甚現止存一丈有零今復不能堵壩自必日漸消減轉瞬回空定不足以資濟運而河臣坐視清水大耗曾無一札與臣籌及查黃水連日大長順黃壩誌樁已至三丈六尺餘寸爲數年所未有之盛漲各工員全力守禦雖有危險之處而全河捍衞無虞現已於初七八兩日消水尺餘白露汛期已經搶過實賴　聖慈福庇河神効靈黃河南北岸千里臣民無不同聲感頌若淸水不致如此過洩則海口通利黃水日見消退計至本月下旬開放禦黃壩挽渡回空軍船定可暢出敵黃河身大資刷滌如此至順至美之氣機誠爲十餘年所未有今以禮壩之失至敗全局凡在官吏士民罔不歎惜臣實不勝愧憤悚惶查禮壩跌穿洩水莫制若果因湖水過大風浪撞擊尙可委之天時今查智禮兩壩開放時係在四月下旬湖水僅止一丈四尺餘寸何須亟亟開壩減洩乃河臣竟不先商之臣遽爾開放已屬失算迨放後一月有餘河臣近在清江亦並不親往察看迨道廳稟報跌動土舌及闗石橋木猶不馳往督令

堵閉仍復安坐遲疑不解何意若謂開壩之後恐湖水漲滿致堰盱石工涉險如嘉慶十三年衝開佘家壩十五年掣通義壩之患其勢實不相侔案查十三年安省上游大水淮河源旺湧注入湖兼之徐州屬天然峯山二閘之水乘盛漲汛期分洩歸湖更增兩路添水之源又未開放山盱一壩爲之宣洩湖水但增無減安得不致潰決十五年亦係淮河長水天然峯山二閘直至十月未堵亦不開一閘分減收水至一丈八尺餘寸彼時秋盡冬初西風猛競始有掣塌義壩之事本年五六月閒淮水僅長五六尺鋪至洪湖不過增水數寸且天然峯山二閘又未開放更少兩路添水來源迥非昔比若即堵禮壩止留智壩宣洩則水勢來路既少宣洩有門當盛漲之時並無西風何所顧慮即使收水至一丈八九尺亦斷保無虞乃急於開壩於前復

遲於閉壩於後以致全河大局辛苦經營一年有餘極好氣象變爲棘手情形實堪痛惜至此時回空軍船行入中河者已有十餘幫此月下旬即須開壩挽渡而黃高於清丈餘即逐日消退恐禮壩堵閉過遲清水益難收蓄臣現雖督同裏外河同知設法挑逼並將頭二閘下板終難擡高頂黃查黃河歷年受病之由實因倒灌斷不可蹈覆車仰蒙　皇上指示周詳屢頒睿訓臣久已宣示通工豈敢復踰此戒且本年情形非往年可比往年下游揚河一帶水勢不大故黃水灌入運河尚能徑下然已不免停淤今高郵迤下河水猶形漲滿設使黃水倒灌下游頂托難消必致淤塞運河不久即成平陸而本年運河經清水刷深至二三丈大爲順利儻被黃淤匪惟回空難渡而明年重運又恐無策圖維此臣所以謹守蓄清之見萬不敢輕爲搖

竊者爲今之計惟有籌畫減黃助清之法以濟回空查減黃之途有天然閘峯山閘祥符五瑞閘三處天然峯山二閘下游河道久已挑濬卽可啟放惟查徐州一帶黃河本年李家樓未經堵合之先已大加疏濬該處土性沙鬆此次歷經大汛刷盪深通大溜迅急下注若下游之桃南桃北一帶土性膠淤難卽刷盪汛水流行較上游稍緩是以現在徐屬水誌較之桃源迤下轉小若開放天然峯山二閘係由水小處分減必致分掣正流黃河正流分減一分則河底少一分攻刷卽停一分淤泥自徐屬以至河口河長三四百里若停淤而下實爲全河增病且該處分減距湖太遠非二三十日不能使清水增高不若開放祥符五瑞之近捷向來河水盛漲至桃南始大卽從大漲處分洩止普漫之游水不致分動正流而過閘十餘里卽入洪湖可期

朝發夕應查嘉慶九年回空糧船及十一年辦理重運俱曾開放見效甚速所慮者黃流灌入湖內不免停淤然該閘下張福口引河之尾縱有淤澱亦止在此河之中來年清水蓄高卽可刷去設或未能全刷將此河重爲挑濬費亦無幾第查該處外高於內幾及三丈勢若建瓴必須於閘東另開引渠百十丈於渠外加築鉗口柴壩三條俾資約束斯減水始有節制現在閘內入湖之引渠亦皆淤塞必須開挖深通臣已委員勘估約需銀五萬餘兩辦理二十餘日可期竣事此閘係南河分減要地黃水盛則減以助清清水漲則洩以刷黃最爲便捷得力原屬河工善後應辦之事儻禮壩卽日堵合黃水大消毋庸分減則修理此壩亦係有備無患不爲虛費臣因慮黃水倒灌力籌助清濟運與熟諳之文武各員悉心籌酌均屬意見相同（同上）是年

八月百齡參奏陳鳳翔遲堵禮壩貽悞全河革職枷示河干旋
經大學士松筠戶部侍郎初彭齡查訊百齡以劾奏不實降二
品頂戴革太子少保陳鳳翔戍烏魯木齊命黎世序署江南河
道總督旋因黎世序入　覲初彭齡暫署江南河道總督同上是
年九月十七日奉　上諭百齡等奏黃河水勢未能消落籌畫
減黃助清訂期啟壩一摺本年李家樓壩工合龍之後河流順
軌海口深通黃河兩岸大隄又俱保護平穩再能清水暢出刷
黃則全河積病漸除實爲極好機會乃陳鳳翔不知以蓄清爲
要於湖水並未旺長之時輕率自用任性妄爲卽開放智禮兩
壩迨禮壩土石樁木俱已衝動又因循怠玩不上緊堵閉以致
湖水旁洩過多下游民田廬舍均被淹浸河員職任宣防若天
時風雨隄埽搶護不及已有應得之咎此時開放禮壩實因人

事之乖失誤機宜既於河工有礙復災及數郡貽害生民陳鳳
翔之罪甚重實堪切齒痛恨上致君憂下貽民禍卽正法亦不
爲枉前經降旨在工枷號兩箇月示眾陳鳳翔著再枷號兩
箇月俟限滿疏枷請旨再辦並傳諭通工大小員弁陳鳳翔係
河道總督貽誤事機尚如此嚴懲若以下河員再有似此貽誤
者更當較陳鳳翔加重治罪俾各怵目驚心共知悚惕現在節
候已交霜降開壩過船不能再遲而黃水尚高湖水九尺有餘
恐倒灌勢猛不能不多籌減助之法除峯山閘業已啟放外其
祥符五瑞二閘著相機妥爲開放並疏導低窪灘地積水歸湖
稍資挹注該督等務各慎重辦理俾回空糧艘不致遲滯而河
湖亦不致受於增弊爲要上同

是年　命濬山東東平州小清河山東撫署冊案

是年十二月甲子奉　上諭內閣同興奏籌辦挑濬東平州境內河道一摺山東東平州境內小清河爲分洩汶河盛漲之所安流龍拱二河疏消州境積水民便河匯注泉源達汶濟運均與民田運道攸關現據查明淤塞亟應勘估興挑該處本係民辦之工所需工銀三萬六千三百七十五兩零著照向例先於該省節年地丁項下加數借支飭令及時興辦至此項借支銀兩向係攤徵完款念該州頻年積歉並加恩照該撫所請於發商生息項下提取息銀三萬兩再交東商生息以息銀分年歸還借款以裕民力仁宗睿皇帝聖訓

是年二月令黃河外工友人將姓名造册報明河督南河成案續編

是年二月乙巳奉　上諭軍機大臣等河工向有代廳員辦工之幕友人等名曰外工此項人等本非在官人役自恃熟悉工

作料値各處攬辦工程其中偷減侵蝕等弊大半皆出其手迨至所辦之工或有疏失工員罰賠治罪而伊等轉得置身事外實爲積蠹嗣後著該工員等承辦工程如需用代辦之人即先將伊等姓名造册報明河督存案設有貽誤一併攤賠治罪南河成案續編

嘉慶十八年加培徐州城外石隄築清江浦汰黃隄外越隄南河成案續編

是年五月十一日百齡黎世序奏四月初九日接准軍機大臣字寄奉　上諭百齡等奏稱徐州府護城石工內東門一帶逼近城牆擬於石工外灘估築越隄一道包砌碎石坦坡共需銀九萬八千餘兩又清江浦汰黃隄係一綫單隄若遇大汛水勢直抵隄根勢甚危險擬於外灘築做越隄一道估需銀三萬六

千餘兩又與黃壩至風神廟一帶河身向寬一百餘丈現淤存
十餘丈至二十餘丈不等擬另挑引渠以備宣放湖水等語南
河水勢情形遷徙靡常應辦工程亦不一而足朕亦不爲遙制
但河工關係國計民生必所辦工程實於河防有益其所建置
皆扼要之區則所費帑金或數萬或十餘萬而化險爲平不致
患生意外其所省不啻千萬數百萬計此等工程方可興辦若
新增工段不能確有把握或倘非刻不可緩之處則目今庫帑
支絀其情形皆該督等所深知卽十餘萬金該督等勿遂視以
爲少以通工積算其所費已屬不貲百齡等皆受恩深重務當
加意撙節實心經畫河防必應圖保萬全而國計亦應兼籌並
計此二處工程是否亟應興修該督等再詳審酌辦可也欽此
臣等仰沐　聖恩祇聆　睿訓緜念工程之緊要首重隄防每

思經費之有常力求撙節是以每遇道廳詳估工程無不嚴加
考核非刻不可緩之工不敢輕議估辦徐州護城石工實係郡
城保障因近年河底漸高河灘亦漸淤高石工卽形卑矮乾隆
四十六年嘉慶二年七年節次間段加高一二三層不等自七
年至今又淤高數尺現在石工高出灘面僅二三層不等十六
年徐州水勢較大高出石工之上當經搶築土堰鑲築護埽一
經風浪危險異常不足以資抵禦據該管道府廳縣等議請加
高爲保衛郡城起見臣黎世序親往查勘必須辦理計估辦石
工長二千五百七十九丈加砌二三四五層一律高聳需銀八
萬九千餘兩其東門一帶石工長二百餘丈緊靠城牆今石工
加砌高出城上實屬單薄可虞設大河溜走隄根無從展手鑲
埽抵禦是以再四察商於石工外添築越隄長二百六十丈包

砌碎石以作重門保障隄内得有防守地步方可放心計估需
銀九千餘兩亦係護城必不可緩之工連加砌石工共計用銀
九萬八千餘兩至清江浦汰黄隄外築做越隄因隄外灘地高
於隄内民居街市幾及二丈每遇盛漲水勢漫灘深五六七尺
雖汰黄隄歷年加高以資攔禦而内外高下懸殊伏秋大汛隄
外灘水擁注日久隄内處處窨潮滲水情形甚爲著重連年搶
護所費錢糧不少且隄外既有灘水瀰漫隄内又係民居叢集
每遇搶護時竟無贄土可取尤屬艱虞萬狀惟該處外灘尚寬
久擬於灘水消落時隄外再加一隄爲保衛清江之計使新隄
之内水不能到庶取土較易防守有資轉瞬將届伏汛實屬必
不可緩此兩工均係保衛城民緊要工程雖所費甚多可以化
險爲平是以臣等具奏後即發銀派員興辦以期汛前完竣奉

旨允行南河成案續編

是年七月初五日奉　上諭朕思目今全河之弊在於河底高
仰治河之法惟有將兩岸隄堰修築鞏固並防守料土貯備整
齊一遇盛漲官弁兵夫實力保護使水無旁溢之患則溜遇中
泓河底愈刷愈深海口愈出愈暢三年後河病悉除即可永底
安瀾之績至言治河者議論歧出皆娓娓可聽其實彼一是非
此一是非未必皆切於實用如疏通下河水利及減水閘壩亦
本之靳輔治河各書不知今昔情形不同斷難墨守舊說即如
醫士引用成方本皆古人經驗良劑而施之所治之症寒熱虛
實不能合宜非特不能奏效且至有損非古方之不善用之者
不當耳現在經費支絀該督等惟當師古人之意而酌以今之
時勢凡河務應辦工程須責其至當至要者方議修舉不可輕

爲浮言所惑亦不可專爲成法所拘治病者期於病除而止治河者期於全河順軌卽永慶平成之效也同上

是年九月南岸睢州下汛二堡坐蟄漫缺隄工二百十餘丈南河冊稿

是年九月十二日奉　上諭李亨特奏沁黃二河水勢異漲南岸睢州下汛二堡無工處所大隄坐蟄過水現在竭力搶辦自請治罪並請將各道廳等分別懲處李亨特本係棄瑕錄用之人上年微山湖蓄水短少以致本年邳宿運河不敷鋪放糧運稽緩皆由伊辦理不善茲又有睢州下汛二堡漫口之事可見其平日漫不經心疏防貽誤怠玩已極不能再爲寬貸李亨特著革職留於工次効力其河東河道總督員缺著戴均元補授卽馳驛前赴工次接印任事戴均元曾任江南總河於南河工員內有素知諳練堵築者一面奏聞一面調撥差委至該工督辦緊要現在廣厚陛見來京並著於途次接奉此旨亦卽馳驛赴工會同戴均元督率妥辦迅就合龍俟工竣後廣厚再來京陛見回湖南巡撫之任睿皇帝聖訓

是年十月廣厚戴均元奏臣等於初五日將睢工購料集夫情形及擬請緩辦緣由繕摺馳奏後接奉　上諭此次漫口工程自應剋期堵合但興舉大工必須鳩集人夫目下河北賊匪滋事地方距工次不遠難保無竄逸零匪溷迹其中現在該處購料維艱工次料垛最關緊要該匪狡計多端設潛往焚燬或乘勢擄掠所關匪細著戴均元抵任後與廣厚會同籌酌現在先將漫口裹頭做好從容購料工次人夫無須太多擇附近村莊樸實可信者量爲雇募不可大意務須萬分留意勿墮賊計爲要此時祇可先築壩基俟水落歸槽後彼時河北賊匪如已埽

除將淨再多集人夫剋期進占並可將失業難民以工代賑該河督等斟酌緩急機宜妥協辦理可也欽此又於初六日接奉

上諭昨因睢汛工次與河北賊氛滋事地方相距不遠諭令將漫口工程停緩辦理不必多集人夫玆朕再四熟思該處與賊氛甚近設所募人夫中潛匿賊匪或有乘閒焚掠之事所關匪細看來現在工程竟以停辦爲是著戴均元督率在工員弁將已做裹頭鑲護穩固毋任復有塌卸其應備料物暫停採辦如已採運到工妥爲安置或派撥兵役嚴加防守勿稍疏虞所撥工需銀兩陸續解到實貯開封藩庫毋任存留工次該處此時旣無應辦之事廣厚卽著來京陛見自回本任現在微山湖蓄水短絀亟應豫爲籌辦戴均元或先回山東將湖水設法瀦蓄糧運亦關緊要不可再有缺誤欽此仰見我 皇上睿慮周詳先機燭照實深欽服伏查睢工漫口兩壩裹頭先已鑲築穩固嗣因兩壩溜激水深時見行蟄又加鑲壓土現已穩實其時需料甚急當委員就近購辦並令各廳將所存歲料先行運工應用至堵築大工所需稭麻各料較多購買維艱先經李亨特派員分投採辦此時皆於四鄉購定尚未到工現飭停待俟將來開工時再爲行運至引河因積水未放亦尚未估挑東西兩壩壩基甫經興築土方無多集夫尚少幷飭暫停卽日匪徒殄滅壩工引河同時並舉不難鳩工集事臣等察看河勢情形自霜降以來日益消落不致再有變更現飭開歸道陳啟文督同廳營員弁駐工看守如裹頭或有蟄動隨時鑲護毋致續塌其備存稭料數垛仍派撥兵夫嚴加防守所有前撥工需銀六十萬兩尚未解到已知會撫臣方受疇俟解送到豫實貯開封藩庫

以昭慎重［南河成案續編］嘉慶二十年二月初五日吳璥那彥寶方受疇啟放睢工引河奉 上諭睢工金門前餘二十八丈正月二十五六日後天氣暄和那彥寶督飭工員又進占十七丈二尺正河全力旹向引河頭東注於初三日午刻啟放引河水勢建瓴而下掣動大河已六分有餘事機實爲順利據稱壩工僅餘五丈二尺晝夜進占可於初八九日挂纜合龍計此時合龍喜報當已發遞在途此旨到後著那彥寶等將在工尤爲出力人員會同秉公據實保奏數員候朕施恩毋得徇私濫舉致干物議那彥寶於工竣後將善後事宜籌辦周妥即來京供職吳璥李鴻賓工次事竣即遵前旨同回山東方受疇亦回省經理地方事務可也［南河册稿］是年二月十三日那彥寶方受疇奏初八日口門僅存寬四丈有餘即於初九日卯刻兩壩同時挂纜儘力

堵築至初十日寅刻將次鑲壓到底溜勢益形激怒從埽底淘刷加深金門大埽陡蟄丈餘帶動西壩門占蟄矮六七尺長十餘丈當即轉運土料連夜加鑲至十一日辰刻金門大埽並西壩緊靠口門之接連四占亦帶動蟄矮丈餘長五十餘丈情形危險幸壩身寬厚已高出水面三丈六尺雖疊經陡蟄並未平水亦無走失臣等親駐壩頭督率文武員弁分投催運料土加鑲追壓片刻不停隨蟄隨鑲并力搶築並趕做關門大埽竭五晝夜之力至十三日金門斷流閉氣毫無涓滴滲漏十四日壩前已停淤丈許仍令追壓重土堅益求堅全河悉歸故道 上諭睢工自漫口後全河下注洪湖下游被淹時值邪匪滋事河北用兵無暇辦理閱一載有餘朕宵旰焦勞特派那彥寶前往工次會同吳璥方受疇等籌辦自上年九月興工冬間值冰凌

凍結暫停工作本年正月冰泮後接續進占於二月初三日啟放引河溜勢掣動六分有餘那彥寶督率各員弁上緊堵築層層進壓至初八日金門僅寬四丈遂於初九日卯刻兩壩同時挂纜儘力鑲壓因金門大埽蟄矮帶動兩壩隨蟄隨鑲竭五晝夜之力至十三日金門斷流大工合龍此皆仰賴　天恩神佑剋期蕆事朕心實深欽感著發去藏香十支交那彥寶恭詣河神廟敬謹祀謝在工大小官員特沛恩施獎其勞績（同上）

是年定議改於蔣家壩以南山岡重建仁義禮三壩（南河成案續編）

是年三月十六日奉　上諭百齡等奏確勘仁義禮三壩必須移建一摺並繪圖貼說朕詳加披閱當即召見扈從之軍機大臣及松筠指畫酌商山盱五壩為宣洩洪湖盛漲保護堰工而設康熙年間靳輔原議建仁義禮三壩乾隆十六年　皇考高宗純皇帝特命建智信兩壩迄今歷有年所其地形水勢自必斟酌盡善今該督等奏稱仁義禮三壩近年屢經開放衝跌壩基損壞刷成深塘難以修復即修復亦難經久擬於蔣家壩以南附近山岡之處移建三壩並挑引河三道儘先改建仁義兩壩將禮壩地基築做草壩以備本年宣洩計需費五十餘萬兩等語三壩既不能就原處修復該督等斟酌情形奏請移建但詳閱圖內舊壩之下所繪民莊相距甚遠現擬移建之處界畫引河三道兩旁民莊鱗次則其間田畝廬墓自必繁庶所挖引河淺狹水必泛溢若挑挖寬深恐所傷實多且該處地勢既高啟壩放水究能宣洩若干引河須挑至若干丈尺若干里數原摺亦全未敘明難以懸斷其舊有三壩既不開放則與堰隄無異必須填砌堅實與石隄聯為一體方足以資捍禦隄頂處所

並應添建鋪房派駐弁兵防守方可保無疏失合計各項需費恐該督等所估銀數以之興辦尚不敷用事關謀始不可不詳細酌核朕意或於蔣家壩地方先行改建一壩本年試爲啟放若水勢順利足以消減盛漲並於附近田廬無傷再議續改二壩著該督等再行詳議是否可行並統計引河寬深丈尺若干工費若干另行籌度繪圖貼說具奏再降諭旨南河成案續編

四月二十三日百齡黎世序奏伏查山盱五壩舊制其西則對隔湖之淮河口遠接來源其東則入寶應之白馬湖順利直達在從前建設時地形水勢誠爲斟酌盡善臣等何敢議改舊章輕率興舉惟因時因地既形勢之不同而籌蓄籌宣實今昔之迥異從前湖水收至八九尺即可外出敵黃嗣後盛漲竟長至一丈二三尺是以誌樁一丈以外即須啟壩以免堰盱隄工著

重近年黃河底漸淤高湖水即收至一丈四五尺亦不能暢出禦壩衝刷洪流迨盛漲長至一丈七八尺不能不亟爲啟放而水面既經擡高一經放壩勢如懸瀑猛力下注壩下河底跌成深塘跌塘過甚堵閉遂難操縱無權傾瀉有弊下游水患實由於此儻全湖無分洩之門則堰盱百里長隄在在危險設有疏虞淮揚兩郡先受其害是分洩之路必不可少然舊日三壩跌塘皆深至三四丈不等原思逐一修復再四講求不但錢糧浩大所費甚鉅且用土填實即加夯硪而新舊土性相參必不能膠凝堅固勢難經久殊屬無益此臣等察看情形不得不亟圖移建之原委也查設立滾壩首重壩基必須地高土堅方免刷滌寬深之患即如徐州天然峯山等閘皆就山腳建設至今開放並不跌塘此其明驗五壩一帶臨湖東岸在前明時並未建

築石隄緣其地亦係蔣家壩以下山岡餘氣所結比周橋迤北土性稍堅地勢亦覺稍高我 朝康熙年間前河臣靳輔因淮泗水發湖源過盛始於周橋以南接築石隄以資捍衛並議建滚壩定制蓄水至九尺以上卽聽其滚洩今洪湖蓄水較從前益增必須隨時由壩減洩始保隄工若壩座地勢不高旣恐水溢旁潰基土不實又恐力猛跌深舊壩難於修復則臨時啟閉之機括竟無把握此又臣等詳核形勢不得不移於蔣家壩山坡以下地方建設之實情也臣等復先後親詣蔣家壩以南建壩之處逐細覆勘地勢由西南老子山一帶向東南迤邐而下甚爲高亢建壩可期穩固現在估建三壩內仁壩石底以湖水長至一丈二尺外過水義壩石底以湖水長至一丈三尺外過水均係照舊壩近年過水丈尺分別核定壩身各寬六十丈合

計三壩過水已寬一百八十丈將來按誌次第開放分洩自屬靈便其壩下引河三道各按地勢挑挖長自七百餘丈至八百丈不等計四里有餘底寬自三十丈至四十丈不等深自四尺至一二丈不等河底均與壩底相平洩水至大不過數尺其引河下洩之水仍匯入舊壩引河所洩之叉河內統歸高寶等湖東注且順勢平瀉不似舊三壩下之直掣水以紓徐而溜緩河身足資容納斷不致湧溢出槽滋患並於北面地勢稍低之處接築攔堰一道隄頂一律相平更足防護該處南北村莊半在高阜距引河兩岸尚遠並無妨礙雖頭二道河身內間有民冢爲數無多該處居民亦因移壩可免水患情願遷避臣等均酌量捐給遷費並無抑勒其兩岸不必遷移之冢地勢甚高河槽之水不致漫及所有河身佔用之荒熟地畝仍卽勘明照例題

谿咨部查核臣等籌以如此斟酌辦理所有湖水宣洩之機宜引河匯流之處所均與舊制相符屢經詢之南河年久文武員弁及山盱一帶老民亦皆稱為穩便惟本年大汛屆臨信壩尚未完工僅有智壩一處接長石底雖可啟用究不能十分放心此時亟宜豫籌宣洩之路但現擬移壩處所事屬創始計須萬全誠如　聖諭先建一座試看本年過水情形以昭詳慎臣等酌議將義壩趕建石壩一座挑挖引河一道以備宣洩復思洪湖水勢難以懸定並將擬建仁壩處盤做草壩其壩下引河一道亦乘時挑出多一路洩水庶盛漲時更覺有備無患一面備集料物俾資臨時應用臣等未敢拘泥現即委員分投挑築其改建之禮壩及壩下引河均暫緩辦理俟秋汛後察看該壩洩水情形再行奏請　訓示遵辦至舊有三壩既不開放自應填砌堅實現在各該壩均加有柴土後戧尚為寬厚可資抵禦從前本有弁兵堡房督令加意防守此時毋庸添設俟新壩建成後再為補築石工與通工石隄聯為一體益增鞏固同上

嘉慶十九年修濬浙江西湖

是年十二月戊午奉　上諭軍機大臣等御史王嘉棟奏請開水利以濟民生一摺據稱浙江杭嘉湖三府被旱歉收現在青黄不接之時又值米價昂貴貧民艱於謀食請開濬西湖以工代賑等語西湖為浙西水利攸關田疇廣資灌溉康熙雍正乾隆年間節次動項興修迄今閲時已久湖身淤墊水旱難收蓄洩之利該御史所奏自係實在情形著顔檢詳加履勘如應行興辦並可以工代賑即奏明妥辦其所請動用景工生息及海塘節省銀兩亦著該撫查明應如何借動及分年攤還之處一

併妥議具奏但此事原爲利民起見該撫勘明後奏請辦理不可謂出自上意恐無識之徒妄行揣度以爲豫備南巡則與朕興利惠民之意大相剌謬也該御史原摺著發給閱看將此諭令知之仁宗睿皇帝聖訓

是年禁開山免淤河道

是年二月甲辰奉　上諭軍機大臣等據御史傅棠奏稱浙江各府屬山勢深峻處所多有外來游民租場斫柴翻掘根株種植苞蘆以致土石鬆浮一遇山水陡發衝入河流水道淤塞瀕河隄岸多被衝決淹浸田禾大爲農人之害其遊民多係來自福建江西安徽等省成羣結伴自數十以至百數散處各山無人稽察不可不嚴行禁止等語此等無籍遊民租場開墾旣有礙水利兼之百十爲羣往來無定難保日久不滋生事端初彭

齡董教增前任安徽巡撫時曾將安徽省租典山場遊民奏定章程嚴立限期勒令退山回籍今浙省租場開墾情形與安省稍有不同著李奕疇倣照安省奏准之例察看情形酌量變通將此項遊民如何定限勒令退山回籍之處妥議章程奏明分飭所屬認眞辦理傅棠摺著鈔寄閱看將此諭令知之睿仁宗皇帝聖訓

嘉慶二十年建虎山腰減水石壩南河成案續編

是年三月初九日百齡黎世序奏河防舊制閘壩與隄防並重考之歷代河渠諸書及前明潘季馴經略兩河各疏無不多建減水閘壩爲防險保隄之計康熙年閒前河臣靳輔在徐城以上建設毛城鋪滾壩一座天然閘一座於十八里屯又建設兩閘北岸又建設大谷山滾壩一座蘇家山閘一座徐城以下又

建設峯山四閘王營減壩盛漲時相機啟放水落卽堵是於束
水攻沙之中並用防險保隄之法奈近年河道情形日久更變
毛城鋪以下之洪濉河大谷山蘇家山以下之水綫河均已淤
成平陸黃河亦漸淤高閘壩口門有建瓴掣溜之虞減洩之水
無循序分洩之路十八里屯兩閘久經淤廢王營減壩衝跌無
存僅存天然峯山兩處閘座洩水無多致大汛水長壅積不消
黃河兩岸節節生險屢屢漫隄上游漫缺一處則下游淤墊一
處隄上歲歲加高仍形卑矮甎石埽壩處處著重未得平諡久
煩　霄旰憂勤多耗　國家經費其病皆由有隄防而無減洩
不能保守異漲也歷任督河諸臣無不以籌議修復閘壩為事
並蒙　欽差長齡戴衢亨臨工查勘因毛城鋪情形難恃經費
過大未易辦理議請修復十八里屯舊閘並移建王營減壩嗣

治水述要卷八　卆

要工疊出籌款維艱僅將王營減壩擇地移建十八里屯舊閘
至今未修臣等到處勘查悉心籌計大抵黃河閘壩因山創建
者終久可憑平地創建者易致衝跌必得另求山勢可借又有
現存引河可用之處庶錢糧可歸節省而啟放可以無虞因飭
通工道將廳營府縣會同籌議茲據詳稱黃河北岸舊有閘壩
恐運道受淤不敢置議至毛城鋪減壩雖屬得力而原建處本
無山勢可憑壩之上下工性沙鬆從前啟放屢有王平莊邵家
壩唐家灣掣溜之事近年河底更高辦理益難且挑河培堰及
鑲做鉗口各壩需帑百萬工費過鉅十八里屯東西兩閘原借
山根建設金門僅寬三丈五尺減水無多不足專恃且閘底太
低亦難再放惟該處西南一面眾山環繞中有丁塘湖湖濱有
虎山腰地方兩山對峙中間凹處寬二十餘丈山根石腳相連

可作天然滚壩不費人工北面臨河卽係十八里屯舊有山岡淤入土中議將該山頂剷平改作臨河滚壩卽以虎山腰作爲重門擎托有此兩處因山形勢可期穩固因卽將十八里屯山岡上淤土起除查看兩閘中閒山岡較高之處長三十餘丈低於灘面三四尺比舊閘底高一丈六七尺比黄河盛漲水面計低七八尺可以就勢鑿平於山岡上另建金剛牆兩座中留口門寬三十丈作爲天然閘底滚壩俱較比高低適得其中斷無衝跌加深之患其減下之水由丁塘湖出虎山腰歸天然閘下引河匯流宣洩自十八里屯至虎山腰中隔縷隄一道縷隄外挑挖引渠添築東西束水隄工縷隄内各山環接西面王家山舊堰應幫培高厚偎護碎石東面黄山一處空檔亦須築做攔堰偎護碎石縷隄刷開之處砌大石裹頭用碎石鋪底以資鉗

束且免刷深至天然閘下引河添此滚壩減洩之水不免漫灘該處西岸本有攔堰上自天然閘下至艾山長九十餘里舊堰卑矮土性沙鬆且有離河較近處必須培築堅厚方資保障應將攔堰距引河遠者就舊堰幫寬加厚距引河太近者另估退後接築新堰再將閘河下游淤淺處閒段疏挑蕭縣城外再築護城隄一道以爲重障統計各工共需銀四十餘萬兩較從前估修毛城鋪需銀一百二十餘萬兩十八里屯需銀九十餘萬兩用未及半辦成後不但徐城以上得有寬大滚壩減洩盛漲卽下游隄埽亦免生險搶辦計其節省實多現據通工道將廳營並該處府州縣等會勘眾議僉同具詳請辦現在睢工業已堵合黄流挽歸正河本年大汛瞬臨難保必無異漲若不豫備減洩閘壩竊恐從前之險卽在目前與其補苴於事後而費愈

多莫如籌備於事前而工實省且辦成後水小之年原可堅守不放以收束水攻沙之益水大時即啟放亦期速堵不致有溜緩沙停之虞壩成原可以數年不用但不可一日無備反覆思維若將該處壩工辦成每年大汛減水有方工程平穩現在雖費將來所省實多是於前人成法之中師其意而不泥其迹就其地而略變其制既有可辦之法何敢因循貽誤相應將籌辦情形繪圖貼說據實具奏　命下即派員趕辦務於五月內完工以備大汛之用再該處堰工向例於民田攤徵還款第思現辦工程為全河減洩機宜並非為民田水利起見況徐屬積歉之區從前攤徵各款遞年請緩即攤徵亦恐一時完納不前此次估辦比從前估辦毛城鋪及十八里屯所省費業已過半仰懇　皇上天恩俯准作正開銷以速要工而紓民力至辦成後每年防守仍應照例歸地方經理其退後築堰如有佔廢民地飭令地方官查明照例准其豁免錢糧另行題報奉　旨允行

南河成案續編

嘉慶二十一年濬吳淞江

是年十二月庚寅奉　上諭內閣胡克家奏勘估吳淞江疏濬工程分年捐辦一摺吳淞江為大江以南眾流入海要道上海等縣漕運經由關繫蘇松太三屬民田水利近因潮沙淤墊河流淺澀自應亟為疏濬茲據該撫估計需銀二十八萬三千六十兩著照所請以三分歸沿河之上海青浦嘉定三縣七分歸長洲等十三州縣按歲徵糧額分作兩年攤捐並豫選公正殷實董事由縣給發印簿令各業戶照數捐交解存道庫於二十三年捐足即於是年秋成後按照估定寬深丈尺興工修濬一

切俱聽民閒爲經理不令官吏涉手工係民捐民辦毋庸造册報銷 仁宗睿皇帝聖訓

是年復建王營減壩 南河成案續編

是年正月二十四日百齡黎世序奏南河河身自徐州以下漸形窄狹較豫省隄防兩岸相距不及十分之五每至伏秋大汛盛漲之水奔逸出槽自河南以達徐州由寬入窄實有不能容納之勢是以康熙年間前河臣靳輔於黃河兩岸上自豐碭下至清江節節建設減水閘壩不下十餘處故能保守隄岸相機啟閉永慶安瀾嗣因北岸挑開中運河後糧船得以對渡遄行而黃河北岸閘壩恐減落黃水串入運河遂將北岸減水之壩悉行廢閉全賴南岸閘壩宣洩以爲大汛分消數十年來河底日漸淤高尋考往日閘壩基址或淤沒已久不可復開或口門過低防其掣溜牽多不能舉辦惟賴上游天然峯山二閘稍分黃漲每當汛水猛盛旁消路少隄單河窄深以湧溢爲虞臣等遞年相度情形亟須多籌宣洩以保隄岸上年奏請於徐州十八里屯舊基添建滚壩適秋汛異漲開放減水上游應汛始保無虞彼時下游淮揚一帶清黃並漲爲十餘年來所未有霜降節後猶復拍岸盈隄非常危險仰賴 皇上洪福河神顯佑風浪不起漲水漸消臣等驚怖之餘慶幸出於意外推原其故實由下游無路分減故徐州一帶雖報落水而清江以下仍復壅積不消且十八里屯滚壩及天然閘峯山閘減落之水仍由引渠一路澄清歸入洪湖黃漲雖分減而少宣湖瀦則因增而日盛清江爲清黃交匯之處淮黃彙注浩瀚異常加以中河承受東省蒙沂之水或值同時並漲則清江一處吸引三股大川卽

令海口十分通暢亦虞受納過多一時宣洩不及數百里隄岸處處皆形著重實堪惴慄必須於下游籌畫減水之區始足以保隄工上年霜降後卽督同道將廳營悉心講求惟有外河北岸王營減壩減洩黃流引疏清水最為得力而洩黃漲卽所以洩湖漲洩湖漲卽所以刷河身實係導黃導淮第一機括減壩於嘉慶十一年衝塌壩底經　欽差前大學士戴衢亨等會勘

奏請移建並添設二壩前河臣吳璥請銀興辦竣工第壩身雖已堅固可放而盛漲之水由壩減入鹽河勢必猛驟鹽河兩岸隄工日久未修皆形卑薄必須加高培厚方可攔束水勢其河勢逢灣迎溜之處亦須鑲做護埽以禦溜勢撞刷倘有閒段淤淺尤應估挑寬深並相地添築格隄以為攔約至減壩外臨黃隄埽亦須豫為啟拆盤做裹頭庶啟放時得資鉗制臣等詳細

商酌此處為最要關鍵且從前改建石壩已費銀四十餘萬兩若久廢不用則前此帑項竟屬虛糜況全河要機斷難坐失反覆籌酌眾議僉同臣黎世序卽飭道將等核實查估計各項官辦工程需銀六十餘萬兩其鹽河兩岸官隄以下民堰培築工程係為護衛民田估需銀八萬餘兩例歸民修應由藩庫借款攤徵辦理第恐藩庫輾轉撥解遲延而民辦工程未能堅實亦請歸併減壩挑築工程案內發銀派員修辦仍由藩庫撥還分作十年攤徵歸款以速要工而紓民力以上總共需銀六十八萬兩仰懇　聖恩俯准於就近藩關各庫撥給解工趁此春融趕為挑築購料鑲做於三四月內完竣以備減洩伏秋盛漲如蒙　俞允則全河上下游扼注機關得以操縱由人卽遇異漲驟臨宣防亦稍有把握至鹽河亦為運鹽運柴要道或恐減黃

後稍有停淤亦無難隨時挑挖且漲水有此分洩不致倒灌運口則清水長可暢出刷黄亦永無溜緩沙停之弊實爲有利無害敬將籌辦情形分别繪圖貼説恭呈　皇上訓示遵行南河成案續編

是年蕭南李家樓壩工放淤南河成案續編

是年四月十六日黎世序奏蕭南廳李家樓壩工嘉慶十七年堵築合龍該工係在河灘圈築距大隄八九百丈挺入河心壩内均係從前掣溜之處塘深數丈大工甫竣後不得不堅守大壩歷年加鑲費已不貲今閱數年舊壩柴質漸加朽腐恐有蟄塌空虚之處均在壩底水中無從察看設有滲漏難以搶辦不可倚恃現在壩外雖尚有灘而河流無定若忽然坐灣溜至壩前難以防守不可不思患豫防查大壩内有越堤二壩三壩正隄重重保障而二壩僅爲堵築時擎托之用越堤僅爲大工竣後急切搶辦之工均係挺立河心不可退守惟三壩立於老灘之上正隄係防守舊基歷年來已次第幫培可以倚恃但大二兩壩内悉係深塘若河流驟然灌入力猛勢險三壩正隄亦難抵禦再三籌度惟有放淤之法可逐漸辦理但化險爲平關係重大非實有把握不敢冒昧從事該道將等確切勘籌三壩可爲退守之地留正隄爲後靠重門再爲加高培厚外鑲護埽可期穩固無虞一面於大二兩壩上首開挑倒鉤進黄引渠下首開挑順清溝渠刷開各壩尾盤做裹頭以資節制趁大河水勢尚未盛漲相機開放引黄内灌水無猛驟之力淤有停積之功將正二兩壩内各處深塘逐漸淤平兩壩即可棄而不守似此慎重辦理可無意外之虞據徐州道嚴烺等據稟請辦適督臣

百齡在浦臣詳細熟商并詢之通工各道將及練習河防之文武員弁皆以為必應辦理現即復加勘估發銀興辦謹將籌辦情形繪圖貼說恭呈　御覽南河成案續編是年七月初八日黎世序奏蕭南廳李家樓工內塘深窪臣籌請放淤奏蒙　恩准閏六月十五日乘大河水勢見長相機啟放引黃內灌串注大二兩壩內塘仰叨　皇上福庇即見澄淤隄埽工程一律堅實平穩內塘最深之處原有八丈餘尺淺處亦有五六丈現查深處已淤三丈餘尺淺處亦淤丈許業已著有成效大河水落時澄清之水暢出俟內外水勢相平仍將引渠堵截俟水長再行如法啟放隨時妥辦以期逐漸淤平該工培隄挑河鑲做埽壩等工共計用銀五萬三千餘兩此後尚有隨時疏通引渠防守埽壩等工統俟淤成之後核實造報

覆案放淤之法以進濁出清不致奪溜為要此案可為法故錄存之

嘉慶二十三年濬山東小清河

是年三月癸卯奉　上諭軍機大臣等陳預奏東省小清河以章邱鄒平長山新城為上游高苑博興樂安為下游現自章邱山頭店至萬家口止計河長六十里水流無滯自萬家口至段家橋正河淤墊又鄒平之王家橋開河橋鄒長交界之郭家口高博樂三縣之支脈溝等處淤墊較厚均須逐段興挑尚有萬家口灰壩及宋龍口孫家橋一帶應間段興挑及均張壩以東之小清廢河亦宜疏導並將淄河門口以上海灘挑挖應照舊章各就地方自出民夫興辦惟又據高博樂三縣民人呈訴以上游宣洩水勢全行下注支脈溝不能容納恐致漫溢查上游

之滸山泊清沙泊麻大湖係豬水之所應先將二泊一湖挑挖寬深使水有停頓再挑挖支脈溝並將舊有隄岸補築以防漫溢次將上游之段家橋等處次第疏通再由陶唐口正河通至均張壩閘門由支脈溝入海則上游章邱等縣民人樂從裏事下游高博樂三縣居民得水有歸宿攔禦有備亦無虞其堅不興挑等語小清河水漫溢固由下游不能宣洩亦由上游河道淤墊所致因勢利導先將上游疏濬並將滸山等二泊一湖挑挖寬深足資停蓄則水勢自不至建瓴直注下游高苑等縣亦不驟虞漫溢著陳預即照所議先行出示曉諭俾上游居民樂於從事其下游居民亦以次將海灘挑挖通暢使水有所歸不至偏受利害（仁宗睿皇帝聖訓）

是年建沔陽州龍王廟洩水閘

是年七月戊戌奉　上諭內閣慶保奏沔陽州垸田積水請借項修建閘座一摺湖北沔陽州低窪田畝全賴隄垸保護每遇伏秋盛漲江水浸灌垸內無路疏消茲據勘明該州龍王廟地方添建閘座引渠可資宣洩於農田大有裨益著照所請准其於該處建立石閘挑挖引渠以時啟閉所有估需銀二萬八千九百九十一兩零加恩先於司庫商捐隄河沙洋籌備善後工程款內借支給領勒限完工照例保固十年所借銀兩於工竣後分作五年在於受益各垸業戶名下按畝攤徵歸款（仁宗睿皇帝聖訓）

嘉慶二十四年議建峯山滚水石壩（南河成案續編）

嘉慶二十三年十一月初九日孫玉庭黎世序奏南河大汛盛漲時必須籌備減洩之路嘉慶二十年蒙　皇上天恩准添建

徐州虎山腰減水滚壩二十一年於睢南峯山四閘之外龍虎二山中間鏟作天然滚水石壩均備大汛應時啟洩皆係就山開鑿石根堅固底高口寬啟放得力宣洩有制查峯山四閘係康熙年間前河臣靳輔所建嗣因頭四兩閘掣水過猛患其奪溜自嘉慶元年以後閉而不啟祇放二三兩閘俾資減洩所有新鑿龍虎山滚壩卽以抵頭四兩閘之用其二三兩閘外向各築鉗口柴壩柴壩外又築臨黃土壩爲重門保障然料土築成非有山根石脚者可比恆恐掣溜過大壩身稍有挫失本年啟放時水勢湧注閘牆止出水尺許若非前此加築四層勢必漫出閘牆之上設有閃失奪溜堪虞幸經廳營等竭力搶鑲鉗口壩埽防守閘隄克保平穩總因河身高下今昔懸殊節宣啟閉難合機宜但下游各工皆藉此處減水護隄又未便堵閉不放

欲别籌宣洩之路非得天然形勢亦不敢輕議興作臣黎世序與徐州道嚴烺及參游廳營等周囘籌度查得峯泰兩山間山坡石脚相連中間空檔約寬二十餘丈可以就勢剷鑿作爲滚水石壩將臨黃土壩幫寬外鑲護埽卽以鑿山碎石將臨黃壩兩面包砌堅固永不開放俾水由滚壩下注達於二三兩閘旣於前人舊制無所更張而閘外添此一層天然滚壩鉗束進水得有節制水退自然斷流不致抽分大河底水仍可并力刷滌下游河身而閘座亦無閃失之患實屬一舉而數善兼備約其需銀三萬餘兩查該閘常年啟閉每年需用銀一萬四千餘兩及一萬六千兩不等今就山勢鑿成滚壩以目前而計費用未免增多但滚壩旣成每年可無鑲修啟閉之費此後撙節實爲不少於遵守成式之中稍爲變通經久之法（南河成案續編）今按此摺

嗣經戴均元吳璥覆奏議准（續行水金鑑）

是年七月二十三日蘭陽八堡大隄坐蟄漫口七十餘丈二十四日申刻奪溜成河掣溜約三四分又儀封上汛三堡大隄漫口一百一十餘丈中間水深四丈餘尺掣溜約五六分又陳留汛七八堡交界處所隄頂過水二處蟄塌各十餘丈中牟上汛八堡迎下塌隄約三十丈均未掣溜（南河冊稿）

是年八月初六日黃沁廳武陟汛縷隄九堡沁水匯注刷塌隄身一百餘丈（睿皇帝聖訓）

按以上蘭陽儀封陳留中牟各漫工均即堵合惟武陟九堡馬營壩口門至次年始合龍屢經奇險用銀一千數百萬旋因河水入引河又將儀封三堡漫開一百三十餘丈至十二月合龍摘要列後

是年九月奉 上諭吳璥等奏黃河北岸王家溝地方溜勢驟向北趨刷通沁灘匯注九堡馬營壩口門一摺黃河南岸蘭儀漫口尚未歸注一處今北岸王家溝地方又復將河唇高厓刷塌蓋灘北注刷成溝槽直通沁溝匯注九堡馬營壩口門已塌寬一百六七十丈掣溜五分有餘前派葉觀潮專辦北岸武陟漫口乃甫將溝槽五道堵合王家溝又復刷通實屬辦理不善若不嚴行懲治何以示儆著吳璥等即傳旨將葉觀潮先在北岸工次枷號北岸工竣再移至南岸工次枷號俾通工人員皆知儆畏俟大工合龍再發往伊犁効力贖罪該革員誤工糜帑此時姑免籍沒著伊自矢天良先竭力措交銀兩以助工需現在北岸漫口雖已掣溜五分餘正河尚有溜三四分著吳璥李鴻賓即在北岸上緊設法搶堵能使北岸不成大工則南岸漫

口尙易於爲力吳璥等務勉力辦理不可稍懈琦善此時先回南岸集料鳩工察看蘭儀二處漫口現已歸併何處督辦盤築裹頭各事宜俟北岸工竣吳璥等再赴南岸會同辦理可也睿皇帝聖訓

是年九月奉　上諭馬營壩漫口居北岸上游遠在蘭儀之上此時已掣溜成河正河僅有微溜則蘭儀兩處漫口即日必當斷流自應將原派蘭儀料物飭令承辦各員迅速購買即行運貯北岸並添派北岸廳縣購料趕運以便剋期興工吳璥李鴻賓著即駐劄北岸催辦料物一面勘立壩基上緊盤護裹頭并委員勘估引河通籌大工全局督率趕辦期於桃汛前堵築合龍其南岸蘭陽儀封口門河已斷流易於堵合著琦善酌帶明白工員一二人前往先堵蘭陽口門次堵儀封口門俟兩處缺

口堵築堅實該撫一面具奏一面仍至北岸會同吳璥等辦理至李鴻賓等自請交部議處無謂之至馬營壩漫口之時李鴻賓尚未到任琦善本不諳河務俱著毋庸交議其分片所奏豫省辦理大工現不乏員差委吳璥等即督率各工員奮勉趕辦葉觀潮僨轅覆轍豈可復行委用仍遵前旨枷號工次俾各河員觸目驚心共知儆懼大工現既改歸北岸南陽相距爲遠其工次巡邏彈壓著就近令河北鎮馬濟勝酌帶兵四五百名來工巡防南陽鎮呢馬善及所帶官兵即飭停止至豫省進京文報山東一路現被水阻即照所奏改由懷慶府屬之武陟修武衛輝府屬之輝縣淇縣歸入安陽磁州正站將遞可也南河冊稿

是年十月吳璥李鴻賓琦善奏大工全局總以壩基得地引河得勢最爲扼要之計必須詳愼審度而馬營壩一帶土質盡係

純沙尤應細勘妥籌臣等前數日督率諸練道廳等上下察看東岸尤庵西岸張庵尚係老灘可以建壩旋因土性沙鬆東岸時見刷塌且河勢入袖恐難站穩又另行履勘自溝口至馬營壩口門兩岸俱係沙灘並無膠土壩基實難率定溝口以下地勢建領愈往後退則入袖愈甚壩身過於喫重難期穩定溝口土性雖鬆稍為收進溜勢尚平究係力爭上游祇可於溝口切近大河處所擇定東西壩基較為穩妥且引河頭亦頗得勢將來放河時可期暢順惟沁水在壩基之下須將舊沁河先挑一面將原村漫口堵合使全沁由舊道歸黃則大工合龍時兩無窒礙至大壩工未能堅結必須立二壩一道以資擎托現於大壩迤下相距一百七十丈之處擇定壩基俟大壩進占二壩亦逐步跟進得此擎托之力庶大壩不致過形喫重合龍後更資

重門保障現量大壩基中開河面寬三百二十七丈深二丈三四尺不等東壩頭溜勢較緊已派委署河北道張協鼎等趕緊盤護不使再有刷寬西壩頭亦即刨槽鑲埽盤築以防河溜趨刷一面於東西兩壩尾量準長丈估定土方數目即派員分投趕築其引河頭於東壩基迤上八九十丈河溜圈注之處斜向東南開挖接至舊河長八百三十七丈並於西壩迤上估築挑水壩二道挑溜南趨俾大溜緊對引河頭可得吸川之勢現在舊正河尚有微流即委員於舊河切近東壩處築做攔河壩正河即可逐漸乾涸以便將引河頭上段及下游中段下段舊河分別抽挑一面酌發辦料銀兩嚴催購運再酌定壩工進占之期上同

是年九月　命協辦大學士戴均元侍郎那彥寶查勘河南漫口情形留那彥寶駐馬營壩工督理堵築事宜上同

是年九月奉　上諭朕聞向來興舉大工每於工次搭蓋館舍
開廛列肆無物不備市儈等趨之若鶩其所取給皆工員揮霍
之資而工員財賄無非由侵漁帑項而得此種惡習歷次皆有
此次吳璥等務當嚴禁浮靡將所發帑項實歸工用勿以國家
重大工程為伊等漁利之地如有違背小者枷示大者正法法
在必行朕言不再又奉　上諭御史蔣雲寬條陳河工積習一
摺所奏俱是國家興辦大工不惜鉅萬帑金以衛民生一切工
料均應核實如該御史所奏麻料攙雜沙土稭垛外實中空實
難保其必無著吳璥等即責成李鴻賓並由京帶往司員等認
真查驗如有前項弊端即行嚴參懲辦再朕聞本年豫省除被
水之區俱屬豐收產料甚多不過距工較遠運費增多前已准
其量加例價吳璥等務飭廣為購運勿使工用缺乏如有盈餘

亦可留備歲修不致虛糜其堆料廠座並嚴飭文武員弁晝夜
巡查防範火燭勿稍疏懈至在工人數眾多一切需用什物不
能不資商賈販運該御史奏稱工所玩好充牣甚至元狐紫貂
熊掌鹿尾無物不有河員等隨意購置為鑽營饋送之資亦係
從前陋習琦善係本省巡撫著嚴行查禁此次工所除尋常衣
服食物外如有珍奇玩飾開廛列肆者立即驅逐毋准停留該
御史又稱向來河工事竣所保人員多係親舊甚至有身未赴
工名列薦牘者殊不足以服人心此次務當核實辦理將來大
工合龍保奏人員不得稍有瞻徇冒濫其投効人員內如有曾
經奉旨永不敘用者著即行駁回不許留工委用儻有朦混保
奏者一經查出不特將本員黜退仍必將吳璥等治罪不貸該
御史又稱在工各員領有帑金任意挪移捐升希冀工竣照新

銜議敘實開巧捷之門著明定章程凡辦工出力人員祇准照
現在官職奏懇恩施不得以捐升階級請邀議敘以杜倖進睿
皇帝
聖訓
九月李鴻賓自陳不勝河督之任降郎中留工經理錢糧宥葉
觀潮罪　命仍爲河東河道總督南河冊稿
是年十一月初一日奉　上諭戴均元等奏馳抵武陟查看壩
工引河及購運料物情形一摺本年馬營壩漫口自奪溜以來
已一月有餘兩壩運貯稭料僅有一千餘垛是大工辦理遲緩
竟由購料稽延所致吳璥等因屢經降旨飭催始奏於十月二
十七日開工現在所購料物不過十分之一即使儘數動用進
占至五六十丈時料物不能接濟勢必停工以待所關匪細吳
璥係欽差駐工其購料乃巡撫專責現在撥發帑項已將及千

萬陸續到工無虞缺乏朕於來往河南大臣官員時常詢問僉
稱該省本年未經被水地方秋成俱十分豐稔是產料不爲不
多雖距工較遠總當設法趕緊購運歷年興辦大工原不盡在
附近地方採辦料物豫省本係產料之區倘謂轉運艱難豈鄰
省購運轉能捷於本省耶琦善本有疏防之咎今督辦料物又
如此延緩著先革去頂戴暫留河南巡撫之任戴罪圖功即嚴
飭所屬於鄰近府縣廣爲購買無分晝夜轉運赴工如再有貽
誤吳璥等即行嚴參定將該撫革職治罪不稍寬貸吳璥等一
面督催挑挖引河一面剋期進占務期明年桃汛以前合龍全
蕆大工不可遲延睿皇帝聖訓
嘉慶二十五年三月十六日吳璥那彥寶葉觀潮琦善奏全河
大溜自開放引河後即掣動六分至初七日已有九分惟時金

門僅存十丈五尺因口門甚窄兩壩捆鑲船隻不能並容隨於西壩先進一占至初八日甫經做成竭力追壓忽見西壩門占連連後占平蟄長二十餘丈即趕緊搶鑲尚未穩定東壩門占連後占亦平蟄長三十餘丈幾與水平晝夜搶築始得高出水面二丈七八尺初九初十兩日復平蟄不已兩壩上下水邊埽亦同時並蟄東壩下邊埽回溜搜刷兩次大蟄入水臣等督率兩壩文武分頭趕搶以次鑲高漸臻平穩察看各占屢蟄後埽段外游兩壩擠近僅存口門四丈餘尺水勢愈加激怒搜刷更深必須趕緊堵閉即督飭掌壩各員盤壓壩臺於十三日寅刻挂纜合龍正在層土層柴儘力堵築又見東壩門占接連後五占陡蟄長二十餘丈蟄矮二丈七八尺上邊埽亦跟蟄入水長二十餘丈幾至鑲築不及當令西壩官兵俱往東壩幫同搶辦幸

壩身寬厚疊次盤壓堅實俱無走失而情形實為危險臣等親駐壩頭督率在工文武員弁併力搶鑲一面將金門大埽追壓到底竭七晝夜之力至十四日大壩周身高厚結實金門已漸斷流全溜悉歸引河惟壩前雖係止水而土性太鬆水深至十二丈有餘實難放心至十五日卯時東壩上邊埽忽有埽眼漏水壩下翻花甚大幸兩正壩並未蟄動然現未閉氣形勢仍屬可危查馬營壩地居北岸上游土性純沙水深至十二丈餘尺引河抽溝縣長八百餘里需用稭料二萬數千垛之多艱鉅情形為從來大工所未有臣等及通工官兵皆不敢保其必成今竟得堵築合龍已非意料所及迨合龍後忽又有此驚險更深悚懼惟有將東壩上邊埽及正壩儘力加壓數日一面趕做關門埽統俟穩固閉氣再行馳奏至引河開放後奔騰下注擄糧

河廳稟報黄水於十二日戌時行入江境方幸河道通順乃於十五日接據蘭儀廳稟報十二日戌時見大河分溜圈注隄身適值西北大風溜勢擁高丈餘極爲湧猛將儀封三堡以下無工處所乘風撞擊坐蟄隄身三十餘丈掣動大溜新河挂淤斷流臣等聞信之下心膽驚裂臣葉觀潮即應迅速前往惟馬營壩水勢仍未消落壩工合龍後尚未閉氣正在搶鑲十分緊急之際而儀封究在南岸下游附近上年缺口本有刷成河槽不致過於泛溢其下注江境仍由洪湖出清口歸海自應先其所急暫留馬工搶辦商之吳璥等意見相同當即飭令總理馬工東壩之開歸道謝學崇帶同文武員弁兵丁星夜馳往趕緊盤護裹頭俟馬營壩搶鑲穩固臣等即馳赴查看再行奏　聞臣琦善已飭管理總局藩司麋奇瑜委員馳往漫口下游濟渡撫

卹毋俾失所奉　上諭馬營壩大工馬營儀封二工用帑一千數百萬兩雖已合龍壩下仍有漏水翻花之處未能穩固吳璥等應即督飭在工人員晝夜趕壓堅實再行馳報現在南岸儀封三堡以下隄身又坐蟄三十餘丈掣動大溜亟應趕緊盤築裹頭免致汕刷日寬吳璥那彥寶在北岸督辦壩工尚未蕆事自應先其所急著仍駐北岸經理完安葉觀潮琦善均有河務之責旣未能豫爲防範致南岸隄身又復坐蟄掣溜咎實難辭葉觀潮現無頂戴琦善著即行摘去頂戴飭令伊二人戴罪圖功現在南岸已刷開口門掣動大溜葉觀潮琦善自行酌量一人即日馳往南岸一面督率員弁趕緊盤築裹頭勿令刷塌日寬一面購料鳩工趕行堵築現屆桃汛期內水勢漸增即當迅速興辦務於四月以內堵合完工勿稍稽遲本日已降旨令該關差鹽政等將商

捐各款銀兩迅速撥解儀封工次備用先行給辦工料將來工竣即著落葉觀潮琦善二人分賠不准開銷其北岸合龍後如料物尚有盈餘即趕運南岸以濟要需至南岸漫口上年八月據葉觀潮奏係在儀封三堡茲據奏此次漫口係在儀封三堡以下是否即係上年補築新隄輒添以下二字冀圖含混遷就著吳璥那彥寶查明此次儀封漫口如係上年補築新隄將承辦此段工程各員弁即行革職枷號工次並查明彼時督辦大員據實指名參奏勿稍回護所有疏防之該管員汛備弁著查明嚴參革職其餘協防員弁亦一并先行摘去頂戴再此次漫口必因引河未能通暢以致下壅上潰並著查明儀封三堡以下係何段引河挑挖未能如式將承辦各員據實參奏以便懲辦文字德奎二人係何人所辦查明速奏南河冊稿嘉慶二十五年

三月吳璥那彥寶葉觀潮琦善奏臣等於十六日將馬營壩大工於三月十三日合龍並壩下翻花甚大尚未閉氣趕緊追壓緣由奏報在案臣等親駐壩頭督率文武員弁將東西正壩及上下邊埽竭力搶辦隨蟄隨鑲一面趕做關門埽鑲壓到底自十五日卯刻至十六日戌時止又竭兩晝夜之力壩下翻花漸次平減至十七日戌時已毫無滲水計三百數十丈壩身及上下水邊埽關門埽一律高鞏穩固通身閉氣涓滴不漏壩前已澄淤二丈有餘伏查馬營壩土性純沙水深至十二丈餘尺引河至八百餘里之長購料至二萬數千垛之多艱鉅情形實爲從來所未有而合龍前後又復疊生大險幾於措手不及臣等同文武各員雖竭盡心力而凜懼難以名狀茲竟搶護堅穩危而復安斷非臣等心思才力所能到實皆仰賴我　皇上至誠

感格昊貺丕昭神庥顯應始能鉅工告成欣忭之餘尤深寅畏此次大工挑辦引河抽溝及承辦料物巡查各料廠諸要務事艱任重臣等分派文武各員時刻嚴行訓誡河北鎮臣馬濟勝親率各營員兵丁彈壓稽查半載有餘片刻無暇計在事文武大小員弁共七百餘員奮勉爭先皆無貽誤臣等萬不敢市恩邀譽亦不敢沒其微勞擇其始終不懈尤為出力者繕具清單敬呈　聖鑒可否量予鼓勵之處出自　皇上天恩其次出力各員另容分別咨部議敘謹由驛馳奏仰慰　聖懷奉　上諭吳璥等奏馬營壩工合龍穩固保奏出力人員並請撥銀兩籌備善後工程已另降諭旨將吳璥那彥寶加恩獎擢矣其另單保奏各員並未將壩工引河兩項人員分晰開單現因引河未能通暢致儀封三堡又成漫口如係挑挖下段引河尚當查參

治罪豈能一體復邀甄敘著吳璥等查明兩壩出力及儀封三堡以上承挖引河各員另行分晰具奏再降恩旨其儀封三堡以下挑工員弁即照昨降諭旨查明開放引河後黃水流至何段即不能下注以致上潰指名參奏至文孚德奎係何人督辦之工挑不如式河流不能通暢亦一并查明速奏毋稍隱諱現在北岸大工合龍後壩身邊埽俱臻穩固一切善後事宜祇須葉觀潮琦善二人內酌留一人在彼經理吳璥那彥寶等即日馳赴南岸一面將儀封漫口盤築裹頭勿致塌寬一面查看口門丈尺及水勢漫注情形繪圖貼說迅速覆奏以慰廑注所請善後工程銀八十四萬兩昨已於兩淮兩浙粵東商捐各款內飭撥銀二百萬兩速解工次即於此二百萬兩內撥出銀八十萬兩還款其所需稭料及土方價銀俱著照所請撙節辦理其

餘銀一百二十萬兩留於南岸工次逕行給發購料興辦北岸大工所存稭料如有盈餘卽運赴南岸備用至上年南北兩岸缺口甚多蘭陽儀封而外尚有祥符中牟陳留考城等處皆係甫經補還新隄著吳璥等逐一親往履勘是否堅實如有虛鬆之處趕緊硪築堅實勿致再有疏虞其補修工料著落上年承辦員弁照數賠繳（同上）

三月奉　上諭豫省南岸儀封三堡復刷成漫口續塌至一百三十餘丈吳璥等於北岸合龍後遲延十餘日並不趕赴南岸迅速籌辦均難辭咎吳璥著革去太子少保銜以協辦大學士吏部尚書署理河東河道總督那彥寶革去都統降補內閣學士署理河南巡撫均撤回議敍葉觀潮著革去河東河道總督留於工次效力贖罪琦善著革去巡撫賞給主事銜隨同吳璥等辦理大工俟合龍後回京以刑部主事用（睿皇帝聖訓）

嘉慶二十五年八月張文浩姚祖同奏儀封大工興舉首須購料挑河前於請撥銀兩摺內卽經聲明新料登場核定價值並灘路稍乾委估引河半月以來臣等往兩岸搶辦險工乘便隨處察訪詢商司道會同籌核正在酌定分派間承准　廷寄七月初十日奉　上諭儀封大工霜降後卽須興辦所需料垛新料一經登場卽派員購運工次務令儲備充裕至大工合龍全在引河通暢須於興工一月前分段興挑其引河內所出之土加遠運送欽此臣等查豫省本年雨水調勻秋成豐稔七月望後新稭新穄漸次刈穫以產料多寡運工遠近通計價值與十九年睢工約略相等查睢工稭料吳璥等原議每垛一百五十兩嗣購辦不敷復經奏明每垛自一百六十七兩至二百餘兩

不等是以前後通計每垛銀一百九十兩擬每垛給銀一百八十兩其檾麻一項仍照睢工定價每觔給銀四分約計壩工需用檾麻已分派河廳州縣酌發銀兩趕緊購運寬爲儲備秸料一項雖甫經先後登場應俟月盡後曬晾稍乾方可堆垛以免朽腐臣等已於地方州縣河工丞倅中擇其誠實勤幹者分赴兩壩挑濠插廠收買民料緣歷屆大工稭料派員領辦者居多本期各路分投收買工用易集無如各處販戶遇有大工每先囤積以圖射利辦員既多限期復緊或以數員而買一處之料其價本屬易昂迨至迫於嚴催加價購買一路之販戶得利則各路之販戶居奇由是辦理棘手工程喫緊之際每有停待之虞臣等再三籌議與其分路採購而遲累滋多不如在壩招收而遠近歸一民戶急求得值自必鬨風踴赴不爲囤販把持卽

時有陰晴運有難易通長計價似可不出現定之數而臨時相機收放仍可由廠員設法招徠不致貽誤工需臣等仍時赴各廠查驗以防弊混至挑河抽溝土方價値睢工每方銀四錢惟上年馬工每方加至五錢今以錢價糧價科計每方四錢原可敷用但此次引河出土歷奉　聖諭加遠運送計每夫終日往返就延出土較少所得卽恐不敷仰懇　天恩准照馬工挑河抽溝每方給例加價銀五錢其壩工及各項土工每方仍照向例給例加價銀三錢所用例價照例銷賠加幫各價攤徵還款臣等查有在工防汛之卽用道婁青熟諳河防辦事精細現經委令帶同幹練廳營各員等自口門迤東至江南交界逐段丈量分刪挑河抽溝確估寬深長丈於向例出土丈尺外加遠運堆核估土方銀數造册稟送並一面調集挑河員弁俟估到核

定即派往興挑另行詳晰具奏總趕壩工一月前插鍬興辦不任遲誤欽奉 上諭歷來興舉大工購備料物挑挖引河最爲先務儀封口門本定於霜降後興工現已節逾白露爲時不遠亟須豫爲籌備著照該河督等所估每料一垛給銀一百八十兩每觔麻一觔給銀四分督飭委員趕緊購買儲備該河督等仍不時親赴各廠查驗以杜弊混其挑河抽溝土方每方准給例加價銀五錢壩工及各項土工每方給例加價銀三錢例價照例銷賠加幫各價攤徵歸款並著該河督等飭委諳練之員將口門迤下至江南交界逐段較量分別挑河抽溝確估寬深丈尺核計土方銀數具奏於大壩興工前一月豫行挑辦不可稍有草率遲延南河册稿九月張文浩姚祖同奏儀封四堡漫口迤東斷流處所正當上年新挑下段引河第四十六分工內現估挑

工本應就該處重挑惟引河頭須與壩基相近方能吸溜東趨現在壩基應於大隄裏頭處建立切近南岸而四十六分之河頭偏於向北地遠勢背將來放河難期得力查上年所挑引河土山本在河口三十丈外迨河口刷寬土山益近此時若循舊重挑其新出之土逾山遠送固已曠日多費而舊積土山既高且寬礙難搬徙其河身自今春啟放後灘崖刷塌及儀工斷流中泓已多淤墊加以伏秋時雨衝淋兩腮積沙更厚茲欲重挑如式較之平灘引河寬深抵算勞費相等查舊引河南本係嘉慶九年以前黃河故道今春放河後又刷有河形西高東下頗得建瓴之勢較去秋受淤後一望平衍情形迥異就勢另挑引河實爲合宜據該道等撙節確估應留河頭一百五十丈於壩工合龍前相機搶挑自儀封上汛五堡迤上至睢州上汛十一

堡迤下止其長七千二百四十丈挑口寬六十丈四尺至二十一丈二尺底寬五十丈至十八丈深二丈六尺至八尺不等計估土三百七十餘萬方需銀一百八十餘萬兩至現估河尾迤東接江南交界河身間段淤淺積水估礙有無高仰不平之處須俟清水宜放届時察看搶挑現在先行擇要酌估抽溝所有溝工及引河頭土方銀數統俟挑竣核數彙同引河繕具清單具奏歷届挑河例於河口三十丈外出土今與諳練挑工各員詳細講求僉稱向來興工之始已須於六七十丈外循例以次而近至三十丈爲止勢難於例外過爲遷遠臣等悉心籌計擬於例定出土丈尺外南北各加十丈以距河口四十丈爲度務使河身寬展不致坍塌阻遏爲慮適　欽差協辦大學士尚書臣吳璥侍郎臣那彥寶到工會同復勘意見相同惟引河改近南岸其大隄間有距河較近處所應加幫高厚並酌做挑壩數道以備來年大汛溜到時鑲埽護隄俟勘估核定後再行奏明辦理同上

十一月奉　上諭豫省儀封大工前據吳璥等酌定期於十一月内合龍茲據奏東西兩壩截至本月初三日止先後進築其已得一百三十三丈尙存口門六十三丈計工已及三分之二其挑挖引河截至十月三十日止連前已及八分現在天氣晴和正當趁此趕緊督辦於迅速之中加倍愼重期於月内依限合龍所奏督挑引河將出土最少次少之員弁分別責懲記過其先報完工者存記以俟獎拔俾知畏懼奮勉所辦俱好所有領過四次工銀其工段内存土尙多之通濟閘官孫浩著卽革職枷號工次俾通工員弁咸知儆惕再大工將次合龍必先啟

放引河追引河吸溜暢注之後兩岸工程最關緊要本年春間馬工合龍時開歸道謝學崇因調赴武陟總理料物其本管儀封地方復有漫口至今言者尚以本管道員不在本任爲辭此次吳璥等於合龍前即將下游兩岸實缺工員俱飭令先回本任俾各小心防護以專責成上同十二月吳璥那彥寶張文浩姚祖同奏前因大河冰凌凝積暫緩放河進占緣由恭摺奏　聞並聲明一有可乘之機仍即迅速趕辦臣等隨時親到壩頭察看口門以上結成一片冰上行人不絕並有小車推挽行走復查大溜由積凌下趨行並未連底凍合因思數千里長河來源甚遠既未全行結凍惟引河頭至挑水壩一帶實因口門收窄後冰凌漂淌不及以致壅積日多若將河面設法鑿通得見溜勢趨向或可相機開放當即添雇人夫數千名督率道將文武

東壩由引河頭起西壩由挑水壩起多帶打凌器具站立冰上東西相對盡力開鑿並於口門迤上分派船隻先開冰路俾冰塊隨溜下行逐漸展寬所鑿冰塊厚有三四尺至七八尺不等俱係碎塊凝積而成層疊堅厚時值北風凜冽日間甫經鑿開夜又凝聚復督率員弁人夫無分晝夜竭力趕辦迨至初一日竟全行鑿通細看大溜仍由引河頭折至東壩上邊埽從積凌下斜注口門形勢極順臣等悉心籌議現屆嚴冬上游冰凌業已凝積其大塊厚凌日內尚不能陸續下注如再稍緩時日不惟兩壩人夫紛紛散去驟難招集且以一百九十六丈河身收束於十七丈口門之內若守至春融冰泮更恐上游積聚大塊冰凌同時下注致有意外疏虞揆度情形正有可乘之機不可遲疑貽誤其引河抽溝實已驗明一律深通測量河面高於引

河底二丈有餘必當乘勢開放卽飛咨江南山東一體防守一面先將挑水壩趕進兩占連前共做成一百一十七丈俾大溜逼往東趨於初一日東西兩壩同時進占愼重鑲築甚爲穩固連夜追壓至初二日壩前水已蓄高二尺遂於巳刻啟放引河申刻河頭已刷寬七十餘丈挾凌奔注勢若建瓴卽派員隨水查驗據稱引河兩厓坦坡漸見刷塌加寬自巳初一刻放河至午初三刻已出引河工尾並據下游各廳稟報黃流入境出境均屬暢迅至初三日午刻大溜掣歸引河已有七分大壩誌樁落水二尺似此萬分棘手之時放河克臻暢順實非臣等計慮所及現在口門僅存八丈溜益湧猛而壩工極爲穩實嚴飭兩壩文武將新做之占儘力盤壓務令堅固再接進一占祗留金門四丈一經門占加鑲堅寔計旬日內外卽可挂纜合龍功屆垂成惟有益加小心詳愼堵築同上十二月吳璥那彥寶張文浩姚祖同奏臣等前將鑿冰疏通水道乘機啟放引河通暢掣溜於初三日具奏惟時細加體察口門中並未凍合溜勢湍悍異常雖間有碎凌隨溜漂淌亦甚細小口門以上復結層冰聚成一片不能下注大溜仍在冰下趨行其形尚可施工並查驗引河兩厓亦見刷寬中泓水深一丈七八尺不等下游各廳及沿河州縣陸續報到黃流挾凌下注駛行極暢已據江南蕭碭同知施雲彿具稟初七日戌刻河水行入江境臣等卽嚴飭各廳加意防守一面督率司員道將等齊心努力專注壩工愼重鑲築初三日又將西壩接進一占溜勢倍加洶湧搜刷更深隨見東正壩陡蟄將原高水面三丈七尺壩頭蟄矮僅出水五尺正在加緊搶鑲西壩自初五日至初六日又先後蟄長十丈矮一

丈六尺時兩壩人夫約有數萬料土並進片刻不停卽冱夜凜冽無不賈勇爭先均仍鑲出水面三丈七尺堅穩高聳屹立如山僅留金門四丈溜激勢猛傾瀉奔騰揆度情形必須卽行堵閉遂於初七日申刻兩壩同時挂纜層土層柴慎重鑲築至初九日丑刻將屆到底因金門外回溜從東壩下邊埽直搜埽根東正壩及下邊埽一同蟄矮一丈六尺長二十餘丈竭兩日夜之力復搶鑲穩定仍追壓大土上下邊埽亦一律跟進隨卽趕下關門大埽金門立見斷流閉氣毫無涓滴滲漏連日察看實已堅固全黃悉歸故道滔滔東注下游兩岸禦水隄埽各工均臻穩實伏查豫省黃河連年水患頻仍由河南安徽以達江南淹浸民田廬舍毗連三省而洪湖受全黃之水伏秋盛漲高堰一帶倍形喫重臣等節次欽奉　仁宗睿皇帝諭旨飭令秋間

興辦並蒙我　皇上燭照機先頻　頒訓誨　指示周詳臣等感服遵循得以竭力奮勉惟上月中旬壩工已收至十七丈因冰凌凍結不敢冒險從事奏明暫緩放河進占叨蒙　聖慈寬以時日旋以氣候回和鑿開冰路機有可乘儘力趕辦雖兩壩占埽屢經刷蟄而隨蟄隨鑲愈加穩固仍得一舉成功慶幸之餘益增寅惕至此次大工兩壩料物櫛比鱗次分派文武嚴密巡查毫無疏失壩頭及引河人夫不下四十餘萬俱極安靜其被災貧民卽可漸次歸業現已設廠散賑入春後尚有善後土工並可傭趁餬口均堪上慰　宸廑謹將大工合龍黃河復歸故道奏慰　聖懷並繪圖貼說恭呈　御覽至善後一切事宜現在會同確勘另行奏明辦理奉　上諭本年三月內馬營壩大工合龍南岸儀封復刷成漫口引河初放仍卽斷流時值大

汛經臨未能施工至秋間遵奉　皇考成命派吳璥那彥寶二人赴工督辦自霜降開工以來集料鳩工攢辦不遺餘力嗣於引河竣工口門收窄時適天氣冱寒冰凌層積吳璥等督率在工員弁兵夫設法鑿冰疏通水道遂乘機啟放引河堵築口門當此嚴寒凜冽晝夜接進隨蟄隨鑲竟能鑲築穩固金門斷流全黃東注兩岸各工俱臻堅實此皆仰賴天　祖默佑　皇考仁慈河神助順得以迅藏大工朕感謝之餘倍增敬畏特發去大藏香十枝著吳璥等虔赴工次各處河神廟代朕敬謹祀謝以答神貺現在時值大寒所有合龍後一應善後事宜吳璥等務妥協經理倍加詳慎以期隄防鞏固永慶安瀾同上

治水述要卷八

治水述要

九册

治水述要卷九 自道光三年至道光七年夏　　全集七之九

秋浦周馥玉山甫纂　男學淵 學熙 學煇　孫明焯校字

道光三年加培南河兩岸大隄 南河成案續編

馥案培隄之案極多錄此以見當日危險拮据情形

時江督孫玉庭會同河臣黎世序督飭道將廳營逐細查估上游豐北蕭南銅沛三廳及邳北睢南兩廳上汛止須間段加培自邳睢兩廳下汛起至海口止兩岸長隄必須一律幫寬加高總以高出盛漲水痕四五尺為度除有工處所及情形險要段落隄頂另估加寬其餘隄頂估寬一丈五尺及二丈為度凡有外灘之處均就外面高灘幫寬凡有埽工埽臺較寬情形較穩之處止估加築子堰以期撙節共估需土方銀八十萬二三千餘兩會摺奏蒙　允准撥發銀兩於道光三年正月內前河臣黎世序逐段分別估定派員集夫興築於五月內次第完竣 南河成案續編

道光四年邳北廳屬黃河裁灣避險 南河成案續編

時江督孫玉庭奏邳北廳屬夫七堡迤下河勢坐灣直向南趨至南岸余紀馬程等工復折而向北至北岸之七墹工實因坐灣太甚流行不暢以致溜勢提移無定節節俱成險工糜費無已臣黎世序上年秋間即與臣面商將該處取直挑河督飭道將廳營等詳加勘籌逐細估計挑引渠一道長一千零七十二丈該處土性沙鬆將來開放易於沖刷河頭勢取吸溜估底寬十四丈四尺遞行減寬至河尾估底寬六丈深一丈至一丈四尺不等河頭河尾並築土墹攔截以便施工共估需土方銀三

萬七千餘兩卽於歲修銀內動項發辦毋庸另請錢糧趁此水勢未長之時派員趕辦勒限大汛前完工一俟汛水長發卽可相機啟放俾河流直順東趨險工得臻平穩雖目前多費三萬餘金而此後舊工淤閉所省甚多實於工程錢糧均有裨益奉

旨允行南河成案續編

覈案裁灣取直案極多錄此可以爲法

是年十月十一十二等日高堰被風浪潰坍十餘處長一萬一千餘丈南河成案續編

覈案高堰塌工此案最大江督孫玉庭革職催運河督張文浩革職遣戍所有挑淤借黃盤壩海運改河啟減壩戽水灌塘各事皆從此起因擇要錄後俾治水者知所考證

是年十月十七日奉 上諭前據魏元煜奏立冬後黃水未消

糧船守候情形魏元煜因高堰被風浪掣卸不少擬啟王營減壩洩黃接渡回空漕船 降旨令孫玉庭等會籌減黃蓄清俾糧船及早歸次續據孫玉庭張文浩奏到現在籌啟減黃閘座以便閘放禦黃壩儹渡回空漕船迄今又閱旬餘未據續奏黃水消落情形並幫船曾否渡黃朕心實深廑念本年黃水來源雖較上年稍旺然當水落歸槽之後何至黃水高於清水一尺三寸之多孫玉庭係兼轄河務大員張文浩身任河督黃運兩河是其專責豈不知此事所關甚鉅務各激發天良迅速將清水設法擎托俾回空運船足資浮送儻欲守待黃水自行消落全無把握坐失機宜貽誤新漕咎將誰諉朕惟該督等是問且糧船守候水次計一千七百八十隻此時卽上緊催儹全數渡竣已不爲早況風高物燥火燭甚爲可慮旂丁坐食需時一切費用保無支絀水手人衆龐雜管束

匪易切勿令滋生事端一俟河道通暢即嚴飭河標弁兵督同
漕弁等將回空糧船趕緊催挽無分晝夜過一幫即少阻一幫
早一日即少費一日該督等接奉此旨即將現在啟閘開放黃
水是否消落清水是否暢注糧船是否行走無阻各情形由驛
奏聞以慰廑注將此由四百里諭令知之欽此臣等跪誦之下
感悚難名伏查黃水情形自初七日以後或消或長與清水總
不相高下茲十六十七兩日黃水見消較量清水已高黃水七
寸臣等即督率道將廳營將禦黃壩啟拆口門於十七日酉刻
清水業已外出正在撈挖寬深於十八日寅刻至辰刻黃水復
見長七寸與清水相平勢將內漾不得不仍行暫堵以免倒灌
停淤臣等目睹情形萬分焦灼迨至午後黃水減退二寸但未
能速消惟有趕辦減壩使之暢洩查王營減壩壩門比祥符五

瑞二閘較寬距禦黃壩甚近減水可期較暢所有預備啟放工
程臣孫玉庭臣張文浩先經督飭趕辦因盤做替壩鉗口壩並
鑲各處護埽及壩下鹽河兩岸埽工日夕趕做現於本月二十
三四日可以一律完竣即日啟放黃水當可速消禦黃壩即可
啟放渡船臣孫玉庭兼轄河務臣張文浩身任河督責無旁貸
寢食難安仰蒙　訓諭嚴切敢不激發天良力為籌計業　諭
設法擊蓄清水查湖水情形業已極旺九月中旬及本月初九
初十十五等日西北大風堰盱浪潑隄頂石工掣卸段落不少
現在趕緊搶護以保無虞實未便再為擊蓄惟有趕啟王營減
壩以期黃水暢消清水暢出幫船即可挽渡
是年十月二十一日孫玉庭等又奏自十月十九日寅刻起至
二十日午刻黃水復見消七寸較量清水已高於黃水九寸臣

孫玉庭臣張文浩卽督率道將廳營將禦黃壩啟折卬門淸水暢出運夜將口門撈挖深通臣魏元煜卽督令回空漕船挽出中河楊莊口門自二十一日卯刻渡黃起至午刻止已渡過大河前泗州後兩幫後船銜尾攢渡臣等嚴督地方河工文武員弁及各幫弁丁晝夜催攢加緊挽行可期速爲渡竣所有王營減壩啟放工程兩三日內卽可完竣此時淸水業已暢注黃水又落三寸情形通順減壩毋庸再啟使之并力東注歸海藉資刷滌河身設或來春重運時必須減黃濟渡臨期察看形勢再行隨宜辦理南河成案續編

是年十一月十七日孫玉庭張文浩奏竊臣等前因回空運船已經渡竣湖水收蓄過多時值隆冬深慮風暴是以酌啟信壩減洩湖水以保隄工並節次風浪擊卸石工情形恭摺奏明在案茲自初四日啟放信壩以後至初九日消水五寸臣孫玉庭奏明尾催漕船迅速出江馳赴下游督攢臣張文浩因朔風司令恐湖水可虞復接啟智壩以資宣洩連日天氣晴和間有西風尚不覺波濤沖激前此所塌石工經道將廳營督率兵夫逐次摟護平穩詎十一日午後西風驟起至晚間復轉西北巨風猛烈異常發房拔樹四百餘里之湖面經風湧激駭浪如山迎擊石工撞擊掀簸一浪之高約二三丈越潑隄頂在在堪危加以凜冽嚴寒浪之所經旋卽凍結該道沈學廉督率廳營員弁砍柳拋石竭力搶護詎風勢愈作愈猛全隄皆冰文武兵夫雖奮不顧身而滑跌不能立足高堰禹王廟南北風浪潰隄擊卸之所凡十餘處該廳營等自暮至曉併力搶護不遺餘力乃至十二日自朝至暮風勢猛勁更甚所有堰盱石工多有續掣隄

頂冰積尚難確查隄上廟宇民房官堡撞塌殆盡臣張文浩嚴督道將等上隄保衛見人夫冰滑顛躓隨起隨倒弁兵之勇健能立隄上者皆衣履透溼徧結冰凌千總蔡天祿與兵丁三人俱被浪打入水拯救得生其餘文武員弁被冰凌滑跌傷損者亦復不少至十二日晚聞高堰十三堡兜灣處所浪湧更高致將隄頂刷掣成槽塌通過水約寬五十餘丈山盱周橋之息浪菴亦過水八九丈東水隄內智禮壩檔內掣通三處信壩迤南亦掣通一處至十三日風勢稍衰仍未能止而長隄冰結百數十里形若琉璃人夫均難立足臣孫玉庭行抵高郵值此狂風即慮湖工有失星馳回浦會勘情形僉稱此次暴風猛烈為數十年所未有臣等現在督率弁兵鑿冰開路募船運料惟湖面非風不行內地均被水漫一線長隄界於兩水之中運料取土

皆屬道遠不易同時分堵深恐料物不及欲速反遲臣等與道將各員悉心籌議高堰十三堡缺口較寬自應首先堵築俟各處料物雲集即分投以次擇要儹辦現惟嚴催各料多備船隻撥運積貯隨時相機儹堵務期早日完固所有缺口下注之水經由清河山陽運河西岸同智信兩壩減下之水並入寶應高郵諸湖歸江歸海一面飛飭下游州縣廳營將通江通海各閘壩啟放以洩漫水稍免淹浸田廬一面派委山陽清河兩縣將壩下附近被水民人設廠撫卹並委員散給饝餅蓆片以資存濟勿使災黎失所惟此次非常暴風兩晝夜之久又值嚴寒凍結雖係實在人力難施而該管之道將廳營究屬未能防範相應據實參奏將高堰通判繆鎔山盱通判孫厚坤高堰守備汪元音山盱守備尹漣請　旨摘去頂戴淮揚道沈學廉河營參

將張兆遊擊黄廷珠請　旨交部照例議處仍令戴罪督修工
竣時再行嚴辦臣張文浩統理全河受　恩深重未能先事預
籌責無旁貸應請　旨交部嚴加議處臣孫玉庭係兼管河務
咎亦難辭並請交部議處理合專摺由驛具奏伏乞　皇上聖
鑒上同
翰林院侍講學士潘錫恩奏臣荷　皇上隆恩不次陞擢莫報
涓埃伏覩本年高堰掣通關繫河工漕運實爲至要臣現供職
國史館恭纂　仁宗睿皇帝本紀伏讀　實錄仰見河漕經畫
備極周詳措置機宜略窺萬一竊惟今年黄河水大固由上游
多雨然霜降後將五十日猶未消落自因宣洩不暢是海口有
高仰情形也禦黄壩遲啟以致湖水蓄多查嘉慶十一年洪湖
存水一丈八尺十三年存水一丈九尺爲從來所未有然啟壩

減洩高堰無虞今先啟智信兩壩十月二十日開禦黄壩至十
一月十二已經二十餘日洪湖依然盛漲其爲清口壅遏湖底
淤高毫無疑義湖查乾隆五十九年高堰掣通過水刷塌只二
千餘丈嘉慶十五年掣通過水刷塌亦只四千餘丈從未有如
此次九千餘丈之多者其不能豫防於先事罪已難辭今惟有
急堵智信兩壩以免全湖洩盡之弊遴築高堰以備來年東清
之資然清水一日不盛禦黄壩一日決不可啟乃督臣孫玉庭
既已經理不善致壞河淮全局機宜猶復引借黄濟運之謬策
以爲目前搪塞暫慰　聖懷伏念　皇上聖明洞燭必當深斥
其非臣猶恐諸臣急圖濟運仍或遷就敢以借黄之實害及剝
運之權宜爲　皇上陳之治河之道全在機宜清口者全河之
關鍵也蓄清敵黄者　列祖　列宗相傳之成法也黄治而後

運治此相因必致之勢也不治黄而專求濟運此國初之河患所以無已先臣靳輔所以力復束清刷黄之制以救弊者也夫大汛將至急堵禦黄壩使黄水全力東趨此嘉慶十五年二月十二日　上諭詳明具在其時尚籌江廣幫船剝運今年漕艘早渡張文浩無端變亂舊章將禦黄壩遲堵以致秋汛陡至倒灌停淤釀成大患且臣聞其致患者尚不止此當黄水盛漲欲籌減洩自當在下游減壩乃張文浩輒開祥符閘減黄入湖遂致洪湖北半全爲黄水淤墊極高此其爲害尤烈昔靳輔從毛城鋪減黄水紆折行四百餘里入湖後亦淤塞嘉慶十三年十六年兩議復毛城鋪舊制　仁宗睿皇帝以黄水入湖斷無不淤事得中止今祥符閘直貫洪湖乃當黄水極盛之時壩口已灌於下閘口復灌於上黄水入湖俱無出路湖底安得不墊高乎此時縱使清水未洩亦涓滴不能北出況時值隆冬堰隄斷不能築清水斷不能蓄若更引黄入運閬正二三四等月糧艘銜尾不斷黄水灌入無停臣見漕船未及渡完運道且將淤滿而淮泗一經漲發不能北出清口必仍決堰隄東注下河之貽患無窮矧海口現形高仰黄水既無清水沖刷又分入運河力弱行緩必且節節停淤處處壅溢不出三年決口之患恐非意料之所及也且　仁宗睿皇帝於借黄濟運之謬固嚴切言之矣嘉慶十五年十二月十九日　諭曰南河敝壞已久湖河受病日深而究其受病之源皆由底高淤墊所致蓋黄水挾沙而行非清水不能刷滌而欲多蓄清水非堰工堅固不能保無漫溢之虞年來論治河者咸以海口未經復舊下游不能通暢以致黄水倒灌運河朕力持定見已將海口挑挖深通河水滔滔

東注更無壅遏惟清口倒灌乃全河痼弊現屆清水力絀之候
即使多方籌蓄一兩月間豈能即高於河身轉瞬重運經臨清
水壅遏不出勢必仍須借黃濟運明知倒灌之害不能不開門
揖盜其弊將何可勝言朕思此時全河大局全在蓄清敵黃去
其淤墊使清水無旁洩之途黃水絕倒灌之路方能日有起色
此時禦黃壩既議堵閉必當使清水涓滴不能入運方克有濟
來春如果清水暢出運河已覺高於黃水重運可以儹行固屬
甚妙儻或清水仍有淤滯湖水不能即時蓄高禦黃壩啟依然
倒灌則又於事何益夫漕河本屬相需今因利漕先已病河權
其輕重寧使暫時剝運渡黃必不可復用借黃濟運之計以致
倒灌增病陳鳳翔惟當力持定見通盤籌畫勿稍游移朕於治
河諸書並未多閱惟恭讀 列祖 列宗實錄於治河一事

訓誡昭垂總以蓄清敵黃爲第一要義此時若不遵循辦理有
何把握該河督膺此重任惟當服膺 聖訓勿藏浮言持以謹
慎實心勉之望之 訓諭煌煌至爲明切陳鳳翔不知遵奉其
年五月河決王營減壩七月決棉拐山及李家樓 仁宗命百
齡總督兩江籌辦是時海口固屬深通百齡奏全河敝壞之由
實連年借黃濟運所致此豈非清不刷黃河必淤高之明驗乎
又豈非高堰築隄引黃貽害之前事乎是以十六年九月二十
三日 敕百齡速堵李家樓免致黃水入湖 諭曰若仍執借
黃助清之說遷延觀望此則太不權輕重利害甚屬非宜非我
大清之臣僕矣十七年七月二十一日又 諭百齡曰引黃入
運無利有害從前 高宗純皇帝聖訓至明至當永遠遵奉近
日河工各員仍以借黃濟運爲辭此等劣員並非關心河務漕

運其意總欲使黃河爲患則大工屢興伊等不但可以侵帑肥
橐並可以爲陞遷捷徑其從前獲咎各員亦藉以開復而國計
民生之貽誤概置不顧嗣後若再有倡爲此論者卽應拿問治
罪方足以息妄言　聖論及此垂戒可爲至切矣是年八月陳
鳳翔果僨事黎世序爲河道總督然後謹守成規補偏救敝十
餘年來安瀾普慶此遵守成法之效也今不取法於愼守之黎
世序乃取法於僨事之陳鳳翔而貽誤之咎較之陳鳳翔輕啟
禮壩跌成深塘相去何止倍蓰耶況明年較之嘉慶十六年尤
有不應出此者請申言之十五年高堰之掣通在十月初三日
今年掣通則較遲四十日且聞嚴寒地凍修築維艱十六年三
月初一日開禦黃壩其時清水已有所蓄曾堵東清壩以防內
灌然且貽害近年正二月出運卽須啟壩引黃是蓄清則比昔

爲遲引黃則比昔爲早兩者相乘其害必速而更甚此最下之
策斷不可出者也然則漕運將置之不問乎臣愚謂宜堅築禦
黃壩令淮泗揚浙各幫船暫且停緩趁此清水方減竭正二三
四四箇月之力一面儹修高堰隄工一面急將清口內五引河
普律挑深直接至湖心以暢清水北出之路並將清口外蓋壩
接長以激清水之力至運口運河有淤淺過甚處酌加疏濬俟
四月底淮泗水漲堰隄既足以蓄深清口復可以暢出自能刷
深運河糧艘足資浮送然後啟壩將淮泗揚浙幫船不分晝夜
儹行渡黃仍急堵壩以防大汛至江廣幫船則謹遵　仁宗睿
皇帝權其輕重甯使剝運渡黃必不可借黃濟運之諭量爲變
通卽將南河之邳宿東河之汶上臨清北河之楊村天津各處
剝淺之船節次剝運抵通此亦本嘉慶十五年十六年剝運之

議而稍變之至謂剥運必多耗折但較之貽悞全河勞費無已此其得失固自較然所經畫者不過一年之糧運遂可以轉敗爲功因清水之減而清口得以除壅運河得以濬深比至秋汛後啟禦黄壩清水蓄足全力可以刷黄餘力兼以濟運是淮治而運亦治也至海口有高仰處實將來之患急宜酌定章程分年挑挖再接築雲梯關外兩隄以束黄水使黄淮既匯并力東趨則河底刷深無虞漫溢是清治而黄亦治也得失機宜全在此舉請　敕下軍機大臣户部會同　欽差大臣新任兩江總督河道總督漕運總督妥議章程具奏愚昧之見是否有當伏乞　皇上聖鑒訓示謹奏道光四年十二月十五日具奏本日奉　旨飭文孚等詳查旋經文孚汪廷珍魏元煜嚴烺合詞奏臣等復查黄河減水閘壩之在南岸者如徐屬之十八里屯天

然峯山等閘共有六處惟祥符五瑞二閘在桃南廳境内相距禦黄壩上游一百餘里本係減黄助清之路嘉慶九年十七年冬間均因黄水高於清水回空漕船未能遄渡奏明啟放有案嗣因兩閘年久損壞且河底逐漸淤高閘身即形低矮啟放過水高下懸殊恐致奪溜經前督臣孫玉庭前河臣黎世序於道光二年奏明將閘身擡高重行移建以防洩水過甚上年九月内因黄水未消禦黄壩不能開放經張文浩會同孫玉庭仿照嘉慶九年十七年辦法奏明啟放於九月二十一日日過水而新閘較高與舊閘情形迥異減水不暢計兩旬之久洪湖僅長水三寸黄水並未大消是以復擬啟放王營減壩以資分洩又因減壩裏頭下埽鑲築經時旋逢黄水就消即開禦黄壩催令空運南下彼時減壩已無須啟放祥符五瑞兩閘亦早堵閉斷

流實在洩水無多況黃水由兩閘入湖閘下引河長十有餘里黃水至此業已漸次澄清更無淤及湖身之事臣等前詣工所查勘洪澤全湖並無黃流侵入至石工掣塌漫口實由清水蓄高不能容納初非湖身淤淺所致其潘錫恩摺內所稱洪湖北半全爲黃水淤墊極高爲害尤烈等語似屬懸擬之詞或由傳聞失實張文浩之辦理失當實不在此惟引黃濟運誠如聖諭殊非善策但舍此實別無萬全之計不得不仿照十六年已行成案設法籌辦至該學士所議剝運一節實多窒礙難行臣等已於前奏內詳晰陳明將來新漕入運時臣魏元煜等仍隨時察看情形悉心詳慎辦理務求漕運河道兩無貽悞以冀仰慰聖懷奉 硃批奏覆均悉欽此上同

是年十二月十八日文孚汪廷珍奏本年十一月二十四日奉旨著派文孚汪廷珍前往江南查辦事件所有隨帶司員著一併馳驛欽此臣等跪聆 訓諭後即於二十六日率同司員由京起程是日行至良鄉接奉 硃筆 諭旨一道臣等敬謹密存一路遇有南來吏民細加訪問俱云此次高堰失事俱由河督張文浩於禦黃壩應閉不閉五壩應開不開以至蓄水過多湖隄不能攝納致遇風掣塌等語所言大略相同於十二月十一日於紅花埠途次遇新授河督嚴烺會同前進至十四日行抵清江浦當即傳 旨將張文浩革職孫玉庭解任兩江總督印務交魏元煜兼署臣等即於次日會同嚴烺前赴高堰決口處所細加履勘隨傳到管理堰盱及禦黃壩之淮揚道沈學廉等詳加訊問據沈學廉稱禦黃壩自道光元年以來皆係五六月內堵合本年五月間重運過竣學廉即據廳稟轉詳張河

督發料備堵六月中旬清水較高於黃至七月十二日黃水高清水一寸該壩尚存口門十六丈餘又學廉當與該廳等商議皆言應堵並憶及上年六月似此情形黎河督已令趕堵口門因即面稟張河督請堵蒙河督面諭清水用以刷黃嘉慶二十年及二十二等年曾因清水暢出並未堵壩近年黃水一長即議堵閉既堵勢必不能即啟黃不得清即恐受病等語七月十九日黃水裹進學廉又往稟請張河督答以倒灌事所常有只要日內黃消清長刷淤甚易不必即堵至二十二日黃高清二尺有餘寸張河督始令進占仍留口門數丈隨於二十三日開工閏七月初一日堵閉合龍九月初二日黃水尚高清水三寸而洪澤湖水已蓄至一丈七尺上下曾於九月十八十月初十等日兩次稟請宣洩張河督說現在空船未過正期蓄清敵黃

未便放壩減洩及十月初九日至二十三四等日節遇風暴堰盱兩廳石工擊塌學廉即會同參將督率員弁用料摟護一面稟請啟放信壩十一月初開工竣回浦不料十一日午後又起西北大風入夜更甚十二日早閘前抵武家墩防護迨風勢稍平該汛千總差兵馳報十三堡隄頂過水山盱息浪菴及智禮信各壩中閘同日塌通五處實在人力難施計自十月閒及十一月十一二日先後共倒石工長一萬一千餘丈等語質之參將張兆遊擊黃廷珠外南廳王土鍾等所供相同及同見之淮海道梁章鉅亦云所稟屬實並據該道將等僉稱堵閉禦壩較近數年時候過遲是該河督之不遵成法眾口一詞與臣等沿途察訪情形無異詢之張文浩據供向來堵閉禦黃壩本無一定期限今年因黃水長發較遲是以遲至七月末堵意圖得貪

刷滌至七月中旬黃水漸旺仍冀清水復增故暫留口門數丈不料延至下旬黃水有增無減乃飭令趕堵已經倒漾實屬辦理不善無可諉咎至九月間清水盛長已經開啟智信二壩又因回空船隻南下復令堵閉冀可暢行及十一月初四日船隻渡竣即日啟放信壩減水五寸初九日又接放智壩乃未及宣洩猝遇暴風以致河隄漫決文浩受　恩深重專任河防措置失宜以致糜帑害民咎無可逭只求據實奏聞從重治罪等語又據大學士兩江總督孫玉庭稱向來啟閉機宜該道廳就近面稟河督請示辦理並不具稟總督本年霜汛仍因黃高於清不能即啟禦壩玉庭在浦訪問工員等僉稱堵壩遲延之故維時正在籌辦空運歸次喫緊之際以爲若即參奏恐遽易生手轉致遲延貽誤蒯奏　旨垂訓即將該河督堵壩遲延之故據實覆奏惟是玉庭受　恩深重不能及早奏參實在惶悚無地只求請　旨交部嚴議庶下懷得以稍安等語臣等檢查上三年道廳稟稿詳文內載堵閉禦壩日期俱在五月六月之閒誠以黃水迅至無常惟有先事豫防庶免噬臍莫及今歲閏七月初一日始行堵合較去年遲至四十餘日其時黃水早已倒灌至宣洩湖水向係將三河兩壩酌開惟信壩洩水較速道光二年湖水長至一丈六尺以外即放信壩本年七月湖水蓄至一丈七尺以外尚未將此壩開放且九月閒黃水疊長回空漕船阻滯之時不先啟減黃較速下流歸海之王營減壩轉放祥符五瑞二閘不獨口門較小減黃較緩且減下黃水仍歸洪澤湖益助清水之勢其前開之仁義兩河旋即堵合是以湖水瀦蓄過高隄堰不能容受在張文浩意欲蓄清濟運雖屬因公起見

惟謬執己見不遵舊章不聽衆議於輕重緩急機宜全失實屬
措置乖方不得以水大風狂藉詞推諉伏查高堰爲淮揚保障
民命攸關且係轉漕要道正供所係該督責任全河理宜小心
防守此次塌卸石工共計一萬一千餘丈山陽寶應高郵甘泉
及下游興化鹽城等縣均以被淹傷斃人口漂没田廬不計其
數將來修復需費不下數百萬之多且湖水消落運河淤墊貽
誤新漕種種負　恩僨事咎無可辭實屬從來未有之事與尋
常河員疏防隄堰害在一方者不同相應請　旨將已革河道
總督張文浩發往伊犂效力贖罪以示懲儆該革員曾任大員
未便因其父年逾八旬照例援免至孫玉庭兼轄河務於該河
督辦理不善之處不能先事救正事後又不據實奏參至蒙
特旨詢問始行覆奏因循之咎亦無可辭應請　旨將解任大

學士兩江總督孫玉庭再行交部嚴加議處淮揚道沈學廉等
俱於五月内稟請發料備堵及河水疊長曾與該參遊等先後
向張文浩面請堵閉尚無不合惟掣塌要工較多未能先事豫
防非尋常疏忽可比應請　旨將淮揚道沈學廉參將張兆遊
擊黄廷珠高堰通判繆鎔守備汪元音山盱通判孫厚坤守備
尹漣俱交部嚴加議處其餘疏防文武各員弁應由該部查取
職名照例嚴辦除奉到　硃諭謹封恭繳外所有查明河臣辦
理不善緣由先行恭摺具奏伏乞　皇上聖鑒道光四年十二
月二十五日内閣奉　旨允行同上

道光五年江督琦善請定工員疏防處分

時吏兵部議臣部現行則例内載修築黄河隄岸定限保固一
年修築運河隄岸定限保固三年如黄河隄岸於半年内運河

隄岸於一年內衝決者將經修防守之同知通判州縣等官均行革職道員降四級調用總河降三級留任如黃河隄岸於半年外運河隄岸於一年外衝決者將經修防守之同知通判州縣等官降三級調用道員降二級調用總河降一級留任如已過保固年限衝決者經修官免議將管河防守各官俱革職留任戴罪修築道員住俸督修工完開復總河罰俸一年如逾限不完即將防守各官革職又定例凡隄岸衝決河流遷徙者照前例處分外若隄岸因河水漫決河流不移係在保固限內者令經修官賠修在保固限外者令防守官賠修俱革職留任戴罪限六箇月修完道員降四級督賠工完開復如限滿不完將賠修官革職道員照所降之級調用總河降一級留任未完工程仍令賠修如賠修官逾限不完道員不行揭報總河不行題

參俱各降三級調用各等語伏查黃河隄岸應汛各員修防是其專責該督請將疏防各員嚴定處分係為慎重河防起見詳覈臣部現行則例衝決與漫決雖分二條其處分不甚懸殊應請將已過保固年限隄岸衝決之管河防守各官俱改為即行革職戴罪修築道員降二級調用留工督修工完開復總河降一級留任其保固限內半年以外衝決者將經修防守之同知通判州縣等官全行革職道員降三級調用總河降二級留任並查明一經奪溜即照隄岸衝決河流遷徙例議處不得藉稱漫口僅以革去頂戴工完開復題參豫為屬吏開脫地步兵部查黃河隄岸保固年限內外衝決舊例武職經修管河各處分與文職處分相同今請將黃河隄岸已過保固年限衝決之管河守備千總把總外委等官俱改為即行革職戴罪修築遊擊

參將降二級調用留工督修工完開復其保固限內半年以外衝決者將修防守備千總把總外委等官全行革職遊擊參將降三級調用其有玩工糜帑坐失機宜或捏工報險挾制上司者該督等原可據實糾參從嚴懲辦查刑律內載河員有將完固隄工故行毀壞希圖興修借端侵蝕錢糧者該總河察訪奏聞於工程處正法定例本有專條若處分則例則專爲疏防而設議至革職已屬無可再加至所稱上司屬吏之議處輕重倒置一節查例內總河降留者道廳等官分別降調革職輕重等差本自秩然如果河督臨事指示機宜廳汛等有心玩忽貽誤要工則廳汛之咎重而河督之咎輕或險工迭見廳汛等屢經稟報河督偏執己見致失宜防則廳汛之咎輕而河督之咎重即如上年南河黃水漸長該道廳等節次稟請河督堵閉禦黃

壩及放壩減洩湖水張文浩不遵舊章不聽衆議以致全失機宜高堰潰決欽奉　諭旨將其革職遣戍其餘道廳汛弁各員均奉　旨摘去頂戴飭令在工效力　聖明權衡輕重至公至允此又案情各有不同非常例所能拘定者也所有臣等遵旨會議緣由理合恭摺具奏道光五年七月初三日奏本日奉

旨依議欽此同上

是年十二月二十九日文孚汪廷珍魏元煜嚴烺奏竊照江南河工以蓄清敵黃爲最要關鍵河口一經倒灌黃河下游水面易致擡高即如道光二年五月八月倒灌二次是年霜降後黃河存水較多三年並無倒灌黃河存水即少本年倒灌較甚存水比二年猶多至今順黃壩誌樁尚存黃水三丈一寸比上年水大六尺餘寸比元年大至一丈有餘實爲河身淤高之明驗

此前月黃河水勢方強清水收蓄過旺遂致潰隄洩枯之實在情形也查堰盱缺口堵合後洪澤湖誌樁報存水一尺一寸較量黃水已高清水一丈三尺餘寸臣等日前赴工察看誌樁已無存水一望多係湖灘卽使來春稍有積存斷不足以敵黃亦必不敷濟運欽奉　上諭本年湖水宣洩太過必致消耗明春重運北上清水不能浮送等因仰見　聖明燭照洞中事機臣等欽感服膺敢不預爲籌備連日詳查成案博採輿論上游天然峯山等閘春汛黃水未長各引渠淤墊一時既難減洩入湖而湖隄未經修復洩水亦屬難容案查嘉慶十年吳璥奏請於黃河以北添設剝船接運赴通經戴均元等議駁以南漕四百餘萬回空軍船並各省官剝不敷代運仍需添造剝船五千餘隻又東省閘河窄狹重空不能並行必致遲誤豫東軍船冬兌

之期剝船無天篷板壁載運長途雨淋日曬米質霉變堪虞統計運米過壩腳價軍剝船津貼身工並添造剝船等費計需銀四百數十萬兩奏奉　諭旨吳璥所奏著毋庸議欽此是盤壩接運實屬窒礙難行惟有借黃濟運一事尚有存案可循但以運河之窄小而納黃流之湍悍多則不能容納少則又慮淤淺更恐黃水分流既久清口以下正河不免停淤如嘉慶十六年湖水洩多借黃濟運是年重運渡黃方竣而王營減壩及棉拐山李家樓卽先後失事固由黃水驟漲亦因分洩日久以致下壅上潰誠如　聖諭引黃濟運實非善策不可不籌計萬全臣等輾轉熟籌別無良策惟有仿成案而不泥其法於力所能盡之處廣爲籌辦使大河水勢不致一發難收以昭愼重行據道將等會議應先於禦黃壩外添建壩工三道鉗束黃流俾入運

有所節制以免漲滿並於禦黃壩內外及東清運口各壩兩岸
灘面築做縴道以資東水行縴其縴道內築做土壩數十道以
備黃水內進鑲柴逼溜至裏揚兩廳長河淤淺之段大加挑挖
兩岸隄身酌估幫培預貯料物隨時築壩逼溜刷淤俾漕行不
致淺阻其禦黃壩未啟之前先將東清壩以內至高堰八堡一
帶引河趕爲估挑以便清水漸長導引入運禦黃壩將啟之時
卽將東清壩嚴密堵閉以杜黃水入湖至漕船渡江後應令無
分幫次連艅北上不任脫空河口一帶多備關纜縴夫以期拉
挽迅速分泊船隻以備起剝並分派文武幹員節節提催照料
總期於來年夏至以前黃水尚未長發渾濁之時將重運軍船
全數儹渡堵閉禦壩其黃河北岸切近運口之王營減壩裏頭
及鹽河隄埽等工業經擇要酌量鑲築預備啟放臣嚴焜仍當

逐細履勘再爲鑲埽幫隄慎之又慎以防黃流壅漲減洩無虞
臣等悉心籌計於濟運之中寓防河之道總冀無誤河漕上紓
宸廑至收蓄清水首在修復湖隄現在堰盱石工先後掣塌
一萬一千七百餘丈石後土隄子堰塌卸者十之七八加以兩
缺口壩戧後仍須補還土石隄工片段旣長工作猶鉅除隄堰
土工應趁水小取土稍易之時趕爲補築外石工所需石料甎
灰開山盤窰動需時日兼以皖省懷遠盱眙等縣所產灰石各
料均需隔湖裝運春令湖水未長無路運工計大汛以前斷難
一律完竣雖欲早蓄湖水以備刷黃濟運之需而石工一日未
完湖水一日難蓄臣等籌商再四湖隄爲淮揚保障卽一時未
能蓄水亦當力求衞民所有殘塌之工自應於萬難急辦之中
先爲設法趕辦之計當經飭令道將等公同籌議擬先採辦甎

灰各料由運河入高寶湖運至堰盱儘數卸入湖之舊石釣撈修砌限以大汛前一律砌高十層計可禦水一丈設使湖水再長即啟放山盱之二壩三河循序減洩下游田廬可期不致被淹其高堰十三堡山盱息浪菴兩處壩工內築裏戧外拋碎石仍多備料土隨時加壓並於坐灣犯風各石工多集柴稭料垛以備鑲埽防護維時湖水業已通舟甎石各料運工較速一面嚴督工員照估加砌務期修築堅實灰漿乾老則完工雖屬稍遲而汛漲不致爲患然後設法減黃相機收蓄自可漸復敵黃濟運舊規　硃批所奏均悉欽此同上

道光五年三月初三日孫玉庭魏元煜顏檢嚴烺奏本年二月二十七日承准軍機大臣字寄道光五年二月二十日奉　上諭本年因南河運道淺阻重運未能暢行不得已引黃濟運權宜辦理雖屢經飭諭在事諸臣詳愼速籌而節據孫玉庭等所奏情形不過以分投督辦竭力催儹爲詞於各幫船此次北上將來回空果不致停淤阻滯之處總未切實陳奏殊覺空言無補現據奏高寶一帶僅有十餘幫在彼停泊待水放行朕思江浙河道較近漕船進發尚易至江廣在後各幫能否跟接前進且全數渡黃以後所有回空亦必須飭令掃數歸次方爲盡善又漕船過竣各河尚須挑挖以便回空行走若趕緊興辦屆期能否集事朕以漕糧爲天庾正供惟恐貽悞倉儲宵旰焦勞無時不深厪念諸臣身任地方旣經委任當此漕務喫緊之際定應胸有成竹豈可以虛言搪塞竟無一結實把握之語孫玉庭等接奉此旨除實力催提依限儹渡外務將江廣各重運嚴飭銜尾遄行不准稍有停阻將來回空時各幫內亦不准有一船

滯留河北其各激發天良將所諭情節一一據實具奏以慰懸
注如稍有掩飾此時重船竟不能保其全渡回空又致有阻滯
無論船隻多寡朕惟孫玉庭等是問恐不能當此重咎也再昨
據奏定於本月初九日開壩啟放之後鋪水暢注若何現已渡
過幾幫著即由驛奏聞嗣後將渡黃幫次隨時驛奏毋許稍存
玩視致干罪戾欽此臣等跪誦之下欽感惶悚莫能名喻伏查
南河緊要關鍵全在運口必使清水力足敵黃方能制倒灌而
利運行上冬湖隄失事清水消耗不惟不能敵黃並且無以濟
運仰蒙　皇上垂廑河漕　欽派大臣來江與臣魏元煜臣嚴
烺會同籌辦其時已在十二月中旬重運北來爲期已迫再四
圖維別無良策惟有引黃濟運嘉慶十六年曾經辦有成案不
得已循照辦理所有築壩挑河等工勒限於一月內趕辦完竣

並恐漕船未能跟接則啟壩待船致滋河患請　敕有漕各省
嚴催軍船飛速兌開務期渡江入運更比常年趕早又慮湖南
三幫運道最遠或行抵清江已值黃流漲發亟須堵閉禦黃壩
請將江廣代造直隸官剝船隻留江盤剝均經奏蒙　諭旨允
准凡此均係防患未然豫爲籌備查自二月初九日啟放禦黃
壩後運河水勢一律深暢漕船南自瓜洲江口北自清江實已
連絡前進惟河口係黃水入運門戶向易淤淺即如嘉慶九年
起至十八年淤滯漕船總在河口一帶此十年內雖通塞不常
過船遲速不同然尚不致誤運以今仿昔可期無誤但黃河河
身較前墊高運河受淤更多其形勢又非常年之比實不敢自
許萬全飾詞陳奏致蹈欺妄玆蒙　聖諭嚴切臣等才識短淺
益深愧懼連日復會同籌議查黃河長水總在夏至以後現距

夏至尚有六十餘日能以每日過船六七十隻計算可以不誤期限儻至五月初旬黃水已長漕船或未全渡計不過三進在後數幫禦黃壩堵合後卽將此數幫漕糧盤壩接運如官剝不敷添雇民船臨時籌辦亦可不誤所有剝空軍船卽可先令歸次至重運過完裏揚運河不免停淤臣等豫爲籌計其時清水已長擬一面將禦黃壩堵合一面將束清壩啟放卽用清水入運刷滌或有應行挑切之處相機估辦道光五年三月十七日奉到　硃批所奏俱悉隨時細心妥辦斷不可稍有輕率勉之慎之欽此是年三月二十六日復奏啟放禦黃壩至今已歷四十餘日河口至裏河一帶日見淤墊漕船起剝磨淺倍爲艱滯雖仍在設法籌辦竭力儹挽惟河道日淤日淺在後船身更加笨重本年節候較早卽恐黃水漲發而未渡軍船爲數正多計

算時日已遲盤壩接運一切事宜自應卽早籌畫臣等查辦理接運需用船隻較多尤應趕早雇備除將截留江廣代造直隸剝船並江廣原設官剝擇其船身堅整儘數選用其餘均須雇用民船黃河以南雖有船隻可雇但自河口至高郵糧船跟接勢不能漫越前進只可在黃河以北雇用查黃河內裝載貨物惟豫省之西河船最大而船身亦極堅固現在黃河上游所在均有除在江省者由臣魏元煜飭屬就近封雇外擬請於豫省雇西河船四五百隻東境沿河惟曹單二邑亦有此船應儘數雇用恭請　敕下河南山東撫臣速飭封雇委員押解務於四月內陸續來江又東省運河內南陽夏鎭以及臺莊等處多有販運豆麥之船每隻亦可裝米數百石應請一併飭雇解江備用至前項商船雇定應如何酌給運腳口糧之處容臣等會籌

妥議另行具奏辦理奉　旨允行同上

道光五年五月初六日孫玉庭魏元煜顏檢嚴烺奏竊臣等奏奉　諭旨允准飭令仍當竭力儹挽無論起剝磨淺如何艱難務須鼓勵兵夫照常挽渡多過一幫即少一幫接運之周折斷不可因有此旨稍爲鬆勁至一切車船水腳等費尤當撙節估計不可任聽所屬恣意浮冒等因欽此仰見我　皇上廑切漕運　訓示周詳臣等仰蒙委任敢不竭力圖維殫心籌畫伏查漕糧盤壩接運嘉慶年閒屢議未行並無成案可循其雇用商船應給口糧運腳以及卸載受裝管運押空一切事宜款目繁多事屬創始均須詳籌妥議當經設立總局派委明幹道府大員督同廳縣悉心議稟現距夏至不及旬日仍可再過船數幫約計接運浙江暨江廣各幫漕米總以二百萬石爲準現查蘇

治水述要卷九　卅二

省各州縣封雇西河船及各項載船已到有八百餘隻豫東兩省雇船亦可陸續解到其過壩處所應修墊道路搭建馬頭便於裝卸並豫備米袋席片人夫車輛次第雇辦將次齊備並行據總局道府酌擬章程計需經費稟請具奏前來臣等復會同詳加覈議就其所擬各條體察情形再三撙節以運米二百萬石計算約共需銀一百二十餘萬兩較之海運尚屬節省且由內河前進剋期抵京亦無意外之虞同上道光五年六月孫玉庭等奏連日督同盤壩局員等添雇車輛驢頭各就軍船住泊之處分投趕裝口袋隨起隨運非不竭盡人力儹辦無如水勢短絀重船難以挽行其已起之幫不能退讓在後重艘上達每日愈剝愈遠前次原定章程係在高坂頭盤運車輛往返不過六里每日原可剝送數次刻下係從淮關一帶盤運往返四十餘

里每日只能剝送一次昨經督河二臣酌啟東清壩接濟測量口門過水亦不甚暢運河僅長水二三寸連底水一尺六七寸及二尺二三寸不等浙江幫船喫水均有二尺七八寸勢難浮送計算剝費已較原定價值加至三倍而程途太遠運米無多計半月來僅盤運米八九萬石此尚係停泊淮安以北之幫若再在淮安以南運送必至剝價更增非但經費不敷並恐稽遲時日且米多船少雇備甚難查現在未經渡黃者共有三十九幫零約計米二百萬石除用豫東軍船接運四十萬石又各項官民剝船長運米六十萬石之外尚餘米一百萬石須將到通民剝押回江省並應另行添備船隻方敷接起後幫之米時已冬令江廣重船卸竣需時而江廣丁伍押剝北上交倉回次更需時日恐誤新漕兌開況盤壩之周折雇剝之艱難用項之繁

鉅種種掣肘臣等與督河二臣目擊情形籌商至再實無善全之策徒深焦灼伏查嘉慶十二年因河口淺阻當將未能渡黃各幫漕糧七十餘萬石暫截淮揚所屬州縣存貯下年由各省糧船搭運北上並借給回空幫船食米及量爲平糶以資民食分爲三款辦理有案此次大局似不能不援照舊章變通酌辦以期節經費而免滋擾欽奉　硃批層層貽悞曠日持久坐失事機可惡之至另有旨諭琦善等原摺並發欽此

道光五年六月琦善奏竊奴才仰蒙　恩命畀任兩江自維識淺才疏深虞弗克負荷然地方營務猶可竭誠圖報而治河利運實非夙經下懷惴惴莫名悚愧昨抵清江即赴黃河口及清江一帶運河並濟運東清各壩逐加履勘證以各廳所報水勢無不較去歲今日大至四五六尺而查驗情形溜勢並未十分

湧激因將黄河外南廳所屬順黄壩外詳細較量計河底實已較去歲淤高六尺有餘訪之各廳徐屬淤墊稍輕其餘外河南北及山海各廳淤墊間斷相類是昔日水行地中今日水由地上焉得不險工疊出此黄河淤墊之實在情形也運河自借黄濟運以來河底高於上年今日一丈一二三四尺不等兩灘積淤寬而且厚中泓如線僅若寬溝向來河面寬三四十丈者今止十餘丈至五六丈不等河底深一丈五六尺者今止存水二三四尺並有水深不及一尺五寸之處軍民船隻在在膠淺擁塞滿河進固不能退亦無策濟運一壩所洩湖水雖現已漸次滋長而水頭下注不過三寸未能建瓴暢注奴才復委河庫道福兆乘坐小舟赴淮安一帶沿河探量據回日面稟情形三十餘里無不皆然在高寶以下有高郵寶應各湖接濟不至甚淺而高寶以上一百餘里之運河則全賴洪湖之水其情形大可想見此運河淤墊之實情也至高堰石工奴才尚未及親往察看而接見催工之前任臬司林則徐降調道員邵鍚湆等虚心訪詢似工程尚係照估如式未敢任其偷減通工牽算已在六分以上湖水每日增長一二寸現已蓄至九尺八寸至矮石工尚高水面五尺有餘儘可再爲瀦蓄詢之河臣亦以來源秋閒甚旺無慮不能收足奴才以修築各工是否足資抵禦能否必保無虞復向各員詳細講求則或稱新工灰漿未能乾老難禦暴風激浪或稱内有舊工並非全行拆砌竊其現在畏懼情形似乎尚應籌慮而奴才委員較量現在黄河水面高於湖中水面八尺以現在未經漲滿之黄河已非蓄至一丈八尺有餘不能敵黄若黄水再有增長則湖瀦亦應加高而石工止高一二丈

則此後情形與前迥別似不能不亟思長策以保湖而利運此洪澤湖現在之情形也至未經渡黃船隻尚有三十九幫半從前司事諸臣止以渡黃船隻計算實則奴才昨日沿河查勘不惟黃水陡落軍民船隻逐段淤淺寸步難移而清水洩出無力不能托起且浙江紹興後一幫共船五十六隻內二十二隻於五月十二以前早經渡黃等候一月尚未開行其餘二十五隻淤在禦黃頭壩以內二壩以外又裏河運口內三壩四壩之間開段淤阻九隻卽就一幫糧船而論業已截分數段查向來禦黃止就二壩堵築此時紹興後幫在二壩以外之二十五隻若值黃水稍落尚可暫啟土壩設法催挽渡黃而二壩以內之九隻非清水暢出運河倒退至高寶一帶無策可以辦理前者孫玉庭等具奏剝運章程每石腳價二分八釐乃因彼時船隻尚

可上挽至高堰頭一帶再行陸運路不過五六里每日車載驢馱日可周轉數回今閉壩後船皆膠住不能挪移必須車驢就船起剝日盤日遠由十餘里至數十里不等窮日之力止能運轉一回費則倍增米則日少而有水之處皆被民船擁塞河面窄小剝船運轉又復不便計自五月十三日起截至六月初六日止以二十餘日之工夫僅剝米十萬石有零照此計算不惟曠日延時剝運難以完竣且估注河身不能挑挖回空船隻亦無處可以容納而豫東接運之四十萬石尚有三十萬石未經渡黃東省原奏係七月十五日截止此時除去水程必須六月二十日盤竣開行方不致有誤豫東新漕距今止有十一二日之工夫實屬大形棘手現在江省堪以剝運船隻又復搜羅靡遺若東省接運船隻再有短運則此間存米更多恐浙江漕糧

九十餘萬亦復不能運竣此幫船澀淺盤運艱難之情形也奴才目擊情形寢饋難安然事當十分艱鉅之時必力思所以補救之法是以另摺請　敕河臣周歷履勘豫籌隄防催築湖工早爲寬蓄並擬嚴定廳汛疏防處分一面會同漕河二臣派委道將沿河設法催挪淤阻民船由濟運壩送至洪澤湖內停泊以清河面復又將河面窄小淤墊之處照前奏展挑寬深相機再放湖水藉資提挽浮送或米石全行剝起或酌量起至數分總期船隻可以推挽挨幫提上一里即省一里之糜費仍派員多覓靈便剝船多雇車驢水陸兼運限令截至六月二十日先儘豫東軍船接運之漕糧三十餘萬石全數起剝渡黃以期不誤接連北上期限其豫東民船無須歸次受兌稍遲數日即當趕運再將江省應行長運米石次第趕辦儻得事機應手或可以速補遲然此不過暫時權宜補救之法並非久安長治之計

道光五年六月十七日內閣奉　上諭琦善奏察看黃運兩河淤墊幫船淺澀盤運艱難情形各摺本年借黃濟運原係權宜辦理在事諸臣即應通盤籌計相機妥辦孫玉庭前已獲咎念其熟悉江南情形特令留辦重運事宜勉贖前愆若當開放禦黃壩後察看漕艘挽渡艱難即應據實陳奏趁早變計及降旨垂詢猶以計算夏至前不誤重運挽渡期限其回空軍船與水既輕順流南下亦不致誤歸次乃具奏未幾即有盤壩接運之請迨盤壩二十餘日僅剝米十萬石則又奏請截留計所奏自開放禦黃壩及堵壩之期已三月有餘渡船僅二千八百餘隻茲據琦善奏稱孫玉庭等前此所奏渡黃船隻有渡黃後等候一月尚未開行並有淤在禦黃頭壩以內二壩以外及裏河運

口內三壩四壩之間者共船五十餘隻其應行剝運軍船皆膠住不能挪移有水之處盡被民船擁塞河面窄小剝船運轉不便且估住河身不能挑挖囘空船隻亦無處容納孫玉庭身受
三朝厚恩辦事至於如此自問當得何罪魏元煜身任兩江總督不特有兼理漕務之責且漕督是其舊任乃與顏檢坐觀事機之敗壞隱忍不言糜帑病民是誠何心魏元煜著降爲三品頂戴暫留漕督之任以觀後效孫玉庭顏檢俱著不准囘籍交琦善督令將運河淤墊之處一律挑挖深通所需挑費著落孫玉庭魏元煜顏檢分賠如果囘空軍船毫無阻滯屆期奏明或可稍從末減儻再稍有貽誤著琦善將魏元煜嚴參具奏一面將孫玉庭顏檢傳旨拿問由驛奏明候旨欽此同上

道光五年六月戶部尚書英和等逐條嚴駁請將孫玉庭等前

撥銀內扣出四十二萬兩並將此次滯漕剝價較前奏增出之費將來折耗米石並雇船閘曠日期給領食米等項銀米均不得聲請開銷應請 旨飭下新任兩江總督查明統俟將來事竣時將各項銀款奏令該前督孫玉庭賠繳七成前漕督顏檢賠繳三成以爲不惜帑項誤國病民者戒奉 旨該部所奏自係慎重度支朕並不豫存成見現在已經截米渡黃船隻若干前次奏准撥銀一百二十萬兩解到若干已用若干現存若干應扣出若干如撥照從前奏定章程盤運米石俱歸實用自應准其開銷此外如續經添出款項虛糜國帑不應准銷各款應如何責令孫玉庭等分成賠繳之處著琦善魏元煜查明據實具奏同上

道光五年九月十八日內閣奉 上諭琦善等奏查明盤運滯

漕支用經費除去應行歸墊及賠繳各款核計實銷並節省銀數一摺本年浙江等省滯漕一百九十萬餘石盤運經費前經孫玉庭等奏請約需銀一百二十餘萬兩先於藩運各庫就近撥用銀一百零二萬兩自琦善抵任後飭令總局道員力加撙節將用過各款逐一勾稽核減統計實銷銀七十八萬七千四百八十餘兩較原請銀一百二十萬兩之數節省銀四十餘萬兩辦理實屬認真著准其如數報部核銷此外有剝船坐日口糧前經部議不准開銷一款據該督等查明民剝船隻皆以逐日攬載為生令其守候停泊不能不計口授食自係實在情形著照所請將此項口糧准其一併開銷由總局墊支其剝船運米過關首進單船修艌並折給舵水食米等費共銀七萬三千七百六十餘兩著於浙江等省糧道扣解歸款至一切例外浮

多等項共銀十一萬七千六百七十餘兩自不應准其報銷前經戶部議奏支用盤運經費內如有例不准銷各款責令孫玉庭賠繳七成顏檢賠繳三成降旨交琦善查明據實具奏茲據該督另片奏稱孫玉庭係督催之員顏檢有專司之責魏元煜嚴烺同時共事總局道員綜司出納未能核實計議均屬咎無可辭議請分別著賠著照所請將應賠銀兩在孫玉庭名下著賠三成銀三萬五千二百兩零顏檢名下著賠二成銀二萬三千五百餘兩魏元煜嚴烺名下合賠三成計各應賠銀一萬七千六百餘兩總局道員福兆沈學廉梁章鉅及前護淮海道之同知萬承紀四員名下合賠二成計各應賠銀五千八百餘兩此項分賠銀兩非尋常賠項可比著勒限二年責令孫玉庭等及魏元煜之子魏亨逵依限全數完繳如敢延宕不交著琦善

卽嚴參治罪決不寬貸其豫省封雇民船及東省接運軍民船隻所用經費著各該撫自行核實報銷該部知道欽此（同上）

道光五年九月十三日琦善嚴烺奏竊照本年引黃濟運致運河閘段淤淺較之往年河底墊高一丈有餘自禦黃壩至淮城以上僅存一綫河槽經前督臣魏元煜會同臣嚴烺估需挑河切灘銀四萬三千五百餘兩奏明趕辦其淮城以下長河因漕船阻塞難以估挑聲明隨後再行酌辦嗣臣琦善抵任將黃運兩河淤墊及幫船淺滯各緣由據實奏聞奉　上諭孫玉庭顏檢俱著不准回籍交琦善督令將運河淤墊之處一律挑挖深通所需挑費著落孫玉庭魏元煜顏檢分賠等因欽此欽遵在案伏查彼時運河存水不過三四尺甚至一尺有餘大小船隻膠滯擁塞是以亟議挑濬冀利運行乃自禦黃壩堵閉以後運

河淤墊既不致復有增高而洪湖清水現蓄至一丈二尺八寸由東清壩下注運河漸刷漸深測量水勢深處至一丈有餘淺處亦有四尺餘寸漕糧銅鉛各船尚資浮送雖河底之淤墊未能盡除而前後情形固自各異如果經費充裕時日寬閒仍當確估挑濬俾復舊規原不應僅恃目前稍有延待而臣等審度形勢再四熟商實不敢冒昧興挑轉致無益有損不得不將實在情形直陳於　聖主之前查裏揚運河淤墊處所計長一百餘里河身俱屬窄狹今須挑深一丈有餘則兩岸形如壁立直同甬道不能容集多人且沿河民居稠密並無隙地可以堆積淤泥必得遠道運送勢難剋期完竣至夫役移改信樁偷減土方貼邊墊崖無弊不有而工員中又少可信之人此惟限期稍寬尚可隨時詳察弊端督令重挑刻下江廣等省漕船雖已回

空南下而運京銅船盤壩後空船南下須俟九月杪方能騰空河身如至彼時始行煞壩趕將河水耗乾一面委員逐段估計領銀興辦在在需時已值天寒土凍挑挖維艱而來年二月即屆新漕入運以一百餘里淤墊之運河欲於冬末春初數十日間一律挑濬寬深是非停船待水有誤漕行必至草率完工徒糜帑項其誤漕之患在目前而誤河之患又在日後此因期迫而不敢挑者一也挑濬工費約計至省亦在百萬以外爲數甚鉅如孫玉庭等奉　旨分賠得能先期繳出則以賠項作爲工用即有虛糜尚非正帑已非慎重辦公之道況察看孫玉庭等罄其所有斷無如許家資勢不能不先行借款墊辦將來亦難繳納是名爲分賠實與動項無異當此經費支絀之際無論似此鉅款籌備爲難而以百萬帑金任聽工員夫役草率偷減臣

等身受　殊恩明知於運河無益亦復昧心從事清夜自思負疚何地此因費多而不敢挑者二也黃水現存三丈五尺有餘較上年此時尚大二尺餘寸必得清水蓄至二丈方可敵黃正當惜水如金不使稍有耗費乃因挑濬積淤先將運河存水掣乾俟工完之後再將洪湖清水放入運河以爲濟漕之計則清水消耗過多不能及早蓄足實爲可惜此於運河無益而於清水有損者三也更可慮者欲濬運河必先堵閉束清壩阻絕來源而後下游之水可以涸底挑辦現在洪湖水勢下注運河極爲湍急束清壩內外跌塘甚深又係清水不能掛淤閉氣設運河正在挑辦而束清壩膱開則挑工廢於半途錢糧俱歸虛擲或壩工堅守無患而沿湖隄岸萬一水勢阻塞刷塌旁趨無所節制運河不能容納於淮揚一帶民田廬舍受害實多阻運誤

漕更恐不無貽患是臣等上無以對 君父下無以衛民生即置臣等於重譴仍於湖河一無補救雖屬意外之慮實亦不可不防此不但無益於運河而並有損於湖運兩河者四也伏讀七月二十三日 上諭明年盤壩接運既可使漕糧悉數抵通而禦黃壩不開亦可免河湖受病黃水不倒灌入運即可並力東驅以收刷沙之益彼時湖豬亦當充裕俾專刷運河之淤以濟漕行明年若能如此辦理庶河漕兩有裨益等因欽此仰見聖主於河湖情形燭照靡遺 訓示明切欽服下忱莫可言喻臣等愚昧之見以運河之應否興挑當視漕行之有無淺滯而來年新漕之是否阻礙即以本年之船隻行走為證查本年江廣各幫重船自高郵上挽皆係直抵壩頭並未起剝即銅船重笨之船照例剝運亦可拽挽到壩是其明驗再加冬春兩季

清水刷滌運河自必日益暢深來歲新漕定可通行無阻臣等曾將應否挑辦情形劄詢該管道將旋據稟覆俱與臣等所見不謀而同相應據實奏 聞請將裏揚運河挑工停辦以免草率而節糜費臣等亦明知人情動好浮言此後或有淺澀必將歸咎於現在之停挑然現在雖係停挑倘可收清水刷滌之功於運河有益無損儻竟率行估辦圖免一時之口實虛糜百萬之帑金欲利運而運河仍未深通欲束清而清水轉行消耗此不獨敵黃濟運舊規未能驟復即明年之盤壩接運亦虞有所難行溺職辜 恩莫此為甚臣等所以反覆思維不敢冒昧請挑之實在情形也至運河既請停挑孫玉庭等即無分賠之項應請 旨將本年估挑淮城以上河道動用銀四萬三千五百餘兩即於孫玉庭顏檢及已故前督臣魏元煜家屬各名下分

賠不准開銷以示懲儆所有運河挑工停辦及酌議分賠緣由謹合詞恭摺具奏伏乞　皇上聖鑒訓示奉　旨允行同上

道光五年琦善嚴烺奏洪湖石工於保固例限三年外再加保固一年道光五年十月十七日奉　上諭洪湖石工原以蓄水濟運保衛民生前此在事工員辦理草率誤運殃民殊堪痛恨此次堰盱石工長至一萬一千餘丈用銀至九十餘萬兩之多非尋常工程可比若僅照例保固將來工員得以置身事外糜帑滋多著於例限三年外再加保固一年如限內稍有蟄塌即令原辦之員賠修示懲將來承辦坦坡各員亦著照此辦理俾知警畏同上

道光六年嚴烺奏碎石坦坡實能保護湖隄補救全局疏云臣久在南河深思石工歷來砌法竟同陡壁一經巨風數百里湖面駭浪奔騰直前撞擊無不傾摧無論新工舊工壁立之形皆不足恃然改之則費鉅而曠日持久聽之則禍深而全局俱憂是以仿照靳輔坦坡因水深而易爲碎石督臣琦善上年抵任初尚以費緊期遠不以爲然繼經反覆籌思舍此更無他術是以會商定議具奏堰盱兩廳石工共長一萬六千八百餘丈內惟山盱廳屬仁義禮三壩壩欛石工係嘉慶二十三年補修歷時未久其餘俱係康熙三十九年四十二年雍正八年乾隆十六十九二十五等年先後建砌自後或補砌加高或改輒爲石歷次增修而底樁總未能換蓋以深在水底無法可施距建砌之時遠則百餘年近亦六七十載年久鬆朽勢所必然現在蟄裂矬縫形迹之已露者多至數十處則其餘形迹未露者可以概見湖隄樁朽根鬆石工斷難閒段拆修第碎石坦坡之議臣

亦初無成見並恐囿於秉賦識力拘墟每於接見河工各員弁並附近湖壖之居民老卒漁父舟師無不博訪廣諮反覆討論考之前人書籍證以現在形勢實舍此別無補救之方查坦坡始於前河臣靳輔雖昔年施工之處已無迹可尋而治河方略所載則曰築隄以障淮者功在坦坡伏思康熙年間隄高不過丈餘湖水不過數尺而維時保隄之法已亟亟籌及坦坡今湖隄高至二丈蓄水多至兩倍水大則風浪更猛且查嘉慶年間督河諸臣屢有請築碎石坦坡之奏部議亦已照准旋因黃運兩河要工疊出以致所籌經費移爲別項工程之用迄於無成因循至道光四年洪湖存水一丈七尺二寸亦非湖水最大之年而竟有掣通大隄之事撫今追昔欲專恃石工以爲固其勢必有所不能然果時日從容錢糧充足仿照浙江海塘之例將

石工普放收分砌如階級而查浙江魚鱗塘之例每丈需銀七百餘兩其需銀一千一百餘萬兩且浙江潮小之時塘根多露乾灘故可建砌今占礙丈餘之水實難施工海塘形如梯級其式與坦坡相似乃彼既一勞永逸而海患克消此則事半功兼而湖險自化更查靳輔所築僅係土坡而已著有成效今以石易土其得力自倍尋常難者或謂以壁立之石工灰漿粘固尚見風浪而即坍今以散拋之碎石風暴所經自更易於掣卸是隄根仍屬可憂不知拋護碎石即所以固隄根而五收之坡其勢甚坦迥非石工陡立可比風浪雖猛不能不遇坦而平其進也既無撞擊之形其退也即不至有倒掣之患縱或間有塌卸不難隨時加拋靳輔所謂以柔制剛良法無以逾此者是也或又謂坦坡長至一萬四千餘丈每年掣卸修費亦恐不貲查堰

盱兩廳石工自嘉慶十五年以前頻年補修費帑無算卽自十六年以迄道光四年此十四年中兩廳修砌石工並堵閉山盱河壩共用銀三百三十餘萬兩而上年所用尚不在此數之中若坦坡旣成石隄旣固便當大蓄清水專力刷黃山盱各壩河卽不必年年啟閉而石工歲修之項亦從此有減無增雖費在一時而省在久遠也或又謂坦坡之築專爲濟運敵黃而非五年不能完工則此五年之中河漕仍多棘手茲查應抛工段共長一萬四千三百餘丈如必段段抛足五收則五年中卽有已抛未抛之別若收窄坦坡擇要先抛不過一二年間迎風之處隄根全行護住以次放足收分是完工雖在五年之後而收效仍在五年之中其有迎風緊要處所尤當首先施工察看淸高於黃卽行啟壩通船正月二十六日奉軍機處知會接築長隄

一摺已奉有　諭旨交琦善查辦矣其議奏碎石坦坡及籌畫經費二摺暫留本處備查爲此知會同上

道光六年琦善奏請試辦碎石坦坡一年並陳與河臣所見不同疏云高堰大隄形勢本屬單危兼之工程未臻堅鞏淸水不敢蓄足漕船無自通行此時如果湖蓄未充原可擇未安各工重新拆砌無如隄身入水已深一經拆動水卽順勢匯注一洩無餘淮揚下游必致漫淹而高寶一帶三百餘里之運河水無來源涸可立待此不惟阻本年之重運且將誤明歲之漕糧其舊工歷時旣久固不免於樁朽根鬆第臣於上年秋閒前詣該工時因蓄水已至丈餘無從目驗現又飭據淮揚道潘錫恩查稟據稱拆工驗樁勢所不能訪問該管廳營等稱係現在估拋碎石之七十八段其中有臌裂突出塌成腰洞者有縫口參差

傾欹外撲者大率底樁朽壞不能擎載所致第果樁朽根鬆卽
當立時蟄塌今臌裂各段似係底樁尚屬可支因新石壓重擠
成中突惟外撲之處或因舊樁已朽下矬上離於理尚近等語
該道雖初到南河於公事極爲認眞而於底樁之朽壞實有若
干亦未能懸揣而知前據陞任淮海道梁章鉅具稟擬請修復
堰盱二隄以爲大隄捍衞約需銀一百五十萬兩然二隄爲隄
後保障祇能見功於大隄有失之後不能預固於大隄未擊之
先今旣欲蓄清水不得不先護隄根而欲護隄根不得不亟議
坦坡嘉慶十一年間前督臣鐵保河臣戴均元徐端議築碎石
坦坡並經徐端於深水淺水處試築數段今雖無迹可求然石
性沈重勝於土性之鬆浮而石碎則無迎拒之形坦坡亦免撞
擊之勢藉作隄工外護能使隄根恃以堅固隄身得所憑依據

理似有可信是以河臣嚴烺與臣再四熟商會同奏請茲蒙
聖明一一　指示臣復與河臣往返札商經嚴烺兩次撰具覆
奏摺稿寄臣閱看如所稱舊時石工不能間段拆修及論現在
情形舍坦坡難以補救並於迎風緊要處所首先施工等語俱
與臣所見相同其餘則未能盡合蓋以目前形勢而論辦理坦
坡洵與石工有益豈可坐失事機但執法不可不嚴經費不可
不節上年新砌石工外雖平光內多襯墊以致甫經告竣卽有
被風掣塌之事疊次欽奉　諭旨飭令確查參奏臣抵任時工
已垂成底蘊難盡悉河臣嚴烺係始終其事臣屢向詢問據稱雖
非段段如此要亦各分皆有而於何段最甚何段爲次則未能
確指河工弊竇甚多而河員習氣又不以公事爲重石工爲衆
目共見尚復如此草率若不撤底查明分別懲處則工員益滋

膽玩將來辦理坦坡工在水底更可以少報多其法雖良恐任使不能得人終難望其獲益河臣謂查參工員與籌辦坦坡係分兩事應將坦坡先行議覆而臣意擬將原估及承修之員查明劾參與請辦坦坡工程一同具奏俾工員知所警戒冀可收實效而節虛糜臣與河臣前奏坦坡工程約需碎石一百五十餘萬方需銀五百六十萬兩分作五年拋成每年拋石三十餘萬方需銀一百十二萬兩拋成之後尚當另籌歲修誠如　聖訓通工之需與歲修之費爲數不貲因思此事前人議而未成此時並無舊轍可循則事屬創行一年之中拋辦若干蓄水若干掣卸若干修費若干不獨臣必須試辦方可信心即河臣前此久在南河亦未親經辦過是彼此皆係以理揆度豈能料定數年之後光景若何臣意擬請在於該工迎風犯浪處所先行

擇要試辦坦坡一年如至本年秋冬間經歷三汛之後實能固住隄根蓄水得力掣卸不多則事有成效可徵即當奏明請旨將全工次第拋足而歲修之費所需無幾亦可於河工歲請項內酌爲融撥無庸另請錢糧儻掣卸過多歲修不貲則隄前已有碎石偎護隄根可無塌陷之虞或再接築二隄以爲後衛於蓄水尚可放心綜計一年碎石之用及接築二隄之費實可省數百萬河臣所稱收窄坦坡擇要先拋一二年開隄根全行護住等語究竟一年之內實可蓄水若干空重漕船如何運送並恐運石湖船止有此數不能副五年之期而每年請銀一百十二萬兩轉成虛設經臣屢次函覆未與會銜茲准河臣來咨因所見不同業經由驛單銜具奏臣亦不得不以意見不同之故直陳於　聖主之前未敢因會奏在先稍存迴護等語道光

六年二月十九日奉到　硃批覽奏俱悉此事朕惟責成卿一人耳前降諭旨諒已接到玆復有旨諭欽此上同

道光六年二月初八日奉　上諭一道內有云碎石坦坡需時甚長所費尤鉅若年年拋護有塌卽拋糜帑悞工伊於胡底碎石坦坡斷不可行所請試辦一年著毋庸議欽此上同

道光六年張井奏熟籌早啟禦壩另築北面新隄導河避過高灘以刷底淤而利漕行疏稱下游黃河病在中滿是以海防山安一帶河灘高隄內至一丈四五六尺而至海口之絲網濱等處則皆灘面相平蓋地勢已低河流至此迅疾東趨故有隄之處亦復高下無多上年督臣琦善河臣嚴烺本有改移海口冀掣底淤之議因查勘灌河口一帶底係砂礓且鹽河兩隄逼窄不能容納是以續經奏請停止臣此次履勘形勢並與在工年久各員詳細熟籌擬照乾隆四十八年前大學士公臣阿桂改河避險之法導使繞避高淤勢順工省似可辦理伏查安東以下至現在海口雖有二百餘里然自雲梯關以下均係從前海口近甫淤成高灘查看並無聚處鎮集遙望東北悉係平灘雖間有居民亦不過葦蕩營刈柴民人卽用蕩柴攢搭居處此臣在絲網濱上下登陸時所目擊者卽使安東以東至雲梯關約有百里居民稍多亦究不如上游州縣之人煙稠密此時淤灘梗塞急切難疏而海口無可改移萬難常此坐視擬由安東縣東門上下在北面另築新隄卽以現在北隄改作南隄相距約八里十中中開抽挑引河約深一丈卽由東門工以下導河改由北面傍舊河行走至絲網濱以下仍歸現在海口計大河現在水面高隄內灘面一丈五六尺再有挑深一丈開放之後水

勢高下幾及三丈中間又無淤灘阻隔揆度形勢似可暢順東趨自東門工以上至禦黄壩不過六十里去路既暢上必掣深計或可落水四五尺以外即使底有膠淤一時未能跌透開用對頭壩三四道或用濬船疏導自可刷深現在黄水高清水五尺二寸但得黄水落低五尺餘則立啟禦黄壩展寬束清壩並接長盖壩挑逼清水暢出刷黄底淤更可攻盡以地勢高下計之黄水果能處處就下當可落至一丈餘彼時湖水不過收至七八尺其勢已可建瓴更無虞風浪傷及石工矣其舊河身内應由南隄接築至北隄并將改河處北隄一段起除淨盡至需用經費臣約略估計不過三百餘萬兩現在估築高堰二隄及挑灘挑河增培下游四廳兩岸隄工共需銀二百數十萬兩如果定議如此辦理則前項工程皆可不辦計所增者不過數十萬兩而辦成之後將來所省尚不止此蓋河已改行所有東門工以下南北兩岸埽石各工全行廢守即北岸新隄間或新生工段亦斷不致如現在之多至於南岸則悉係高灘可無他慮且以現在兩岸隄頂所有柴料碎石移貯新隄止需運腳亦無庸另請錢糧即已抛之碎石仍可刨挖裝運較之在山開採數百里運送者難易懸殊惟新隄必應加倍慎重自底坯以至隄頂不可一處稍有草率設遇河勢塌到立應築壩分别抛石鑲埽萬不可以内外灘地相平再議退守致河勢又復散漫如此時剋期趕辦六七月間或可開放新河啟除禦壩回空軍船依次南旋來春各省漕糧照常行走其盤壩海運等費均可節省矣臣回浦後即與督臣面爲商榷督臣以下游灘面未經履勘且慮新隄未能堅固設改河之後又致旁趨則是徒增縻費意

謂不如守舊原係老成持重之見臣愚則以爲古今治理久則窮窮則變變則通今日治河可謂窮矣即使不以人力變之河亦必將自變與其自變而不知南北之所之必致淹沒田廬被災甚廣甚至於湖阻運爲害無窮而內外高下懸殊堵合之費需帑亦鉅何如以人力變之稍爲因勢利導即可遂就下之性即使新隄少有失事其內外灘面相平無難剋期堵合且濱海一帶非蘆葦之區即沮洳之地亦無被淹城郭惟是事關改作必冒糜帑生事之嫌兼臣才本庸愚經歷河工之日甚淺於南河形勢尤未熟悉何敢妄有敷陳惟仰見　皇上宵旰焦勞無時不以河漕爲念是以欲於極儆之時勉求速效之法雖未敢自信爲必有把握而旣有一得之愚亦不敢不上陳於　聖主之前道光六年三月十五日奉到　硃批另有旨欽此上同

道光六年琦善奏勘明高堰石工情形專辦大隄較移二隄爲便疏稱臣承准軍機大臣字寄道光六年三月初八日奉　上諭前因高堰石工不固旣不能普律拆修不得不亟籌保護是以降旨令琦善將二隄工程勘估興辦茲據該督奏稱淮揚道潘錫恩現有建築二隄不若增培大隄之稟並復細詢廳營俱稱建築二隄祇可爲隄後保障而不能恃以蓄清二隄地勢較低若大隄有失二隄仍不免有過水之虞與潘錫恩之言相同朕閱該道所稟將隄後二河展挑寬深所挑之土即加培大隄東面不足再隔河取土幫成頂寬十丈坡用三收之大戧通隄一律似與蓄清較爲近理惟前此陳中孚等所謂興築二隄加築格隄以爲後戧總係爲保衛大隄起見如果加培大隄更有把握自當擇善而從著琦善即親往查勘或應專辦大隄或再

兼築二隄逐一將各工核實估計迅速奏明興辦等因欽此伏査高堰大隄二隄工程先經臣飭委淮揚道潘錫恩河營參將張兆督同廳營各官確切勘量核實估計臣於本月十五日自浦起程親詣該工周歷大隄及移建二隄處所逐一履勘並將該道等所估土方詳加籌核查自高堰武家墩至山盱周橋止舊有二隄長一萬一千六百餘丈今移建三隄基址長丈相同惟該處地勢較現在洪湖水面低至一丈七八尺即照陞任淮海道梁章鉅所議築高二丈五尺尚低於大隄三四尺不等必須築至二丈八九尺方與大隄相平又自周橋以南至東水北隄長一千三百餘丈向無舊隄亦應一律估築共土四百四十萬四千餘方統計乾土遠越土船土方價牽算需銀一百一十一萬九千餘兩中築格隄十八道估土八十萬四千餘方需銀

二十八萬二千餘兩其自東水北隄至蔣家壩長三千三百餘丈係在五壩檔內梁章鉅前議以該處地居湖梢不甚犯風然自嘉慶十年至道光五年該處石工被風掣塌無歲無之前月二十五六日之風壩檔掣塌亦較他處爲尤甚若再存此漏巵一處有失必致全湖盡洩自應一律估築二隄並加築格隄三道並於智信兩壩之下建設滾水石壩二座以便啟壩放水得資宣洩計需築隄方價銀二十七萬八千餘兩築壩工料銀八十餘萬兩加以鹽河得河草澤河石閘三座每座估銀二萬七千餘兩共需銀八萬一千兩零以上總需銀二百五十六萬餘兩較梁章鉅原議一百五十萬兩之數已增銀百萬餘兩且該員原稟內稱格隄十數道酌留橋門以通料運如遇風暴搶護即將橋門塞斷等語查格隄係在河內地極低窪所留橋門高

至三丈七八尺若不釘樁攔板隄難陡立如用四丈餘長樁木數百根橫以板片旣難經久亦多糜費設遇急切搶堵措手尤難必欲啟閉隨機亦須建閘方安此二十一道格隄中除東水南北隄不開橋門外其餘十九道均應建閘以每閘二萬五千兩而計又需銀四十七萬五千兩是欲建築二隄非帑金三百萬兩不能興舉其大隄計長一萬六千八百餘丈內高堰頭二兩堡犯風較輕應從撙節無庸幫戧祇須加高子堰自三堡至山盱十四堡共估新舊頂寬十丈接三收鋪底以現在堰頂作爲隄頂上再普加子堰照蓄水二丈子堰出水六尺爲度東留隄面二丈爲副路西爲坦坡直接海漫槽土俾風浪上潑遇坦則流不致過於掣刷其息浪庵新補隄後跌有深塘斷不能鐃戧施工應候石工砌成後於工後估築高二丈放五收土坦面

包碎石灌以灰漿該處現有外越大壩急切不致塌通石坡灌漿可期乾老通共估土二百五十二萬餘方按照向辦大壩方價牽算連碎石約需銀一百七十七萬餘兩較之建築二隄經費可省十分之四此勘估大隄二隄之實在情形也臣查洪湖週寬四百里每遇風暴浪若排山一線單隄實爲淮揚二郡之障蔽向來收蓄清水至一丈以外及一丈三四尺石工卽有遇風掣塌之事甚有塌至數千丈並將各壩掣通者前冬湖水蓄至一丈七尺遂致掣通兩處口門爲從來所未有今若專爲敵黃濟運起見非蓄水二丈不爲功而就石工形勢言之則無論建築二隄幫寬大隄止能禦一丈五尺以內之水均不能蓄至二丈使之開壩通漕第蓄水固所以濟運而護隄實所以衛民如能將黃水設法疏消則清水或可無須多蓄但掣低黃水卽

以王營減壩漫口之歲比較該處距禦壩最近至多亦不過落水五尺斷不能陡掣丈餘使湖水蓄至七八尺即可敵黃是湖水仍不能不蓄至一丈四五且如嘉慶年間皖省發蛟南岸有失湖水陡然異漲亦不可不爲預防之計必得堰隄堅固庶淮揚二郡億萬生民方可恃以無恐是治河不得不兼治湖臣與道將廳營詳細講求雖大隄二隄同一不能藉以蓄二丈之水而爲保障淮揚而計誠爲必應辦之工兩者相權則移建二隄不若堅守大隄。爲費省而勢便。蓋三隄舊址雖存殘缺已久今已改建二隄自底至頂皆須從新硪築恐客土性鬆即使承辦及監辦各員無不實心任事而夯硪之能否堅實難保一律無差此其不足恃者一大隄係屬石工尙不免遇風即掣二隄係新築土工縱使極爲堅實萬一大隄有失內塘窪下全湖奔注

之勢欲以數丈厚之土工頂衝攔抵此其不足恃者二議者以龍門壩大隄屢次掣通因內塘灌滿得以無恙今既有格隄亦可三面防護殊不知龍門壩本係三面石工且周長僅有二百十餘丈水灌即滿故足外抵現在格隄相去十餘里缺口水注勢若奔馬恐格隄水尙未及二隄先已塌通若多築格隄需費更鉅此其不足恃者三就令內河灌滿二隄得以保全而缺口內外汪洋一片補還石工無處著手萬一風暴叠至初次未經塌通之二隄正恐再擊難保不塌此其不足恃者四格隄之築固在犯風最甚之處然風至所掣豈有定方儻失事適在兩格隄之間則兵夫搶護即須繞越數里時迫路遙難期得濟此其不足恃者五若大隄則逐漸加高其來已久雖出人工已得地氣況石工雖不免草率亦不致一擊即塌今既有高二丈之石

工以爲基址復再幫加子堰則視新築二丈八九尺之二隄又高數尺而石工之失事大率先將後槽土掣空石工遂從而塌卸今幫成頂寬十丈坡用三收更以子堰直接海漫槽土復用坦坡以緩其勢則隄土寬厚後槽之掣及亦輕且以經費多寡相衡則二隄費多而仍歸無益大隄費省而較有憑依自宜舍多從少專辦大隄所有建築二隄一節應可無庸置議惟瞬屆農忙又值大汛將至派員雇夫均非易事至五月以後天氣暑熱工作維艱如欲於兩月之內完此幫寬大隄之工計工核算每日須出土四萬二千餘方越隄取土每夫一名僅得土二分半卽需夫十六萬八千名加以硪夫撳夫等項每日總其需夫二十二萬餘名斷難雇募齊集臣與道將等再四籌商惟有於高堰境內之六堡九堡十堡及十二十三十六十七等堡並山

盱境內自頭堡至七堡暨信壩十三堡擇其最爲迎風犯浪緊要處所先行趕緊幫戧其全工則俟今秋明春辦理庶爲時較寬每日需夫稍少在雇募不致居奇而督察亦可周到等語奉
旨允行同上

道光六年琦善張井潘錫恩奏勘明安東改河工程形勢暢順惟恐尚有滯礙不敢不籌及久遠擬請變通舊制啟放王營減壩以期掣溜通漕疏稱除前奏南岸馬營起創隄改河係屬下游高仰斷不可行毋庸置議外現估安設河頭之處埽前有拋護碎石除包砌石坡可以拆卸及距河頭稍遠尚可無慮內二百五十餘丈中間有尖工二段長三丈六尺拋石至一千三十六方高深至四丈一尺此係嘉慶二十三年所拋深入河底一時不能啟除誠恐放河之後或有阻礙迤下佃湖一帶地勢低

淫掣水最便雖據委員等稟稱築隄挑河皆可設法辦理惟本係蕩地一經夏秋大雨積潦甚覺恐因地築隄不無繞越此種情形皆臣張井春閒勘視時意計之所不及臣等伏念河臣之職首重安瀾即專計宣防但得保無疏虞即爲無忝厥任今日所爲亟亟籌畫者實緣清水不出禦壩不開河北軍船又經接運一載若再不令歸次丁力實已過疲即勉强籌辦回空而來年湖河未能利導如前則河北又無接運之船國家數百萬漕糧何由使之直登　天庾是此時之治河首重通漕必使漕可通而後河可以言治前臣張井所爲議及東門改河亦惟欲黃水掣低禦壩即啟茲既商有疑義豈能不另爲改圖因徧詢之道將廳營僉謂別無良策於無策中籌一形勢稍順掣消稍易與東門工相似而確有可憑者莫如開放王營舊減壩之尙爲

得力蓋緣減壩禦壩相距十里呼應最靈前人於此分減漲水原有深意自後人因啟放或至漫溢未免淹及田廬在廳汛官既屬疏防復恐賠累而身受全河重寄者坐令河勢旁趨即使曲徼　聖主之矜全要不能謝旁觀之指摘是以自嘉慶十一年開放坐蟄十六年盛漲失事之後此壩已成虛設然查十六年五月間黃水北注禦黃壩立時掣水五尺八寸雖盛漲之失事與人力開放水勢有强弱之分而現今河底較前又已擡高則一經開放水必大爲掣消似亦可以理決惟遙隄逼近容納難資欲其陡落黃水如十六年必須漫過遙隄亦如十六年復檢十六年成案被淹之清河安東沭陽海州四州縣共賑撫銀二十八萬七千餘兩皆係各處邊界並未浸及城池此次定期啟放更可先事預籌早行示諭庶民閒自知遷讓或有應培應

加之圈堰官路卽分別培築俾得通驛站而利商民一俟黃水掣溜攔壩斷流卽將淤墊較高之河底勘估挑挖深通另行取道放出清水暢資刷滌次第跌通再行挽歸舊河堵閉壩口統計開壩挑河堵合口門並一切土埽工程約共需銀三百數十萬兩與安東改河約估銀數不相上下而一經堵合則河猶昔日之河隄猶昔日之隄遇淺可以挑深逢灣可以取直然則改河利在目前而難期垂遠減壩患止偏隅而事無流弊等語道光六年五月十四日奉　旨允行同上

道光六年張井奏啟放王營減壩實無把握不敢迴護前議改河避淤實可辦理疏稱竊臣於六月初一日承准廷寄欽奉

上諭據給事中楊煊奏啟放王營減壩關係重大援據嘉慶十一年開放減壩旋有上游之周汛三堡郭家房蘇家山三次漫

口及十六年減壩漫缺旋有上游之棉拐山李家樓兩處漫口各成案以爲黃溜湍急鹽河勢難容納且下游安東海州境內有葦灘山根攔截阻遏往往掛淤倒漾等語本年開放王營減壩原非爲減洩盛漲起見旣與嘉慶十六年漫缺情形不同亦與十一年開放成案各異前據該督等會同籌議摺內已將應培應加之圈堰官路奏請分別培築自必中有把握不致蹈從前下壅上潰覆轍事關全河大局欲其陡落黃水迅開禦壩下游少有漫淹原所不免且在秋收以後想亦不致成災惟該給事中既有此奏亦不可不加意詳愼將來開放減壩必期去路通暢其上游隄岸各工及一切應培應加圈堰亟須倍加保護愼重妥籌無使稍有疏虞是爲至要該給事中摺著鈔寄閱看將此諭令知之欽此臣跪讀之下仰見我　皇上愼重全河

訓示周切服膺欽感莫可名言當查該給事中所奏嘉慶十一
年十六年減壩漫溢上游失事黃溜湍急鹽河勢難容納等語
原係稽考成案於今昔情形似未周知查該兩年漫口均在五
月自因積遇異漲疊致失事不必盡歸咎於去路之不暢且彼
時一由泗浦溝穿破遙隄一由張家河頭穿破遙隄本未由鹽
河行走亦非因河身偪仄勢難容納本年啟放定在霜後來源
斷無續漲原非上屆可比惟去路之果暢與否灌河口等處臣
未經履勘不能深知然現據委員等查勘海州一帶因夏令雨
水較多兼之山東山河漲水平地積聚全境均在巨浸之中稟
請疏消等情又據淮海道羅琦參將張兆會同查量鹽河遙隄
以北地勢高於鹽河九尺八寸各等情以雨水偶多尚至全境
積聚不消將來全黃下注情形更可想見雖云鹽場各河閒有

築壩之處然壩身不高果能地勢低窪亦可漫壩暢消且開破
遙隄原欲其洩水大暢今地勢又較高幾及一丈則倘有就高
之勢是去路實未見大暢該給事中所奏實不為無見臣因之
再四審度就該給事中之緒論若啟臣之愚蒙蒙我　聖主之
咨詢更深臣以儆惕竊以為王營減壩啟放時水勢或可暢達
堵合後全河仍必擡高恐徒深四邑之災無補全河之病夫全
河受病患在黃高黃所由高患在下游停積必確能去下游之
積方得減上游之高庶幾禦壩可啟漕運可通湖河可以次第
望治臣春間奉　命南來熟思博采因查勘海口地勢節節窪
下是以擬由安東以下將北隄改為南隄取直另挑新河仍歸
現行寬大海口奏蒙　恩施獎允　飭調來江飭令勘辦到浦
後知督臣先已委員往勘皆云下游高仰需費不貲及臣復與

督臣親往履勘乃與臣春間所勘情形仍相符合自東門工至海安八套卽可挽入正河西高於東已六丈六尺九寸形勢之暢順衆口一詞其餘如掣消水勢及挑河築隄等事均可毋須顧慮惟河頭碎石一千三十餘方議者恐致阻礙臣思二百數十丈河面僅有碎石六丈餘尺似不足爲阻礙且無石之處尚有一百四十五丈儘可容納河流但臣於碎石工程本未經歷據工員云拋已多年膠結在底衝刷不動督臣亦深以爲疑臣於此一事既未能確有把握卽未敢一意孤行前此南河本有開放減壩之說督臣原不以爲然至是見改河難行仍以減壩與臣諄商臣復加遍諮博論不一因劄詢道將據聯名稟覆來春堵閉減壩後禦黃壩從此可以常開等情臣以道將皆係大員非確有把握斷不肯如此切實是以公同商定於五月初二

日恭摺具奏拜摺後臣以事關重大不厭精詳復又徧詢僚屬卽多以減壩爲取效暫時於大局終無裨益者因思道員聶錡署道富爾錦到工未久不能深悉河務參將張兆游擊黃廷琛均在工三十餘年辦理工程甚多通工情形倍當熟悉是以復加劄詢據該參將等稟復必須清水常旺力足敵黃始能常開禦壩今自嘉慶十七年以至道光五年歲有倒灌若謂禦壩可以常開參將等實不敢必等語臣思舍改河而議減壩原以道將公稟爲憑該將等既未敢深信更不能不細加推求復又殷詢僚寀體訪輿情僉以啟放減壩較之改河尤多窒礙蓋改河一放之後。卽永遠流行。常得就下之勢。減壩則暫時開放仍須堵閉雖正河挑深又經清水滌刷。將來不致如現在之高。然河之所以節年淤墊者。皆因從前屢經失事。堵合之時。或外越取勢或退讓避險以致隄形忽而東南忽而東北愈曲愈緩愈緩愈淤減壩堵閉後河流仍循舊日無數灣曲溜行終於不暢卽有逢灣取直之法亦不能處處估挑數年之後自必復加墊高此以地勢曲直計其不得不慮及者一也近日之河不惟底淤兩灘亦逐年增墊現在河水牽深不過八九尺較量河底高隄外灘面自丈餘至二丈餘尺改河之後止用挑深一丈已低於舊河三丈舍高就下舍隘就寬非一時所能淤高若減壩堵合後卽使舊河挑深一丈五六尺尙不過與隄外地面相平且係窄小長溝兩厓壁立而兩灘老淤窄者亦數百丈無可疏挑又挑河之土仍在兩厓之內塌卸入河必致逢灣續墊此以地勢高下計其不得不慮及者二也改河雖亦佔用民地但北面有隄攔束淹浸無多不過安東之一隅且濱河濱海並非膏腴亦

無集鎭減壩則淹及四州縣村居稠密且嘉慶十一十六兩年皆當夏令盛漲挾淤之水可變瘠土爲沃壤今於霜後啟放則水寒沙冷最傷地脈現在海州一境已全在巨浸之中被災已屬不輕若再黃水下注是終歲淹浸何以堪此且將膏腴之地變爲沙堿不毛是改河雖永遠佔礙究止一隅尙可酌商調劑減壩雖半載漫浸而災及四邑終成棄地此以民閒田畝計其不得不慮及者三也以上情形以臣所見證之所聞似已均應詳愼然使河未可治而漕尙可通則救弊補偏自當先其所急無如檢查成案十一十六兩年減壩過水之後次年黃水仍皆倒灌十六年挑河直至海口當時李家樓漫溢黃水全注入湖暢刷已及四月而十七年三月卽用倒灌濟運彼時河底本低加以挑浚之深刷滌之久尙不免於倒灌今河底淤高至一丈

四五尺卽使不惜帑金豈能如當日之深通兼以洪湖新舊石工隱患甚多本年二月存水止一丈二尺八寸猝遇風暴已掣卸多段高堰十七堡隄身蟄塌幾至失事是秋後湖水斷斷不敢多蓄今以蓄至一丈四尺爲度並湖底空高一丈六尺計算止能三丈兼之冬令放水刷淤有耗無長必來年重運經行之時黃水止存二丈八九尺。清水方高於黃水一尺。若黃水加高一尺。清水卽不能出。加高二三尺。卽成倒灌。禦黃壩外河底墊高迥非嘉慶十六七等年可比若一倒灌勢若建瓴。淤運淤湖，爲害不細。又不得不嚴堵禦壩。彼時重運齊集。而河北更無接運之船。卽欲仿照上今兩年。盤壩剝運之法。亦復無從措手。在南河之人見倒灌爲常事不知今昔情形不同豈可輕爲嘗試且詢之道將廳營亦無人敢保來年三四兩月黃水止存二丈八九尺者在我　皇上福庇全河百靈效順或堵合減壩之後竟得通漕亦未嘗不在意中而臣膽小才拘終不敢以國家大事爲希冀僥倖之謀使其萬有一然將來何堪設想況南河關鍵全在今年使辦理稍善此後或可設法疏治再一貽誤則卽欲改圖必更難於今日每念　聖諭定有把握四字刻深凜畏寢食難安再四籌商擬仍用改河之意而可避碎石之阻於減壩迤下東門工之上山安廳李工地方該處原係洩水舊地卽從此於遙隄外接築北隄一道斜趨向東仍與前勘改河隄工相連約須增長七千餘丈挑挖新河至八套卽可挽入正河查李工至八套由舊隄行走計長四萬一千丈今取直築隄止長三萬二千餘丈惟遙隄偪仄不足容納全河留遙隄於新隄之內或慮壅遏水勢不知此處鹽河最深將來挑河止須展寬再將遥隄有礙溜行之處寬爲啟除但使中泓直而且暢其餘自能陸續刷塌又佃湖蕩經連次大雨一望汪洋或慮挑河築隄均有窒礙不知此止係積存客水並無來源止須將下游抽溝疏洩計日即可涸出所費錢糧至多亦不過四百萬兩內外當即於本月初三日會商督臣嗣又擬具摺稿專差送交督臣並面商之副河臣副河臣以此事非不可行惟恐再行奏請耽延時日必致趕辦不及且安東以下地勢西高東下副河臣本未親勘未便定議旋於十九日接督臣來劄大意以開放減壩已經奏定如因旁觀一言輒思變計殊非大臣之道並臚列改河七難再令斟酌如遥隄阻遏及安東接築護城隄鹽河上截改道民田如何撥還同空恐致太遲又比東門工接長四十里經費自必多增新隄不堅恐有失事等款此皆事當審慮而均可設法辦理原擬會奏奉　旨後分别履勘籌辦再行詳細具奏現已逐條致覆督臣查臣前奏東門工改河與啟放減壩同一減黄放清因道將具稟後是以改從減壩今臣再四熟籌減壩實無把握李工較爲暢順而督臣仍多方顧慮原宜再行諄劄反覆酌商又恐往復稽遲如副河臣所慮將來趕辦不及反致貽誤臣屢蒙　恩訓勉以和衷豈宜固執已見屢瀆　宸嚴但思爲臣首重勿欺舉事須防後患與其噬臍莫及曷若先事陳明以臣愚昧之見減壩既不可行則除改河之外實無他策惟有仰求　皇上俯賜矜察　特予允行由李工改河至八套歸入正河黄減清高漕行自暢放後不復再堵免二百里之高灘省萬餘丈之曲路等語七月初七日奉到　硃批另有旨欽此七月初八日承准軍機大臣字寄兩江總督琦江南河道總督

張副總河潘道光六年七月初二日奉　上諭據張井奏熟籌啟放王營減壩實無把握不敢迴護前議並以地勢之曲直高下及民閒田畝計之將不得不慮者有三請仍由李工改河避於較為暢順等語改河之議原係張井始為此奏迨將伊調任南河令與琦善等會同妥議則以改河口門有碎石阻遏諸多窒礙莫如開放減壩之較為得力聯銜覆奏是以降旨照該督等所議辦理現已遲至月餘一切應行培築之圈堰格隄等工俱經勘估興辦而張井復以啟放減壩實無把握改河避淤實可辦理再行奏請該河督既知啟壩有此三患前此聯銜會奏何以並未慮及迨經給事中楊煊陳奏輒又申理前說似此游移無定豈大臣事君之道現已盛漲屆臨若不堅持定見返復遷延何時集事前於琦善奏到時已降旨責令趕辦減壩事宜務於秋深啟放禦壩以期回空船隻如期歸次總之減壩之議原為減落黃水刷滌河身起見該督等固應籌及久遠亦不能不先計目前此時該督等惟當遵照前旨辦理減黃出清俾河湖不致有意外之虞並使本年回空全數南下明年重運照常北來方為不負委任至於改河一事無論可行與否總須俟霜降安瀾後該督等再行會同詳加履勘和衷商搉勿得各存成見恐心定議具奏再降諭旨將此諭令知之欽此同上

道光六年琦善張井潘錫恩奏試行屖水通船之法疏稱臣潘錫恩前在淮揚道任內籌議屖水通船之法擬於裏河頭壩迤東堅築攔水大壩一道再將臨黃之鉗口壩改建草閘一座內可容船一千餘號安設水車將清水屖入內塘俟內水高於黃水一尺即行啟閘放船以全漕四千餘號之船分作四次可以

全渡其估需銀七八萬兩臣琦善以此法從未辦過是否實能得濟不敢冒昧舉行但當萬難措置之時既有此法似應察看情形先行試辦當經奏明於盤壩漕糧竣事後將加運銅船調集數起如法試行臣等即欽遵預爲布置旋據前護淮揚道富鼐錫禀稱據外南同知萬承紀具禀估建草閘除動用存工正料九十二堆七分零無庸另請錢糧外實計挑河築壩購辦木植雜料需銀一萬五千五百三十餘兩其車溝等工上次估需銀一萬二千七百餘兩係備往泊漕船千號而設今既止以銅船試行自應從省覈辦以節錢糧查西岸蓋黃壩以上灘面寬闊宜圖築水櫃車戽黃水以高就下先使澄清再爲啟堰宣放入河較之車戽清水由下而上實屬事半功倍共計挑溝築櫃及禦黃二壩新舊兩河應築攔水土壩減準銀三千六百二十

餘兩又打造水車及車水夫工銀五千九百餘兩等情當即發銀興辦於六月初十日一律辦竣其加運兩起銅船亦經臣琦善先期飭調於七月初間全行齊集茲於七月二十三日順黃壩存水三丈五尺七寸計高清水二尺三寸經臣潘錫恩督同外南廳營各官連夜加車添戽水方於二十四日寅刻啟壩初啟之時內水高於外水一尺有餘跌掣甚迅自卯至巳已將滇黔銅鉛船共八十六隻全數渡黃北上毫無阻滯即於未刻堵閉攔堰臣等伏思立法貴可常行而作事期於有備自來通漕之法惟以河運爲良規而當河流漲滿禦壩不開漕船即因之中隔可見事無一勞永逸不可不籌備有方如盤運海運諸法皆以濟河運之窮在盤運事較著實而糜帑病丁難於爲繼海運行走甚爲迅速而遠涉重洋未可處常幸邀 聖主洪福得

以全數抵津然亦如富室之有便門祇可備而不用若戽水通船一法事屬創舉論者咸謂水無來源難期得力在未試行以前臣琦善臣張井亦皆未敢遽信今以銅鉛船隻如法試行竟能將清水擡高一尺有餘抵禦黃流不過兩三時間已將八十餘船全行竣渡並無黃水涓滴內灌而覈計經費共止銀二萬五千餘兩此直較盤運爲省事而視海運爲易行此項銅船喫水四五尺與漕船不相上下臣等審度情形設使內塘寬大水勢充盈雖不能濟渡全漕而萬一當時迫勢艱即以尾後二三十幫藉資浮送較與借黃濟運所勝實多（同上）

馥聞李文忠相國鴻章言道光年間清口黃高於清不能啟壩放船全恃倒塘灌運又問潘文愼之長子彬卿方伯（潘錫恩字芸閣涇縣進士任南河總督十餘年諡文愼其長子彬卿駿文方伯深諳河務屢有人薦總東河惜有忌者閒之未果授汪侍郎鳴鑾刻其在山東臬任時治河公牘名曰潘方伯治河書行於世）言灌塘時清低於黃一尺啟壩時借黃水跌進之力以便出船云云想所見是實因附記於此

道光七年三月初九日琦善張井潘錫恩奏王營減壩合龍穩固全黃挽歸正河疏稱上年秋間因湖水積蓄過旺淮揚一帶在在堪虞並因回空阻隔河北兩年未能歸次經臣等奏明啟放王營舊減壩掣瀉湖瀦兼通回空並將正河大加疏挑以冀河流復故漸次掣深並於啟放後察看掣溜通暢各情形亦經由驛馳奏各在案茲查自放河以後兩壩尚餘寬十二丈二尺誠恐分洩溜勢必須併力趕堵臣等鼓勵員弁兵夫晝夜進占三日之閒續得八丈僅餘金門寬四丈二尺溜勢愈見湧激搜底淘刷四壩自三占以後全見行蟄東壩雖本係深水亦因淘深續蟄正壩及上下水邊埽均水深至四丈二三尺至五丈一

二尺當卽分派弁目一面搶鑲前占卽跟手加鑲後臺並因溜勢圈注西壩後身復於挑水壩下另搶小挑壩一道長十五丈以資衛護其挑水壩鑲寬六丈長七十二丈察看挑溜已極得力無庸再進至本月初二日已將各埽壩一律鑲壓高整卽於初三日子刻掛纜合龍兩壩柴土並進竭一日之力追壓到底復因串水未能斷流趕將上下水邊埽接進兩占隨卽掛纜堵合層土層柴安愼追壓至初八日實已萬分穩固涓滴不漏下游被水村莊立見涸復居民來往如常舉耜翻犂無悞東作（同上）

道光七年三月十八日琦善張井潘錫恩奏新河因切灘勢遏上游黃水擡高禦壩驟難啟放疏稱關孟二灘挑切取直處所兩厓均係膠土壁立不能隨溜塌寬水勢因收束上湧業已平槽此處一經壅遏上游遂致擡高自山安李工起至海防之周

門工一帶止類俱溜緩沙停河身逐漸淤淺當飭道將廳營將該二灘舊河內所築攔河壩及順河隄概行啟通俾河水仍由馬起營佃湖兩工埽前舊道行走其時附近水勢立見消落二尺餘寸乃一二日後上游卽已擡水普漫出槽蓋由估河時處及埽前水底淤沙莫辨恐臨放時搶挑不及以故繞避估挑詎意關孟二灘一經阻遏轉致溜勢旁穿土山仍循南北兩岸各工舊埽灣曲而行土山亦漫塌入河閒段淺阻此固水性舊循舊道究由於關孟二灘之擊束不下所致臣等不能先事計料實屬愧悚無地在歷屆大工新放引河溜勢未伸須俟伏汛盛漲水力較勁方能刷出河槽日見深通但此次挑河專爲通漕現在軍船絡繹前來何能久待且山安海防兩廳地處下游長水較大兩岸隄工去年雖大加增培今較量水面尙有閒段卑

矮之處實慮難資抵禦經淮源發水山盱攔湖壩揚糧昭關壩向稱洩水最靈而跌塘既深被災較廣萬無再放之理其餘各河壩宣洩總屬有限臣等輾轉思維寢食俱廢現與道將廳營再四籌商擬先將重運軍船倒塘灌放一俟黃水稍爲消落再行相機啟放禦壩即稍有倒灌而清水尚足不致淤墊運河未見落低瞬交夏令工程在在喫重惟當豫飭各道廳格外加意修防於河亟思抵禦之方於湖尤需早籌減洩之路伏思臣等議開減壩實以去歲河湖情形危急间空難待原冀啟壩之後大挑正河當能掣水通漕上紓 宵旰仰蒙 聖主俯如所請敕發帑金數百萬兩照估興辦計自開放減壩以來皆係清高於黃乃一經放河竟因挑切膠淤驟難刷塌以致上游擡水未能將漕船急切通行皆由臣等知識愚闇閱歷未深糜帑誤

公咎無可追惟有仰懇 天恩將臣等一并從重治罪以爲辜恩溺職者戒臣等實不勝屏營悚懼之至道光七年三月二十三日內閣奉 上諭琦善等奏禦壩驟難啟放現將漕船倒塘灌運並自請從重治罪各一摺前因黃流淤墊糧運阻滯經該督等籌議啟放減壩挑濬正河朕不惜數百萬帑金俯允照估興辦原期河湖漸復舊規漕運永臻暢順爲一勞永逸之計節經敕諭該督等通盤籌畫加慎加勉毋致稍貽後患該督等自稱再三熟商並非全無把握嗣經逐段估挑完竣啟除河頭攔壩黃水奮迅湧注剛七時之閒駛行一二百餘里溜勢極爲通暢本月初一初二兩日催渡幫船四百三十四隻初三日堵合減壩黃水倒漾復將禦黃壩封閉茲據奏酌辦倒塘灌放之法復提進幫船五百五十六隻現已渡黃一二百六十隻是此次與

辦大工仍不能掣水通漕該督等實難辭咎其所奏桃汛漲旺黃水日見擡高何以開放減壩以來皆係清高於黃甫經放河適遇黃水陡長至關孟兩灘挑切膠淤驟難刷塌該督等又並未豫爲籌計縱使本年重運均可北來而河底未能深通將來又費周章數百萬帑金竟成虛擲若將該督等立予罷斥重治其罪轉得置身事外其何以專責成琦善著拔去花翎張井著降爲三品頂戴潘錫恩著降爲四品頂戴姑示薄懲令其戴罪自贖所有倒塘灌放各費卽著落該督等按成賠補不准開銷該督等亟當相機設法悉心妥辦務於大汛以前將重運掃數渡黃其河湖大局必須籌度萬全斷不得稍有疏失儻漕運仍復遲滯河工或致壅潰必將該督等從重治罪決不寬貸同上

道光七年三月十八日琦善等又奏黃水尙未大落現將漕船

倒塘灌放次第挽渡疏稱重運軍船前於本月初一二日渡黃四百三十四隻旋因黃水倒漾復閉禦壩等情臣等均先經附片具奏在案原冀黃水卽日落低仍卽趕緊啟壩放船乃初九日拜摺以後又續長六寸連前共長水四尺六寸除長落相抵計消水九寸仍係黃高於清禦壩急切難啟臣等督同道將等豫爲商酌用倒塘灌放之法變通辦理先將臨黃圈堰澆築穩實以能抵禦黃水爲度啟通禦壩將幫船提進塘內挨次排泊復於禦壩以上澆築土攔壩一道使黃水不能灌進再將臨黃堰啟除浮送船隻又因清黃交匯處所淤有攔門沙埂水深不過二尺復於臨黃堰外用柴圈做鉗壩一道逼溜刷深於十七日未時始得開放軍船毫無阻滯計塘內存船五百五十六隻至十八日戌刻已渡黃二百六十隻俟挽渡完竣仍當再依前

法源源倒塘灌放儻賴　聖主福庇過此桃汛新河漸次掣通
黄水得以落低則河口照常放船固爲萬幸設或黄水未即落
低或倒塘之法臨時又有窒礙臣等擬將在後幫船全數提齊
一面先將運口上下各壩盤裹穩實補還禦黄正壩並擇要添
築草壩層層鉗束引黄通運昕夕催儧連檣打放一俟軍船過
竣即迅閉禦黄壩使清水刷滌運河不致大淤查道光五年借
黄濟運運河立致膠淺彼時因湖水涓滴不出黄水乘虛直入
致成大患今則洪湖水旺勢雖不能抵黄而尚可以注運運河
有清水擎托較之全黄專灌其輕重究有區别
道光七年大學士蔣攸銛尚書穆彰阿奏查明下游切灘阻遏
情形疏稱臣等於四月二十九日奉到　批摺督臣河臣未能
辦理得法朕欠指示實深愧懣不知琦善張井潘錫恩曾否動

心乎等因欽此臣等初到清江時琦善等自知才識短淺辦理
錯謬荷蒙　恩施格外僅予薄懲感激涕零愧悔無及今復如
此　訓諭伊等更無地自容臣等復將現訊情節及原案卷宗
並連日履勘查訪情形詳細參酌竊惟南河清黄二水相爲表
裏數十年來南岸黄水節次漫口及盛漲時上游閘壩減洩之
水總不免湖受其淤歲積月累清水側注東南堰工喫重而黄
河日漸淤高清水必須多蓄堰工亦不能不逐漸加高今已至
二丈有餘所有束清壩内引河五道轉在水底每遇西北大風
衝激猛烈浪湧如山人不能近清水又是搜根之性歷年久遠
樁朽底鬆時有塌卸水中摸砌全不足恃道光四年風災異常
將一萬七千丈石工坍塌一萬一千餘丈而湖水必須洩盡始
可大修奈陸路運石甚艱淮水源源將至迫於時日撙估提辦

凡承修石工者明知其無益而勉强從事保固賠修年年不免而無從築壩斷流仍係入水摸砌現在加築後戧土工一萬四千丈亦恐難深恃此高堰難守之所以爲病全河也該督等苦於清水之不能敵黃禦壩之不能通漕籌思無策祇有落低黃水之一法是以奏請開放減壩騰出正河一律挑挖以期深暢而下游山安海防兩廳所屬闞家盆家兩灘一長一千二百餘丈一長一千五百餘丈中隔二百餘丈河身水勢至此折向東南復趨東北坐灣太甚不能直達該督等因昔人治河切灘抽溝逢灣取直載在成書歷著功效遂決意切灘束水冀可減黃出清並以睢南同知唐文睿在工最久原任河臣黎世序曾委令切灘有效即特委該員前往估計該員援引成案力主兩灘並挑之說稟奉批准派員領銀興辦勒限完竣臣等到彼時水

已瀰漫無從測量詢之土人皆云此次挑引河闊至二十三十丈不等不爲不寬起土出至四十丈以外不爲不遠查催亦極爲嚴緊雇夫昂貴方價不敷工員無不賠墊隨勘得闞盆兩灘新河如能挑成則溜勢順直兩岸埽土化險爲平洵屬大有裨益無如河自十數里外已有迅激斜注掃灣之勢乃從埽上攔截另挑取直以舊河寬百餘丈至二百七八十丈之水欲迫而納之寬二十餘丈膠淤之地不能掣寬轉成倒漾趕緊拆去灘際之攔河壩堰大溜始順歸舊河今新河日漸淤淺舊河尚無阻遏現用淸沙船往來疏濬可望漸就深通而目前難期速效此切灘錯誤之所以挑河徒費也新河以驟難不能刷寬致成倒漾病因在此然全河淤高安能繄刷深通即無闞盆二灘疑亦不能必黃高於清歲啟禦壩也昔人有言嚴烺議者湖碎石坦坡張井議開東門新河二事頗救南河之病皆因循苟同執不從失機敗事職牽舊案觀者自知臣等復查挑河工竣先引

清水疏通尚放黃水留綱該督等奏准在案何以不俟清水刷滌逕行挽復正河詢據督河臣咨覆挑工於二月二十七日竣事減壩河頭業已做成若俟禦壩啟放重運過完再堵減壩則夏令斷難堵合下游又須淹浸一年是以不能等待等語總之切灘淤阻即清水亦不能衝刷無底膠土而仍歸無益不係乎堵減壩之遲早也琦善張井潘錫恩急於奏功泥於師古不加詳察以致虛糜其咎皆無可辭琦善已拔去花翎張井潘錫恩已邀降頂戴仍請　旨一並交部嚴加議處現在灌運漕船已於四月二十二日全數北上倒塘之費令伊三人按限分賠惟黃河雖無大損難免添淤瞬屆伏秋大汛如何明定勸懲督飭廳營各員弁加意防守務使無虞湖水已長至一丈六尺三寸禦壩仍不能開堰盱各工在在喫重其歸江之路亦非一時卽

能興工如何早爲籌計平平宣洩使不甚爲患於下游誠如
聖諭琦善等不能置身事外亦非他人所能代謀應請　飭令該督等虛衷商榷竭力補救隨時奏明妥辦俟過伏秋汛再行察看同知唐文睿奉委估工其寬深丈尺皆稟准有案彼時該員若將膠於堅厚經費浩繁之處切實聲明未嘗不可中止乃狃於從前節次辦法視事輕率非尋常錯誤可比前已革去頂戴帶罪自贖應請　旨部行革職仍留工效力以示懲儆又卷查總局淮揚道鄒錫淳淮海道羅琦稟委員弁分辦要工計挑河二百數十里分三大段因期限已迫令估畢一段卽派委一段未及將工段之難易才具之短長通盤詳酌以致末弁中有不能完工情急自盡者雖查無剋減情弊實屬辦理失當應請
旨交部議處等因欽此上同

道光七年五月初八日內閣奉　上諭蔣攸銛等奏查明黃河下游切灘阻遏情形一摺琦善等急於奏功泥於師古並未博採眾論輕聽唐文睿一人之言不加詳察以致數百萬帑金竟成虛擲咎無可辭琦善前已降旨拔去花翎張井潘錫恩分別遞降頂戴仍著一并交部嚴加議處現在漕船全數北上所有倒塘各費已著落琦善等分賠轉瞬伏秋大汛仍責成該督等虛衷商搉竭力補救督率道將廳營加意防守其堰盱各工時加保護並本年回空軍船及早歸次備有疏虞阻滯朕惟琦善等三人是問其在工人員除鹽道德啟並未督同估工著無庸議外同知唐文睿狃於從前節次辦法輕率僨事糜帑殃民非尋常錯誤可比蔣攸銛等請將該同知革職留工效力不足蔽辜唐文睿著革職再枷號一箇月滿日發往伊犂充當苦差淮揚道鄒錫淳淮海道羅琦未將工段易難通盤詳酌致河弁有未能完工情急自盡情事雖無剋減情弊實屬辦理失當鄒錫淳羅琦俱著交部議處等因欽此同上

治水述要卷九

治水述要

十册

治水述要卷十 自道光七年至光緒三十三年

全集七之十

秋浦周馥玉山甫纂　男學淵 學熙 學煇　孫明焯校字

道光七年南河議開歸江瓦窰鋪新河 南河成案續編

是年蔣攸銛張井潘錫恩奏道光七年閏五月三十日奉　上諭前據御史汪琳奏淮揚運河入海之路請及時疏導當令琦善會同張青選酌辦兹據奏稱歸江之金灣壩及東西灣壩鳳凰橋各引河董家石羊廖家三溝壁虎橋下及芒稻越閘上下挑工約需銀六十萬九千餘兩其歸海之東臺縣古河口王家港二河估銀十三萬九千餘兩又高郵州新河尾北關河運鹽河查淮揚運河水勢以洪湖壩河爲來源以江海爲去路自邵伯以南由金灣各壩減洩則歸江自邵伯以北由車邏等壩旁注下河則歸海歸江者近而徑直歸海者遠而紆迴能多一分歸江即少一分歸海少一分之水下河各州縣即少一分之災溯查乾隆年間仰蒙　聖訓將邵伯以南入江之路酌量加增於東西灣添建滚壩又金灣壩下增挑引河俾漲水暢達歸江下河水患少紓是展闊歸江之去路實拯治下河之要鍵允爲萬世所當法守即如本年重運過竣後飭令全啟通江各壩豫資減洩迨至伏秋汛時淮源雖經盛長因先有去路不致漲滿可見歸江一路洵比歸海爲尤急查前督臣琦善原奏請將金灣壩東西灣壩鳳凰橋各引河及董石廖三溝挑切展寬約估需銀六十萬九千餘兩皆係歸江應辦之工惟各引河長至二千六百餘丈及一千五百餘丈兩岸俱係高厓工費鉅繁其須挖廢佔壓地畝有一萬二三千畝其沿河兩岸必須移拆

之廬舍有一百八十餘閒遷徙之墳墓有九百八十餘家事多窒礙當卽飭據原估之揚糧通判朱楹周歷履勘有鳳凰橋迤南之瓦窰鋪運河東南一帶地勢平衍擬仿照乾隆年開東西灣金灣兩次增挑引河之法估挑新河長僅一千三百餘丈工費固可節省而挖廢民田佔礙廬墓比各舊河少至倍蓰辦理較易隨飭委原勘之運司鄭祖琛及署淮海道沈惇彝前往督同該廳縣等逐細勘明議稟前來臣張井先經順往覆勘臣蔣攸銛來浦復便道查看該處估挑新河計長一千三百三十九丈五尺自西北而向東南河頭在瓦窰鋪迤北河尾斜對廖家溝形勢頗順擬臨運剷開縴道兩邊各砌甎裹頭酌留金門寬四十丈接下河身挑底寬二十丈口門寬二十餘丈至三十一丈六尺不等挑深至七尺至二丈九尺不等盛漲時可過水一丈餘尺並於金門口搭建木橋以便驛遞縴旅其緊對下游之廖家溝現口寬四十餘丈迤下直至江口河面約寬六七十丈至百餘丈不等測量水深自丈餘至二丈餘尺不等石羊董家二溝寬深丈尺大略相同祇須將三溝口淤嘴量加挑切去路便更寬暢可冀宣洩得力以上各情形與該司道等所稟相符臣等反復圖維各舊河厓高費鉅田地廬墓多礙而新河事半功倍自應舍舊圖新避難趨易以期功收速效需不多糜查估挑新河連砌建甎裹頭木橋等工董石廖三溝挑切淤嘴其約估需銀三十萬兩比原估舊河估銀六十萬九千餘兩計減省一半查有河庫堰盱增培土工案內用賸銀二十八萬兩應請撥作此項工程之用工竣覈實造册報銷其酌給田價及遷移廬墓等費約需銀二萬餘兩先於兩淮運庫內動支墊發另行

籌措歸款臣等再三商酌意見相同謹將改挑新河情形繪圖貼說恭呈 御覽如蒙 俞允臣等當先飭令該縣出示曉諭民間於今冬趕將廬墓拆讓遷移如有無姓荒墳當另置義冢選派誠實之員妥爲遷埋所有挖廢佔壓田地亦即丈量明確照例按畝給價題請豁免錢糧一面選派幹員先行劃分工段俟來春察看可以興工之時委員集夫挑辦勒限完竣並委司道大員駐工督催稽查工竣後臣等親往驗收不任稍有草率至歸海一路亦不可偏廢查原勘東臺縣之古河口王家港二河向歸商辦及高郵州境內各河向歸民辦工段甚多勢難同時並舉請緩至來秋再行察看籌辦其興化等縣境內淤淺河道有實須疏挑之處再由該地方官詳請酌辦至范公隄爲沿海屏障溱潼河爲運鹽咽喉均應修培疏濬其通海各閘座閒有損壞並添置繩板以復因時啟閉舊制應由鹽政臣張青選督同運司另飭該管各員妥爲辦理又高寶邵伯等湖通運支港及壁虎橋河灘挑切各工亦應歸河工辦理俟湖水消落酌量確切估辦合並陳明理合會同兩淮鹽政臣張青選恭摺具奏伏乞 皇上聖鑒訓示謹奏道光七年十月初六日奉 旨允行南河成案續編

是年江督籌蓄丹陽縣下練湖水以利漕渠南河成案續編

是年陶澍奏查徒陽運河水無來源專藉江潮挾沙而來歲須挑挖大挑年分工段係長一百數十里例銷亦止三萬餘兩不及河工一草壩之費本屬無從偷減不慮不歸實用惟兩岸由鑿山而成高崖壁立出土維艱如豬婆灘野豬墩刀山對奶等處尤形陡峻紅水溼泥出於山麓挑挖愈深則崖腳愈虛傾卸

入河阻遏彌甚與別處河道情形迥異近來大江多有沙漲京口潮來勢緩一值西風刮耗潮入更稀兼之重空二運經過時正當冬盡春初雨水未生江流尚涸雖挑濬已深而亦無潮可入實爲漕運之一累臣思糧船經行南北運河自清江浦至高寶一帶則有洪澤湖自黃林莊至韓莊一帶則有微山湖自夏津至東昌一帶則有南旺安山等湖皆蓄爲水櫃俾資緩急未有但恃挑工無水接濟如徒陽運河者也溯查從前原有練湖一所收納長驪諸山八十四汊之水北接丹徒境謂之上練湖南接丹陽城謂之下練湖周圍共一百六十里淵注渟蓄古名曲阿後湖又曰練塘始自晉時迄於唐宋皆加修治盜決侵耕之禁甚嚴每於春夏蓄水秋冬濟運遇淺涸時但放湖水一寸卽爲運河一尺宋元史志皆載其事明史亦言丹徒以上運道

視江潮爲盈涸京口閘底與虎邱塔頂平可知挑河無益蓄湖爲要等語惟查此湖舊址自康熙年間上練湖已改民田陞科僅存下練湖四十里但能灌田不復能濟運所有涵洞滚壩幾同虛設其運河舊設之奔牛呂城陵口黃泥新豐大瀆等閘亦多就頹廢每當軍船停淺無策可施臣此次勘視運河周歷上下練湖親至湖心亭彌望荒煙水深不及尺許因思上練湖固難議復卽下練湖亦未易言挑濬第就現存之湖加築隄埂遇山水漲發亦可蓄至七八尺果能申嚴決洩之禁收蓄渟涵俟冬春淺涸時開溝引水從湖東北角之張官渡啟涵放入運河將下游之呂城等閘堅閉勿泄使水勢迴激向北而西縱京口潮來不旺亦足資濟急其上練湖初受山水處名曰莊前河水分兩道一係正流穿田南去卽下練湖之源也一係分支循溝

東去則黃泥壩入運之水也其分支之處向設黃金閘一座以掣東支水使並歸下練湖無如上練湖既改民田下練湖之水仍須自上練湖迆邐而來中間雖有橫埂而南北地勢相平下練湖之水蓄至七八尺則上練湖之田亦淹至二三尺矣是居民不利閘之存而反利閘之廢遇春夏水發時輒將黃金閘決開使水向黃泥壩直洩無餘而下練湖已無水可蓄不俟秋冬早形淺涸矣現在黃金閘廢壞無存實由於此雖愚民無知然田既陞科亦難聽其淹浸惟有就水所經行處兩岸先築隄埂以次修復黃金閘使水歸下練湖足資多蓄而不致回漾增高以淹上練湖之田則濟運之源裕矣仍將運河各閘擇要興修查照舊章依時啟閉俾湖水放出尺寸皆歸有用於運道情形可期有益惟是工鉅費繁非旦夕所能奏效而一勞永逸之策亦無踰於此容俟籌有款項再行勘辦以利漕渠於農田灌溉亦不無小補謹附片具陳伏乞　聖鑒訓示謹奏道光七年十二月初六日奉到　硃批妥籌經久之策務收實效欽此南河成案續編

是年南河臚陳湖河情形接築海口長隄多做下游埽壩添建洪湖滚壩各要工南河成案續編

是年張井潘錫恩奏竊臣張井自四年冬間仰蒙　恩授河東河道總督趨事經年目擊河身高仰當將敝壞情形據實直陳並自請來江與督河臣查勘籌辦六年二月間會同前督臣琦善前河臣嚴烺親赴海口查勘見全河實已淤墊過甚宗前人東水攻沙並疏治之法請行嚴守閘壩等五事詳細敷陳維時正值重運將臨黃水過高不能啟放禦黃壩臣雖職任東河而

深知　宵旰焦勞未敢避越俎之嫌因見安東以下河身與內
灘地勢高下懸殊可以改河由隄北導引仍入現行海口即可
落低黃水早啟禦壩奏蒙　高厚慈恩調往南河籌議辦理及
抵江南之後因意見未能悉同復改議啟放王營減壩臣張井
係初到江南於全河大局尚未十分細閱嗣後周歷查勘悉心
體察知挑河啟壩有損無益當將減壩不可辦理各緣由單銜
具奏在案嗣七八月閒陰雨連緜湖河並漲兩岸大隄危如累
卵不得已於八月二十日啟通減壩落水六尺餘寸清水得出
回空暢行迨至本年三月堵合之後水勢登時擡高禦壩仍復
嚴閉此雖由原勘之員估計錯誤而放則水落堵則擡高臣張
井於上年夏閒即已諄切言之嗣後辦理未善以致帑項虛糜
仰蒙　皇上不加嚴譴仍令戴罪圖功臣等具有天良每一念

及不知應如何竭盡心力方可稍贖前愆今重空往還幸無貽
誤黃運湖河漲水雖大均係隨長隨消各工保守全穩此皆
聖主至誠感格所致實非臣等初心所敢計及伏查南東兩河
三汛修防大略相同東河保守安瀾即已無事南河則霜降之
後正西北風當令之時防守堰盱最關緊要迨春令甫届重運
即待渡黃秋汛未終回空又須歸次一年之內循環無端竭蹷
靡已然頭緒雖繁但得黃水落低則漕運湖瀦諸病悉去臣等
才識闒庸又少閱歷目睹湖河敝壞焦思萬狀更無奇策驟令
黃水落低且各處工程又皆殘缺破敗防守尤無把握自問疏
才斷難當此重任而荷蒙　高厚殊恩又不敢存畏難求退之
心謹就愚見所及將現在湖河實在情形並亟應辦理各要工
列爲四條敬爲我　皇上詳細陳之一黃河尚須接築海口長

隄並於下游多做埽壩以資刷掣也伏查南河受病之由始則由於上游漫口繼則由於常年分洩蓋漫溢一次其正河停積之沙每厚至一二三丈挑挖引河之時斷不能將所淤之沙全行挑竣及導河復故全河下注之水尚未能刷去新淤又以陡遇盛漲輒將上游閘壩全行啟放並因渡送重空船隻任聽黃流倒灌入運上有分洩下必停緩以致歸海無力河底之沙愈積愈厚臣等檢查南河成案二十年來無歲無分洩黃流之事甚至嘉慶十八九年以後每交夏令並無拍岸盈隄之水亦即啟放閘壩經秋涉冬始爲堵合遂使桃南北以下各廳河身日形高仰現在徐屬長河因兩年嚴守閘壩並力刷沙徐城北門誌樁存水較去年底水已小至尺餘上游各汛中泓皆加深數尺是不啟閘壩已有明效下游海安海阜一帶亦據委員廳營

等查量稟報刷深七八尺至丈餘不等此則實係上年接築海口長隄之力惟桃南北外南北及山安海防兩廳上段本係歷年受病中滿之區而減壩以下尤爲去年啟放後受淤最厚之處該處去上下游道遠氣長急切未能跌透禦壩即難常啟雖現有倒塘之法漕運暫可無誤但清水不能暢出恐倒塘之法且將有時而窮此時萬不敢再議安東改河之策而此外更無速效之方臣等悉心計議止有嚴守上游閘壩再將海口長隄勘估接築以收束水攻沙之益仍勘於附近禦壩之外南廳顏家河上下及近海之海安海阜兩廳河勢坐灣之處多築埽壩使之節節淘刷下游淘刷愈深上游掣消自暢雖不能責效於期月之間而二三年後必能使上游停積之處日見深通但此項埽工均係於常年修守之外新爲創設需費較多例撥之款

實不敷用儻得黃水落低則湖水漸可少蓄漕運永無阻滯將來所省實多矣一洪澤湖宜添建滾壩一處並宜將堰盱大隄再行幫寬也湖查嘉慶初年洪湖存水七八尺即可刷黃濟運自黃河墊高之後不得不儘力多蓄近今兩年則至少亦須蓄至一丈五六尺然尚不足以敵黃偶遇西北大風石工每多潰塌上年秋冬掣卸石工長至三千餘丈長隄塌去大半其危險情形至今思之猶爲心悸蓋緣從前設立滾水壩五處正當全湖之心每遇盛漲宣洩較靈自仁義禮三壩先後失事舊基斷難修復又慮改建需費較多因於臨湖極南之蔣家壩迤下改爲仁義禮三河經費固從節省而地勢一失宣洩即難得力向來尚有攔湖壩一處可以救急及嘉慶二十四年道光六年啟放之後跌塘太深萬不敢再議啟放設淮源再如去年之旺盛必致漫越隄顚不特災及淮揚兩郡生靈仍恐洩水過枯有誤漕運臣等與該管道將熟議已勘定林家西一處仍在舊日五壩之間可以創建滾水壩一座較之仁義禮三河宣洩較靈緩急可以有恃至新舊石工高下不齊亦應普律加高以資收蓄其堰盱兩廳石工後大隄上年蒙　恩發帑一百數十萬均普律幫至十丈較之往年已覺寬厚可靠惟查湖水每遇風暴輒行陡立高浪如山潑過隄頂以致後戧塌損石工壁立至爲危險今若於十丈隄頂之外再行幫築十丈同覺愈形堅鞏即或不能亦須再幫五丈則波浪上湧不能刷及後戧且於存站兵夫堆積正雜料物均有餘地雖石工遇風掣卸總不能免而於保障全湖實爲尚有把握之事惟此項錢糧稍大分年帶辦五年亦可全畢較之二隄之僅爲外護者功效不啻天淵至調任

河臣嚴烺曾有請拋碎石之説其於衛護石工根脚誠爲有益
惟需費太多爲時太久碎石隨風掣卸永無收工之日卽如去
年十二月間高堰十三堡山盱息浪庵大壩外拋砌之碎石驗
與埽眉相平寬止二五收者今年四月臨工復驗時已矮於埽
眉五尺寬處竟有八收若遲至五六年後情形尤可想見固不
如幫培大隄之有工可驗也一南運河宜將昭關壩擇基移建
並東西兩岸縴隄均須加幫西岸石工亟宜修復也查南運河
自清江浦歷淮安寶應邵伯鎮揚州歸江在上之裏河一廳隄
埽尚爲完整至寶應以下爲揚糧廳有昭關壩及金灣鳳凰壁
虎各壩皆爲分洩洪湖漲水而設連年昭關壩跌塘太深永難
再放本年洪湖長水無多揚河四壩幸未啟放下游州縣得以
有秋此係偶逢水小之年非可定爲常則也去年啟放各閘壩

下游州縣田廬被淹論者多歸咎河員但各閘壩如果無須啟
放古人何必請帑建設儻東隄不守橫衝四溢之水獨不淹及
七州縣田廬乎臣愚以爲凡事總須平心靜氣權其利害之重
輕設遇水大之年不但車南中新四壩必應啟放而跌壞之昭
關壩亦宜早爲移地改建以備緩急之需本年欽奉　諭旨准
挑瓦窰鋪新河一道於歸江一路已爲暢達而道里緜長氣勢
驟難暢注必得再添一滚水壩則東隄可以常保下游州縣亦
不至有猝不及防之事又該二廳惟揚河廳之東隄稍覺完整
已有必須加培之處揚糧廳東隄則殘缺過甚每至水勢漲發
縴道俱無揚河廳西岸縴隄多年未經修復不必盛漲卽已沒
入水中而隄外石工逐年塌卸半已無存每遇夏秋盛漲湖河
一片風浪撞擊東隄處處可危臣等再四商酌已飭道廳擇要

估計實恐遲之愈久修復愈難不特非常異漲無可抵禦即水小之年亦復風浪堪憂矣一北運河宜將運河廳屬之劉老澗石滚壩早爲修復並將中河廳屬之南岸縴隄一律補還也查北運河上自山東黄林莊交界下至楊莊入黄之處緜長四百餘里向無淺阻之患惟因黄河歷年墊高楊莊運口已無建瓴之勢向逢夏秋盛漲及東省山水漲發之時賴有運河廳劉老澗滚水石壩宣洩漲水由六塘河歸海下游之中河廳又有鹽閘分洩歸入鹽河且兩岸縴隄均皆完整束水歸黄尚爲得力十餘年來劉老澗早經跌壞未經修復每年止用柴土啟閉壩底刷跌日深堵合之費每歲輒加增益鹽閘跌壞之後非不移地改建而長丈一切大減於前以致不敷年間又形損壞運河廳南北縴隄尚形完整中河廳之北縴隄臣等本年春間業已

奏准辦理完竣惟南縴隄多年未加幫培斷續僅存形迹道光五年以前之情形臣等均未目睹上今兩年盛漲之時普律漫溢中河之水直至桃北外北兩廳黄河大隄而止此中雖居民田地無多亦不慮其掣溜失事但糧艘經行縴挽維艱且黄河大隄兩面皆水常年浸泡究亦可虞此兩年内桃北外北隄根搶鑲護埽爲費已屬不貲年復一年殆將不可數計除鹽閘已由臣等勘估改建奏准發辦外所有修復運河劉老澗石滚壩及補還中河南縴隄二處工程實均爲必不可緩之工若得修復完整不但於修防有裨並可節省錢糧矣以上各條臣等年來逐細籌度並訪察衆論確係必應辦理之工惟約略估計需銀總在四百萬兩内外爲費稍多當經費支絀之時皆以爲未可概行陳請臣等伏思此等工程從前若早陸續估辦何致如

此時之多費此時奏奉　諭旨已須三四年方能辦理完竣若再事遷延恐此後愈難收拾且人臣謀國總當計及久遠若止苟且目前緘默自保即使竟無後患已覺尸位堪羞況一涉因循必致貽悮諉託節省於此日反致多費於他年覔典即可倖邀清夜豈堪自問用是瀝情據實陳明伏乞　皇上俯鑒湖河大計　恩准估辦再當覆勘確估分別先後次第分案分年奏請籌撥辦理庶數年之內河湖各工可以漸臻完整臣等亦得藉手以仰答　高厚鴻慈於萬一矣是否有當祗候　聖明訓示遵行伏乞　皇上聖鑒謹奏道光七年十二月初五日拜進道光八年正月初一日奉到　硃批另有旨欽此同日承准軍機大臣字寄道光七年十二月十八日奉　上諭張井等奏湖河現在情形並應辦工程四條約需銀四百萬兩等語湖河現在敝壞已極所奏如係必應估辦之工亦不能因經費現在支絀概從節省當於明春特派大員前往南河會同查勘俟奏到時再降諭旨將此諭令知之欽此南河成案續編

次年英和蔣攸銛復奏竊臣英和欽奉　諭旨馳往江南會同臣蔣攸銛查勘湖河應辦工程於抵清江浦後即同臣蔣攸銛將張井等前奏湖河工程反覆講求酌籌緩急並查明宿南北起至山海等廳存水較大爲歷年受病中滿之區若於下游多做埽壩不但道遠氣長斷難跌通數百里積淤且此項埽工需費至六七十萬兩之多而嗣後又須逐年增添經費勢難爲繼應即停辦至海口現亦深通暢達所請接築長隄亦可俟一二年察看後再行定見並將順路查勘劉老澗石壩中河廳南岸棒隄各情形奏蒙　聖鑒在案其揚河揚糧等廳隄壩各工臣

蔣攸銛自省來浦業經順道查勘臣英和先於拜摺後即率同司員戶部郎中宗室玉英陞以烜等前往覆勘所有該二廳東西兩岸縴隄大半殘缺而甎石等工亦有坍卸夏秋盛漲時湖河水大風浪擊撞頗有關係俱應修培補砌俾資堵禦至揚糧廳昭關壩道光二年前河臣黎世序奏請修復完竣四年六年洩放洪湖漲水壩底損壞跌塘甚深張井等奏請移地改建據該道廳原擬於舊壩迤南相家墩之上照舊制建造臣英和往勘時逐一復據道廳面稟以邵伯鎮士民呈稱此壩若改移往南相距更近懇請移建舊壩迤北之四棚灣地方庶於邵伯鎮田廬無礙等情當即覈詢各該處週歷履勘審其形勢相家墩之上原議築壩處所逼近通湖港口藉資宣洩惟究在舊壩以南相距七十丈與邵伯地方較近不無關礙四棚灣則西有石

隄開隔須於隄上開通口門使湖水先入運河再行折流而東方能歸壩下注其勢又覺紆緩且該處民人亦復以有礙田廬墓舍紛紛環籲竊思湖河水勢漲發築壩疏宣原爲保護民生而設若能將舊壩修復或再就近往北移建則該二處民人均不致懷疑畏懼臣英和回浦後與臣蔣攸銛悉心籌議一面咨會河臣張井等再行詳慎查復一面會同臣蔣攸銛馳赴高堰山盱一帶勘得臨湖新舊石工多有高下不齊自宜擇要培高而石工後幫培土隄亦因湖水一遇風暴輒行陡立浪過隄巔上年曾經幫足十丈今請於原築十丈之外一律再幫五丈庶不致刷掣後戧於保衛隄身自屬較爲得力其林家西滾水石壩原因仁義禮三壩跌壞後不能修復建此可以抵作禮壩亦爲減洩盛漲緩急有恃起見現在湖水蓄至一丈六尺八寸而

舊有攔河壩一道六年啟放後跌塘亦深設遇伏秋水大勢不能再行開洩自應仿照成規准其建立臣等勘畢後回浦旋准張井等以勘得昭關壩舊基跌塘極深實不能修復請於舊壩之北三元宮之南剷隄移建該處土性堅凝洩水形勢甚便且下有舊通荇絲湖河形即可就作引河等因咨覆前來臣等查所擇之地既在舊壩迤北與邵伯鎮及四栅灣兩處相距皆遠並據河臣確勘可就此處移建應即照辦但此項壩工與林家西所建石壩相爲表裏均係備豫不虞一經洩放湖水建瓴而下於下游地畝總不免有被淹之處應令河臣嚴飭廳員平時堅守儻遇異常盛漲萬分喫重廳員會同州縣相度機宜方准啟放非此則斷不准率行宣洩違者嚴參治罪以上湖河工程張井等原估共需銀四百萬兩內外今照前奏四條及咨覆分

別緩急各款逐加勘擬內除添做埽壩一項既不能疏通積淤徒糜經費應請毋庸置議並海口接築長隄俟一二年後察看辦理外其餘高堰山盱兩廳加砌湖隄石工運河廳修建劉老澗石壩揚河廳西岸補砌石工俱列爲急辦中河廳補還南岸縴隄前已勘明爲糧運經行要道亦應及時修整現准河臣咨稱應俟今冬水涸時再行確估又揚河廳西岸增培縴隄揚糧東西兩岸補修縴隄甎石並移建昭關壩及林家西建立滚水石壩等工俱列爲次辦至高堰山盱兩廳洪湖大隄一律幫寬五丈因需項較多原奏分年辦理兹據張井等咨請自明年春間爲始分三年趕辦統計准修各工皆係循照舊章次第修舉現據約估銀三百八萬七千八百餘兩內除劉老澗石壩及堰盱湖隄石工揚河廳西岸加補石隄並修整殘缺土工需銀三

十三萬三千三百餘兩業經張井等於另摺奏蒙　恩准撥銀五十萬兩內先行動用其餘銀二百七十五萬四千五百餘兩應請　俯如所議准其分年興辦隨案陸續請撥總之前項各工動帑甚鉅全在河臣等認眞督辦嚴切稽查務須料足工堅在在悉歸實用於河湖漕運均有裨益臣蔣攸銛於興工時嚴加查察不使稍有虛糜至於正本清源則又在急籌長策務使淮水能出清口時時刷黃不但轉漕可永期暢順即各壩亦無須遽議啟放於保衞民生之道可收實效矣奉　旨允行同上

道光八年南河奏啟禦黃壩祇能通漕不能刷黃情形南河成案續編

是年張井潘錫恩奏本年十一月二十六日准兵部加封遞到軍機大臣字寄道光八年十一月十九日奉　上諭南河建立東清禦黃各壩以時啟閉原爲宣洩湖水刷滌黃流並不僅爲通漕始行啟壩前經降旨令張井等趁黃水消落之時相機啟放禦黃壩既可減洩清水保守高堰又可收刷黃之益較之暢放智壩旁洩誠爲兩便乃前此僅據張井等奏黃水尚高不能開放禦壩其以後黃水消落若何能否啟壩至今並未續行陳奏現已節逾長至黃水斷無不減落之理是否已經暢啟禦壩抑或黃水雖減仍高於清不能得守即將現在水勢情形由驛據實覆奏以慰厪注欽此仰見我　皇上於湖河全局無時不上厪　宸衷　指示機宜詳明切當臣等跪誦之下莫名欽服伏查南河利害全繫清口必清水暢出助黃刷淤則河治漕行兩有裨益誠如　聖諭原不僅爲通漕始行啟壩惟查江境禦黃壩上下一帶黃河積年淤墊臣張井於道光六年春間親自測量比道光元年高至一丈四五尺兩年來嚴守上游閘壩不

任旁分酌用倒塘不任倒灌專力攻刷雖漸覺深通而爲效甚遲現在外南廳順黃壩存水比之道光元年尚大一丈二尺餘寸是即河底尚高一丈二尺餘寸也從前河底尚未淤墊至此然重空糧船經行已無歲無倒灌之害今以淤高丈餘之黃河而欲常啟禦壩使清水外出刷滌勢實有所不能至於洪湖之水以黃河現存水勢而計必蓄至一丈七尺以外僅能與之相敵蓄至一丈八九尺始能暢出而堰盱兩廳石工風暴堪虞實不敢冒此大險前因湖水存至一丈六尺又值西北風暴掣塌石工九百餘丈不得已復啟智壩稍資減洩近始堵合而欲收蓄一丈八九尺之大水以過冬令其勢又必不能以上情形業經臣等節次奏陳 聖鑒現查外南廳順黃壩誌樁消存水三丈三尺五寸除底水外淨存長水五寸高堰誌樁堵閉智壩後

尚存湖水一丈五尺四寸較量水面黃高於清約有一尺餘寸時令雖逾長至而氣候太煖水未大落向後天寒源枯黃水自可續消如再消尺餘即當相機啟放禦黃壩然亦僅能通漕不足刷黃蓋清水必高於黃水三數尺又必啟壩時多閉壩時少乃能暢出滌刷從前乾隆年間湖高於河自七八尺及丈餘不等一交夏令拆展禦壩至一百數十丈故能大洩清水以刷淤時及秋冬慮其洩枯始收蓄湖潴以濟運後因河底漸墊至嘉慶年間改禦壩爲夏閉秋啟已與舊制相反除上游失事之年仍未展束禦兩壩暢出清水外其餘年分雖亦時啟禦壩而黃水偶漲即形倒灌今又積墊丈餘縱遇清水能出亦止高於黃水數寸及尺餘且或暫開即堵是僅能免於倒灌不誤漕運而已殊未能收刷滌之效現在情形實係如此仰蒙 聖主垂詢

實不敢飾詞陳奏除恭錄　諭旨移咨督臣蔣攸銛欽遵外相應將現在湖河水勢情形遵　旨由驛據實覆奏伏乞　皇上聖鑒道光八年十二月初五日奉　上諭張井等奏遵　旨將現在湖河水勢情形據實覆奏一摺內稱云云如該督等所奏以昔證今已成不可救藥之勢思之曷勝憂憤該河督等祇知洩清水而保高堰閉禦壩而免倒灌不思經久之規但爲目前之計增工請帑總未能漸復舊制一歲獲保安瀾則爲萬幸似此年復一年日後愈難施措於國計民生何試思南河利害全繫清口非藉清水刷滌有何去淤之方該河督等身膺重任當如何激發天良力圖補救豈貪天之功幸無失事遂足以塞責耶該河督等接奉此旨務將湖河全局熟計安籌設法辦理以期收啟禦壩刷黃之益斷不可再事因循致失機宜將此諭知

張井潘錫恩並諭蔣攸銛知之欽此南河成案續編

道光十二年八月奸民陳端聚眾強挖桃南龍窩汛之十三堡于家灣大隄全黃入洪澤湖南河成案續編

是年十二月朱士彥敬徵陶澍奏查例載直省刁民擅自聚眾至四五十人尚未毆官者照光棍例爲首斬立決爲從絞監候被脅同行者杖一百又律載倉庫值更之人不覺盜者減盜罪三等罪止杖一百又斷罪無正條援引比附加減定擬各等語此案陳堂張開泰趙步堂等聽從糾約挖隄已據各犯證供係陳端起意糾謀自應以在逃之陳端爲首查陳端素行強橫鄉鄰畏懼已屬棍徒茲因黃水盛漲希圖放淤肥地起意糾約多人乘夜挖放始則詐稱營弁知情臨時復執持器械攔截行人以致決口寬大全黃入湖糜帑害民莫此爲甚將來到案應比

照刁民擅自聚衆至四五十人光棍爲首斬决例正法河干以彰國憲而儆兇頑陳堂張開泰趙步堂各有田畝希圖受淤聽從陳端起意夥同商謀並代爲糾人幫挖亦屬目無法紀自應照光棍爲從科罪尙書穆彰阿等原奏依盜決河防爲首例擬軍雖援引係本犯正條究屬輕縱陳堂即陳鏞張開泰趙步堂均應比照光棍爲從絞監候例擬絞監候秋後處決趙步堂已在桃源縣監病故經穆彰阿等奏明在案應毋庸議陳欽陳明劉開成海東樓孫在山金陶方袁綱周玉佮劉獻廷馮殿山楊鳳池馬殿魁梁金柱高興生陳光南陳鳳臺田贇敬于振綱張蘭十九犯聽從糾往挖隄或在場攔人照看或幫同刨挖或代爲送信均屬助惡惟止係聽糾究非同謀亦未代爲糾人比之陳堂等情節較輕均應於陳堂等絞罪上量減一等杖一百流三千里陳明馮殿山劉獻廷於前次擬結後在清河桃源縣監及在途病故均毋庸議范洪起王聿貴經趙步堂等雇其挖隄不允被脅勉從惟既經幫挖與僅止同行者有閒未便照例擬杖應於陳欽等罪上再減一等杖一百徒三年堡兵田賦案欠他往並不在堡防守堡兵楊德堡夫李樞因見挖隄人衆畏懼躲避事後復揑報被綑希圖掩飾查律例内並無堡兵失於防守作何治罪專條亦應比附加等問擬楊德田賦李樞均革伍革役應比照倉庫值更之人不覺盜者減盜罪三等罪止杖一百律上從重加一等各杖六十徒一年再加枷號三箇月到案各犯僉稱陳端首先起意若全行發配恐陳端到案狡賴應酌留陳欽劉開成二犯以備質證其餘流徒各犯分别定地發配折責安置陳堂金陶方田贇敬張蘭田賦據供親老丁單及有

母守節已逾二十年均不准查辦留養効用張有功見人挖隄
趕向本官稟報尚無不合惟當時並不攔阻究屬怯懦應與明
知陳端挖隄不行首告之楊振玉到官混供致滋拖累之地保
田寶玉張合安聽從田賦等串囑捏供代爲解緦之陳守忠均
應照不應重律杖八十除張合安陳守忠業已病故餘俱折責
發落効用朱錦堂吴廷華訊不知挖隄情事其被挖處所亦非
該効用所管應與訊未幫同挖隄之張澍郎左克勤陳三啞叭
于振祿于未子龔開結及無干人證卽與省釋朱錦堂現據淮
揚道稟覆飭令作線緝拏陳端未同案經訊明應與未到人證
概免傳質幫同挖隄未經到案病故之趙歪嘴據桃源縣取有
親族甘結應毋庸議甘永安劉慶和李七及未到案之盧二張
九成甘存敬或留陳端等住宿或借給錢文雖據陳堂陳欽供

稱該犯等並不知情惟陳端尚未緝獲應交地方官取具切實
的保俟陳端到案再行質訊辦理陳端陳堂張開泰趙步堂陳
欽受淤地畝飭縣查明段落照例入官已革同知銜署桃南通
判田銳桃南營守備張順清龍窩汛千總沈得功桃源縣南岸
主簿王積棻防守隄工是其專責旣不能先事預防致奸民挖
隄決口全黄入湖事後復以無據之言冒昧具稟其咎較重尚
書穆彰阿等原擬比照失察私越關律杖一百律上加一等各
杖六十徒一年尚不足以示懲應請　旨將該革員均發往軍
臺効力贖罪以爲玩視河防者戒已革知縣劉履貞把總錢永
貴應欽遵　論旨革職枷號工竣免其治罪河道總督張井署
淮揚道王貽象河營參將張兆淮揚遊擊辥朝英業經奉　旨
摘去頂戴部議革職暫留本任戴罪効力應俟工竣時恭候

欽定未獲案犯陳端小柱子田寶仁及不識姓名人等臣陶澍飭屬設法嚴拏務獲審辦未到之袁雙觀並山東撫臣續獲咨留陳端之吳振川現據咨明解江歸案審辦統俟解到時由臣陶澍另行審明分別奏咨擬結失察生員滋事之該管教官已據學官參奏奉　旨交部議處應毋庸議人犯在監病故管獄官例有處分臣陶澍另行咨部照例議處除案犯供招咨部外謹將會同審擬緣由恭摺具奏伏乞　皇上聖鑒道光十三年正月初二日奉到　硃批刑部議奏欽此（南河成案續編）查此案經刑部照議具奏道光十三年正月十八日奉　旨此案已革同知銜署桃南通判田銳桃南營守備張順清龍窩汛千總沈得功桃源縣南岸主簿王積棻防守隄工是其專責乃不能先時預防致奸民盜挖決口全黃入湖事後復以無據之言冒昧具稟其罪較重僅照失察私越關津律加等杖六十徒一年不足示懲田銳張順清沈得功王積棻均著發往軍臺効力贖罪以為玩視河防者戒餘依議欽此（同上）

道光十三年正月朱士彥敬徵張井奏竊照于家灣正壩合龍經臣等恭摺奏報在案彼時西壩未經深水之工因正壩堵合水溜刷深該壩連上邊埽蟄矮八九尺至丈餘不等計長二十八九丈間有裂縫之處情形頗為喫重幸料物應手兵夫齊集竭兩日夜之力柴土並進外拋碎石得以搶辦平穩復於上水邊埽接進一占卽行掛纜趕進關門埽於二十三日追壓閉氣察看壩下翻花之處業已涓滴不漏仍令普律加鑲並於上水酌拋碎石以防續蟄查前此金門收窄恐溜急埽游續進各占不得不更向上水越築現量正壩共長二百二十九丈寬八丈

上水邊埽長二百三十六丈五尺寬四丈統計兩壩共做五十一占水深五尺至三丈八尺西挑水壩長四十五丈五尺寬六丈共做十一占水深六尺至二丈七尺其西壩下水因迴溜搜刷先經南接舊隄搶做柴土撈壩一道計長八十七丈寬四丈續又外鑲挑托柴壩六道拋護碎石現俱一律穩固可以放心此次工程仰賴我　皇上誠敬感孚神祇佑助得於冰雪嚴寒之際水深埽蟄之中疏築告成不逾定限臣等欣幸之餘彌深寅感所有壩後撓築土戧補還正隄土工先經臣張井彙入黃河隄壩於估辦湖河各工摺內奏請覆勘發辦查歷次大工合龍在工出力人員均經隨摺開單保奏惟臣張井先經獲咎在工効力何敢存見好屬員之心但調工當差文武二百餘員晝夜辛勤時歷三月實亦著有微勞可否擇其尤爲出力者量予鼓勵之處伏候　聖明訓示欽遵道光十三年二月初六日奉到　上諭本日朱士彥等由四百里馳奏桃南廳于家灣合龍壩工蟄鑲穩定關門邊埽堵閉情形並將在工出力人員懇請鼓勵一摺向來辦理河湖各工遇有潰決處所委係險工疊出猝不及防人力難施事竣後在工人員著有勞績自應給予議敘至上年龍窩汛十三堡姦民聚眾强挖官隄該管各官漫不經心疏於防護以致姦民陳端等明目張膽執持器械攔截行人綑縛巡兵將大隄刨挖殊出情理之外此次壩工穩定邊埽堵閉各該員縱有微勞亦屬分所應爲之事非歷次大工可比若濫邀議敘何復成何事體朱士彥等所請懇予鼓勵之處著不准行首犯陳端起意糾眾挖隄日久未獲殊屬延玩著陶澍林則徐嚴飭所屬勒限緝拏務獲審辦不得以于家灣業經合

龍河身已復故道匱之度外如緝捕鬆懈致要犯日久稽誅陶澍林則徐恐不能當此重咎也張井等若無頂戴不足以資彈壓張井著加恩賞給四品頂戴王貽象張兆薛朝英著加恩賞給五品頂戴均著仍帶革職留任八年無過方准開復該部知道欽此同上查此案首犯陳端於道光十三年十月拏獲經陶澍審明正法梟示河干同上

道光十二年八月豫省祥符下汛灘水漫隄正河水落三尺未奪溜開歸道冊案

道光十五年東河總督栗毓美栗毓美字友梅山西渾源州貢生謚恭勤加封**試用拋甎之法**開歸道冊案

時北岸原武汛串溝受水已寬三百餘丈行四十餘里至陽武汛溝尾復入大河又合沁河及武陟滎澤諸灘水畢注隄下兩汛素無工故無稭石隄南北皆水不能取土築壩公即收買民甎於受衝處拋甎成壩四十餘晝夜成甎壩六十餘所壩甫成而風雨大至支河首尾皆決開數十丈而隄不傷公由是知甎之可用又試之原陽越隄及攔黃壩暨南岸之黑岡皆效遂奏請減買稭石銀兼備甎價計千甎爲一方方價六兩是後每有工役碎石及稭埽用大減數年間省官銀百三十餘萬而工益堅有不便其事者持異議語頗　上聞公前後陳奏曰護隄之方率用稭埽然埽能壓激水勢俯齧隄根又易朽腐至碎石坦坡惟鞏縣濟源產石較近而采運已艱河工失事多在無工處所千里長隄勢不能盡爲籌備而河勢變遷不常衝非所防遂爲決口甎則沿河民窯終歲燒造隨地取給不誤事機且甎及碎石皆以方計而石多嵌空甎則平實每方石五六千觔而甎

重多三分之一一方石價可購甎兩方而抛甎一方當石兩方之用其質滯於石故入水不移堅於稭故入水不腐又土不能築壩水中甎則能水中抛壩卽壘成坦坡亦能緩受急衝化險爲易或謂甎可保將生未生之工不能用於已生之後然使將生者可保卽刖無可生之工昔衡工之決因灘陷埽不能施馬營壩之決因補隄不能得碎石使知用埽不如抛甎收甎易於運石則數千萬之官銀可省疏入　上知公忠實可任且綜畫周密卒皆允之屢　詔褒賞終公任五年河不爲患國朝先正事略

甎案嗣後河工護險凡無石之處常以甎代河工搶險以石護埽脚免激溜沖激最爲善法或平時先抛石壩臨時加廂萬一失第石塊價昂運遠安能應手湊用惟有以甎代石之法最爲穩當如能購石若干則用石先抛於迎水溜激之處迤下全抛甎塊若亂石難購自應全以甎代並預積隄邊以爲臨時加抛之用惟只可護隄護埽不可橫攔攩溜致水益激益深嘉慶二十三年工部奏減則例河甎每塊一分二釐大料甎四分九釐二毫八絲光緒年山東直隸河甎重三十觔時價每塊錢一百餘文

道光十八年　命修福建莆田縣木蘭陂

是年九月壬寅奉　上諭軍機大臣等御史巫宜禊奏福建莆田縣之木蘭陂爲永春德化仙遊三州縣澗水所匯其石隄不僅爲灌田溪水之隄防且係濱海村落之保障近來隄工間有損缺溝渠涵洞不無滯塞請飭査驗修理並該省有關農田要害之陂塘隄堰一體疏濬修築等語閩省農田藉資水利全在該地方官留心民瘼隨時疏修方於民生有益著鍾祥魏元烺

即督飭該府縣確切查勘木蘭陂石隄有無斷缺之處並通飭各府州縣於各該地方有關農田水利之陂塘隄堰應否疏築俱著隨時留心察看督令妥爲辦理欽此

道光十九年修額魯特愛曼所屬渠工

是年十月戊子奉　上諭內閣關福奏開乞渠工告竣親詣履勘一摺額魯特愛曼所屬界內塔什畢圖所開渠工除支渠不計外實開正渠二萬五千七百四十四丈合計一百四十三里有奇得地十六萬四千餘畝經該署將軍履勘查詢該地實屬肥腴引水足資灌溉所辦甚好其籌款資生妥插回戶添設伯克諸事著該署將軍悉心籌畫趕爲布置以期無誤明春試種仍將現辦情形具奏所有分撥地畝經理水務及籌備牲畜籽種各事宜著俟現籌諸事將届完畢會同將軍奕山妥議章程

奏明辦理宣宗成皇帝聖訓

道光二十一年六月祥符上汛三十一堡漫口水圍汴梁省城由祥符陳留杞縣太康入渦會淮歸洪澤湖開歸道冊案

時漫口三百丈　欽差王鼎等參河督文沖遲延貽悮革職枷示河干先請帑四百七十五萬兩續請三十萬兩旋因合龍時風暴異常蟄失工段口門刷深至七八丈引水即放復堵不得已又請帑一百十萬兩至次年二月初八日合龍此工連善後共請撥過六百五十八萬二千餘兩南河奏撥挑河等費一百六十萬兩賑恤款項不在此內開歸道冊案

道光二十二年蕭工漫口安瀾紀要

時居民遷至高阜冬令水落咸歸家忽冰壅水溢眾輿一帶被難者萬餘人凌汛不可不防也安瀾紀要

覆案蕭工漫口事尙未詳考因冰凌淹斃萬餘人如此奇災亦屬罕見故附錄之俾知凌汛有時危險過於大汛也

道光二十三年六月中牟下汛九堡漫口三百六十餘丈水歷朱仙鎭及通許扶溝太康等縣入渦會淮（開歸道冊案）

時　欽差大學士尙書敬徵等往豫估工旋　派尙書廖鴻荃麟魁會辦堵築至次年三月用銀七百餘萬兩未能合龍廖鴻荃麟魁等均革職分賠秋後河督鍾祥豫撫鄂順安接辦復用銀四百九十八萬兩十二月二十四日合龍鍾鄂二公均開復處分賞花翎前河督慧成先革職枷示嗣疏枷効力至是賞以員外郎用交工差遣之前任河督麟魁用四品京堂前江督牛鑑賞七品頂戴（開歸道冊案）

道光二十三年至咸豐元年冊案不全未經摘錄

咸豐元年八月二十日豐下汛三堡迤上無工處所先已漫水旋致隄身坐蟄塌寬一百八十五丈水深三四丈不等（文宗顯皇帝聖訓）

時南河總督楊以增江督陸建瀛派臬司查文經督工至次年四月未能堵合奏請展緩總督以下及文武掌壩降罰革職革任有差仍由查文經接辦咸豐三年二月合龍至六月大壩復決河督楊以增奉　旨革職辦工各員加倍罰賠時軍務方興經費無措楊以增奏請緩堵至咸豐五年蘭陽銅瓦廂失事楊以增等賠堵旱口（南河冊案）

咸豐二年魏源著籌河篇（魏源字默深湖南邵陽人官高郵州知州）略曰但言防河不言治河故河成今日之患但籌河用不籌國用故財成今日之匱以今日之財額應今日之河患雖管桑不能爲計由今之河無變今之道雖神禹不能爲功故今日籌河而但問決口塞

不塞與塞口開不開此其人均不足與言治河者也無論塞於南難保不潰於北塞於下難保不潰於上塞於今歲難保不潰於來歲卽使一塞之後十歲數十歲不潰決而歲費五六百萬竭天下之財賦以事河古今有此漏巵填壑之政乎吾今將言改河請先言病河病財之由而後效其說入知　國朝以來無一歲不治河抑知乾隆四十七年後之河費既數倍於　國初而嘉慶十一年後之河費又大倍於乾隆至今日而底高淤厚日險一日其費又浮於嘉慶遠在宗祿名糧民欠之上其事有由於上者有由於下者何爲由上　國初靳文襄承明季潰敗決裂之河八載修復用帑不過數百萬康熙中堵合中牟楊橋大工不過三十六萬其時全河歲修不過數十萬金蓋由河槽深通而又力役之征沿河協貼料物方價皆賤工員實用實銷

故工大而費省乾隆元年雖　詔豁各省海塘河隄派民之工十餘萬而例價不敷者尚攤徵歸款至四十七年蘭陽青龍岡大工三載堵閉除動帑千餘萬外尚有夫料加價銀千有一百萬應分年攤徵其時帑藏充溢破格豁免而自後遂沿爲例攤徵僅屬空名每逢決口則沿河商民且預囤柴草倍昂錢值乘官急以取利是爲河費一大竇然乾隆末大工雖不派夫而歲修搶修另案兩河尚不過二百萬及嘉慶十一年大庾戴公督河南奏請工料照時價開銷其所藉口不過一二端而攤及全局於是歲修搶修頓倍歲修增而另案從之名爲從實開銷而司農之度支益匱是爲河費二大竇計自嘉慶十一年至今凡四十六載姑以歲修三百萬計之已浮舊額萬萬況意外大工之費自乾隆四五十年至今更不可數計耶此之謂浮費自上

其浮自下者自靳文襄以後河臣不治海口而惟務洩漲漲愈洩溜愈緩海口漸淤河底亦漸高則又惟事增隄自下而上自一二歲以至十歲數十歲河高而隄與俱高起海口至滎澤武陟兩隄亙二千餘里各增至五六丈東水於堵隆隄於天試以每歲加隄丈尺案册計之必有二三十丈其實今隄不及十分之二不曰汛水淤墊則曰風日削剝以蓋其偷減其實汛水僅能淤隄中之河身不能淤隄外之官地試以隄外平地高低丈尺詰之則詞窮矣即此加隄已不下三五萬萬河身既淤大溜偶灣既成新險於是又增另案之費河隄既高清水不出高堰石隄亦逐年加高於是又增湖堰之費又不下三五萬萬是以每汛必漲必險無歲不稱異漲每歲兩河另案歲修南河四百萬東河二三百萬潰決堵合之費人能知之能患之其不潰決而虛糜之費則習以爲常且不知之且不能患之也隄日增工日險一河督不能兼顧於是分設南東兩河置兩河督增設各道各廳康熙初東河止四廳南河止六廳今則東河十五廳南河二十三廳凡南岸北岸皆析一爲兩廳設而營從之文武數百員河兵數萬千皆數倍其舊其不肖者甚至以有險工有另案爲已幸若黎襄勤之石工栗恪勤之甎工即已有縻費罪小節省罪大之謗此之謂費增自下是以國家全盛財賦四千萬之出入無異乾隆中葉以前巡幸土木普免之費且倍省於乾隆之舊而昔則浩浩出之而不窮今則斤斤扩之而不足是耎煙者民財之大漏卮而河工者國帑之大漏卮也

䪥案魏默深稿其後篇言河宜改行山東之大清河而以南河灌塘之法仿行於張秋而濟漕運蓋痛懲當日河工之弊激爲

此說然張秋以北無汶濟運難行灌塘之法蓄黃濟運煩費頗多觀同治末年光緒初年河運十萬石之事可知矣

咸豐五年六月初八日蘭陽三堡銅瓦厢漫口水由東明長垣東北穿張秋運道入大清河歸海開歸道冊案

是年六月丙辰奉　上諭軍機大臣等蔣啟敭奏下北廳屬蘭陽三堡河工漫溢一摺覽奏實堪痛恨當此軍務未竣帑項支絀民間兵燹流離已堪憫惻該文武員弁不知慎重修防以致河隄漫溢七八十丈之寬沿河一帶小民蕩析離居雖已將該署河督等分別懲處尚不足以蔽辜倘不能趕緊興築及早堵合伏秋大汛水勢正長漫溢各處該河督等自問當得何罪蘭陽北岸爲黃河上游較豐北之距海較近者迥不相同據奏漫水微向西趨復折往東北是已直注直隸山東境內該河督等現議如何宣洩由何處導令入海卽著迅速籌辦其漫口處所亟應趕緊裹築盤頭庶不致再有刷寬現在覈計興工約需用項若干著李鈞等督率熟習員弁相度情形先行馳奏朕意須趕於年內合龍俾被災小民得早復業至工程需用浩繁當此經費支絀之時豈能任貽誤各員殃民縻帑應如何分別罰賠及設法協濟之處著該河督等迅卽悉心妥議具奏並著查明此次漫口是否實係無工處所不得藉詞掩飾欽此文宗顯皇帝聖訓

是年八月己亥　上諭軍機大臣等李鈞奏遵旨覆陳蘭陽大工情形一摺現因軍務未竣籌餉維艱蘭陽大工不得不暫議緩堵該河督已派張亮基前往被水各州縣會同履勘設法疏導其如何防護城垣村莊截流東水俾無支分泛濫之處著俟該委員等查勘明確卽行繪圖貼說詳悉具奏至蘭陽汛口門

以下各廳隄埽以及東境張秋鎭穿運處所補隄挑河各工若查係必不可緩著該河督設法籌款次第辦理不可因大工有緩堵之議稍涉大意欽此文宗顯皇帝聖訓

是年九月甲子　上諭軍機大臣等楊以增奏賠堵豐工舊口門定期興工一摺前因軍務未竣籌餉維艱蘭陽堵築漫口非數百萬帑金不能集事恐一時難以興辦而橫流旁溢無所歸宿災民顚沛流離朕心不勝軫念業經諭令李鈞派委張亮基會同直隸山東河南地方官委員等詳細履勘將黃流漫溢之處疏導歸海蘭陽大工卽可暫議緩堵現尚未據覆奏所有豐北口門亦應暫緩興築俟李鈞等定議如何再行酌辦至該河員等應賠款項不得以暫緩興工藉口觀望著楊以增飭令各按應賠成數迅速完繳俾經費得以充裕一俟蘭陽擇日興工卽可同時並舉至蘭陽漫口議者有謂宜因勢利導使河流徙歸北趨由大清河入海者此時命張亮基等查勘祇爲目前緩築之計若欲從此徙河北流事關大局尙須特派大員詳加履勘非可草率從事楊以增熟諳河務於古今治河源流諒能通曉如有所見不妨據實敷陳以備採擇欽此文宗顯皇帝聖訓

是年十二月乙卯　上諭內閣前因蘭陽漫口泛溢三省朕念小民蕩析離居急宜設法保衞又因軍務未竣籌餉浩繁一時驟難堵築疊經諭令桂良英桂崇恩各派幹員查勘並令李鈞派張亮基前往周歷繪圖貼說奏明辦理昨據李鈞奏經張亮基查明東省被水州縣及黃流穿運入海情形請飭地方官勸民築堰切灘堵截支河本日復據崇恩奏陳河患情形朕詳覽該河督等所稱漫溢處所被災較廣實深憫惻因念現值嚴冬

水落歸漕海口雖屬暢消瞬屆春融水長各河淤墊益高恐有潰決之患若議改河流由大清河入海雖取徑較捷而關繫民田廬舍亦屬窒礙難行宵旰焦思豈忍令大溜旁趨不籌補救以衞閭閻此時惟有遇灣切灘使河勢刷寬取直並順河築堰堵截支河爲暫救目前之計據李鈞崇恩奏稱水勢淺緩之處居民皆築堰自衞濬渠分洩著卽妥爲勸辦並著直隸河南山東各督撫飭令地方官吏疏濬積潦剴切曉諭紳民等量力捐貲俟集有成數奏明請旨卽由該河督撙節估計趕籌堵築其張秋迤北運河東西岸應堵決口及西民堰等處應做裹頭護埽並於黃流倒漾處築壩收束著李鈞卽飭該管廳營估定工需由山東藩庫籌撥銀款興辦歸於另案報銷其曹州府護城隄應加高培厚著寬籌加賑藉作工需定陶縣常崗廟各口應

堵支流並著該督撫等飭令大名曹州二府會同查勘辦理該督撫等務當仰體朕意實力督辦以蘇民困欽此（文宗顯皇帝聖訓）

咸豐十年閏三月奉　上諭沈兆霖奏請就黃河改道勸捐築隄錄出前人奏疏並將東省原寄圖說呈覽一摺據稱歷來河流皆以北行爲宜乾隆年閒尚書孫嘉淦請開減河入大清河一疏言之最詳所謂入大清河由利津入海卽是現在黃河所改之道詢之東省官紳俱云張秋以東自魚山至利津海口皆築民堰惟蘭儀之北張秋之南則黃河自決口而出汎濫汪洋工程最鉅直隸之東明長垣山東之菏澤鄆城培築又較張秋爲易張秋下游至海口不施工惟缺口至張秋數百里閒可令民閒捐資籌辦各等語係爲通籌大局起見著恆福黃贊湯文煜慶廉各就地方情形悉心酌議覈實勘估如果事屬可行卽

勸諭各該處紳民力籌捐辦並遴派熟諳河務之大員會同各
該地方公正紳士妥爲區畫或應開引河或應築隄堰分別相
度一面勸諭捐輸將來民捐民辦均著紳董經理毋須假手委
員吏胥以歸撙節如果輸將踴躍即可於本年霜降水落時奏
明一律興工並著各該督撫將有無窒礙情形先行審度具奏
總期爲民捍患節經費而順輿情是爲至要等因欽此文宗顯皇帝
聖訓
是年六月庚辰奉　上諭前據御史薛書堂侍郎宋晉御史福
寬等奏請裁汰河員並改設漕運總督簡員駐守宿遷各摺片
當交御前大臣軍機大臣會同該部議奏茲據載垣等奏開單
呈覽江南河道總督統轄三道二十廳文武員弁數百員操防
修防各兵數千名原以防河險而利漕行自河流改道舊黃河

一帶本無應辦之工官多闒冗兵皆疲惰虛費餉需莫此爲甚
所有江南河道總督一缺著即裁撤其淮揚淮海道兩缺亦即
裁撤淮徐道著改爲淮徐揚海兵備道仍駐徐州所有淮揚淮
海兩道應管地方河工各事宜統歸該道管轄廳官二十員內
豐北蕭南銅沛宿南宿北桃南桃北外南外北海防海阜海安
十三廳均係管理黃河現在無工又管理洪湖之中河裏河運
河高堰山盱揚河江運七廳現在工程較少均著一併裁撤惟
中河等七廳有分司瀦蓄宣洩事宜所有裁撤之運河中河二
廳事務著改設徐州府同知一員兼管裁撤之高堰山盱二廳
著改設淮安府同知一員兼管裁撤之裏河廳著改歸淮安府
督捕通判兼管裁撤之揚河江運二廳著改歸揚州府清軍總
捕同知兼管至裁撤黃河無工十三廳原轄各工段汛地即著

落各該管州縣官管轄不得互相推諉各廳所屬之管河佐雜人員除楊莊等官十員專司啟閉毋庸裁撤外其宿州管河州同五缺高郵州等管河州判三缺東臺等管河縣丞十九缺高良澗等管河主簿二十一缺阜甯等管河巡檢十六缺均著一併裁撤清江地方緊要著添設總兵一員作爲淮揚鎭總兵駐劄該處俟軍務平靖再行改駐揚州原設河標中營副將一員著卽裁撤改爲鎭標中軍遊擊駐劄蔣壩其淮徐遊擊一員駐劄宿遷所有鎭標中營員弁並右營廟灣洪湖佃湖等五營遊擊以下官五十四員馬步守兵共二千五百餘名原屬操防悉仍其舊至蕭碭等營所屬修防兵六千九百餘名著一律改爲操防將二十四營改設蔣壩宿遷蕭睢豐沛桃源安東山阜高郵葦蕩左右等十營除酌留遊擊以下八十一員外其餘六十七員悉行裁撤以上各營官兵均歸新設淮揚鎭總兵統轄著卽裁汰老弱簡選精壯認眞操練以資戰守現在江南軍務未竣該省督撫勢難兼顧所有江北鎭道以下各員均著歸漕運總督暫行節制欽此漕運總督冊案

咸豐十年七月高郵馬棚灣漫口淮揚道冊案

是年十月乙丑　上諭軍機大臣等本日據御史蔣超伯奏本年秋初江北高郵界馬棚灣決口潰溢至三四百丈之寬直注下河各邑秋禾不及收割通泰鹽場亦皆淹浸等語裏下河十二州縣爲漕米鹽課關稅所從出若不堵築決口致該地方久被淹漫恐江北軍餉無從取給關繫非輕著王夢齡會同晏端書速籌修築或卽勸諭紳耆民捐民辦以工代賑趁此冬令水淺之時迅速興工俾財賦之區災黎不致失所毋得假手吏胥

致滋弊竇欽此文宗顯皇帝聖訓

同治七年七月滎澤汛十堡漫口水入淮未奪溜開歸道冊案

時河督蘇廷魁河撫李鶴年十月二十一日興工同治八年正月十五日合龍用銀一百三十一萬三千五百餘兩開歸道冊案

同治十年山東巡撫丁寶楨因蘭陽銅瓦廂漫口之水下由鄆城侯家林地方分溜淹鉅野金鄉魚臺銅沛等縣遂堵侯家林分溜漫口接築民埝一百餘里山東撫署冊案

同治十二年鄆城侯家林民埝刷殘過水淹鉅野金鄉魚臺等縣山東撫署冊案

是年大學士直督李鴻章奏黃河不能復歸徐海故道直隸總督署冊案

時山東巡撫丁寶楨請堵銅瓦廂口復徐淮故道河督喬松年請在張秋立閘借黃濟運不必堵銅瓦廂口爭持甚力乃請

廷推大臣勘視　朝廷不能決以廷臣無熟諳河工之人謂直督大學士李鴻章昔年督師勦捻賊來往河壖甚久　詔詢其所從違鴻章因派員周歷齊豫徐海數月得其要領奏言治河之策原不外恭親王等所奏審地勢識水性酌工程權利害四語而四語之中尤以水勢順逆爲要現在銅瓦廂決口寬約十里跌塘過深水涸時深約三丈舊河身高決口以下水面二丈內外及三丈以外不等如其挽河復故必挑深引河三丈餘方能吸溜東趨查乾隆年間蘭陽青龍岡之役費帑至二千餘萬大學士公阿桂奏言引河挑深一丈六尺人力無可再施今豈能挑深至三丈餘乎十里口門進占合龍亦屬創見　國初以來黃河決口寬不過三四百丈尚且屢堵屢潰常閱數年而不成今豈竟能合龍而保固乎且由蘭儀下抵淮徐之舊河身高

於平地約三四丈風沙成堆老淤堅結年來避水之民移住其
中村落漸多禾苗無際若以地中三丈之水跨行於地上三丈
之河其停淤待潰危險莫保情狀有目者無不知之而歲久乾
隄卽加修治必有受病不易見之處萬一上游放溜下游旋決
收拾更難議者或以河北行則穿運爲運道計終不能不强之
南行以會清口臣查嘉慶以後清口淤墊夏令黄高於清已不
能啟壩送運道光以後禦黄壩竟至終歲不啟遂改用灌塘之
法自袁浦洩黄入湖湖身頓高運河水少灌塘又不便遂疊次
奏行海運彼時河務運務實有岌岌不可終日之勢蓋明末迄
國初借清刷黄頗蒙其利厥後河淮不能合流天時地利人
事三者皆窮今卽能復故道亦不能驟復河運非河一南行卽
可僥倖無事也恭讀道光八年十二月初五日　上諭江境禦

黄壩上下一帶黄河積年淤墊以昔證今已成不可救藥之勢
等因欽此　聖慮周詳早已洞悉無遺此淮徐故道勢難挽復
且於漕運無甚裨益之實在情形也至河臣喬松年所擬就東
境東黄濟運一節臣查當年清口淤墊卽是借黄濟運之病乾
隆二十三年八月　諭河臣白鍾山曰引黄入運黄河多挾泥
沙一入運河易致淤墊非甚不得已不可輕爲此遷就之計嘉
慶十五年十二月十九日　諭河臣陳鳳翔曰因利漕先已病
河權其輕重甯使暫時剥運渡黄必不可復用借黄濟運之計
各等因欽此道光五年洪湖潰洩兩江督臣孫玉庭等復議引
黄濟運數渡之後卽見填淤起剥磨幾卒至未終其事是　歷
朝聖訓昭垂至明至確往事覆車可爲永鑒今張秋運河寬僅
數丈兩岸皆土如山若引重濁之黄以閘壩節宣用之水勢擡

高其淤倍速人力幾何安能挑此日進之沙且所挑之沙仍堆於積年廢土之上雨淋風蕩河底日高閘亦壅塞久之黃必難引明臣萬表劉天和等僉以此事害多於利非淤卽決譬之以病爲藥以猳兵止寇語殊痛切宏治初年荆隆口銅瓦廂等處屢次大決皆先因引黃濟張秋之運遂致導隙濫觴臨清地勢低於張秋數丈而必以後無掣溜奪河之害臣亦不敢信也至霍家橋堵口築隄工程尤不易辦該處本非決口乃大溜經行之地兩頭無隄無岸一望浮沙並無真土可取若興作於茫茫沙水之中目前無從起手無從立腳卽勉强築沙堆隄節節遏溜下注竊恐浮沙易塌適足攖河之怒而所耗實多日後防守難資終爲錮疾一遭潰陷水仍刷穿運道而不事會張秋豈非全功盡棄至同知蔣作錦所擬導衛濟運原因張秋以北無清

水灌運故爲此議惟查元村集迤南有黃河故道地多積沙施工不易且以全淮之强不能敵黃尙致倒灌停淤豈一清淺之衛遂能禦黃濟運耶彼其意蓋襲取山東諸水濟運之法不知泰山之陽水皆西流因勢利導十六州縣一百八十泉之水源旺派多自足濟運衛水來源甚弱北流最順今必屈曲注之南行一水何能兩分其勢實多不便況平時淺可膠舟漲時極其渾濁若攔河作閘遏水一遇伏秋盛漲闖必衝決新渠必淤卽幸不決不淤而使上駛之蘆鹽下運之豫糧及來往商船皆停阻於河而聽命於閘勢不能行若令蘆鹽改由臨清運河入豫則三省鹽綱紊亂窒礙尤多若欲分沁入衛以助其源而沁水猛濁一發難收昔人已有明戒豫民必多驚惶若必多方更變另謀引水灌運必至如南河清口故事徒增漏卮無可持久此

借黃濟運及築隄東水工程均無把握與導衞濟運難行之實在情形也惟河既不能挽復故道則東境財賦有傷水利有礙城池雖於移置鹽場閒被漫淹如撫臣丁寶楨所奏各節均屬可慮臣查大清河原寬不過十餘丈今自東阿魚山下至利津河道已刷寬半里餘冬春水涸尚深二三丈岸高水面又二三丈是大汛時河槽能容水五六丈矣奔騰迅疾水行地中此人力莫可挽回之事亦禱祀以求而不易得之事目下北岸自齊河至利津南岸齊東蒲臺民間皆接築護埝迤邐不斷雖高僅丈許詢之土人每有漲溢出槽不過數尺尚可抵禦並無開口奪溜之事岱陰之水如繡江等河亦經擇要築隄汛至則漲汛過則消受災不重至如齊河濟陽齊東蒲臺利津各縣城近臨河岸十九年來幸官民防守無恙以後可守則守不可守則遷

似應隨時相勢設施若於此時驟議遷徙經費無籌民情難喻無此辦法惟鄆城一縣地本窪下現已淪沒水中須籌移置東省鹽場在海口者雖受黃淤產鹽不旺經撫臣竭力經營南運膠萊之鹽時爲接濟引地無虞淡食惟盤剝多費價值稍昂耳夫河在東省固不能云無害但得地方官補偏救弊設法維持尚不至爲大患昔乾隆十八年銅山決口不能收功尚書孫家淦曾有分河入大清之疏乾隆四十六年蘭陽大工屢敗垂成大學士嵇璜又有改河行大清之疏此外裘曰修錢大昕胡宗緒孫星衍魏源諸臣議者更多其時河未能北流尚欲挽使北流今河自北流乃轉欲挽使南流豈非拂逆水性恭讀嘉慶十六年八月十二日　上諭南河近年以來年年漫口前此己糜費三千餘萬均經竭力措支辦理毫無成效今復鉅工叠出數

將千萬國家豈能以有制之帑金注無常之漏巵等因欽此大抵南河堵築一次通牽約費七八百萬歲修約七百餘萬統計工需已在宗祿民糧氐欠之上實爲無底之壑蓋因河身日高水行不順雖竭天下之力而不能必保安瀾今河北徙近二十年未有大變亦未多費巨款比之往代已屬幸事且環拱神京尤得形勝自咸豐五年銅瓦廂東決後粵捻諸逆竄擾曹濟幾無虛日未能過河一步而直東北岸防堵有所憑依稍省兵力更爲畿輔百世之利此兩相比較河在東雖不亟治而後患稍輕河在南卽能大治而後患甚重之實在情形也近世治河兼言利運遂致兩難卒無長策元明大河南行始能開會通以運漕至河北徙則無如運何斷難一治而兩全事窮則變變則通爲今之計似不得不出於河自河漕自漕現在議漕政者鮮不

以規復舊章爲空然此兩言可以決耳運河有水可漕無水則不可漕水能分其自然之有餘者如南旺之制則可漕反是則不可漕同治初年大溜全趨張秋尚能灌運嗣溜勢南徙運隄節節穿斷漕船繞坡河至八里廟而黃水不能入運不得已引溝塍雨水逐段倒塘灌放艱險已極豈可一再嘗試卽運河黃淤歲積歲挑亦難久行若以全漕阻聚河干倖此無常之水其所害又非徒勞費已也若如前人所議漕船順河而東由利津駛海入天津取道便捷但江船不能涉河河船不能放洋勢難強爲若倣前代置倉轉盤之法建倉設官一不得人便滋流弊而由張秋至臨清陸輓二百餘里車馬盤兌之繁費陰雨霉變之折耗何可勝計且北路亦無許多剝船可備接運反復籌維竟無別有利運之術臣愚以爲　天庾正賦帷蘇浙爲大宗國

家治安之道尤以海防爲重今沿海數千里洋船駢集爲千古
以來創局已不能閉關自治正不妨借海道轉輸之便逐漸推
廣以擴商路而實軍儲蘇浙漕糧現即統由海運臣前招致華
商購造輪船搭運頗有成效江廣等省自軍興後奏改減價折
漕民心大定若復徵解本色苦於運費無措加之於民則必滋
事變取之於公又無此閒款似應暫准照章折解仍由各督撫
隨時體察情形如何酌提本色若干石卽運滬由海船解津較
爲便速如京倉尚有不足更隨時指撥漕折銀兩由南省採買
運津或派員在天津招商採辦亦尚合算應請　旨敕下戶部
從長計議妥籌辦理至運道雖不能暢通河務亦未可全廢此
時治河之法不外古人因水所在增立隄防一語查北岸張秋
以上至開州境二百餘里有古大金隄可恃爲固張秋以下抵

利津海口八百餘里岸高水深應由山東撫臣隨時飭將原有
民埝保護加培南岸自安山下抵利津多傍泰山之麓誠爲天
然屏障惟安山以上至曹州府境二百餘里地形較窪爲古鉅
野澤卽宋時八百里之梁山泊也自宋元迄我　朝凡河決入
大清之年無不由此旁注曹單鉅野金鄉各邑甚至呑湖併運
漫溢數十州縣波及徐淮爲害甚烈其侯家林決口現雖堵築
堅固惟上下一百餘里之民埝高者丈餘低者數尺斷難久恃
此處若有一失則運南之運道水櫃復被沖淤廬舍民田更遭
蕩析其患不可勝言且黃河流分勢緩北路原行通暢入海之
道亦恐漸形淤淺或生他變相應請　旨敕下山東撫臣丁寶
楨於秋汛後悉心勘估酌籌款項將侯家林上下民埝倣照官
隄辦法一律加高培厚若能接築至曹郡西南責成地方印委

設法守護更爲久遠之計沿河各州縣民人田地淪入正河身十餘年情殊可憫應查明分別蠲緩錢糧海口鹽場商運各事並隨時酌量變通妥辦又銅瓦厢決口現已衝寬十里水勢猶日向東坍刷若不設法約攔久必泛濫南趨至於決口以下蘭儀東明境內地勢平衍現雖刷有溝槽而中洪不深大汛漫灘仍東西坍漲不定亦不可無遙隄以杜竄越擬請　飭下河東督臣喬松年就近察看形勢應如何量築隄埝與東省曹州之隄相接俾資周防而期順軌綜計自安山上至銅瓦厢決口接築南隄距北金隄約六七十里作遙爲遮攔之勢去水較遠取土較易工費較省此六七十里中大水所常漫者不過二三十里所急流者不過三五里任其游波蕩漾寬緩水勢以漸趨下游寬半里深數丈之大清河則緩急得以節宣不致逼激沖突

別尋去路斯爲穩著其隄內河內民田仍可隨時覘溜勢之遠近地勢之高低搶種麥禾不致全無收穫似於民生亦無大礙至淮徐故道涸出舊河身千數百里水不復行居民佔種年年豐收並請　飭下江蘇河南山東各督撫分委妥員會同地方官查明酌議升科以免私墾爭奪之患等因又奏部臣奏令江北漕糧每年由運河試解赴通亦欲羈縻運道使不遽廢起見無如年復一年自安山至張秋臨清三百里間情形日變險阻迭出近歲黃漲入運可資浮送者爲時極暫同治九年十一年黃汛始終幷未灌運遂改用陸運與搶蓄兩水二策艱難危險之狀概可想見卽能運通亦僅十萬石內外究於倉儲漕政何裨久之試辦者必至不能辦而止臣於覆疏內請仍推廣海運蓋就其易且大者言之而議者又不免驚詫其實自道光六年

創辦海運以濟河運之窮咸豐以後無年不由海運無年不兼采辦京倉命脈賴以維繫顧習焉不察耳今南北官商往來率以海舶爲通衢捷徑獨至運糧則有戒心將謂夷情叵測豈肯舍各口通商而無端開釁將謂河船短缺何難借官商輪船而自顧本根就中國洋面運中國官糧外人斷不敢欺侮即有他變我停運而彼亦須停貿易洋人不若是愚也若慮緩急之間京儲匱乏似應於無事時多籌起運多方采買使數年中得有一年之蓄內顧可以無虞查嘉慶年間大學士劉權之奏言南漕運抵京倉綜計公私費用每石需銀十八兩積弊相沿實爲秕政今人皆欲復河運殊不思河運之病國病民至此國家但移河費運費爲之節省其餘以併力於海防斯本末並治而富强可馴致矣云云時欽奉　上諭照舊飭山東巡撫修理河隄

江安糧道漕米每年約十萬石仍由河運其餘蘇浙漕米仍由海運並飭江西湖北兩省亦撥米由江入海運通州中興奏議

是年東明石莊戶河溢分溜由金鄉嘉祥宿遷沭陽等處入六塘河山東撫署册案

時東撫丁寶楨勘明應在鄆城之張家支門塞決築隄定議後因請假回籍修墓十一月交卸起程同治十三年正月署東撫文彬以形勢變遷奏請緩堵溜益南趨潰漫不可收拾江督李宗羲累章告災九月丁寶楨回任急籌堵合勘定於菏澤賈莊建壩口門寬二百七十餘丈廣集料物於十二月中旬興工於光緒元年三月合龍共用銀九十八萬兩又自東明李連莊以下順河築南隄二百五十里共用銀八十餘萬兩議請設立廳汛東河總督曾國荃請於南岸設立七廳部議俟直隸河南山

東三省籌有防汛的款再准（潘駿文稿）

光緒五年河決歷城南岸之潘溝

光緒六年河復決潘溝

光緒八年河大決歷城北岸之桃園東撫任道鎔於十一月堵合（潘駿文稿）

馥案山東河溢大都分溜時多奪溜時少每堵漫決一次少則數萬或數十萬金至多用至一二百萬爲止以地平水緩也較從前東南河用款所省多矣惟經費極絀歲修祇數十萬兩而治河人力亦不如東南遠甚惟向日河工習氣尚未沾染河災亦較東南河被淹地面爲少耳

光緒九年東撫陳士杰議於張秋以下兩岸建立大隄去水各四五百丈以資防守勘明基址先後興工（山東撫署册案）

是年河決下游利津北岸之十四戶次年三月合龍（山東撫署册案）

光緒十年五月山東各州縣大隄陸續告成河決歷城南岸之河套圈並潰大隄又決下游北岸齊河之李家岸陳家林等處分別堵築次年四五月合龍（山東撫署册案）

馥案兩岸築大隄各距河流三四五百丈即縷隄也東民仍守臨河民埝爲縷隄官亦諭先守民埝如民埝決再守大隄而大隄內村廬未議遷徙大漲出槽田廬全淹居民遂決隄放水而官不能禁亦有因新隄土鬆而浸潰者聞是年潰決之處不少旋即堵塞嗣是只守民埝而不守大隄矣

是年河決齊東縣南岸蕭家莊八月合龍

是年河決歷城縣南岸霍家溜又決利津縣南岸張家莊又決利津縣北岸張家灘又決利津縣北岸十四戶均旋即堵合

光緒十一年三月河決山東南岸齊東縣之蕭家莊十二年二月合龍

是年河決歷城縣南岸之溞溝又決齊河縣南岸之趙莊均於十二月合龍（山東河防局冊案）

光緒十二年河決北岸濟陽之王家圈惠民之姚家口姚家口於十一月合龍王家圈緩辦旋值十三年八月豫省鄭工決口河身斷流始堵旱口（山東撫署冊案）

是年河決歷城縣南岸之河套圈又決章邱縣南岸之河王莊又決壽張縣北岸之徐家沙窩均即堵合

光緒十三年八月東河上南廳鄭州上汛河溢（山東河防局冊案）

時正河斷流口門寬五百五十丈亟籌堵築十四年十二月合龍共用銀一千二百萬兩　時總河成孚革職效力李鶴年署

特開捐例濟工需　命禮部尚書李鴻藻赴豫閱視旋留工十四年正月兩壩夾第興工至六月底止共進占約五百丈因水勢盛漲料物不繼奏請停工俟霜降後再辦　嚴旨切責成孚李鶴年均戍軍臺派吳大澂署河督前山東臬司潘駿文掌理壩務九月復進占十四年十二月十九日合龍河歸故道（開歸道冊）

（案並潘駿文稿）

馥案潘駿文爲前河督潘錫恩之子幼習河務時督壩工至五月尚賸口門八丈大學士李鴻藻急催合龍駿文以時當大汛向無合龍之案且料物不繼不敢冒險從事鴻藻無可如何逾年工畢駿文授山西臬司嗣升福建藩司有人薦駿文堪督河者當道因以前事阻之以是知得失有命而諳治河之大員難其人也工員相傳如此故錄之使後人知大汛不可合龍之證

光緒十三年河決濟陽縣北岸王家圈旋合龍

光緒十五年河決章邱縣南岸之大寨又決長清之張村又決歷城縣北岸西紙坊旋堵合

光緒十六年五月河決齊河北岸之高家套東撫張曜於本年堵合潘駿文稿

光緒十八年六月河溢利津縣南岸之張家屋又決章邱縣南岸之胡家岸又決濟陽縣南關灰壩又溢濟陽縣北岸桑家渡又溢惠民縣白茅墳均卽堵合

光緒二十一年六月二十二日河溢壽張縣南岸高家大廟十一月二十五日合龍

是年河溢齊東縣北岸趙家又決濟陽縣北岸高家紙坊又溢利津縣北岸呂家窪趙家菜園二處又決利津縣南岸十六戶均卽堵合

光緒二十二年六月河決利津縣南岸西韓家又決陳家

光緒二十三年正月河決歷城縣南岸之小沙灘又決章邱縣南岸之胡家岸又決利津縣北岸馬莊扈家灘均合龍

光緒二十四年六月曹州府鄆城境內南岸八孔橋民埝決口水向東南流數十里復決楊莊大隄水淹梁山南北東淤運河過東阿仍歸正河

按此工二十五年三月初四日合龍

是年六月東阿縣境北岸香山大隄決口

按香山失事卽王家廟地方先因臨河民埝決口水遂漫灘直衝大隄而出下歸徒駭河

是年六月武定府惠民縣北岸桑家渡險工決口又濟南府歷城

縣境南岸楊史道口民埝決口遂衝大隄水由小清河入海

按歷城境內大隄數十里久未修守卑薄不如民埝而民埝又緊逼河脣漲發屢次沖決民埝決後水無去路大隄亦遂決說者屢議棄埝守隄皆因經費難籌而止又以埝內數百家居民不肯遷徙官亦未給遷資遂致歷年失事歲耗工賑費不貲論山東河工總以棄埝守隄爲正辦而尤以歷城爲最急辦之工李文忠公奏議

馥案楊史道口工是年十二月合龍費銀四十餘萬兩

是年 命大學士李鴻章往山東勘河

光緒二十四年九月三十日內閣奉 孝貞顯皇后懿旨世鐸等會奏籌山東黃河工程請特簡大員前往察看一摺著派李鴻章前往山東會同任道鎔張汝梅周歷河干履勘情形通籌全局擬定切實辦法必須確有把握實在可行此項河工關係數省民生李鴻章等務當認眞勘辦不得互相推諉徒託空言仍將各項工程分別核實估計應需經費詳晰開單奏明請旨辦理用副朝廷愼重河防至意欽此

光緒二十五年二月初十日大學士一等伯臣李鴻章河東河道總督臣任道鎔開缺山東巡撫臣張汝梅奏勘籌山東黃河會議大治切實辦法臣李鴻章復奏調熟悉河務之前直隸臬司周馥前大順廣道吳廷斌等來工勘籌一切該司道等會同上中下三游總辦等員周歷履勘上自曹州府屬黃河入境起下至利津縣海口止南北兩岸往來逐段察看並帶天津武備學堂學生上下測量沿路遇員弁鄉民勤加詢訪酌擬大治辦法臣等先後前往覆勘情形甚爲詳確謹據實爲我 皇太后

皇上縷晰陳之緣山東黃河自咸豐五年銅瓦廂改道以來初因大清河槽深通時當軍務煩興未遑修治同治十一年後漸有潰溢始築上游南隄光緒八年以後潰溢屢見遂普築兩岸大隄尺寸初不高寬乃民間先就河涯築有小埝隨灣就曲緊偪黃流大隄成後復勸民照舊守埝又有將埝改歸官守之處於是隄久失修有殘缺而不可守者守埝之民又因河灘淤高漸將埝身加高每遇汛漲埝決水遂建瓴而下隄亦因而隨決此歷來失事病根也上游曹兖所屬南北兩隄湊長四百里兩隄相去有二十里至三四十里不等皆官爲修守中間民埝偶決水仍由埝外隄內歸入正河大決則隄亦不保計南北險工十四處自同治以來決僅四五見此上游情形也中游濟南泰安所屬兩岸隄埝各半湊長五百里南岸上段傍山無隄下

段守埝北岸上段守隄迤下又守埝彼此參差不一無非爲埝內村莊難遷權爲保守之計下游武定府所屬南岸全守隄北岸全守埝湊長五百三十餘里地勢近海愈平水勢近海愈大情形較中游更重綜計全河之險中游以下極多計南岸近省百里近埝之險有二十三處北岸自長清官莊至利津以下鹽窩止四百六十里之間有險五十四處二十年來已決三十一次此中下游情形也至下游近海百里之間向無隄埝間有之亦甚卑薄現在黃水由絲網口入海一望瀰漫寬約二三十里串溝甚多並無一定河槽深四五尺或一二尺數寸不等愈下愈淺此又入海尾閭阻滯情形也詢考在工員弁僉稱去年盛漲隄埝高水面一二尺者十之五與水平者十之三竟有水高隄頂搶築子埝以防護者各處埽壩卑薄歲修稭料勉敷春日

廂修至伏汛搶險早已用罄無存碎石爲護險要需亦因無款
不能多購防汛兵夫額設四千餘人分防南北兩岸一千四百
餘里僅合每里三人汛時巡水查漏已去其半昔年防汛尚添
雇月夫近亦因無款少雇該司道此次到工一路少見存料亦
無土牛問之兵弁據稱春日廂埽夏日防汛秋冬又搶堵漫口
竟無餘閒挑積土牛卽此可概其餘此近年山東辦工竭蹶情
形也查黃河自入東省修防諸務本屬草創閒有興作皆因經
費支絀未按治河成法如前撫陳士杰創立兩岸大隄祇高一
丈嗣經前撫張曜請款增培亦祇擇要加高幫寬規模固未大
立前撫李秉衡於二十二年十月間歷陳山東受河之害治河
之難謂近年幾於無歲不決無歲不數決除額撥經費不計外
其另案之款十年通算不下八百萬兩而河工敗壞日甚一日

等語二十三四等年仍復漫溢多處東民久罹昏墊幾不聊生
朝廷屢糜鉅金閭閻迄無安歲日積月累長此焉窮若不按
照成規大加修治何以仰答　皇太后　皇上愛養元元之至
意臣等與該司道等詳考古今治河之法惟漢臣賈讓徙當水
衝之民讓地於水數語實爲上策其次則惟有展寬河身今開
封河寬十餘里決溢尚少從前江南徐州上下河形較狹決溢
頗多今山東上游河面寬於中下兩游決溢較少皆明證也明
臣潘季馴有言河隄必須遠築大約離岸須三四里庶容蓄寬
廣勿偪水以致易決康熙中河臣靳輔有言豫省築隄甚遠其
至近者亦二三五里遠則游波寬緩不能深入勢必復引而他
去而淤灘仍爲平陸雖險易守此皆按事切理之言查光緒九
年前撫陳士杰建築中下游兩岸大隄南岸自長清達於蒲臺

計四百餘里北岸自東河達於利津計六百餘里現派武備學生逐細測量兩隄相距有五六里至八九里不等應卽就此兩隄加培高厚永爲修守似不失爲中策惟查兩岸之中先有棄隄守埝之處如南岸濼口上下守埝者一百一十里內除上段近省六十餘里爲商賈輻輳之區近來險工稍平暫緩推展其下段四十餘里要險極多十餘年來已決口九次耗費實甚擬將此埝外二十餘村妥爲遷去棄埝守隄庶離水稍遠防守易周此南岸酌擬遷民廢埝辦法也至北岸守埝之工計長清至利津有四百六十里之長埝外隄內有數百村莊之多此埝偪近湍流河面太狹無處不灣無灣不險斷無久守不敗之理河唇淤高埝外地如釜底各村亦斷不能久安室家且埝破隄無不破欲保此埝外數百村而併隄外數千村同一被災尤覺非

計但自棄隄守埝以來時閱八載小民安土重遷不肯遠去非可旦夕議定今詳加勘度北岸從長清官莊至齊河六十餘里之民埝因南岸傍山無隄河面尚寬擬卽以埝作隄又利津以下至鹽窩七十餘里埝外地皆斥鹵不便徙民亦擬以埝作隄此兩段民埝既經改爲官隄埝外之民卽隄外之民自應無庸遷徙其齊河至利津尚有三百二十里之民埝緊偪河干以致河面太狹竟有寬不及一里者要險林立屢遭沖決勢不得不廢埝守隄但北隄殘缺多年無可退守且需款過鉅遷民更難應暫照舊守埝此北岸分別現在守埝作隄及將來再議廢埝守隄辦法也至南北兩岸大隄爲河工第一重大關繫今既處處卑薄險工無以資防禦卽平工常有鑽漏之害非照黃河舊式大加培築不足以固修防而垂久遠現擬一律加培凡平工

以項寬三丈險工以項寬四丈爲率底寬以十一丈至十五丈爲率其中改埝爲隄之處併照此式修培遇有應行展寬取直之處酌量估辦其暫守民埝之處一併量加修築總期足禦汛漲至下口入海尾閭尤關全河大局現在水行絲網口入海去路偏向東南形勢不順而汪洋無涯人不能立足隄無法施工旣無以束水攻沙故不免下壅上潰今勘得鐵門關故道尚有八十餘里之河形愈下愈見寬深直通海口形勢較絲網口韓家垣兩路爲順疏築之工亦較該兩處稍省然建攔河大壩一座挑引河三十餘里築兩岸大隄各八十餘里所需工費頗鉅惟是下口不治全河皆病朱子有云治水先從下游施工輔云下口受淤必以漸而決於上今欲整頓全河不得不從長計議核實勘估此又大培兩岸隄工改正下口以振全河局勢之

辦法也其餘如添修費以固根基設減壩以洩異漲以及設堡夫辦豁免設廳汛武職等事辦理雖有先後緩急之分實爲將來必不可少之舉臣等與該司道等通盤籌畫悉心妥議臚列應辦之事計已估工程所需各費除官俸兵餉不計外約共須銀九百三十萬三千餘兩以外尚有未能約估者亦於各條內敘明工程分年辦理經費亦分年具領開辦某工再將某工細造估册現祇綜核大數而言大約此項鉅工如果將來還民等事順手經營五六年可期辦竣略如從前南河規模但需南河當日三四年修費則一切法制釐然畢具而山東無蓄清敵黃之累歲修經費必較南河大省南傍泰山之麓北限徒駭之流宜防得宜不致輕易改道中變亦較南河收效爲遠大工成後嚴定賞罰章程得人而理誠如軍機大臣等原議雖不能一勞

永逸究非漫無把握謹將所擬大治辦法十條繕具清單恭呈
御覽此次工程過大請款較鉅應請 飭下軍機大臣會同戶部迅速核議施行 按是案經軍機大臣等議准奉 旨照辦戶部發銀一百萬兩交山東巡撫毓賢辦理嗣後以義和團匪滋事京畿擾亂未續請款辦工迨光緒二十七年 兩宮自長安迴鑾時事益見艱難無暇議及河防事矣

光緒二十六年濱州張肖堂家凌汛漫口經東撫袁世凱堵築次年三月合龍山東河防局冊案

光緒二十七年章邱縣南岸陳家窯六月決口十月合龍山東撫署冊案

是年六月惠民縣北岸五楊家決口九月合龍山東撫署冊案

光緒二十八年裁撤東河總督及文武官缺山東撫署冊案

是年正月十九日奉 上諭政務處會同吏部兵部奏遵議河東河道總督錫良奏陳河工變通事宜一摺黃河改道以來直隸山東二省修守工程久歸督撫管理錫良原奏所稱漕米改折運河無事河臣僅司隄岸撫臣足可兼顧等語該河督身親目擊自屬確實可憑所有河東河道總督一缺著即裁撤一切事宜改歸河南巡撫兼辦其所擬宜裁宜留及分別緩急各節均著照所請行仍責成錫良將裁留各事宜一手經理俟諸事辦有頭緒再行奏明請旨其裁汰各員弁及應裁兵丁著吏部兵部隨時查核辦理至運河道現既裁撤該河督請將兗沂曹濟道移駐濟甯兼辦運河事務並河標城守營運河道屬運河營各營弁兵應否裁留暨此後運河修濬事宜著山東巡撫察酌地方情形詳議具奏欽此 河道總督錫良奏竊維 朝廷設官分職各有專責以收羣策羣力之效然至風會變通自當

因時損益所謂甚者必改絃而更張之也恭讀光緒二十七年
七月初二日七月三十日疊次　諭旨漕政日久弊生層層剝
蝕上耗國帑下朘民生亟宜力除糜費核實整頓自本年爲始
各直省河運海運一律改徵折色又各省制兵防勇積弊甚深
著各省將軍督撫將原有各營嚴行裁汰悉心核議奏明辦理
等因欽此近又恭讀　懿旨重申誡諭志在必行仰見　皇太
后　皇上廟謨廣運於　國計民生整軍經武諸大政　洞燭
弊端　嚴飭整頓伏讀之下莫名欽悚奴才受　恩深重每思
效一得之愚仰致　高深之助況親承　明詔目擊時艱旣有
見聞敢安緘默奴才忝任宣防謹就職守而言自河督以至所
屬文武員弁兵丁有宜裁者有宜酌裁者有宜分限陸續裁汰
者有宜仍舊者恭爲我　皇太后　皇上縷晰陳之查黃河自

咸豐五年改道北趨南河湮廢同治初年忠親王僧格林沁遂
有請裁總河之奏奉　旨交議經前河南撫臣張之萬以詳加
體察再行奏請至同治十一年山東黃河工程改歸山東撫臣
兼辦河臣責任稍輕前河臣喬松年復有請裁總河之奏奉
旨交議部臣以未便裁撤覆奏蓋彼時河運未廢河臣兼有黃
運兩河之責關係緊要故也今旣漕米改折運河從此無事河
臣所司僅止豫省兩岸隄工事甚簡易雖有桃伏秋凌四汛惟
伏秋兩汛爲重餘皆次之如能料石籌積有素自可有備無虞
故奴才到任以來專以購備石方爲急然此區區之擘畫俾之
撫臣足可兼顧擬請將河東河道總督一缺卽予裁撤仿照山
東成案改歸河南巡撫兼辦撫臣本有兼理河道之責無可委
卸且事權歸一辦理尤覺裕如非僅爲節省廉俸起見也此河

道總督之宜裁者一也河運既停山東運河道一員同知二員通判四員佐貳雜職五十二員額夫二千七百餘名幾成虛設似應酌量裁汰惟該處閘壩甚多專司蓄洩以通商運而衞民田擬請將兖沂曹濟道移駐濟甯兼辦運河事務其歲修河工改歸地方會辦隨時由山東撫臣專派委員經理免致歲修經費又入州縣之私囊致運河日久淤塞此運河官員夫役宜酌裁者一也河標向設中左右三營專爲護運計中營副將一員都司一員千把外委九員弁兵二百九十六名左營參將一員守備一員千把外委九員弁兵三百八名右營遊擊一員守備一員千把外委九員弁兵三百一十一名河運既停既無催趲之勞又無護送之責自應裁汰惟官弁兵丁將及千人遽予擯棄未免可憫擬請將官弁兵丁分限五年陸續裁減其官弁歸入山東撫標當差遇缺補用此河標中左右三營宜分限陸續裁汰者一也河標向設城守營專司捕盜彈壓地方計都司一員守備一員千把外委六員弁兵三百九十七名又運河道屬運河營專司修防計守備一員協備一員千把外委十三員河兵三百八十名以上二營應否裁留應由山東撫臣核辦此河標城守營運河道屬運河營應斟酌裁留者一也河南河工向設南北兩道八廳計巡守地方兼理河務道二員專管河工同知五員通判三員佐貳雜職二十三員又豫省河營都司一員守備二員協備五員千把外委十九員弁兵一千二百四十九名專司修工防汛關係至重以上各員名應請仍舊此河南黃河文武員弁兵丁應全留者一也以上裁缺各員如運河道係簡放之缺本缺裁後擬請由軍機處開單請　旨簡放其外

補文武各員弁應由所屬省分歸入裁缺即用缺內照例序補以免向隅抑奴才更有請者運河爲南北關鍵漕運雖停河道仍不可廢必須逐歲認眞挑修務使河水寬深隄堰鞏固方能商賈獲流通之益農田無漫溢之虞應請旨敕下山東撫臣嚴行責成該管地方印委各員照常加意修濬不得以無關運道遂作緩圖應如何嚴定功過章程由山東撫臣奏明辦理奉上諭錫良著調補河南巡撫兼管河工事務將前次奏請裁撤東河總督一切事宜妥籌辦理欽此河南撫署冊案按山東兗沂曹道移駐濟甯河臣舊署改章整理運河河兵全裁閘官酌裁並定過閘收費章程俱經東撫周馥奏辦有案

光緒二十八年六月利津縣南岸馮家莊漫口十月合龍山東河防局冊案

光緒二十九年六月利津縣南岸甯海莊漫口十二月合龍山東河防局冊案

按甯海莊與馮家莊毗連

光緒三十年正月利津縣北岸王莊扈家灘姜莊馬莊均因凌汛擡水漫口隨即堵合六月薄莊漫口水東北入徒駭老黃河歸海遂不堵山東河防局冊案

時山東巡撫周馥親往勘籌奏曰竊查本年六月間黃河利津北岸薄莊漫口屢飭工員勘籌興堵皆以水勢浩大難以勘定現時已霜降不便停待臣奏明於九月十四日親赴工次履勘督同道員丁達意竇延馨何國禔等詳細測度口門寬三百三十二丈距隄尾無工處所僅一百三丈舊河已淤成平陸河水自西而東舊隄自北而南形如丁字今若照舊堵合必須遠挑

引河多築挑壩寬做占埽估銀一百九十四萬餘兩鉅款難籌僉云堵台之後防守毫無把握臣勘籌再四不得善策乘舟由漫口下駛測量水深一丈數尺至二三丈不等寬約二三四里不等奔騰浩瀚就下行疾俱稱向來下口未見如此氣象舟行東北四十里入徒駭古黄河係霑化縣邊境又行六十里達海水勢寬深更勝於上游兩岸一望荒鹻村莊極少較從前河由鐵門關韓家垣絲網口三處入海加倍暢達乃知此路地勢低窪水爭趨之非人力所可挽回臣連日相度詢商官民人等皆以爲水勢如此與其逆水之性耗無益之財救民而終莫能救不如還民避水不與水爭地而使水與民皆各得其所照此辦理其益有三尾閭通順全河之水流暢消速益一舟楫便利商貨流通益二歷年下口搶險勞費無已河流順直險輕費省益

三所省堵築之費猶不計也然補救之策費財亦有三端一遷民之費口門以下六村全遭飄没災民籩居隄上苦難殫述迤下尚有被水十餘村俱應遷徙約共有四五千戸必須買地建屋妥爲安置二築埝之費利津東南海灘歷年新淤數十里墾種殆徧應擇要修埝以保完善利津迤北荒灘亦有已墾之地應加護埝其徒駭上游清水深恐氾溢亦應擇培舊隄免失農業三移設鹽垣之費利津永阜場爲東鹽出產大宗歷年大半淹没只賸鹽灘三十餘副應於河水較遠之處開灘曬鹽酌借灘本統計各費約需五十萬金上下際此時勢艱難之會部款既未敢率請司庫亦無可騰挪災民呼籲頻聞勢難坐待不得已擬在工賑捐款内撥用濟急惟各省加派委員分投勸募急需部照甚多雖經戸部陸續發給仍苦不敷分佈臣一面咨請

戶部趕發空白照三萬張一面由臣督向紳商挪借應用庶幾昏墊餘生可期蘇息而漫口之水不至四溢爲患此較堵築之費所省幾四之三而受益過之惟是人口難調難保必無訾議然因時補救計實無逾於此臣何敢瞻顧延誤仰懇　聖明乾斷照准飭部議行不勝迫切待　命之至除將河道情形繪圖貼說咨送軍機處備查外理合恭摺具陳伏乞　聖鑒訓示謹奏於光緒三十年九月二十六日奉　旨照准（山東撫署册案）

賁孫按山東黃河在同治光緒年間歲患漫決甚至一歲二三決皆因當事者就水立隄隨灣就曲水不暢行張秋以下隄卑河窄又無石工爲之幫護利津以下尾閭屢改向南形勢益復不順時山東巡撫周馥通工勘籌請銀三百萬兩欲擇極險極卑薄處略加修培而戶部靳惜不發周撫不得已於本省籌款

二十萬兩添購石料又費重貲遷利津以下之民之當水衝者其購地之費移家建屋之費無不優給先期勸民移徙民允遷矣尚未徙盡周撫並於隄南另建東西直隄一道以爲舊隄可守則守不可守則民有新居可歸不致失所也是年六月異漲河水自衝直道向東北而去入徒駭河歸海奔流甚暢河底刷深一丈餘尺凡向來北岸鹽窩極險之工化爲平工無事修防其下薄莊等村當衝經洪流蕩刷片瓦無存幸先有籌備民未受害事實略具奏疏中然未盡也迄今十餘年東河安瀾未嘗一決雖經費節減工員猶黽勉奏績皆賴此耳惟望後之人勿再惜費改章輕墮前功說者謂周撫當日之改下口也似先有權術在胸非也蓋深察水勢而防備之道周也吳賁孫記

光緒三十三年改挑夏鎮新運河（山東撫署册案）

按夏鎮移河爲避十字河之淤案附載雍正四年開彭口月河
案後

謹案　先愨愼公原編是書至光緒二十四年止嗣鄧際昌
樸君吳質孫詠湘搜集各案復編至光緒三十三年止自
命大學士李鴻章往山東勘河以下數事悉經　先公審定
因録諸篇末其他均未敢有所增益云學熙附識

治水述要卷十

後記

我是從數學史學習中逐步瞭解治黄史的。漢代《許商算術》的作者許商，好天文術數之事的王景、李尋善，他們既是數學家，又以治理黄河而聞名。我國現存最早的河工著作《河防通議》，將中國古典數學天元術運用到治黄工程中，創造了中國古代工程數學的一個高峰。除了數學史之外，内蒙古師範大學科學技術史研究還以少數民族科技史和地方科技史見長。李迪先生曾指出地方科技史研究的重要内容是人與自然環境變遷、科技遺迹與自然環境以及環境與生産的關係，此類研究具有明顯的現實意義和重要價值。想要通過大科學史研究，弄清變遷的原因和未來的發展趨勢，産出對于地方各方面的開發有更大、更直接價值的成果，這類研究大多離不開文獻。之後，李迪先生更是直接指出科技史研究不僅是對過去的科技工作和科技成果的回顧與總結，而且要着眼于現代，讓古人的發明創造爲今人服務，繼續在現代發揮其應有的作用。我將先生大科學史的治學理念視爲座右銘，在科研工作中更加注重讓科研成果服務于國家戰略與區域發展需求。

二〇一九年九月，習近平總書記在黄河流域生態保護和高質量發展座談會上指出，黄河流域在我國經濟社會發展和生態安全方面具有十分重要的地位。黄河流域生態保護和高質量發展是重大國家戰略。同年十月，黨的十九届四中全會提出『加强邊疆治理，推進興邊富民』，首次把邊疆治理寫入黨的文件。內蒙古師範大學組織科研力量，積極申報研究闡釋黨的十九届四中全會精神的國家社科基金重大項目，其中『中國特色社會主義民族區域自治制度自信研究』項目獲批。我承擔其中的『鑄牢中華民族共同體意識下的民族自治地方文化自信研究』子課題，而黃河是首選文化要素。二〇二四年，該項目順利結項，我也對黃河文化所蘊含的時代價值有了更深的體會。

有鑒于此，我帶領文化遺産智能應用服務中華民族共同體建設『英才興蒙』團隊，以黃河爲主題，開展了文獻、文物、傳統工藝等多模態資源庫建設和跨模態應用示範工作。這次與內蒙古人民出版社合作出版的《黃河國家治理文獻集成》，旨在梳理和總結文獻中所蘊含的歷史經驗和文化信息，爲當代及未來的黃河治理和地方文旅産業發展提供參考與借鑒。

感謝內蒙古民族文化産業研究院、巴彦淖爾市圖書館等单位的傾力相助，感謝內蒙古自治區黨委宣傳部、內蒙古出版集團、內蒙古人民出版社對本項目的支持與幫助。

在此，也向致力于黃河治理和大河安瀾的歷代先賢與當代典範表達崇高的敬意：你們的不懈努力與無私奉獻，爲黃河的安寧與人民的福祉築起了堅實的防綫；你們的智慧與勇氣，將永遠銘刻在中華民族的歷史豐碑上，激勵後人不斷前行。

董杰

二〇二五年一月

北疆文化